lementary Mathematics Research in China

第4辑

初等数学研究在中国

Elementary Mathematics Research in China

杨学枝　刘培杰　主编

哈爾濱工業大學出版社
HARBIN INSTITUTE OF TECHNOLOGY PRESS

内容简介

本书旨在汇聚中小学数学教育教学和初等数学研究最新成果，给读者提供学习与交流的平台，促进中小学数学教育教学和初等数学研究水平的提高.

本书适合大、中学师生阅读，也可供数学爱好者参考研读.

图书在版编目(CIP)数据

初等数学研究在中国. 第4辑/杨学枝，刘培杰主编.—哈尔滨：哈尔滨工业大学出版社，2022.6

ISBN 978-7-5603-4747-9

Ⅰ.①初… Ⅱ.①杨…②刘… Ⅲ.①初等数学-研究-中国 Ⅳ.①O12

中国版本图书馆 CIP 数据核字(2022)第039172号

策划编辑　刘培杰　张永芹

责任编辑　刘立娟　李兰静　李　欣

封面设计　孙茵艾

出版发行　哈尔滨工业大学出版社

社　　址　哈尔滨市南岗区复华四道街10号　邮编 150006

传　　真　0451-86414749

网　　址　http://hitpress.hit.edu.cn

印　　刷　哈尔滨圣铂印刷有限公司

开　　本　880 mm×1 230 mm　1/16　印张 16　字数 420 千字

版　　次　2022年6月第1版　2022年6月第1次印刷

书　　号　ISBN 978-7-5603-4747-9

定　　价　158.00元

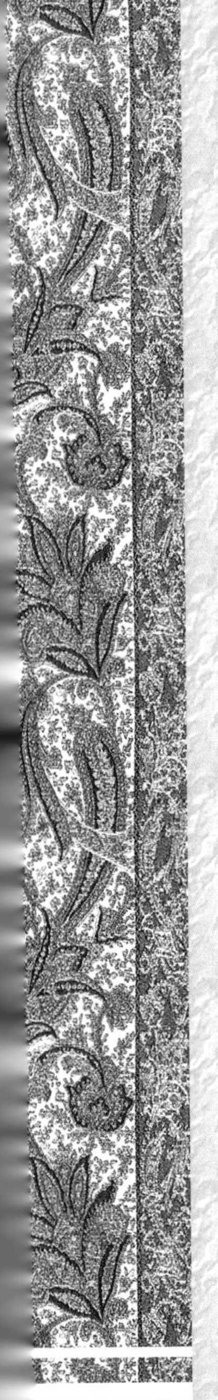

在很多情形，高等数学与初等数学难解难分，要进一步挖出初等数学的潜力。

林群

2019.1.8

中国著名数学家林群院士为本文集所撰写的题词

在很多情形，高等数学与初等数学难解难分，要进一步挖出初等数学的潜力。

——林群

高大上的数学
都是在初等数学上
生长起来的！

张景中 2018年
12月23日

中国著名数学家张景中院士为本文集所撰写的题词

高大上的数学都是在初等数学上生长起来的！

——张景中

目　录

初等数学研究

教学研究

中、高考与竞赛研究

猜想与问题解答

浅谈点量

杨学枝

（福建省福州市福州第二十四中学　福建　福州　350015）

所谓点量，简而言之就是附有数值的量的点. 在我国，研究点量的人并不多，就本人所知，有南京大学的莫绍揆教授，张景中院士，杨学枝老师等，他们都是各抒己见，并不像其他数学分支或某个数学体系那样，有众所认可的一套完整的理论体系，然而目前对"点量"的研究还没有形成一套完整的定义、公理、定理、公式等系统理论体系. 如重庆出版社于 1992 年 9 月出版了莫绍揆教授撰写的《质点几何学》，全书不超过 14 万字，书中也没有给出完整的点量的理论. 笔者对点量的研究是从 1965 年开始的，当时还自以为是一个"发明"，于是，自作主张给起了一个名字——"点量"，五十多年的探讨与研究，写了五十多本"点量"笔记，初步总结了"点量"的定义、公理、定理、公式，以及它与向量的某些关系等，用它也发现了 n 维空间中的一些有趣命题，笔者的朋友们曾多次让笔者将"点量"知识加以整理并发表，笔者也曾多次想将自己的研究成果加以整理，公布于众，几易其稿，都半途而废，总担心，因为自认为是"新"的东西，要做到系统性、科学性、严谨性、包容性的确感到心有余而力不足，后来也尝试写过一篇名曰《点量问题》的文章，曾刊载在由杨世明老师主编的《中国初等数学研究文集》（湖南教育出版社，1972 年 6 月）上，遗憾的是主编只作了摘要刊出. 2013 年 8 月 21 日至 23 日在贵州省黔西县隆重召开的全国初等数学研究会第三届理事会第二次常务理事会议上，笔者作了"点量"的简要介绍，2014 年 7 月 14 日至 16 日在安徽省合肥师范学院召开的全国初等数学研究会第九届学术会上，2014 年 7 月 20 日至 22 日在福州市福建教育学院召开的福建省初等数学学会第十届学术会上，2017 年 1 月 2 日至 4 日在广州华南师范大学附属中学召开的全国初等数学研究会第十届学术会上，笔者曾多次作了"浅谈点量"的学术报告，深受与会者赞誉，《浅谈点量》简要内容曾刊于 2017 年《中国初等数学研究》第八辑上.

在此文中，笔者只想将点量入门作点简要的介绍. 通过这个简要的介绍就可以看出点量很有趣，很有特色，也很有用，特别是用点量解答一些平面或空间上的问题，可以不必画图，不用添加辅助线，而且解题思路清晰，只要进行一些程序化计算即可，还有在研究线段比、面积比、体积比，以及有关涉及面积或体积的问题时尤为方便. 因此点量问题值得大家去研究. 这里需要说明的是，下面简要介绍一些点量知识，均不作严格定义和证明，论述也并不严谨，甚至还有不妥之处，都有待以后进一步更正与完善，但这并不影响我们对点量的理解.

笔者希望此文能引起一些对"点量"感兴趣的同仁们的共鸣，能有更多人参与对"点量"的研究，使"点量"理论能够更加完整，应用更加广泛，使之占有数学的一席之地.

一、点量定义与点量加法

（一）点量定义

我们将附有数值的点称为点量，这样的点既有数值又有位置.

我们用小写字母和大写字母连写在一起表示点量，其中小写字母称作点值，表示数量，是实数，大写字母称为点位，表示点的位置，如用小写字母 a 表示实数（数量），用大写字母 A 表示点的位置（以下简称为点),用 aA 表示点量(小写字母放在前,大写字母放在后),这时称 a 为点值,称 A 为点位,另外,点值是1的点量又称为单位点量,如 A 也称为单位点量 A.

两个点量相等的充要条件是点值相等且点位也相等,如 $aA=bB \Leftrightarrow a=b$,且 $A=B$.

点值为零的点量称为零点量(无零点位可言),记作0. 所有零点量都相等.

(二)点量加法

1. 点量和仍为点量. 规定:$aA+bB$,当 $a+b=q\neq 0$ 时,$aA+bB=qQ$,其中点 Q 满足向量式 $a\overrightarrow{AQ}+b\overrightarrow{BQ}=\mathbf{0}$;当 $a+b=0$ 时,$aA+bB$ 表示无穷远点量,这时,对于任意点 Q,都满足 $a\overrightarrow{AQ}+b\overrightarrow{BQ}=a\overrightarrow{AB}=-b\overrightarrow{AB}$,或 $a\overrightarrow{QA}+b\overrightarrow{QB}=-a\overrightarrow{AB}=a\overrightarrow{BA}$.

以后在向量和式中,常把字母上方的向量符号"→"省略.

2. 点量等式两边可以同时加(减)同一个点量,等式不变. 如 $aA+bB=(a+b)P$,则

$$aA+bB+cC=(a+b)P+cC,aA+bB-cC=(a+b)P-cC$$

两个点量等式两边可以分别相加(减),如:

设

$$\sum_{i=1}^{n}a_iA_i=(\sum_{i=1}^{n}a_i)A,\sum_{i=1}^{n}b_iB_i=(\sum_{i=1}^{n}b_i)B$$

则

$$\sum_{i=1}^{n}a_iA_i\pm\sum_{i=1}^{n}b_iB_i=(\sum_{i=1}^{n}a_i)A\pm(\sum_{i=1}^{n}b_i)B$$

由点量加法的意义,设 $\sum_{i=1}^{n}a_iA_i=(\sum_{i=1}^{n}a_i)A,\sum_{i=1}^{n}b_iB_i=(\sum_{i=1}^{n}b_i)B$,转换为向量式分别为

$$\sum_{i=1}^{n}a_i\overrightarrow{PA_i}=(\sum_{i=1}^{n}a_i)\overrightarrow{PA},\sum_{i=1}^{n}b_i\overrightarrow{PB_i}=(\sum_{i=1}^{n}b_i)\overrightarrow{PB}$$

于是,有

$$\sum_{i=1}^{n}a_i\overrightarrow{PA_i}\pm\sum_{i=1}^{n}b_i\overrightarrow{PB_i}=(\sum_{i=1}^{n}a_i)\overrightarrow{PA}\pm(\sum_{i=1}^{n}b_i)\overrightarrow{PB}$$

将上式再转换为点量式便得到

$$\sum_{i=1}^{n}a_iA_i\pm\sum_{i=1}^{n}b_iB_i=(\sum_{i=1}^{n}a_i)A\pm(\sum_{i=1}^{n}b_i)B$$

以上说明两个点量式左右两边可以分别相加.

3. 点量等式两边可以同时乘以同一个实数,等式不变.

如将点量式 $aA+bB=(a+b)C$ 两边同时乘以 m,则有 $m(aA+bB)=m(a+b)C$.

4. 点量加法同数的运算一样,满足交换律、结合律

$$aA+bB=bB+aA$$

$$(aA+bB)+cC=aA+(bB+cC)$$

这很容易由向量的交换律和结合律得到解释.

5. 点量等式同数的运算一样,满足移项法则.

若 $aA+bB=cC$,其中 $a+b=c$,则 $aA=cC-bB$.

6. 点量与向量转换

由以上点量的定义和点量加法的意义可知:若 P 为空间中一点,对于 $a_i\in\mathbf{R},i=1,2,\cdots,n$(以后文

中所有式子中的数均表示实数，就不再作说明)，由向量和的等式 $\sum_{i=1}^{n} a_i \overrightarrow{PA_i} = \mathbf{0}$ 易知，$\sum_{i=1}^{n} a_i = 0$，则对于空间中任意一点 Q，都有 $\sum_{i=1}^{n} a_i \overrightarrow{QA_i} = \mathbf{0}$. 既然如此，我们有理由将这种和的等式 $\sum_{i=1}^{n} a_i \overrightarrow{PA_i} = \mathbf{0}$（其中 $\sum_{i=1}^{n} a_i = 0$）写作 $\sum_{i=1}^{n} a_i A_i = 0$（$\sum_{i=1}^{n} a_i = 0$），称为点量和等式.

由此，规定点量与向量转换：

在任意一个向量和等式中，对向量 $\overrightarrow{AB}$ 作置换 $B-A$（或 $A-B$），便得到点量和等式，如向量和式

$$\sum_{i=1}^{n} a_i \overrightarrow{A_iB_i} = \mathbf{0}$$

可以置换成点量和式 $\sum_{i=1}^{n} a_i(B_i - A_i) = 0$，或 $\sum_{i=1}^{n} a_i(A_i - B_i) = 0$；反过来，点量和式 $\sum_{i=1}^{n} a_i(B_i - A_i) = 0$，或 $\sum_{i=1}^{n} a_i(A_i - B_i) = 0$ 也可以置换成向量和式 $\sum_{i=1}^{n} a_i \overrightarrow{A_iB_i} = \mathbf{0}$，或 $\sum_{i=1}^{n} a_i \overrightarrow{B_iA_i} = \mathbf{0}$.

（三）直线相交、平行、垂直及有向线段比

1. 直线相交、平行与点量关系式

由点量相等的定义可知，若 $aA+bB=cC+dD$，其中 $a+b=c+d=p$，则表示直线 AB 与直线 CD 相交，若交点为 P，则 $aA+bB=cC+dD=pP$；当 $a+b=c+d=0$ 时，交点在无穷远处，即 $AB /\!/ CD$.

若 $a(A_2-A_1)=b(B_2-B_1)$，$ab\neq 0$，则 $a\,\overrightarrow{A_1A_2}=b\,\overrightarrow{B_1B_2}$，即有 $A_1A_2 /\!/ B_1B_2$.

这易由点量与向量转换中得到解释与证明.

2. 直线垂直的点量关系式

$PH\perp AB$（H 为垂足）（$AB\neq 0$）的充要条件是

$$(-PA^2+PB^2+AB^2)A+(PA^2-PB^2+AB^2)B=(2AB^2)H$$

证明 当 $B=H$ 时，由于

$$\begin{aligned}-(\overrightarrow{PB}-\overrightarrow{AB})^2+PB^2+AB^2 &= -PA^2+PB^2+AB^2\\ &=2\,\overrightarrow{PB}\cdot\overrightarrow{AB}\\ &=2\,\overrightarrow{PH}\cdot\overrightarrow{AB}\\ &=0\end{aligned}$$

注意到 $AB\neq 0$，从而得到

$$PB\perp AB \Leftrightarrow -PA^2+PB^2+AB^2=0$$

故当 $B=H$ 时，命题成立. 同理可证，当 $A=H$ 时，命题也成立.

当 $A\neq H$，且 $B\neq H$ 时，设 $x\,\overrightarrow{PA}+y\,\overrightarrow{PB}=(x+y)\overrightarrow{PH}$，由于 $AB\neq 0$，又

$$PA^2-PB^2+AB^2=-(\overrightarrow{PA}+\overrightarrow{AB})^2+PA^2+AB^2=-2\,\overrightarrow{PA}\cdot\overrightarrow{AB}\neq 0$$

$$-PA^2+PB^2+AB^2=-(\overrightarrow{PB}-\overrightarrow{AB})^2+PB^2+AB^2=2\,\overrightarrow{PB}\cdot\overrightarrow{AB}\neq 0$$

$$x\,\overrightarrow{PA}\cdot\overrightarrow{AB}+y\,\overrightarrow{PB}\cdot\overrightarrow{AB}=\overrightarrow{PH}\cdot\overrightarrow{AB}=0$$

$$\Leftrightarrow x(-PA^2+PB^2+AB^2)-y(PA^2-PB^2+AB^2)=0$$

因此，$\dfrac{x}{y}=\dfrac{PA^2-PB^2+AB^2}{-PA^2+PB^2+AB^2}$，即这时，$PH\perp AB$ 等价于

$$(x\overrightarrow{PA}+y\overrightarrow{PB})\cdot\overrightarrow{AB}=\overrightarrow{PH}\cdot\overrightarrow{AB}=0$$

$$\Leftrightarrow(-PA^2+PB^2+AB^2)PA+(PA^2-PB^2+AB^2)PB=(2AB^2)PH$$

即

$$(-PA^2+PB^2+AB^2)A+(PA^2-PB^2+AB^2)B=(2AB^2)H$$

3. 直线相交与平面上四点的线段比例式

已知平面上不同点位上四点 A_1,A_2,A_3,A_4,若 $\sum\limits_{i=1}^{4}a_i=0$, $a_1A_1+a_2A_2+a_3A_3+a_4A_4=0$,则可以写作

$$a_1A_1+a_2A_2=-a_3A_3-a_4A_4$$

即表示直线 A_1A_2 和直线 A_3A_4 相交于一点,若交点为 A,则

$$a_1A_1+a_2A_2=-a_3A_3-a_4A_4=(a_1+a_2)A$$

由 $a_1A_1+a_2A_2=-a_3A_3-a_4A_4=(a_1+a_2)A$ 可化为向量式 $a_1\overrightarrow{AA_1}+a_2\overrightarrow{AA_2}=\mathbf{0}$(见以下证明),即有有向线段比例式$\dfrac{\overline{A_1A}}{\overline{AA_2}}=\dfrac{a_2}{a_1}$(后面若无特别说明,我们将有向线段比例式$\dfrac{\overline{A_1A}}{\overline{AA_2}}=\dfrac{a_2}{a_1}$写作$\dfrac{A_1A}{AA_2}=\dfrac{a_2}{a_1}$). 反过来,有向线段比例式也可以化为点量式,如有向线段比例式$\dfrac{\overline{A_1A}}{\overline{AA_2}}=\dfrac{a_2}{a_1}\Leftrightarrow a_1\overline{A_1A}=a_2\overline{AA_2}$,由 $a_1\overline{A_1A}=a_2\overline{AA_2}$,化成点量式为 $a_1(A-A_1)=a_2(A_2-A)$,即 $a_1A_1+a_2A_2=(a_1+a_2)A$.

证明 将 $x_1A_1+x_2A_2+x_3A_3+x_4A_4=0$ 转化为向量式,即 $\sum\limits_{i=1}^{4}x_i\overrightarrow{QA_i}=\mathbf{0}$,取 $Q=A$,得到 $\sum\limits_{i=1}^{4}x_i\overrightarrow{AA_i}=\mathbf{0}$,即有

$$x_1\overrightarrow{AA_1}+x_2\overrightarrow{AA_2}=-(x_3\overrightarrow{AA_3}+x_4\overrightarrow{AA_4})$$

由于 A_1,A_2,A 三点共线,则向量 $x_1\overrightarrow{AA_1}+x_2\overrightarrow{AA_2}$一定在直线 A_1A_2 上,即有

$$x_1\overrightarrow{AA_1}+x_2\overrightarrow{AA_2}=\lambda\overrightarrow{A_1A_2}\quad(\lambda\text{ 为某常数})$$

同理,向量 $-(x_3\overrightarrow{AA_3}+x_4\overrightarrow{AA_4})$一定在直线 A_3A_4 上,即有

$$-(x_3\overrightarrow{AA_3}+x_4\overrightarrow{AA_4})=u\overrightarrow{A_3A_4}\quad(u\text{ 为某常数})$$

又由于

$$x_1\overrightarrow{AA_1}+x_2\overrightarrow{AA_2}=-(x_3\overrightarrow{AA_3}+x_4\overrightarrow{AA_4})$$

因此,有

$$\lambda\overrightarrow{A_1A_2}=u\overrightarrow{A_3A_4}$$

但向量$\overrightarrow{A_1A_2}$与$\overrightarrow{A_3A_4}$线性无关(不共线),故 $\lambda=u=0$,即有

$$x_1\overrightarrow{AA_1}+x_2\overrightarrow{AA_2}=-(x_3\overrightarrow{AA_3}+x_4\overrightarrow{AA_4})=\mathbf{0}$$

4. 空间五点的关系式

若 $a_1A_1+a_2A_2+a_3A_3+a_4A_4+a_5A_5=0$, $\sum\limits_{i=1}^{n}a_i=0$, 则可以写作

$$a_1A_1+a_2A_2+a_3A_3=-a_4A_4-a_5A_5$$

说明直线 A_4A_5 与平面 $A_1A_2A_3$ 交于一点,若交点为 A,则

$$a_1A_1+a_2A_2+a_3A_3=-a_4A_4-a_5A_5=(a_1+a_2+a_3)A$$

（四）点量线性相关与线性无关

若 n 个实数 $a_i(i=1,2,\cdots,n)$ 和 n 个点 $A_i(i=1,2,\cdots,n)$ 满足 $\sum_{i=1}^{n} a_i=0$，$\sum_{i=1}^{n} a_iA_i=0$，则称 n 个点 $A_i(i=1,2,\cdots,n)$ 线性相关.

1. 在 n 维空间中，$n+2$ 个不同点位的点量必线性相关，即存在不全为零的实数 $a_1,a_2,\cdots,a_{n+2}$，满足 $\sum_{i=1}^{n+2} a_i=0$，$\sum_{i=1}^{n+2} a_iA_i=0$. 若 $n+2$ 个不同点量的点位确定，则表达式 $\sum_{i=1}^{n+2} a_iA_i=0$（$\sum_{i=1}^{n+2} a_i=0$）唯一确定.

2. 在 n 维空间中，若 $n+1$ 个不同点位的点量满足 $\sum_{i=1}^{n+1} a_iA_i=0$（$\sum_{i=1}^{n+1} a_i=0$），则有 $a_1,a_2,\cdots,a_{n+1}$ 均为零.

下面举一些例子.

例 1　已知四边形 $ABCD$，直线 AB 与 CD 交于点 E，直线 AD 与 BC 交于点 F，直线 AC 与 BD 交于点 G，且 $\frac{AE}{EB}=\lambda$，$\frac{AF}{FD}=u$. 求 $\frac{BF}{CF}$，$\frac{DE}{CE}$，$\frac{BG}{DG}$，$\frac{AG}{CG}$.

解　由 $\frac{AE}{EB}=\lambda$，得到

$$E-A=\lambda(B-E)$$

即

$$A+\lambda B=(1+\lambda)E \tag{1}$$

由 $\frac{AF}{FD}=u$，得到

$$A+uD=(1+u)F \tag{2}$$

由式(1)(2)消去 A，得到

$$\lambda B+(1+u)F=uD+(1+\lambda)E=(1+\lambda+u)C \tag{3}$$

由此得到

$$\lambda BC+(1+u)FC=0$$

$$uDC+(1+\lambda)EC=0$$

即得

$$\frac{BC}{CF}=\frac{1+u}{\lambda},\frac{DC}{CE}=\frac{1+\lambda}{u}$$

因此，分别得到

$$\frac{BF}{CF}=\frac{1+\lambda+u}{\lambda},\frac{DE}{CE}=\frac{1+\lambda+u}{u}$$

由式(1)(3)消去 E，得到

$$\lambda B+uD=(1+\lambda+u)C-A=(\lambda+u)G$$

故

$$\lambda BG+uDG=(1+\lambda+u)CG-AG=0 \tag{4}$$

由此得到

$$\lambda BG+uDG=0$$

$$(1+\lambda+u)CG-AG=0$$

因此,分别得到

$$\frac{BG}{DG}=-\frac{u}{\lambda},\frac{AG}{CG}=1+\lambda+u$$

例2 已知P为$\triangle P_1P_2P_3$内任意一点,直线P_1P,P_2P,P_3P分别交$\triangle P_1P_2P_3$的对边于点Q_1,Q_2,Q_3,则$\frac{P_1P}{PQ_1},\frac{P_2P}{PQ_2},\frac{P_3P}{PQ_3}$中必有一个不大于2,同时必有一个不小于2.

证明 设$\lambda_1P_1+\lambda_2P_2+\lambda_3P_3=(\lambda_1+\lambda_2+\lambda_3)P$,则有

$$\lambda_2P_2+\lambda_3P_3=(\lambda_1+\lambda_2+\lambda_3)P-\lambda_1P_1=(\lambda_2+\lambda_3)Q_1$$

由此得到

$$\lambda_1P_1P=(\lambda_2+\lambda_3)PQ_1$$

即

$$\frac{P_1P}{PQ_1}=\frac{\lambda_2+\lambda_3}{\lambda_1}$$

同理,可得

$$\frac{P_2P}{PQ_2}=\frac{\lambda_3+\lambda_1}{\lambda_2},\frac{P_3P}{PQ_3}=\frac{\lambda_1+\lambda_2}{\lambda_3}$$

由以上三个比例式可知$\frac{P_1P}{PQ_1},\frac{P_2P}{PQ_2},\frac{P_3P}{PQ_3}$中必有一个不大于2,同时必有一个不小于2. 否则,若$\frac{P_1P}{PQ_1},\frac{P_2P}{PQ_2},\frac{P_3P}{PQ_3}$均大于2,则有

$$\lambda_2+\lambda_3>2\lambda_1,\lambda_3+\lambda_1>2\lambda_2,\lambda_1+\lambda_2>2\lambda_3$$

于是,得到

$$2\lambda_1+2\lambda_2+2\lambda_3>2\lambda_1+2\lambda_2+2\lambda_3$$

矛盾. 同理,若$\frac{P_1P}{PQ_1},\frac{P_2P}{PQ_2},\frac{P_3P}{PQ_3}$均小于2,则可得到

$$2\lambda_1+2\lambda_2+2\lambda_3<2\lambda_1+2\lambda_2+2\lambda_3$$

同样矛盾.

例3(自拟题) 设$x,y,z\in\mathbf{R},x+y+z\neq0$,且$xA+yB+zC=(x+y+z)P$,点$P$在正$\triangle ABC$(顺时针方向)的边$BC,CA,AB$所在直线上的正投影分别为点$D,E,F$,联结$AP,BP,CP$,分别交边$BC,CA,AB$所在直线于点$K,M,N$,记$\triangle ABC$的边长为$a$,$\triangle DEF$,$\triangle KMN$的周长分别为$l_1,l_2$,则:

(1)$l_1=\frac{a}{2}\sum\frac{\sqrt{3(y^2+z^2+yz)}}{x+y+z}$;

(2)当点P位于$\triangle ABC$内部或边界上时,有

$$l_2=a\sum\sqrt{\left(\frac{y}{x+y}\right)^2+\left(\frac{z}{x+z}\right)^2-\frac{yz}{(x+y)(x+z)}}$$

证明 (1)由已知$xA+yB+zC=(x+y+z)P$,得到

$$(x+y+z)PA=yBA+zCA$$

所以

$$\begin{aligned}(x+y+z)^2PA^2&=y^2BA^2+z^2CA^2+2yzBA\cdot CA\\&=y^2c^2+z^2b^2+yz(-a^2+b^2+c^2)\\&=z(y+z)b^2+y(y+z)c^2-yza^2\end{aligned}$$

$$=(y^2+z^2+yz)a^2$$

同理得到

$$(x+y+z)^2PB^2=(z^2+x^2+zx)a^2$$

$$(x+y+z)^2PC^2=(x^2+y^2+xy)a^2$$

另外,易知有

$$|EF|=|PA|\sin A=\frac{\sqrt{3}}{2}|PA|=\frac{a\sqrt{3(y^2+z^2+yz)}}{2(x+y+z)}$$

$$|DE|=\frac{a\sqrt{3(z^2+x^2+zx)}}{2(x+y+z)}$$

$$|DF|=\frac{a\sqrt{3(x^2+y^2+xy)}}{2(x+y+z)}$$

因此,得到

$$l_1=\frac{a}{2}\sum\frac{\sqrt{3(y^2+z^2+yz)}}{x+y+z}$$

(2) $$|MN|=\sqrt{AM^2+AN^2-|AM|\cdot|AN|}=a\sqrt{\left(\frac{y}{x+y}\right)^2+\left(\frac{z}{x+z}\right)^2-\frac{yz}{(x+y)(x+z)}}$$

$$|NK|=a\sqrt{\left(\frac{z}{y+z}\right)^2+\left(\frac{x}{y+x}\right)^2-\frac{zx}{(y+z)(y+x)}}$$

$$|KM|=a\sqrt{\left(\frac{x}{z+x}\right)^2+\left(\frac{y}{z+y}\right)^2-\frac{xy}{(z+x)(z+y)}}$$

因此,有

$$l_2=a\sum\sqrt{\left(\frac{y}{x+y}\right)^2+\left(\frac{z}{x+z}\right)^2-\frac{yz}{(x+y)(x+z)}}$$

附 苏州褚小光1999年曾提出猜想:$l_1\leqslant l_2$,即证明以下代数不等式

$$\sum\frac{\sqrt{3(y^2+z^2+yz)}}{x+y+z}\leqslant 2\sum\sqrt{\left(\frac{y}{x+y}\right)^2+\left(\frac{z}{x+z}\right)^2-\frac{yz}{(x+y)(x+z)}} \tag{5}$$

其中 $x,y,z\in\mathbf{R}_+$.

例4(自拟题) 设$\triangle ABC$的三边长分别为$BC=a,CA=b,AB=c$,$\angle A$的平分线的延长线交$\triangle ABC$的外接圆于点D,则

$$(a+b+c)(-a+b+c)D=-a^2A+b(b+c)B+c(b+c)C$$

证明 设M为AD与BC的交点,则

$$bB+cC=(b+c)M \tag{6}$$

另外,设

$$A+xD=(1+x)M \tag{7}$$

下面来求x.

由于

$$BM\cdot MC=AM\cdot MD,AM=\frac{2bc\cos\frac{A}{2}}{b+c},BM=\frac{ac}{b+c},MC=\frac{ab}{b+c}$$

因此,得到

$$MD=\frac{BM\cdot CM}{AM}=\frac{a^2}{2(b+c)\cos\frac{A}{2}}$$

由式(7)得到

$$x=\frac{AM}{MD}=\frac{4bc\cos^2\frac{A}{2}}{a^2}=\frac{(a+b+c)(-a+b+c)}{a^2}$$

代入式(6)即可得证.

例5 已知四边形$ABCD$,AB与CD交于点P,且$\frac{\overline{AB}}{\overline{AP}}=3$,$\frac{\overline{CP}}{\overline{PD}}=4$,直线$AC$与直线$BD$交于点$Q$,直线$BC$与直线$AD$交于点$R$,直线$CD$与直线$QR$交于点$M$(图1),求$\frac{\overline{AQ}}{\overline{QC}}$,$\frac{\overline{AR}}{\overline{RD}}$,$\frac{\overline{QM}}{\overline{MR}}$.

解 由$\frac{\overline{AB}}{\overline{AP}}=3$得到$\overline{AB}=3\overline{AP}$,化为点量式,即$B-A=3(P-A)$,亦即

$$2A+B=3P \tag{8}$$

同理,由$\frac{\overline{CP}}{\overline{PD}}=4$得到

$$C+4D=5P \tag{9}$$

由式(8)(9)消去P得到

$$10A+5B-3C-12D=0 \tag{10}$$

由式(10)得到

$$10A-3C=-5B+12D=7Q$$

于是便得到

$$10\overrightarrow{AQ}-3\overrightarrow{CQ}=-5\overrightarrow{BQ}+12\overrightarrow{DQ}=\mathbf{0}$$

即

$$\frac{\overline{AQ}}{\overline{QC}}=-\frac{3}{10}$$

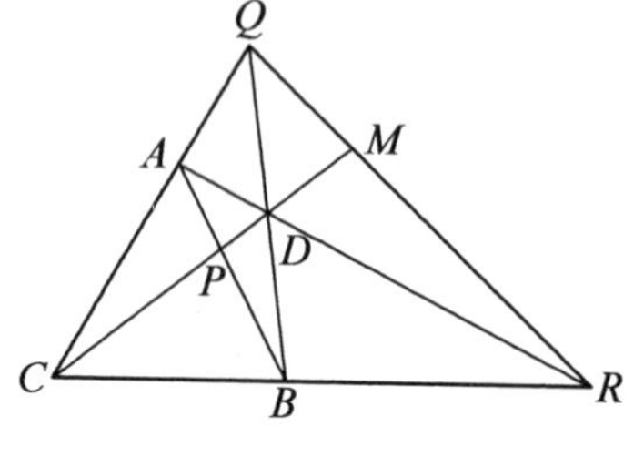

图1

由式(10)得到

$$5B-3C=-10A+12D=2R$$

于是便得到

$$5\overrightarrow{BR}-3\overrightarrow{CR}=-10\overrightarrow{AR}+12\overrightarrow{DR}=\mathbf{0}$$

即

$$\frac{\overline{AR}}{\overline{RD}}=-\frac{6}{5}$$

由以上有$10A-3C=7Q$,$-10A+12D=2R$,由这两式消去A得到

$$-3C+12D=7Q+2R=9M$$

于是便得到

$$-3\overrightarrow{MC}+12\overrightarrow{MD}=7\overrightarrow{MQ}+2\overrightarrow{MR}=\mathbf{0}$$

即

$$\frac{\overline{QM}}{\overline{MR}}=\frac{2}{7}$$

例 6(《数学教学》2011 年第 3 期,文《破解网上"悬赏"题有感》介绍了以下问题及其解答) 如图 2,$\triangle ABC$ 的 AB,AC 边上各有一点 R,Q,直线 RQ 与 BC 的延长线交于点 P,求证:$\frac{AQ}{PQ}\cdot\frac{CQ}{RQ}+\frac{PC}{PQ}\cdot\frac{PB}{PR}-\frac{AR}{QR}\cdot\frac{BR}{PR}=1$.

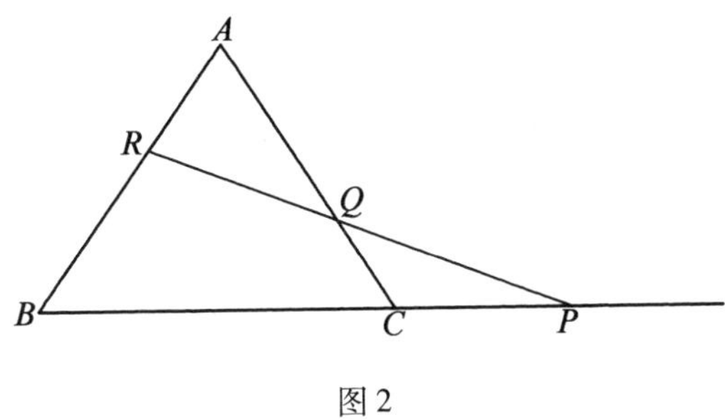

图 2

证明 所证式子即为

$$\left|\frac{AQ}{PQ}\cdot\frac{CQ}{RQ}\right|+\left|\frac{PC}{PQ}\cdot\frac{PB}{PR}\right|-\left|\frac{AR}{QR}\cdot\frac{BR}{PR}\right|=1$$

下面用点量法证明.

设

$$\begin{cases}-zB+yC=(y-z)P\\ xC+zA=(z+x)Q\\ yA+xB=(x+y)R\end{cases}$$

则得到

$$BP\cdot CP=\frac{yz}{(y-z)^2}BC^2$$

$$CQ\cdot AQ=-\frac{zx}{(z+x)^2}CA^2$$

$$AR\cdot BR=-\frac{xy}{(x+y)^2}AB^2$$

$$\begin{aligned}&(y-z)^2(z+x)(x+y)PQ\cdot PR\\&=(-zxBC+yzCA+z^2AB)(-xyBC+y^2CA+yzAB)\\&=yz(-xBC+yCA+zAB)^2\end{aligned}$$

同理可得到

$$(y-z)(z+x)^2(x+y)QR\cdot QP=-zx(-xBC+yCA+zAB)^2$$

$$(y-z)(z+x)(x+y)^2RP\cdot RQ=xy(-xBC+yCA+zAB)^2$$

因此

$$\begin{aligned}&\left|\frac{AQ}{PQ}\cdot\frac{CQ}{RQ}\right|+\left|\frac{PC}{PQ}\cdot\frac{PB}{PR}\right|-\left|\frac{AR}{QR}\cdot\frac{BR}{PR}\right|\\&=\frac{BP\cdot CP}{PQ\cdot PR}+\frac{CQ\cdot AQ}{QR\cdot QP}+\frac{AR\cdot BR}{RP\cdot RQ}\end{aligned}$$

$$=\frac{(z+x)(x+y)BC^2+(x+y)(y-z)CA^2-(y-z)(z+x)AB^2}{(-xBC+yCA+zAB)^2}$$

又由于

$$\begin{aligned}
&(-xBC+yCA+zAB)^2\\
&=x^2BC^2+y^2CA^2+z^2AB^2+2yzCA\cdot AB-2zxAB\cdot BC-2xyBC\cdot CA\\
&=x^2BC^2+y^2CA^2+z^2AB^2+yz(BC^2-CA^2-AB^2)-\\
&\quad zx(-BC^2+CA^2-AB^2)-xy(-BC^2-CA^2+AB^2)\\
&=(z+x)(x+y)BC^2+(x+y)(y-z)CA^2-(y-z)(z+x)AB^2
\end{aligned}$$

故有

$$\begin{aligned}
&\left|\frac{AQ}{PQ}\cdot\frac{CQ}{RQ}\right|+\left|\frac{PC}{PQ}\cdot\frac{PB}{PR}\right|-\left|\frac{AR}{QR}\cdot\frac{BR}{PR}\right|\\
&=\frac{(z+x)(x+y)BC^2+(x+y)(y-z)CA^2-(y-z)(z+x)AB^2}{(-xBC+yCA+zAB)^2}\\
&=1
\end{aligned}$$

注 (1)由此得到向量恒等式:x,y,z 为任意实数,A,B,C 为空间中任意三点,有

$$\begin{aligned}
&(xBC+yCA+zAB)^2\\
&=(x-y)(x-z)BC^2+(y-x)(y-z)CA^2+(z-x)(z-y)AB^2
\end{aligned}$$

(2)设直线 l 与直线 BC 交于点 P,与直线 CA 交于点 Q,与直线 AB 交于点 R,则

$$\frac{BP\cdot CP}{QP\cdot RP}+\frac{CQ\cdot AQ}{RQ\cdot PQ}+\frac{AR\cdot BR}{PR\cdot QR}=1$$

例7(“东方热线”“福明桥头老三”提供) 已知等腰梯形 $ABCD$,$AD/\!/BC$,$AB=DC$,对角线 AC 与 BD 交于点 O,在腰 AB 上任取一点 M,腰 CD 上任取一点 N,使得 $AM=CN$,联结 MN,MN 与 BD 交于点 P,MN 与 AC 交于点 Q(图3).求证:$MP=QN$.

(杨学枝对此作了推广)用点量法予以推广:

已知 $A+\lambda C=(1+\lambda)O$,$D+uB=(1+u)O$,$A+vB=(1+v)M$,$D+wC=(1+w)N$,联结 MN,MN 与 BD 交于点 P,MN 与 AC 交于点 Q.求证

$$\frac{\lambda+w(1+\lambda+v)}{\lambda(1+w)}MP=\frac{u+v(1+u+w)}{u(1+v)}QN=MN$$

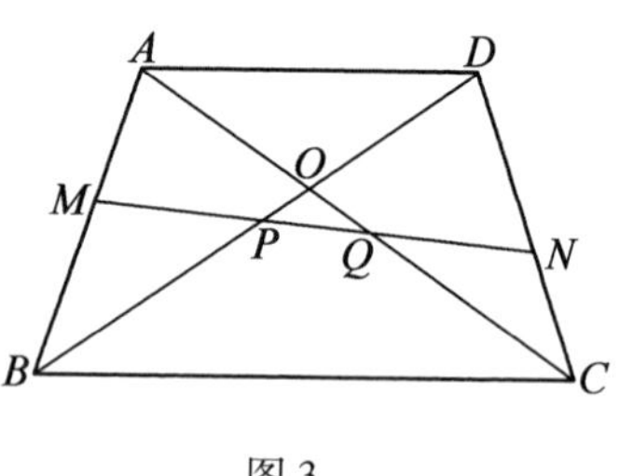

图3

证明 由 $A+\lambda C=(1+\lambda)O$,$D+uB=(1+u)O$,消去 O 得到

$$\frac{1}{1+\lambda}A+\frac{\lambda}{1+\lambda}C=\frac{1}{1+u}D+\frac{u}{1+u}B \tag{11}$$

由 $A+vB=(1+v)M$,$D+wC=(1+w)N$ 分别得到

$$A=(1+v)M-vB,\ C=\frac{1+w}{w}N-\frac{1}{w}D$$

分别代入式(11),并经整理得到

$$\left(\frac{v}{1+\lambda}+\frac{u}{1+u}\right)B+\left[\frac{\lambda}{w(1+\lambda)}+\frac{1}{1+u}\right]D=\frac{1+v}{1+\lambda}M+\frac{\lambda(1+w)}{w(1+\lambda)}N=\frac{\lambda+w(1+\lambda+v)}{w(1+\lambda)}P$$

由此得到

$$\lambda(1+w)MN=[\lambda+w(1+\lambda+v)]MP \tag{12}$$

同理可以得到

$$\left(\frac{\lambda}{1+\lambda}+\frac{w}{1+u}\right)C+\left[\frac{1}{1+\lambda}+\frac{u}{v(1+u)}\right]A=\frac{u(1+v)}{v(1+u)}M+\frac{1+w}{1+u}N=\frac{u+v(1+u+w)}{v(1+u)}Q$$

由此得到

$$u(1+v)MN=[u+v(1+u+w)]QN \tag{13}$$

由式(12)(13)即得所要证的等式.

注 (1)若取 $\lambda=u,v=w$,则得 $MP=QN$;

(2)若 $uw(1+v)^2=\lambda v(1+w)^2$,则有 $MP=QN$.

例 8(叶中豪提供) 已知梯形 $ABCD$ 中,$AD/\!/BC$,EF 是夹在两腰间的任意线段,AF,BF,CE,DE 的中点分别为 M_1,M_2,N_2,N_1(图 4).求证:直线 M_1N_1,M_2N_2 及梯形中位线 MN 三线共点,或直线 M_1N_1,M_2N_2 及梯形中位线 MN 三线平行.

证明(杨学枝提供) 应用点量法证明.当 $\lambda=1$ 时易证(从略),当 $\lambda\neq1$ 时,设

$$\begin{cases}A-D=\lambda(B-C)\\A+xB=(1+x)E\\D+yC=(1+y)F\\A+F=2M_1\\E+D=2N_1\\B+F=2M_2\\C+E=2N_2\end{cases} \tag{14}$$

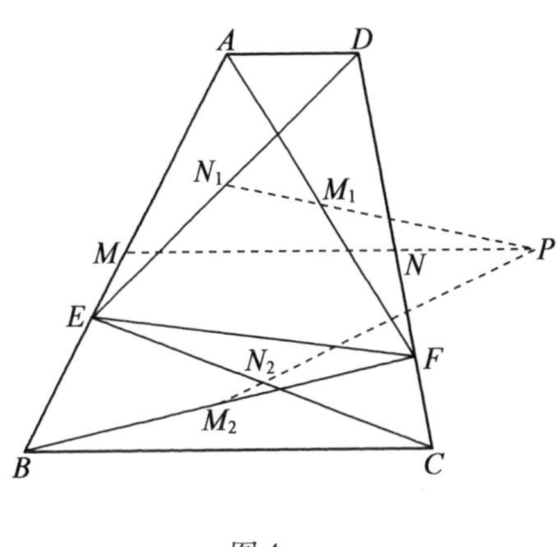

图 4

由式(14)消去 D,E,F,得

$$\begin{cases}\dfrac{2+y}{1+y}A-\dfrac{\lambda}{1+y}B+\dfrac{\lambda+y}{1+y}C=2M_1\\[2mm]\dfrac{2+x}{1+x}A-\dfrac{\lambda-x+\lambda x}{1+x}B+\lambda C=2N_1\\[2mm]\dfrac{1}{1+y}A+\dfrac{1-\lambda+y}{1+y}B+\dfrac{\lambda+y}{1+y}C=2M_2\\[2mm]\dfrac{1}{1+x}A+\dfrac{x}{1+x}B+C=2N_2\end{cases} \tag{15}$$

消去 A,B,C,得

$$\begin{vmatrix}\dfrac{2+y}{1+y} & -\dfrac{\lambda}{1+y} & \dfrac{\lambda+y}{1+y} & M_1\\[2mm]\dfrac{2+x}{1+x} & -\dfrac{\lambda-x+\lambda x}{1+x} & \lambda & N_1\\[2mm]\dfrac{1}{1+y} & \dfrac{1-\lambda+y}{1+y} & \dfrac{\lambda+y}{1+y} & M_2\\[2mm]\dfrac{1}{1+x} & \dfrac{x}{1+x} & 1 & N_2\end{vmatrix}=0$$

由 $\lambda-1\neq0$,将上式化简得

$$\frac{1}{1+x}M_1-\frac{1}{1+y}N_1=-\frac{x}{1+x}M_2+\frac{y}{1+y}N_2$$

设直线 M_1N_1 与 M_2N_2 交于点 P,则

$$\frac{1}{1+x}M_1-\frac{1}{1+y}N_1=\left(\frac{1}{1+x}-\frac{1}{1+y}\right)P \tag{16}$$

将式(15)中第1,2式分别代入式(16),并整理得

$$(y-x)A-(1-\lambda)xB+(y-\lambda x)C=2(y-x)P \tag{17}$$

另外,由已知条件有

$$\begin{cases}A+B=2M\\D+C=2N\end{cases}$$

将 $D=A-\lambda(B-C)$ 代入得

$$\begin{cases}A+B=2M & (18)\\A-\lambda B+(1+\lambda)C=2N & (19)\end{cases}$$

由式(17)(18)(19)得

$$\begin{cases}A+B=2M\\A-\lambda B+(1+\lambda)C=2N\\(y-x)A-(1-\lambda)xB+(y-\lambda x)C=2(y-x)P\end{cases} \tag{20}$$

由于式(20)中的系数行列式为

$$\begin{vmatrix}1 & 1 & 0\\1 & -\lambda & 1+\lambda\\y-x & -(1-\lambda)x & y-\lambda x\end{vmatrix}=0$$

故 M,N,P 三点共线,即直线 M_1N_1,M_2N_2,MN 三线共点.

若 $x=y$,即 $EF/\!/BC$,易证直线 M_1N_1,M_2N_2 及梯形中位线 MN 三线平行.

由以上还可得到当 $x\neq y$ 时,有

$$(\lambda x-y)M+(y-\lambda x)N=(1+\lambda)(y-x)P$$

例9(叶中豪提供) 如图5,A,B,C,D 为平面上任意四点,E 为线段 AB 的中点,F 为线段 CD 的中点,M,N 分别为线段 AD,BC 上的点,且 $\frac{AM}{MD}=\frac{BN}{NC}$($AM,MD;BN,NC$ 均为有向线段),直线 AN 与直线 BM 交于点 P,直线 CM 与直线 DN 交于点 Q,则 $EF/\!/PQ$.

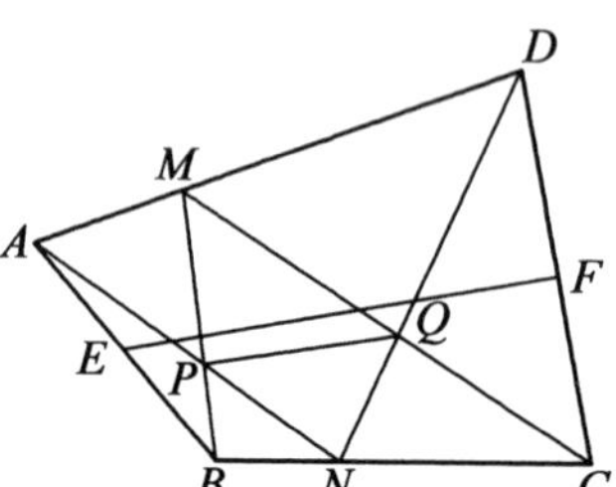

图5

证明(杨学枝提供) 设

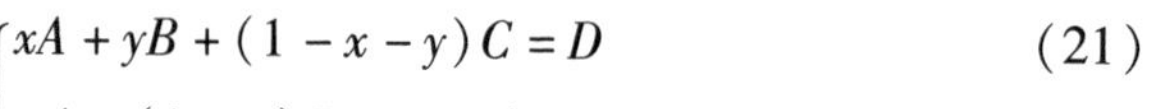

$$\begin{cases}xA+yB+(1-x-y)C=D & (21)\\\lambda A+(1-\lambda)D=M\quad(\lambda\neq 0,1) & (22)\\\lambda B+(1-\lambda)C=N & (23)\\A+B=2E & (24)\\C+D=2F & (25)\end{cases}$$

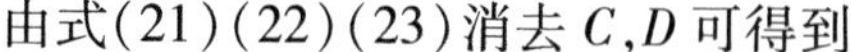

由式(21)(22)(23)消去 C,D 可得到

$$[x+\lambda(1-x)]A+(1-x-y)N=[-y+\lambda(1-x)]B+M=[(1-y)+\lambda(1-x)]P$$

将式(23)或(22)代入上式并整理得到

$$[x+\lambda(1-x)]A+\lambda(1-x-y)B+[(1-x-y)-\lambda(1-x-y)]C=[(1-y)+\lambda(1-x)]P \tag{26}$$

同理可得

$$[x^2+\lambda x(1-x)]A+(xy-\lambda xy)B+[(x-y-x^2-xy)+\lambda(1-2x+x^2+xy)]C=[(x-y)+\lambda(1-x)]Q \tag{27}$$

由式(26)(27)可得

$$P-Q=\frac{\lambda^2(1-x)^2+\lambda(x-y-x^2+xy)-xy}{[(1-y)+\lambda(1-x)][(x-y)+\lambda(1-x)]}\cdot[(1-x)A+(1-y)B-(2-x-y)C] \tag{28}$$

由式(24)(25)可得

$$E-F=\frac{1}{2}[(1-x)A+(1-y)B-(2-x-y)C] \tag{29}$$

由式(28)(29)可得

$$P-Q=\frac{2[\lambda^2(1-x)^2+\lambda(x-y-x^2+xy)-xy]}{[(1-y)+\lambda(1-x)][(x-y)+\lambda(1-x)]}\cdot(E-F)$$

故 $EF/\!/PQ$,且

$$\frac{PQ}{EF}=\frac{2[\lambda^2(1-x)^2+\lambda(x-y-x^2+xy)-xy]}{[(1-y)+\lambda(1-x)][(x-y)+\lambda(1-x)]}$$

例 10 设$\triangle ABC$中$\angle BAC$的平分线交BC于点D,I_1,I_2分别是$\triangle ABD$,$\triangle ADC$的内切圆圆心,直线I_1I_2分别交AB,AC于点M,N,则直线AD,BN,CM必交于一点.

证明 设$\triangle ABC$的三边长分别为$BC=a$,$CA=b$,$AB=c$,则

$$BD=\frac{ac}{b+c},DC=\frac{ab}{b+c},AD=\frac{2bc\cos\frac{A}{2}}{b+c}$$

且有

$$bB+cC=(b+c)D \tag{30}$$

又由于I_1,I_2分别是$\triangle ABD$,$\triangle ADC$的内切圆圆心,则分别有

$$\frac{ac}{b+c}A+\frac{2bc\cos\frac{A}{2}}{b+c}B+cD=\left(\frac{ac}{b+c}+\frac{2bc\cos\frac{A}{2}}{b+c}+c\right)I_1 \tag{31}$$

$$\frac{ab}{b+c}A+\frac{2bc\cos\frac{A}{2}}{b+c}C+bD=\left(\frac{ab}{b+c}+\frac{2bc\cos\frac{A}{2}}{b+c}+b\right)I_2 \tag{32}$$

由(30)(31)两式消去D,得到

$$aA+b\left(1+2\cos\frac{A}{2}\right)B+cC=\left(a+b+c+2b\cos\frac{A}{2}\right)I_1 \tag{33}$$

由(30)(32)两式消去D,得到

$$aA+bB+c\left(1+2\cos\frac{A}{2}\right)C=\left(a+b+c+2c\cos\frac{A}{2}\right)I_2 \tag{34}$$

由(33)(34)两式消去C,得到

$$\begin{aligned}&2\left(a\cos\frac{A}{2}\right)A+4b\cos\frac{A}{2}\left(1+\cos\frac{A}{2}\right)B\\&=\left(a+b+c+2b\cos\frac{A}{2}\right)\left(1+2\cos\frac{A}{2}\right)I_1-\left(a+b+c+2c\cos\frac{A}{2}\right)I_2\\&=2\cos\frac{A}{2}\left(a+2b+2b\cos\frac{A}{2}\right)M\end{aligned}$$

即

$$aA+2b\left(1+\cos\frac{A}{2}\right)B=\left(a+2b+2b\cos\frac{A}{2}\right)M \tag{35}$$

同理,由(33)(34)两式消去B,得到

$$aA+2c\left(1+\cos\frac{A}{2}\right)C=\left(a+2c+2c\cos\frac{A}{2}\right)N \tag{36}$$

若BN与CM交于点Q,则再由式(35)(36)消去A,得到

$$\begin{aligned}&2b\left(1+\cos\frac{A}{2}\right)B+\left(a+2c+2c\cos\frac{A}{2}\right)N\\&=2c\left(1+\cos\frac{A}{2}\right)C+\left(a+2b+2b\cos\frac{A}{2}\right)M\\&=\left[a+2b+2c+2(b+c)\cos\frac{A}{2}\right]Q\end{aligned}$$

将式(35)中的M代入上式,并整理,得到

$$aA+2\left(1+\cos\frac{A}{2}\right)(bB+cC)=\left[a+2b+2c+2(b+c)\cos\frac{A}{2}\right]Q$$

将式(30)代入上式,得到

$$aA+2\left(1+\cos\frac{A}{2}\right)(b+c)D=\left[a+2b+2c+2(b+c)\cos\frac{A}{2}\right]Q$$

故直线AD,BN,CM必交于一点.

例11 已知四面体$ABCD$,E,F分别为CD,DB上的点,$\frac{CE}{ED}=\frac{1}{2}$,$\frac{DF}{FB}=3$,$BE$与$CF$交于点$G$,联结$AG$,$Q$为$AG$上一点,$\frac{AQ}{QG}=\frac{2}{3}$,联结$BQ$交平面$ACD$于点$H$,联结$CH$交$AD$于点$I$,求$\frac{AI}{ID}$.

解 由$\frac{CE}{ED}=\frac{1}{2}$,$\frac{DF}{FB}=3$,$\frac{AQ}{QG}=\frac{2}{3}$分别得到

$$2C+D=3E \tag{37}$$

$$3B+D=4F \tag{38}$$

$$3A+2G=5Q \tag{39}$$

由式(37)(38)消去D,得到

$$2C+4F=3B+3E=6G \tag{40}$$

由式(38)(40)消去F,得到

$$3B+2C+D=6G \tag{41}$$

由式(39)(41)消去G,得到

$$9A+2C+D=-3B+15Q=12H \tag{42}$$

由式(42)得到$9A+D=-2C+12H=10I$,即得$9AI+DI=0$,即$\frac{AI}{ID}=\frac{1}{9}$.

例12 已知四面体$A_1A_2A_3A_4$,P与Q分别为A_2A_3与A_1A_2上的点,且$\frac{A_2P}{PA_3}=2$,$\frac{A_1Q}{QA_2}=3$,A_1P与A_3Q交于点M,联结A_4M,点N在直线A_4M上,且$\frac{A_4M}{MN}=\frac{2}{3}$,联结$A_1N$,并延长交平面$A_2A_3A_4$于点$R$(图6),求证:$A_2R/\!/A_4A_3$,且$\overline{A_2R}=2\overline{A_4A_3}$.

证明 由$\frac{A_2P}{PA_3}=2$,$\frac{A_1Q}{QA_2}=3$,$\frac{A_4M}{MN}=\frac{2}{3}$分别得到

$$A_2+2A_3=3P \tag{43}$$

$$A_1+3A_2=4Q \tag{44}$$

$$-3A_4+5M=2N \tag{45}$$

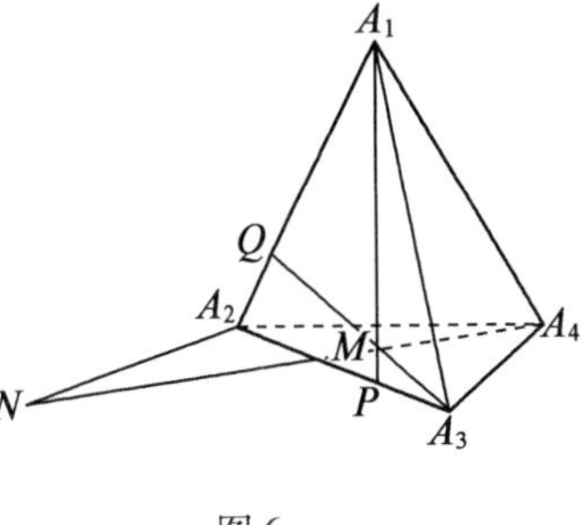

图 6

由式(43)(44)消去 A_2,得到

$$A_1+9P=6A_3+4Q=10M$$

再将式(43)中得到的 $P=\frac{1}{3}A_2+\frac{2}{3}A_3$ 代入上式,即得

$$A_1+3A_2+6A_3=10M \tag{46}$$

由式(46)得到 $M=\frac{1}{10}A_1+\frac{3}{10}A_2+\frac{3}{5}A_3$,代入式(45)消去 M,并整理,得到

$$A_1+3A_2+6A_3-6A_4=4N$$

即

$$3A_2+6A_3-6A_4=-A_1+4N=3R$$

即

$$A_2-R=2A_4-2A_3$$

故有 $A_2R /\!/ A_4A_3$,且$\overline{A_2R}=2\,\overline{A_4A_3}$.

若不作特别说明,本文中如 AB 即表示$\overrightarrow{AB}$,$\frac{AB}{BC}$即表示$\overline{\frac{AB}{BC}}$.

例 13(乔安与叶中豪提供) 设 P 是$\triangle ABC$ 内任意一点,连线 AP,BP,CP 分别交对边于点 D,E,F,点 A_0,B_0,C_0 分别在 AD,BE,CF 上,满足$\frac{AA_0}{A_0D}=\frac{BB_0}{B_0E}=\frac{CC_0}{C_0F}=k$,若 BC_0 与 B_0C 交于点 A',CA_0 与 C_0A 交于点 B',AB_0 与 A_0B 交于点 C',则 A_0A',B_0B',C_0C'交于一点,若记此点为 Y,则 P,G($\triangle ABC$ 的重心),Y 三点共线,且$\overline{\frac{PG}{GY}}=\frac{2+k}{1-k}$.

证明 设

$$\lambda A+uB+vC=(\lambda+u+v)P$$

$$\begin{cases}uB+vC=(u+v)D\\vC+\lambda A=(v+\lambda)E\\\lambda A+uB=(\lambda+u)F\end{cases} \tag{47}$$

$$\begin{cases}A+kD=(1+k)A_0\\B+kE=(1+k)B_0\\C+kF=(1+k)C_0\end{cases} \tag{48}$$

将式(47)中各式分别代入式(48)中各式,得到

$$\begin{cases}(u+v)A+kuB+kvC=(1+k)(u+v)A_0\\(v+\lambda)B+kvC+k\lambda A=(1+k)(v+\lambda)B_0\\(\lambda+u)C+k\lambda A+kuB=(1+k)(\lambda+u)C_0\end{cases} \tag{49}$$

由式(49)中的第 2,3 式消去 A,可得到

$$(1+k)(v+\lambda)B_0+(\lambda+u-kv)C$$
$$=(1+k)(\lambda+u)C_0+(v+\lambda-ku)B$$

$$=[(k+2)\lambda+u+v]A'$$

将式(49)中的第2式代入上式,并整理,得到

$$k\lambda A+(v+\lambda)B+(\lambda+u)C=[(k+2)\lambda+u+v]A'$$

同理可得其他两式,即有

$$\begin{cases}k\lambda A+(v+\lambda)B+(\lambda+u)C=[(k+2)\lambda+u+v]A'\\ kuB+(\lambda+u)C+(u+v)A=[(k+2)u+v+\lambda]B'\\ kvC+(u+v)A+(v+\lambda)B=[(k+2)v+\lambda+u]C'\end{cases}\tag{50}$$

由式(50)即得

$$\begin{aligned}&[(k+2)\lambda+u+v]A'+(u+v-k\lambda)A\\ =&[(k+2)u+v+\lambda]B'+(v+\lambda-ku)B\\ =&[(k+2)v+\lambda+u]C'+(\lambda+u-kv)C\\ =&(u+v)A+(v+\lambda)B+(\lambda+u)C\\ =&2(\lambda+u+v)X\end{aligned}\tag{51}$$

由式(51)知 AA',BB',CC'共点.

另外,由

$$\begin{cases}\lambda A+uB+vC=(\lambda+u+v)P\\ (u+v)A+(v+\lambda)B+(\lambda+u)C=2(\lambda+u+v)X\\ A+B+C=3G\end{cases}$$

得到

$$P+2X=3G$$

故 P,X,G 共线,且$\frac{PG}{GX}=2$.

由式(49)(50)得到

$$\begin{aligned}&(1+k)(u+v)A_0+[(k+2)\lambda+u+v]A'\\ =&(1+k)(v+\lambda)B_0+[(k+2)u+v+\lambda]B'\\ =&(1+k)(\lambda+u)C_0+[(k+2)v+\lambda+u]C'\\ =&(k\lambda+u+v)A+(ku+v+\lambda)B+(kv+\lambda+u)C\\ =&k(\lambda+u+v)P+2(\lambda+u+v)X\\ =&(k+2)(\lambda+u+v)Y\end{aligned}$$

即得

$$kP+2X=(k+2)Y$$

因此,P,X,Y 共线,且$\frac{XY}{YP}=\frac{k}{2}=\frac{AA_0}{2A_0D}$.

由以上,已得到

$$\begin{cases}\lambda A+uB+vC=(\lambda+u+v)P\\ (k\lambda+u+v)A+(ku+v+\lambda)B+(kv+\lambda+u)C=(k+2)(\lambda+u+v)Y\\ A+B+C=3G\end{cases}$$

于是可得到

$$(k-1)P+3G=(k+2)Y$$

因此,P,G,Y 共线,且$\frac{PG}{GY}=\frac{2+k}{1-k}$.

例 14(自创题)　设 $\lambda A+uB+vC=(\lambda+u+v)P$,点 P 到直线 BC,CA,AB 的正投影分别为点 D,E,F,$B+xC=(1+x)D$,$C+yA=(1+y)E$,$A+zB=(1+z)F$,记 $\triangle ABC$ 的三边长分别为 $BC=a$,$CA=b$,$AB=c$,则

$$x=\frac{(\lambda+2v)a^2-\lambda b^2+\lambda c^2}{(\lambda+2u)a^2+\lambda b^2-\lambda c^2}$$

$$y=\frac{(u+2\lambda)b^2-uc^2+ua^2}{(u+2v)b^2+uc^2-ua^2}$$

$$z=\frac{(v+2u)c^2-va^2+vb^2}{(v+2\lambda)c^2+va^2-vb^2}$$

证明　由题意 $\lambda A+uB+vC=(\lambda+u+v)P$,得到

$$\lambda AD+uBD+vCD=(\lambda+u+v)PD$$

由 $B+xC=(1+x)D$,得到 $AD=\frac{1}{1+x}AB+\frac{x}{1+x}AC$,$BD=\frac{x}{1+x}BC$,$CD=\frac{1}{1+x}CB$,分别代入上式,并经整理得到

$$\lambda AB+(ux-v)BC+\lambda xAC=(1+x)(\lambda+u+v)PD$$

即

$$(\lambda+\lambda x)AB-(v-\lambda x-ux)BC=(1+x)(\lambda+u+v)PD$$

由于 $PD\perp BC$,则有 $PD\cdot BC=0$,因此

$$(\lambda+\lambda x)AB\cdot BC-(v-\lambda x-ux)a^2=0$$

又由于 $AB\cdot BC=\frac{1}{2}(b^2-c^2-a^2)$,代入上式,经整理即得

$$[(\lambda+2u)a^2+\lambda b^2-\lambda c^2]x=(\lambda+2v)a^2-\lambda b^2+\lambda c^2$$

即

$$x=\frac{(\lambda+2v)a^2-\lambda b^2+\lambda c^2}{(\lambda+2u)a^2+\lambda b^2-\lambda c^2}$$

同理可证另外两式.

由本例可知,以下点量式成立

$$[(\lambda+2u)a^2+\lambda b^2-\lambda c^2]B+[(\lambda+2v)a^2-\lambda b^2+\lambda c^2]C=2(\lambda+u+v)a^2D$$

$$[(u+2v)b^2+uc^2-ua^2]C+[(u+2\lambda)b^2-uc^2+ua^2]A=2(\lambda+u+v)b^2E$$

$$[(v+2\lambda)c^2+va^2-vb^2]A+[(v+2u)c^2-va^2+vb^2]B=2(\lambda+u+v)c^2F$$

用向量式表示,有以下:

例 15(自拟题)　已知 $\triangle ABC$ 的三边长分别为 $BC=a$,$CA=b$,$AB=c$,P 为 $\triangle ABC$ 所在平面上一点,满足 $xA+yB+zC=(x+y+z)P$,$x,y,z\in\mathbf{R}$,x,y,z 不全为零,点 P 在直线 BC,CA,AB 上的正投影分别为点 D,E,F,则:

(1)
$$2(x+y+z)a^2\overrightarrow{PD}=x[(a^2+b^2-c^2)\overrightarrow{AB}+(a^2-b^2+c^2)\overrightarrow{AC}]$$

$$2(x+y+z)b^2\overrightarrow{PE}=y[(-a^2+b^2+c^2)\overrightarrow{BC}+(a^2+b^2-c^2)\overrightarrow{BA}]$$

$$2(x+y+z)c^2\overrightarrow{PF}=z[(a^2-b^2+c^2)\overrightarrow{CA}+(-a^2+b^2+c^2)\overrightarrow{CB}]$$

(2)　$2(x+y+z)(a^2\overrightarrow{PD}+b^2\overrightarrow{PE}+c^2\overrightarrow{PF})$

$$=(y-z)(-a^2+b^2+c^2)\overrightarrow{BC}+(z-x)(a^2-b^2+c^2)\overrightarrow{CA}+(x-y)(a^2+b^2-c^2)\overrightarrow{AB}$$

(3) $\overrightarrow{AP}\cdot\overrightarrow{PD}=\dfrac{x(y+z)}{(x+y+z)^2}h_a^2$(类似还有两式).

证明 (1)设参数 $m,n,n\neq 0$,且

$$mB+nC=(m+n)D \tag{52}$$

由$(m+n)(x+y+z)PD=(xA+yB+zC)(mB+nC)$展开并整理,得到

$$(m+n)(x+y+z)PD=(xm-yn+zm)AB+(xn+yn-zm)AC$$

由于 $PD\cdot BC=0$,则有

$$[(xm-yn+zm)AB+(xn+yn-zm)AC]\cdot BC=0$$

即

$$\left[-(x+z)\frac{m}{n}+y\right](a^2-b^2+c^2)+\left(x+y-z\frac{m}{n}\right)(a^2+b^2-c^2)=0$$

解得

$$\frac{m}{n}=\frac{(a^2+b^2-c^2)x+2a^2y}{(a^2-b^2+c^2)x+2a^2z}$$

代入式(52),经整理得到

$$[(a^2+b^2-c^2)x+2a^2y]B+[(a^2-b^2+c^2)x+2a^2z]C=2(x+y+z)a^2D$$

于是,由

$$\begin{aligned}&2(x+y+z)^2a^2PD\\&=(xA+yB+zC)\{[(a^2+b^2-c^2)x+2a^2y]B+[(a^2-b^2+c^2)x+2a^2z]C\}\\&=[(a^2+b^2-c^2)x^2+2a^2xy]AB+[(a^2-b^2+c^2)x^2+2a^2xz]AC+\\&\quad[(a^2-b^2+c^2)xy-(a^2+b^2-c^2)xz]BC\\&=(a^2+b^2-c^2)x(x+y+z)AB+(a^2-b^2+c^2)x(x+y+z)AC\end{aligned}$$

即得到

$$2(x+y+z)a^2\,\overrightarrow{PD}=x[(a^2+b^2-c^2)\overrightarrow{AB}+(a^2-b^2+c^2)\overrightarrow{AC}]$$

同理可得到其他两式,即得证.

(2)由所得到的三个等式左右两边分别相加,并整理即得证.

(3)
$$\begin{aligned}\overrightarrow{AP}\cdot\overrightarrow{PD}&=\frac{x}{2(x+y+z)^2a^2}(y\overrightarrow{AB}+z\overrightarrow{AC})\cdot[(a^2+b^2-c^2)\overrightarrow{AB}+(a^2-b^2+c^2)\overrightarrow{AC}]\\&=\frac{x}{2(x+y+z)^2a^2}\{[yc^2(a^2+b^2-c^2)+zb^2(a^2-b^2+c^2)]+\\&\quad[y(a^2-b^2+c^2)+z(a^2+b^2-c^2)]\overrightarrow{AB}\cdot\overrightarrow{AC}\}\\&=\frac{x}{2(x+y+z)^2a^2}\{[yc^2(a^2+b^2-c^2)+zb^2(a^2-b^2+c^2)]+\\&\quad[y(a^2-b^2+c^2)+z(a^2+b^2-c^2)]\frac{-a^2+b^2+c^2}{2}\}\\&=\frac{x(y+z)}{2(x+y+z)^2a^2}(2\sum b^2c^2-\sum a^4)\\&=\frac{x(y+z)}{(x+y+z)^2}h_a^2\end{aligned}$$

即得$\overrightarrow{AP}\cdot\overrightarrow{PD}=\frac{x(y+z)}{(x+y+z)^2}h_a^2$(类似还有两式).

由本例还可得到

$$[(vb+u c\cos A)(\lambda c+va\cos B)(ua+\lambda b\cos C)+(vb\cos A+uc)(\lambda c\cos B+va)(ua\cos C+\lambda b)]ABC$$
$$=[(\lambda+u+v)^3abc]DEF$$

若 P 为$\triangle ABC$ 内部或边界上一点,应用不等式 $DEF\leqslant\frac{1}{4}ABC$,则得到

$$(vb+u c\cos A)(\lambda c+va\cos B)(ua+\lambda b\cos C)+(vb\cos A+uc)(\lambda c\cos B+va)(ua\cos C+\lambda b)$$
$$\leqslant\frac{1}{4}(\lambda+u+v)^3abc$$

即有以下结论:

若$\triangle ABC$ 的三边长分别为 $BC=a,CA=b,AB=c,\lambda,u,v\in\overline{\mathbf{R}_-}$,则

$$[2vb^2+u(-a^2+b^2+c^2)][2\lambda c^2+v(a^2-b^2+c^2)][2ua^2+\lambda(a^2+b^2-c^2)]+$$
$$[2uc^2+v(-a^2+b^2+c^2)][2va^2+\lambda(a^2-b^2+c^2)][2\lambda b^2+u(a^2+b^2-c^2)]$$
$$\leqslant2(\lambda+u+v)^3(abc)^2$$

当且仅当$\triangle ABC$ 为非钝角三角形,且 $\lambda:u:v=\sin 2A:\sin 2B:\sin 2C$ 时取等号.

二、点量积

(一)点量外积

1. 点量外积及其模的定义

定义1 $n(n\geqslant2)$个点量外积的结果称为 n 点向量. 如 n 个点量 λ_iA_i(其中 λ_i 为数量,$i=1,2,\cdots,n$),其外积为 n 点向量$(\lambda_1\lambda_2\cdots\lambda_n)A_1A_2\cdots A_n$,或写作 $\lambda_1\lambda_2\cdots\lambda_nA_1A_2\cdots A_n$,并规定在 $A_1A_2\cdots A_n$ 中,每调换其中两个字母时,这时得到的体向量改变一次符号,如

$$A_1A_2\cdots A_i\cdots A_j\cdots A_n=-A_1A_2\cdots A_j\cdots A_i\cdots A_n$$

在 n 维空间中,m 个点量的点量外积是 m 点向量,简称向量. 当 $m<n$ 时,其为 n 维空间中的向量(以后不再标记向量记号,如$\overrightarrow{AB}$就写成 AB,$\overrightarrow{ABC}$就写成 ABC,等等);当 $m=n$ 时,其为 n 维空间中的有向数量(带有正负号的量,广义共线向量);当 $m>n$ 时,其为零向量.

在 n 维空间中,若

$$\sum_{i=1}^m a_iA_i=(\sum_{i=1}^m a_i)A,\sum_{i=1}^m b_iB_i=(\sum_{i=1}^m b_i)B,\cdots,\sum_{i=1}^m c_iC_i=(\sum_{i=1}^m c_i)C$$

则

$$(\sum_{i=1}^m a_iA_i)(\sum_{i=1}^m b_iB_i)\cdots(\sum_{i=1}^m c_iC_i)=(\sum_{i=1}^m a_i)(\sum_{i=1}^m b_i)\cdots(\sum_{i=1}^m c_i)AB\cdots C$$

与数量多项式乘法一样展开,但展开后的每一项的字母顺序必须保持原来的顺序不变.

特别地,有

$$(a_{11}A_1+a_{12}A_2+\cdots+a_{1m}A_m)(a_{21}A_1+a_{22}A_2+\cdots+a_{2m}A_m)\cdots(a_{n1}A_1+a_{n2}A_2+\cdots+a_{nm}A_m)$$
$$=\begin{cases}\text{向量(有序展开)} & (m<n)\\ \begin{vmatrix}a_{11}&a_{12}&\cdots&a_{1n}\\a_{21}&a_{22}&\cdots&a_{2n}\\\vdots&\vdots&&\vdots\\a_{n1}&a_{n2}&\cdots&a_{nn}\end{vmatrix}A_1A_2\cdots A_n & (m=n)\\ 0 & (m>n)\end{cases}$$

特别要强调以下几点:

(1)在 n 维空间中,$m(m<n)$ 个点量 $a_1A_1,a_2A_2,\cdots,a_mA_m$ 的有序积,其结果是向量,写作

$$a_1a_2\cdots a_mA_1A_2\cdots A_m$$

注意积因式的有序性.

(2)在向量 $A_1A_2\cdots A_n$ 中,每交换一次点量位置后所得到的向量与原向量符号相反,其绝对值(向量模)相等. 因此点量积没有交换律. 如 $ABCD=-ABDC=ADBC$.

(3)点量积不满足结合律.

(4)点量乘法对加法满足分配律:如

$$A(B+C)=AB+AC,(A+B)C=AC+BC$$

$$P_1P_2\cdots P_m\left(\sum_{i=1}^{n}a_iA_i\right)=\sum_{i=1}^{n}a_iP_1P_2\cdots P_mA_i$$

(5)不存在点量与向量的积运算.

由上述规定,容易得到以下诸式:

①$(A_1-B_1)(A_2-B_2)\cdots(A_n-B_n)=0,n\geqslant 2$.

②对于任意点量 P,Q,都有

$$P(A_1-B_1)(A_2-B_2)\cdots(A_n-B_n)=Q(A_1-B_1)(A_2-B_2)\cdots(A_n-B_n)$$

证明 由①有

$$(P-Q)(A_1-B_1)(A_2-B_2)\cdots(A_n-B_n)=0$$

即得证.

③ $$A[\alpha_1P+\beta_1Q-(\alpha_1+\beta_1)R][\alpha_2P+\beta_2Q-(\alpha_2+\beta_2)R]=\begin{vmatrix}\alpha_1 & \beta_1\\ \alpha_2 & \beta_2\end{vmatrix}PQR$$

证法1

$$\begin{aligned}&A[\alpha_1P+\beta_1Q-(\alpha_1+\beta_1)R][\alpha_2P+\beta_2Q-(\alpha_2+\beta_2)R]\\&=P[\alpha_1P+\beta_1Q-(\alpha_1+\beta_1)R][\alpha_2P+\beta_2Q-(\alpha_2+\beta_2)R]\quad(据②)\\&=\begin{vmatrix}1 & 0 & 0\\ \alpha_1 & \beta_1 & -(\alpha_1+\beta_1)\\ \alpha_2 & \beta_2 & -(\alpha_2+\beta_2)\end{vmatrix}PQR\\&=\begin{vmatrix}\alpha_1 & \beta_1\\ \alpha_2 & \beta_2\end{vmatrix}PQR\end{aligned}$$

证法2

$$\begin{aligned}&A[\alpha_1P+\beta_1Q-(\alpha_1+\beta_1)R][\alpha_2P+\beta_2Q-(\alpha_2+\beta_2)R]\\&=\begin{vmatrix}\alpha_1 & \beta_1\\ \alpha_2 & \beta_2\end{vmatrix}(AQR-APR+APQ)\\&=\begin{vmatrix}\alpha_1 & \beta_1\\ \alpha_2 & \beta_2\end{vmatrix}(AQR+PAR+PQA)\\&=\begin{vmatrix}\alpha_1 & \beta_1\\ \alpha_2 & \beta_2\end{vmatrix}PQR\end{aligned}$$

④ $$\begin{aligned}&P[a_1A_1+a_2A_2+\cdots+a_nA_n-(a_1+a_2+\cdots+a_n)A]\\&=a_1AA_1+a_2AA_2+\cdots+a_nAA_n\quad(据②)\end{aligned}$$

⑤ $$P(A_1-B_1)(A_2-B_2)\cdots(A_n-B_n)=B_1A_1(A_2-B_2)\cdots(A_n-B_n)$$

$$
\begin{aligned}
&= (A_1 - B_1)B_2A_2(A_3 - B_3)\cdots(A_n - B_n)\\
&= \cdots\\
&= (A_1 - B_1)(A_2 - B_2)\cdots B_nA_n \quad (\text{据②})
\end{aligned}
$$

⑥若 $A - B = \alpha_1 P + \beta_1 Q - (\alpha_1 + \beta_1)R, A - C = \alpha_2 P + \beta_2 Q - (\alpha_2 + \beta_2)R$，则 $ABC = \begin{vmatrix} \alpha_1 & \beta_1 \\ \alpha_2 & \beta_2 \end{vmatrix} PQR$.

证明　因为

$$
\begin{aligned}
&A(A - B)(A - C) = ABC\\
&A[\alpha_1 P + \beta_1 Q - (\alpha_1 + \beta_1)R][\alpha_2 P + \beta_2 Q - (\alpha_2 + \beta_2)R]\\
&= \begin{vmatrix} \alpha_1 & \beta_1 \\ \alpha_2 & \beta_2 \end{vmatrix} PQR \quad (\text{据②})
\end{aligned}
$$

所以

$$
ABC = \begin{vmatrix} \alpha_1 & \beta_1 \\ \alpha_2 & \beta_2 \end{vmatrix} PQR
$$

⑦ 若

$$
\begin{aligned}
A - B &= \alpha_1 P + \beta_1 Q - (\alpha_1 + \beta_1)R\\
C - D &= \alpha_2 P + \beta_2 Q - (\alpha_2 + \beta_2)R\\
uA + vB &+ (1 - u - v)C = D
\end{aligned}
$$

则

$$
(u + v)ABC + \begin{vmatrix} \alpha_1 & \beta_1 \\ \alpha_2 & \beta_2 \end{vmatrix} PQR = 0
$$

证明

$$
\begin{aligned}
A(A - B)(C - D) &= A[\alpha_1 P + \beta_1 Q - (\alpha_1 + \beta_1)R][\alpha_2 P + \beta_2 Q - (\alpha_2 + \beta_2)R]\\
&= \begin{vmatrix} \alpha_1 & \beta_1 \\ \alpha_2 & \beta_2 \end{vmatrix} PQR \quad (\text{据②})
\end{aligned}
$$

又

$$
\begin{aligned}
A(A - B)(C - D) &= A(A - B)[-uA - vB + (u + v)C]\\
&= -(u + v)ABC
\end{aligned}
$$

故

$$
(u + v)ABC + \begin{vmatrix} \alpha_1 & \beta_1 \\ \alpha_2 & \beta_2 \end{vmatrix} PQR = 0
$$

⑧若

$$
\begin{aligned}
x_1 A + y_1 B - (x_1 + y_1)C &= \alpha_1 P + \beta_1 Q - (\alpha_1 + \beta_1)R\\
x_2 A + y_2 B - (x_2 + y_2)C &= \alpha_2 P + \beta_2 Q - (\alpha_2 + \beta_2)R
\end{aligned}
$$

则

$$
\begin{vmatrix} x_1 & y_1 \\ x_2 & y_2 \end{vmatrix} ABC = \begin{vmatrix} \alpha_1 & \beta_1 \\ \alpha_2 & \beta_2 \end{vmatrix} PQR
$$

证明　应用③中的结果易得证.

⑨设 $P_i=\sum_{j=1}^{n}a_{ij}A_j-(\sum_{j=1}^{n}a_{ij})A_i,i=1,2,\cdots,n$, P 为任意非零点量,则

$$PP_1P_2\cdots P_n=\begin{vmatrix}a_{11}&a_{12}&\cdots&a_{1n}\\a_{21}&a_{22}&\cdots&a_{2n}\\\vdots&\vdots&&\vdots\\a_{n1}&a_{n2}&\cdots&a_{nn}\end{vmatrix}A_1A_2\cdots A_{n+1}$$

证法同③.

⑩ 设 $P_i=\sum_{j=1}^{n}a_{ij}A_j-(\sum_{j=1}^{n}a_{ij})A_i,i=1,2,\cdots,m,m\geqslant 2$,则

$$P_1P_2\cdots P_m=0$$

如

$$(A-B)(C-D)=0$$

$$[a_1A_1+b_1B_1+c_1C_1-(a_1+b_1+c_1)D_1][a_2A_2+b_2B_2+c_2C_2-(a_2+b_2+c_2)D_2]=0$$

$$[a_1A_1+b_1B_1+c_1C_1+d_1D_1-(a_1+b_1+c_1+d_1)E_1][a_2A_2+b_2B_2+c_2C_2+d_2D_2-(a_2+b_2+c_2+d_2)E_2][a_3A_3+b_3B_3+c_3C_3+d_3D_3-(a_3+b_3+c_3+d_3)E_3]=0$$

等等.

下面证明 $P_1P_2P_3=0$.

证明 设 $(\sum_{j=1}^{n}a_{ij})M_i=\sum_{j=1}^{n}a_{ij}A_j,i=1,2,3$, 则要证

$$P_1P_2P_3=(\sum_{j=1}^{n}a_{1j})(\sum_{j=1}^{n}a_{2j})(\sum_{j=1}^{n}a_{3j})(M_1-A_1)(M_2-A_2)(M_3-A_3)=0$$

即证

$$(M_1-A_1)(M_2-A_2)(M_3-A_3)=0$$

而上式左边展开得到

$$\begin{aligned}&(M_1-A_1)(M_2-A_2)(M_3-A_3)\\=&M_1M_2M_3-M_1M_2A_3-M_1A_2M_3+M_1A_2A_3-A_1M_2M_3+A_1M_2A_3+A_1A_2M_3-A_1A_2A_3\\=&(A_1M_2M_3+M_1A_1M_3+M_1M_2A_1)-(A_1M_2A_3+M_1A_1A_3+M_1M_2A_1)-\\&(A_1A_2M_3+M_1A_1M_3+M_1A_2A_1)+(A_1A_2A_3+M_1A_1A_3+M_1A_2A_1)-\\&A_1M_2M_3+A_1M_2A_3+A_1A_2M_3-A_1A_2A_3\\=&0\end{aligned}$$

故 $P_1P_2P_3=0$.

⑪

$$AB(C-D)=(B-A)CD$$

$$AB(C-D)(E-F)=(B-A)CD(E-F)=(B-A)(D-C)EF$$

证明

$$\begin{aligned}AB(C-D)(E-F)&=ABCE-ABCF-ABDE+ABDF\\&=(DBCE+ADCE+ABDE+ABCD)-(DBCF+\\&\quad ADCF+ABDF+ABCD)-ABDE+ABDF\\&=DBCE+ADCE-DBCF-ADCF\\&=(B-A)CD(E-F)\end{aligned}$$

$$AB(C-D)(E-F)=ABCE-ABCF-ABDE+ABDF$$

$$
\begin{aligned}
&= ABCE-(EBCF+AECF+ABEF+ABCE)-\\
&\quad ABDE+(EBDF+AEDF+ABEF+ABDE)\\
&= -EBCF-AECF+EBDF+AEDF\\
&=(B-A)(D-C)EF
\end{aligned}
$$

更一般地,有

$$
\begin{aligned}
A_1B_1(A_2-B_2)\cdots(A_n-B_n) &= (B_1-A_1)A_2B_2(A_3-B_3)\cdots(A_n-B_n)\\
&=(B_1-A_1)(B_2-A_2)A_3B_3(A_4-B_4)\cdots(A_n-B_n)\\
&=\cdots\\
&=(B_1-A_1)(B_2-A_2)\cdots(B_{n-1}-A_{n-1})A_nB_n
\end{aligned}
$$

⑫易证有

$$
ABC(D-E)=AB(C-B)(D-E)=AB(C-A)(D-E)
$$

$$
\begin{aligned}
ABCD(E-F) &= AB(C-B)(D-A)(E-F)=AB(C-A)(D-B)(E-F)\\
&=AB(C-A)(D-A)(E-F)=AB(C-B)(D-B)(E-F)
\end{aligned}
$$

还有更一般的式子,这样,就将这类式子化为以上⑪的形式了.

⑬设 $\sum_{i=1}^{n} x_iA_i = (\sum_{i=1}^{n} x_i)Q$, 则

$$
(\sum_{i=1}^{n} x_i)(\sum_{i=1}^{n} x_iPA_i^2)-2\sum_{1\leqslant i<j\leqslant n} x_ix_jA_iA_j^2 = (\sum_{i=1}^{n} x_i)^2PQ^2
$$

证明 由于 $\sum_{i=1}^{n} x_iA_i = (\sum_{i=1}^{n} x_i)Q$,因此,得到

$$
\sum_{i=1}^{n} x_i\overrightarrow{PA_i} = (\sum_{i=1}^{n} x_i)\overrightarrow{PQ} \tag{53}
$$

由于

$$
\begin{aligned}
&(\sum_{i=1}^{n} x_i\overrightarrow{PA_i})\cdot(\sum_{i=1}^{n} x_i\overrightarrow{PA_i})\\
&= \sum_{i=1}^{n} x_i^2PA_i^2 + 2\sum_{1\leqslant i<j\leqslant n} x_ix_j\overrightarrow{PA_i}\cdot\overrightarrow{PA_j}\\
&= \sum_{i=1}^{n} x_i^2PA_i^2 + 2\sum_{1\leqslant i<j\leqslant n} x_ix_j(\overrightarrow{PA_i}^2+\overrightarrow{PA_j}^2-A_iA_j^2)\\
&= (\sum_{i=1}^{n} x_i)(\sum_{i=1}^{n} x_iPA_i^2)-2\sum_{1\leqslant i<j\leqslant n} x_ix_jA_iA_j^2
\end{aligned}
$$

又

$$
(\sum_{i=1}^{n} x_i)\overrightarrow{PQ}\cdot(\sum_{i=1}^{n} x_i)\overrightarrow{PQ} = (\sum_{i=1}^{n} x_i)^2PQ^2
$$

即得所证等式.

由⑬中的等式即得以下命题.

命题 1 设 $x_i\in\mathbf{R}, i=1,2,\cdots,n$,对于 m 维空间中的任意 n 个点,有

$$
(\sum_{i=1}^{n} x_i)(\sum_{i=1}^{n} x_iPA_i^2)\geqslant 2\sum_{1\leqslant i<j\leqslant n} x_ix_jA_iA_j^2
$$

2. n 点向量 $A_1A_2\cdots A_n$ 的模(也称为向量 $A_1A_2\cdots A_n$ 的绝对值)规定为

$$|A_1A_2\cdots A_n| = \sqrt{\frac{(-1)^n}{2^{n-1}[(n-1)!]^2}\begin{vmatrix} 0 & A_1A_2^2 & \cdots & A_1A_n^2 & 1 \\ A_2A_1^2 & 0 & \cdots & A_2A_n^2 & 1 \\ \vdots & \vdots & & \vdots & \vdots \\ A_nA_1^2 & A_nA_2^2 & \cdots & 0 & 1 \\ 1 & 1 & \cdots & 1 & 0 \end{vmatrix}}$$

我们将$\overline{A_1A_2\cdots A_n}$称为 n 点向量 $A_1A_2\cdots A_n$ 的有向体积.

$n(n\geqslant2)$个点量外积的模是一个不小于零的实数,$n(n\geqslant2)$个点量 λ_iA_i(其中 λ_i 为数量,$i=1,2,\cdots,n$)的外积 $\lambda_1\lambda_2\cdots\lambda_nA_1A_2\cdots A_n$ 的模(也称为绝对值)写作

$$|\lambda_1\lambda_2\cdots\lambda_nA_1A_2\cdots A_n| = |\lambda_1\lambda_2\cdots\lambda_n|\cdot|A_1A_2\cdots A_n|$$

(二)n 点向量和定义

1. P 为空间中任意一点,对于 n 点向量 $A_1A_2\cdots A_n$,定义

$$A_1A_2\cdots A_n = PA_2\cdots A_n + A_1P\cdots A_n + \cdots + A_1A_2\cdots P$$

由此有

$$P(A_1-B_1) = -A_1B_1$$

$$P(A_1-B_1)(A_2-B_2) = -A_1B_1(A_2-B_2) = -A_1B_1A_2 + A_1B_1B_2$$

$$\begin{aligned} P(A_1-B_1)(A_2-B_2)(A_3-B_3) &= -A_1B_1(A_2-B_2)(A_3-B_3) \\ &= -A_1B_1A_2A_3 + A_1B_1A_2B_3 + A_1B_1B_2A_3 - A_1B_1B_2B_3 \end{aligned}$$

$$\vdots$$

$$P(A_1-B_1)(A_2-B_2)(A_3-B_3)\cdots(A_n-B_n) = -A_1B_1(A_2-B_2)(A_3-B_3)\cdots(A_n-B_n)$$

这很容易由点量外积运算和 n 点向量和定义得到解释. 如

$$P(A_1-B_1)(A_2-B_2)(A_3-B_3) = -A_1B_1(A_2-B_2)(A_3-B_3)$$

证明如下

$$\begin{aligned} & P(A_1-B_1)(A_2-B_2)(A_3-B_3) \\ &= PA_1(A_2-B_2)(A_3-B_3) - PB_1(A_2-B_2)(A_3-B_3) \\ &= PA_1A_2A_3 - PA_1A_2B_3 - PA_1B_2A_3 + PA_1B_2B_3 - \\ &\quad PB_1A_2A_3 + PB_1A_2B_3 + PB_1B_2A_3 - PB_1B_2B_3 \\ &= -(A_1PA_2A_3 + PB_1A_2A_3) + (PB_1A_2B_3 - PA_1A_2B_3) - \\ &\quad (PA_1B_2A_3 - PB_1B_2A_3) - (PB_1B_2B_3 - PA_1B_2B_3) \\ &= (-A_1B_1A_2A_3 + A_1B_1PA_3 + A_1B_1A_2P) + (A_1B_1A_2B_3 - A_1B_1PB_3 - A_1B_1A_2P) + \\ &\quad (A_1B_1B_2A_3 - A_1B_1PA_3 - A_1B_1B_2P) + (-A_1B_1B_2B_3 + A_1B_1PB_3 + A_1B_1B_2P) \\ &= -A_1B_1A_2A_3 + A_1B_1A_2B_3 + A_1B_1B_2A_3 - A_1B_1B_2B_3 \\ &= -A_1B_1(A_2-B_2)(A_3-B_3) \end{aligned}$$

即得证.

两个单位点量相乘是向量. 单位点量 A 与单位点量 B 的点量积记为$\overrightarrow{AB}$,单位点量 B 与单位点量 A 的点量积记为$\overrightarrow{BA}$,即有$\overrightarrow{AB}=-\overrightarrow{BA}$. 两个点量的点量积,其结果为向量,其结果由将两个点值积和两个单位点量分别相乘所得到. 如两个点量 aA,bB 的点量积为 $ab\,\overrightarrow{AB}$.

两个点量积满足乘法分配律,即有 $P(A+B)=PA+PB$,$(A+B)P=AP+BP$.

若 $\sum_{i=1}^{n} a_iA_i = (\sum_{i=1}^{n} a_i)A$，$\sum_{i=1}^{n} b_iB_i = (\sum_{i=1}^{n} b_i)B$，则

$$(\sum_{i=1}^{n} a_i)(\sum_{i=1}^{n} b_i)AB = (\sum_{i=1}^{n} a_iA_i)(\sum_{i=1}^{n} b_iB_i) = \sum_{j=1}^{n}\sum_{i=1}^{n} a_ib_jA_iB_j$$

若 $\sum_{i=1}^{n} a_iA_i = (\sum_{i=1}^{n} a_i)A$，$\sum_{i=1}^{n} b_iB_i = (\sum_{i=1}^{n} b_i)B$，$\sum_{i=1}^{n} c_iC_i = (\sum_{i=1}^{n} c_i)C$，则

$$(\sum_{i=1}^{n} a_i)(\sum_{i=1}^{n} b_i)(\sum_{i=1}^{n} c_i)ABC = (\sum_{i=1}^{n} a_iA_i)(\sum_{i=1}^{n} b_iB_i)(\sum_{i=1}^{n} c_iC_i) = \sum_{k=1}^{n}\sum_{j=1}^{n}\sum_{i=1}^{n} a_ib_jc_kA_iB_jC_k$$

由点量乘法，易知有以下命题.

命题2 在 n 维空间中，对于 $n+2$ 个点 $A_1, A_2, \cdots, A_{n+1}, P$，有

$$\begin{aligned}&(PA_2A_3\cdots A_{n+1})A_1 + (A_1PA_3\cdots A_{n+1})A_2 + (A_1A_2PA_4\cdots A_{n+1})A_3 + \cdots +\\&(A_1A_2A_3\cdots A_{n-1}PA_{n+1})A_n + (A_1A_2A_3\cdots A_{n-1}A_nP)A_{n+1}\\&= (A_1A_2A_3\cdots A_nA_{n+1})P\end{aligned}$$

证明 设 $x_1, x_2, \cdots, x_{n+1}$ 满足

$$x_1A_1 + x_2A_2 + \cdots + x_nA_n + x_{n+1}A_{n+1} = (x_1 + x_2 + \cdots + x_n + x_{n+1})P$$

将上式两边同时乘以 $A_2A_3\cdots A_{n+1}$，得到

$$x_1A_1A_2A_3\cdots A_{n+1} = (x_1 + x_2 + \cdots + x_{n+1})PA_2A_3\cdots A_{n+1}$$

即

$$\frac{x_1}{x_1 + x_2 + \cdots + x_{n+1}} = \frac{PA_2A_3\cdots A_{n+1}}{A_1A_2A_3\cdots A_{n+1}}$$

同理，可得

$$\frac{x_2}{x_1 + x_2 + \cdots + x_{n+1}} = \frac{PA_1A_3\cdots A_{n+1}}{A_2A_1A_3\cdots A_{n+1}} = \frac{A_1PA_3\cdots A_{n+1}}{A_1A_2A_3\cdots A_{n+1}}$$

$$\vdots$$

$$\frac{x_{n+1}}{x_1 + x_2 + \cdots + x_{n+1}} = \frac{A_1A_2\cdots A_nP}{A_1A_2A_3\cdots A_{n+1}}$$

将以上所得各式分别代入所设式子即得命题中的等式.

2. 在 n 维空间中，若 $n \geqslant m$，则 $\overrightarrow{A_1A_2\cdots A_m}$ 为 m 维向量，且规定

$$\begin{aligned}\overrightarrow{A_1A_2\cdots A_m} &= \frac{1}{m-1}\overrightarrow{A_1A_2}(\overrightarrow{A_1A_3A_4\cdots A_m})\\&= \frac{1}{(m-1)(m-2)}(\overrightarrow{A_1A_2})(\overrightarrow{A_1A_3})(\overrightarrow{A_1A_4A_5\cdots A_m})\\&= \cdots\\&= \frac{1}{(m-1)!}(\overrightarrow{A_1A_2})(\overrightarrow{A_1A_3})\cdots(\overrightarrow{A_1A_m})\end{aligned}$$

若 $n = m-1$，则在 $m-1$ 维空间中 $\overrightarrow{A_1A_2\cdots A_m}$ 为有向数量 $\overline{A_1A_2\cdots A_m}$.

若 $n < m-1$，则 $\overrightarrow{A_1A_2\cdots A_m} = \mathbf{0}$.

由此可知,在 m 维向量 $A_1A_2\cdots A_m$ 中,对调其中两个字母后得到的向量与原向量的符号相反,即

$$A_1\cdots A_{i-1}A_iA_{i+1}\cdots A_{j-1}A_jA_{j+1}\cdots A_m=-A_1\cdots A_{i-1}A_jA_{i+1}\cdots A_{j-1}A_iA_{j+1}\cdots A_m$$

因此,点量乘法不满足交换律.

特例:三个点量乘积. 三个点量相乘的结果为面向量. 定义面向量为

$$XYZ=\frac{1}{2}\overrightarrow{XY}\times\overrightarrow{XZ}$$

在三维空间中,由面向量外积定义,对三维空间中任意四点 X,Y,Z,P,有

$$XYZ=PYZ+XPZ+XYP$$

此式很容易用向量外积证明.

证明

$$\begin{aligned}PYZ+XPZ+XYP&=\frac{1}{2}(PY\times PZ-PX\times PZ-XY\times PX)\\&=\frac{1}{2}(XY\times PZ-XY\times PX)\\&=\frac{1}{2}XY\times XZ=XYZ\end{aligned}$$

3. 在三维空间中,有

$$\overrightarrow{A_1A_2A_3}\times\overrightarrow{B_1B_2B_3}=\frac{3}{2}(\overline{A_1A_2A_3B_1}\,\overrightarrow{B_2B_3}-\overline{A_1A_2A_3B_2}\,\overrightarrow{B_1B_3}+\overline{A_1A_2A_3B_3}\,\overrightarrow{B_1B_2})$$

在 n 维空间中,有

$$\begin{aligned}&\overrightarrow{A_1A_2\cdots A_n}\times\overrightarrow{B_1B_2\cdots B_n}\\&=\frac{n}{n-1}(\overline{A_1A_2\cdots A_nB_1}\,\overrightarrow{B_2\cdots B_n}-\overline{A_1A_2\cdots A_nB_2}\,\overrightarrow{B_1B_3\cdots B_n}+\\&\overline{A_1A_2\cdots A_nB_3}\,\overrightarrow{B_1B_2B_4\cdots B_n}-\overline{A_1A_2\cdots A_nB_4}\,\overrightarrow{B_1B_2B_3B_5\cdots B_n}+\cdots+\\&(-1)^{n-1}\overline{A_1A_2\cdots A_nB_n}\,\overrightarrow{B_1B_2\cdots B_{n-1}})\end{aligned}$$

4. 在 n 维及 n 维以上的空间中,有

$$\begin{aligned}&n(\overline{PA_1A_2\cdots A_n})\overrightarrow{A_1A_2\cdots A_n}\\&=(\overrightarrow{PA_2\cdots A_n}\cdot\overrightarrow{A_1A_2\cdots A_n})\overrightarrow{PA_1}+(\overrightarrow{A_1PA_3\cdots A_n}\cdot\overrightarrow{A_1A_2\cdots A_n})\overrightarrow{PA_2}+\\&(\overrightarrow{A_1A_2PA_4\cdots A_n}\cdot\overrightarrow{A_1A_2\cdots A_n})\overrightarrow{PA_3}+\cdots+(\overrightarrow{A_1A_2\cdots A_{n-1}P}\cdot\overrightarrow{A_1A_2\cdots A_n})\overrightarrow{PA_n}\end{aligned}$$

三维空间中的特例

$$ABC=\frac{1}{2}\overrightarrow{AB}\times\overrightarrow{AC}$$

$$ABCD=\frac{1}{3}\overrightarrow{AB}\times\overrightarrow{ACD}=\frac{1}{6}AB[(AC)(AD)]=\frac{1}{6}AB\cdot(AC\times AD)\quad(\text{有向体积})$$

例16(《数学传播》第39卷第3期,徐彦辉《从课堂教学中的一道错题出发谈数学问题的提出》) 如图7,在平行四边形 $ABCD$ 中,E,F 分别在 $\overline{CD}$,$\overline{BC}$ 上,$\frac{\overline{DE}}{\overline{EC}}=\frac{a}{b}$,$\frac{\overline{BF}}{\overline{FC}}=\frac{c}{d}$,$\overline{DF}$ 与 $\overline{BE}$ 交于点 G. 如果 $S_{\triangle GCE}=s$,那么平行四边形 $ABCD$ 的面积等于 $\frac{2(a+b)(ac+bc+ad)s}{abd}$.

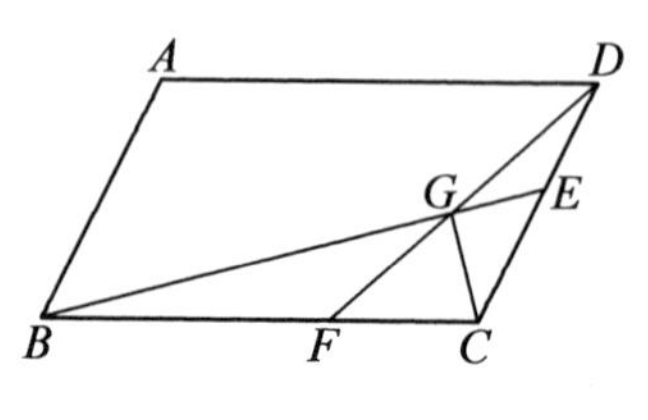

图7

证明 由四边形 $ABCD$ 是平行四边形,得到

$$A-B+C=D \tag{54}$$

由$\frac{\overline{DE}}{\overline{EC}}=\frac{a}{b}$,得到

$$aC+bD=(a+b)E \tag{55}$$

将式(54)代入上式并整理,得到

$$bA-bB+(a+b)C=(a+b)E \tag{56}$$

由$\frac{\overline{BF}}{\overline{FC}}=\frac{c}{d}$,得到

$$dB+cC=(c+d)F \tag{57}$$

由式(55)(57)消去 C,得到

$$adB+c(a+b)E=bcD+a(c+d)F=(ac+bc+ad)G$$

将式(54)(57)代入 $bcD+a(c+d)F=(ac+bc+ad)G$ 并整理,得到

$$bcA-(bc-ad)B+c(a+b)C=(ac+bc+ad)G \tag{58}$$

于是,由式(56)(58),得到

$$(a+b)(ac+bc+ad)GCE=\begin{vmatrix} bc & -bc+ad & ac+bc \\ 0 & 0 & 1 \\ b & -b & a+b \end{vmatrix}ABC$$

即

$$(a+b)(ac+bc+ad)s=abdABC$$

因此得到

$$\text{平行四边形 } ABCD \text{ 的面积}=2ABC=\frac{2(a+b)(ac+bc+ad)s}{abd}$$

注 原文作者得到的平行四边形 $ABCD$ 的面积等于$\frac{2(a+b)(ac+bc+ad)}{ab(c+d)}$是错的,正确的应是$\frac{2(a+b)(ac+bc+ad)s}{abd}$.

Marion 定理的推广如下.

Marion 定理(杨学校提供) 如图 8,在$\triangle ABC$ 中,将每边三等分,则等分点与相对顶点的连线得到的六边形$DEFGHI$的面积与$\triangle ABC$ 的面积之比为$\frac{1}{10}$,即$\frac{S_{DEFGHI}}{S_{\triangle ABC}}=\frac{1}{10}$.

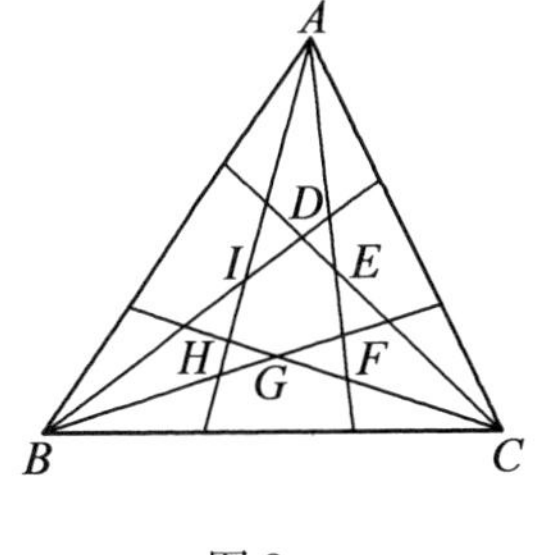

图 8

推广 如图9,在$\triangle ABC$ 中,点 A_1,A_2 在 BC 边上,点 B_1,B_2 在 CA 边上,点 C_1,C_2 在 AB 边上,$\frac{BA_1}{A_1C}=\frac{CB_1}{B_1A}=\frac{AC_1}{C_1B}=u$,$\frac{BA_2}{A_2C}=\frac{CB_2}{B_2A}=\frac{AC_2}{C_2B}=v$,且 $u^2v>1>uv^2>0$,BB_1 与 CC_2 交于点 D_1,BB_2 与 CC_1 交于点 D_2,CC_1 与 AA_2 交于点 E_1,CC_2 与 AA_1 交于点 E_2,AA_1 与 BB_2 交于点 F_1,AA_2 与 BB_1 交于点 F_2,则:

(1)$D_1F_2E_1D_2F_1E_2$ 一定可以组成凸六边形;

(2)$\triangle D_1F_2E_1$,$\triangle E_1D_2F_1$,$\triangle F_1E_2D_1$ 的有向面积相等;

(3)求凸六边形 $D_1F_2E_1D_2F_1E_2$ 的面积与$\triangle ABC$ 的面积之比,用 u,v 表示.

证明 (1)由已知条件,可设

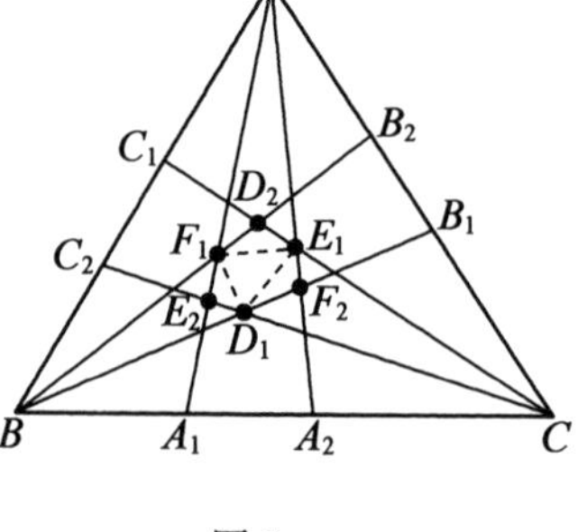

图9

$$uB+C=(1+u)A_1 \tag{59}$$

$$uC+A=(1+u)B_1 \tag{60}$$

$$uA+B=(1+u)C_1 \tag{61}$$

$$vB+C=(1+v)A_2 \tag{62}$$

$$vC+A=(1+v)B_2 \tag{63}$$

$$vA+B=(1+v)C_2 \tag{64}$$

由式(60)(64)消去A,得到

$$B+v(1+u)B_1=uvC+(1+v)C_2=(uv+v+1)D_1 \tag{65}$$

由此得到

$$\frac{BD_1}{BB_1}=\frac{v(1+u)}{uv+v+1}$$

同样可以得到

$$A+u(1+v)A_2=uvB+(1+u)B_1=(uv+u+1)F_2$$

由此得到

$$\frac{BF_2}{BB_1}=\frac{1+u}{uv+u+1}$$

由已知条件,$v>u>0$,且$uv^2<1<u^2v$,易知有$BD_1<BF_2$.

同理可以得到$AE_1<AF_2$,$CE_1<CD_2$,$BF_1<BD_2$,$AF_1<AE_2$,$CD_1<CE_2$,这就说明,$D_1F_2E_1D_2F_1E_2$一定是凸六边形.

(2)将式(64)代入式(65)得到

$$vA+B+uvC=(uv+v+1)D_1 \tag{66}$$

同理可得

$$uA+B+uvC=(uv+u+1)D_2 \tag{67}$$

$$uvA+vB+C=(uv+v+1)E_1 \tag{68}$$

$$uvA+uB+C=(uv+u+1)E_2 \tag{69}$$

$$A+uvB+vC=(uv+v+1)F_1 \tag{70}$$

$$A+uvB+uC=(uv+u+1)F_2 \tag{71}$$

于是,由以上式(66)(68)(70)得到

$$\begin{aligned}(uv+v+1)^3D_1E_1F_1&=\begin{vmatrix}v&1&uv\\uv&v&1\\1&uv&v\end{vmatrix}ABC=[(uv)^3+v^3+1-3uv^2]ABC\\&=(uv+v+1)(u^2v^2+v^2+1-uv^2-uv-v)ABC\end{aligned}$$

即

$$D_1E_1F_1=\frac{u^2v^2+v^2+1-uv^2-uv-v}{(uv+v+1)^2}ABC$$

同理,由式(66)(68)(71)得到

$$D_1F_2E_1=\frac{(u^2v-1)(1-uv^2)}{(uv+u+1)(uv+v+1)^2}ABC$$

由式(67)(68)(70)得到

$$E_1D_2F_1=\frac{(u^2v-1)(1-uv^2)}{(uv+u+1)(uv+v+1)^2}ABC$$

由式(66)(69)(70)得到

$$F_1E_2D_1=\frac{(u^2v-1)(1-uv^2)}{(uv+u+1)(uv+v+1)^2}ABC$$

即有

$$D_1F_2E_1=E_1D_2F_1=F_1E_2D_1=\frac{(u^2v-1)(1-uv^2)}{(uv+u+1)(uv+v+1)^2}ABC$$

(3) 凸六边形 $D_1F_2E_1D_2F_1E_2$ 的面积

$$=S_{\triangle D_1E_1F_1}+S_{\triangle D_1F_2E_1}+S_{\triangle E_1D_2F_1}+S_{\triangle F_1E_2D_1}$$

$$=\frac{u^2v^2+v^2+1-uv^2-uv-v}{(uv+v+1)^2}ABC+\frac{3(u^2v-1)(1-uv^2)}{(uv+u+1)(uv+v+1)^2}ABC$$

$$=\frac{(uv+v+1)^2-3uv^2-3uv-3v}{(uv+v+1)^2}ABC+\frac{3(u^2v-1)(1-uv^2)}{(uv+u+1)(uv+v+1)^2}ABC$$

$$=\left[1-\frac{3(uv^2+uv+v)}{(uv+v+1)^2}\right]ABC+\frac{3(u^2v-1)(1-uv^2)}{(uv+u+1)(uv+v+1)^2}ABC$$

$$=\left[1-3\cdot\frac{(uv+u+1)(uv^2+uv+v)-(u^2v-1)(1-uv^2)}{(uv+u+1)(uv+v+1)^2}\right]ABC$$

$$=\left[1-3\cdot\frac{(uv)^3+2u^2v^2+2uv+1+u^2v^3+uv^2+v}{(uv+u+1)(uv+v+1)^2}\right]ABC$$

$$=\left[1-3\cdot\frac{(uv+1)(u^2v^2+uv+1)+v(u^2v^2+uv+1)}{(uv+u+1)(uv+v+1)^2}\right]ABC$$

$$=\left[1-3\cdot\frac{(uv+v+1)(u^2v^2+uv+1)}{(uv+u+1)(uv+v+1)^2}\right]ABC$$

$$=\left[1-\frac{3(u^2v^2+uv+1)}{(uv+u+1)(uv+v+1)}\right]ABC$$

例 17(“东方热线”“东方论坛”(数学),“落叶秋霜”提供) 在平面四边形 $ABCD$ 中,联结 AC,BD,分别在 AD,BC 上取点 M,N,使得$\frac{AM}{MD}=\frac{BN}{NC}$,联结 AN,BM 交于点 O,则

$$S_{\triangle ACO}=S_{\triangle DBO}$$

证明 设

$$\begin{cases}xA+yB+zC=(x+y+z)D & (72)\\ A+\lambda D=(1+\lambda)M & (73)\\ B+\lambda C=(1+\lambda)N & (74)\end{cases}$$

由式(72)(73)(74)消去 C,D,得到

$$\begin{aligned}[(1+\lambda)x+y+z]A+[(1+\lambda)z]N&=(-\lambda y+z)B+(1+\lambda)(x+y+z)M\\&=[(1+\lambda)x+y+(2+\lambda)z]O\end{aligned}$$

再将式(74)代入上式并整理得到

$$[(1+\lambda)x+y+z]A+zB+\lambda zC=[(1+\lambda)x+y+(2+\lambda)z]O \tag{75}$$

于是,由式(75)得到

$$ACO=AC\frac{[(1+\lambda)x+y+z]A+zB+\lambda zC}{(1+\lambda)x+y+(2+\lambda)z}=\frac{z}{(1+\lambda)x+y+(2+\lambda)z}ACB$$

由式(72)(75)得到

$$\begin{aligned}DBO&=\left(\frac{xA+yB+zC}{x+y+z}\right)B\left\{\frac{[(1+\lambda)x+y+z]A+zB+\lambda zC}{(1+\lambda)x+y+(2+\lambda)z}\right\}\\&=\frac{\lambda xzABC+z[(1+\lambda)x+y+z]CBA}{(x+y+z)[(1+\lambda)x+y+(2+\lambda)z]}\\&=\frac{-\lambda xzACB+z[(1+\lambda)x+y+z]ACB}{(x+y+z)[(1+\lambda)x+y+(2+\lambda)z]}\\&=\frac{z}{(1+\lambda)x+y+(2+\lambda)z}ACB\end{aligned}$$

因此,得到 $S_{\triangle ACO}=S_{\triangle DBO}$.

注 (1)本例中的四边形可以是任意四边形,因此"落叶秋霜"提出的以下另外两个命题,与本例完全一样,只是书写的字母不同,或图形不同罢了.

(2)本例可以进一步推广如下:

例18(改造题) 在任意平面四边形 $ABCD$ 中,联结 AC,BD,分别在直线 AD 和直线 BC 上取点 M,N,使得有向线段比 $\frac{AM}{MD}=\lambda,\frac{BN}{NC}=u$,联结 AN,BM 交于点 O,则

$$uS_{\triangle ACO}=\lambda S_{\triangle DBO}$$

证明 设

$$\begin{cases}xA+yB+zC=(x+y+z)D & (76)\\A+\lambda D=(1+\lambda)M & (77)\\B+uC=(1+u)N & (78)\end{cases}$$

由式(76)(77)(78)消去 C,D,得到

$$\begin{aligned}\left[\left(1+\frac{1}{\lambda}\right)x+\frac{y}{\lambda}+\frac{z}{\lambda}\right]A+\frac{(1+u)z}{u}N&=\left(-y+\frac{z}{u}\right)B+\frac{(1+\lambda)(x+y+z)}{\lambda}M\\&=\left[\left(1+\frac{1}{\lambda}\right)x+\frac{y}{\lambda}+\frac{z}{\lambda}+\frac{(1+u)z}{u}\right]O\end{aligned}$$

再将式(78)代入上式并整理得到

$$\left[\left(1+\frac{1}{\lambda}\right)x+\frac{y}{\lambda}+\frac{z}{\lambda}\right]A+\frac{z}{u}B+zC=\left[\left(1+\frac{1}{\lambda}\right)x+\frac{y}{\lambda}+\frac{z}{\lambda}+\frac{(1+u)z}{u}\right]O \tag{79}$$

于是,由式(79)得到

$$\begin{aligned}ACO&=AC\frac{\left[\left(1+\frac{1}{\lambda}\right)x+\frac{y}{\lambda}+\frac{z}{\lambda}\right]A+\frac{z}{u}B+zC}{\left(1+\frac{1}{\lambda}\right)x+\frac{y}{\lambda}+\frac{z}{\lambda}+\frac{(1+u)z}{u}}\\&=\frac{\lambda z}{(1+\lambda)ux+uy+(\lambda+u+\lambda u)z}ACB\end{aligned}$$

由式(76)(79)得到

$$DBO=\left(\frac{xA+yB+zC}{x+y+z}\right)B\left\{\frac{\left[\left(1+\frac{1}{\lambda}\right)x+\frac{y}{\lambda}+\frac{z}{\lambda}\right]A+\frac{z}{u}B+zC}{\left(1+\frac{1}{\lambda}\right)x+\frac{y}{\lambda}+\frac{z}{\lambda}+\frac{(1+u)z}{u}}\right\}$$

$$=\frac{xzABC+z\left[\left(1+\frac{1}{\lambda}\right)x+\frac{y}{\lambda}+\frac{z}{\lambda}\right]CBA}{(x+y+z)\left[\left(1+\frac{1}{\lambda}\right)x+\frac{y}{\lambda}+\frac{z}{\lambda}+\frac{(1+u)z}{u}\right]}$$

$$=\frac{-\lambda uxzACB+z[(1+\lambda)x+y+z]uACB}{(x+y+z)[(1+\lambda)ux+uy+(\lambda+u+\lambda u)z]}$$

$$=\frac{uz}{(1+\lambda)ux+uy+(\lambda+u+\lambda u)z}ACB$$

因此,得到 $uS_{\triangle ACO}=\lambda S_{\triangle DBO}$.

例 19 设 $x,y,z\in\mathbf{R},x+y+z\neq0$,且 $xA+yB+zC=(x+y+z)P$,点 P 在$\triangle ABC$(顺时针方向)的边 BC,CA,AB 所在直线上的正投影分别为点 D,E,F,$\triangle ABC$,$\triangle DEF$ 的有向面积分别为 ABC,DEF,则

$$\left(\sum x\right)^2DEF=\left(\sum yz\sin^2A\right)ABC$$

证明 因为

$$(PC\cdot BC)B+(BP\cdot BC)C=a^2D$$

$$2PC\cdot BC=-PB^2+PC^2+a^2$$

$$2BP\cdot BC=PB^2-PC^2+a^2$$

所以

$$(-PB^2+PC^2+a^2)B+(PB^2-PC^2+a^2)C=2a^2D \tag{80}$$

另外,由已知 $xA+yB+zC=(x+y+z)P$,得到

$$(x+y+z)PA=yBA+zCA$$

所以

$$\begin{aligned}(x+y+z)^2PA^2&=y^2BA^2+z^2CA^2+2yzBA\cdot CA\\&=y^2c^2+z^2b^2+yz(-a^2+b^2+c^2)\\&=z(y+z)b^2+y(y+z)c^2-yza^2\end{aligned}$$

同理得到

$$(x+y+z)^2PB^2=x(z+x)c^2+z(z+x)a^2-zxb^2$$

$$(x+y+z)^2PC^2=y(x+y)a^2+x(x+y)b^2-xyc^2$$

分别代入式(80)并整理,得到

$$[x(a^2+b^2-c^2)+2ya^2]B+[x(a^2-b^2+c^2)+2za^2]C=2(x+y+z)a^2D$$

同理有

$$[y(-a^2+b^2+c^2)+2zb^2]C+[y(a^2+b^2-c^2)+2xb^2]A=2(x+y+z)b^2E$$

$$[z(a^2-b^2+c^2)+2xc^2]A+[z(-a^2+b^2+c^2)+2yc^2]B=2(x+y+z)c^2F$$

所以

$$\begin{aligned}&8\left(\sum x\right)^3(abc)^2DEF\\&=\{[x(a^2+b^2-c^2)+2ya^2][y(-a^2+b^2+c^2)+2zb^2][z(a^2-b^2+c^2)+2xc^2]+\\&\quad[x(a^2-b^2+c^2)+2za^2][y(a^2+b^2-c^2)+2xb^2][z(-a^2+b^2+c^2)+2yc^2]\}\cdot ABC\end{aligned}$$

$$= [2xyz\prod(-a^2+b^2+c^2)+2(2\sum bc^2-\sum a^4)\sum yz(y+z)a^2]ABC$$

$$= [16xyz(abc)^2(1+\cos A\cos B\cos C)+32\Delta^2\sum yz(y+z)a^2]ABC$$

(Δ 为 $\triangle ABC$ 的有向面积)

$$= [8xyz(abc)^2\sum\sin^2A+8(abc)^2\sum yz(y+z)\sin^2A]ABC$$

$$= [8(\sum x)(abc)^2\sum yz\sin^2A]ABC$$

因此,有

$$(\sum x)^2DEF=(\sum yz\sin^2A)ABC$$

推论 由 $\sum yz\sin^2A\leqslant\frac{1}{4}(\sum x)^2$,得到

$$DEF\leqslant\frac{1}{4}ABC$$

例20 在平行六面体 $ABCD-A_1B_1C_1D_1$ 中,P_1,P_2,P_3,P_4 分别为 AC,CB_1,B_1D_1,D_1A 上的点,且 $\frac{AP_1}{P_1C}=\frac{CP_2}{P_2B_1}=\frac{B_1P_3}{P_3D_1}=\frac{D_1P_4}{P_4A}=2$,$V_{P_1P_2P_3P_4}$,$V_{ABCD-A_1B_1C_1D_1}$ 分别表示四面体 $P_1P_2P_3P_4$、平行六面体 $ABCD-A_1B_1C_1D_1$ 的体积,求 $\frac{V_{P_1P_2P_3P_4}}{V_{ABCD-A_1B_1C_1D_1}}$.

解 由 $\frac{AP_1}{P_1C}=\frac{CP_2}{P_2B_1}=\frac{B_1P_3}{P_3D_1}=\frac{D_1P_4}{P_4A}=2$ 分别得到

$$A+2C=3P_1 \tag{81}$$

$$C+2B_1=3P_2 \tag{82}$$

$$B_1+2D_1=3P_3 \tag{83}$$

$$D_1+2A=3P_4 \tag{84}$$

由 $B_1D_1/\!/BD$ 得到

$$D_1-B_1=D-B$$

即

$$D_1=D-B+B_1 \tag{85}$$

由 $AB/\!/DC$ 得到

$$A-B=D-C$$

即

$$D=A-B+C \tag{86}$$

将式(86)代入式(85)得到

$$D_1=A-2B+C+B_1 \tag{87}$$

将式(87)代入式(83)得到

$$2A-4B+2C+3B_1=3P_3 \tag{88}$$

将式(87)代入式(84)得到

$$3A-2B+C+B_1=3P_4 \tag{89}$$

由式(81)(82)(88)(89)得到

$$3^4 P_1P_2P_3P_4=\begin{vmatrix}1&0&2&0\\0&0&1&2\\2&-4&2&3\\3&-2&1&1\end{vmatrix}ABCB_1=30ABCB_1=5V_{ABCD-A_1B_1C_1D_1}$$

即

$$V_{P_1P_2P_3P_4}=\frac{10}{27}V_{ABCD-A_1B_1C_1D_1}$$

《中学数学教学》(安徽)2010 年第 3 期《竞赛专栏》的"有奖解题擂台(103)"刊出安徽师范大学数学计算机科学学院郭要红老师提出的如下问题：

例 21 XYZ 表示$\triangle XYZ$ 的有向面积. 设 D,E,F 分别是$\triangle ABC$ 的边 BC,CA,AB 上的点，U,P,V,Q,W,R 分别是线段 BD,DC,CE,EA,AF,FB 的中点.

证明：$UVW+PQR-\frac{1}{2}DEF$ 是一个与 D,E,F 的位置无关的常数.

证明 下面用点量方法给出证明.

设

$$\begin{cases}x_1B+x_2C=(x_1+x_2)D\\y_1C+y_2A=(y_1+y_2)E\\z_1A+z_2B=(z_1+z_2)F\end{cases}$$

则

$$\begin{aligned}&S_{\triangle UVW}+S_{\triangle PQR}-\frac{1}{2}S_{\triangle DEF}\\
=&\frac{1}{2}\left(B+\frac{x_1B+x_2C}{x_1+x_2}\right)\cdot\frac{1}{2}\left(C+\frac{y_1C+y_2A}{y_1+y_2}\right)\cdot\frac{1}{2}\left(A+\frac{z_1A+z_2B}{z_1+z_2}\right)+\\
&\frac{1}{2}\left(C+\frac{x_1B+x_2C}{x_1+x_2}\right)\cdot\frac{1}{2}\left(A+\frac{y_1C+y_2A}{y_1+y_2}\right)\cdot\frac{1}{2}\left(B+\frac{z_1A+z_2B}{z_1+z_2}\right)-\\
&\frac{1}{2}\left(\frac{x_1B+x_2C}{x_1+x_2}\cdot\frac{y_1C+y_2A}{y_1+y_2}\cdot\frac{z_1A+z_2B}{z_1+z_2}\right)\\
=&\frac{1}{8}\left[\frac{(2x_1+x_2)B+x_2C}{x_1+x_2}\cdot\frac{(2y_1+y_2)C+y_2A}{y_1+y_2}\cdot\frac{(2z_1+z_2)A+z_2B}{z_1+z_2}\right]+\\
&\frac{1}{8}\left[\frac{x_1B+(x_1+2x_2)C}{x_1+x_2}\cdot\frac{y_1C+(y_1+2y_2)A}{y_1+y_2}\cdot\frac{z_1A+(z_1+2z_2)B}{z_1+z_2}\right]-\\
&\frac{1}{2}\left(\frac{x_1B+x_2C}{x_1+x_2}\cdot\frac{y_1C+y_2A}{y_1+y_2}\cdot\frac{z_1A+z_2B}{z_1+z_2}\right)\\
=&\frac{ABC}{8(x_1+x_2)(y_1+y_2)(z_1+z_2)}\left[\begin{vmatrix}0&2x_1+x_2&x_2\\y_2&0&2y_1+y_2\\2z_1+z_2&z_2&0\end{vmatrix}+\right.\\
&\left.\begin{vmatrix}0&x_1&x_1+2x_2\\y_1+2y_2&0&y_1\\z_1&z_1+2z_2&0\end{vmatrix}-4\begin{vmatrix}0&x_1&x_2\\y_2&0&y_1\\z_1&z_2&0\end{vmatrix}\right]\\
=&\frac{ABC}{8(x_1+x_2)(y_1+y_2)(z_1+z_2)}[(2x_1+x_2)(2y_1+y_2)(2z_1+z_2)+x_2y_2z_2+\end{aligned}$$

$$(x_1+2x_2)(y_1+2y_2)(z_1+2z_2)+x_1y_1z_1-4(x_1y_1z_1+x_2y_2z_2)]$$

$$=\frac{ABC}{8(x_1+x_2)(y_1+y_2)(z_1+z_2)}\cdot 6(x_1+x_2)(y_1+y_2)(z_1+z_2)$$

$$=\frac{3}{4}ABC\quad（定值）$$

即有等式

$$UVW+PQR-\frac{1}{2}DEF=\frac{3}{4}ABC$$

例22(自创题)　如图10,在平面凸四边形 $ABCD$ 中,E_1,E_2 为线段 AB 上的点,F_1,F_2 为线段 DC 上的点,且 $\frac{AE_1}{E_1B}=m_1,\frac{AE_2}{E_2B}=m_2,\frac{DF_1}{F_1C}=n_1,\frac{DF_2}{F_2C}=n_2(m_2>m_1>0,n_2>n_1>0)$,记四边形 $ABCD,E_1E_2F_2F_1$ 的面积分别为 S,S_0,若 $m_1n_2=m_2n_1=1$,则

$$\frac{S_0}{S}=\frac{m_2-m_1}{(1+m_1)(1+m_2)}$$

证明　由已知条件可设

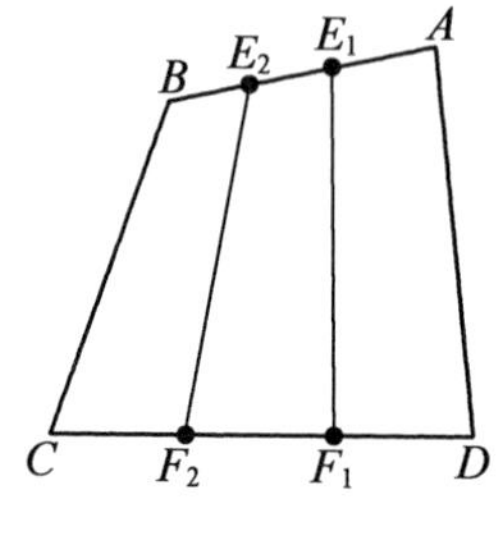

图10

$$\begin{cases}A+m_1B=(1+m_1)E_1\\A+m_2B=(1+m_2)E_2\\D+n_1C=(1+n_1)F_1\\D+n_2C=(1+n_2)F_2\\xA+yB+(1-x-y)C=D\end{cases}$$

即

$$\begin{cases}A+m_1B=(1+m_1)E_1\\A+m_2B=(1+m_2)E_2\\xA+yB+(1-x-y+n_1)C=F_1\\xA+yB+(1-x-y+n_2)C=F_2\\xA+yB+(1-x-y)C=D\end{cases}$$

因此,有

$$S=ABC+ACD=(1-y)ABC$$

$$S_0=F_1E_1E_2+F_1E_2F_2$$

$$=\frac{1}{(1+m_1)(1+m_2)(1+n_1)}\begin{vmatrix}x & y & 1-x-y+n_1\\1 & m_1 & 0\\1 & m_2 & 0\end{vmatrix}ABC+$$

$$\frac{1}{(1+n_1)(1+n_2)(1+m_2)}\begin{vmatrix}x & y & 1-x-y+n_1\\1 & m_2 & 0\\x & y & 1-x-y+n_2\end{vmatrix}ABC$$

$$=\frac{(1+n_1)(1+n_2)(m_2-m_1)-y(m_2+n_2+m_2n_2-m_1-n_1-m_1n_1)}{(1+m_1)(1+m_2)(1+n_1)(1+n_2)}ABC$$

（注意到 $m_1n_2=m_2n_1=1$）

$$=\frac{m_2-m_1}{(1+m_1)(1+m_2)}$$

(当 $m_1n_2=m_2n_1=1$ 时,有 $(1+n_1)(1+n_2)(m_2-m_1)=m_2+n_2+m_2n_2-m_1-n_1-m_1n_1$).

例 23(Monge 定理或 Möbius 定理) 已知 A,B,C,D,E 是平面上任意五个点,我们用 ABC 表示 $\triangle ABC$ 的有向面积(当 $\triangle ABC$ 为逆时针转向时,ABC 为正,当 $\triangle ABC$ 为顺时针转向时,ABC 为负),则

$$ABE\cdot CDE+BCE\cdot ADE+CAE\cdot BDE=0$$

证明 设

$$a_1A+b_1B+c_1C=(a_1+b_1+c_1)D,a_2A+b_2B+c_2C=(a_2+b_2+c_2)E$$

于是,有

$$\begin{aligned}
&ABE\cdot CDE+BCE\cdot ADE+CAE\cdot BDE\\
&=AB\left(\frac{a_2A+b_2B+c_2C}{a_2+b_2+c_2}\right)\cdot C\left(\frac{a_1A+b_1B+c_1C}{a_1+b_1+c_1}\right)\left(\frac{a_2A+b_2B+c_2C}{a_2+b_2+c_2}\right)+\\
&\quad BC\left(\frac{a_2A+b_2B+c_2C}{a_2+b_2+c_2}\right)\cdot A\left(\frac{a_1A+b_1B+c_1C}{a_1+b_1+c_1}\right)\left(\frac{a_2A+b_2B+c_2C}{a_2+b_2+c_2}\right)+\\
&\quad CA\left(\frac{a_2A+b_2B+c_2C}{a_2+b_2+c_2}\right)\cdot B\left(\frac{a_1A+b_1B+c_1C}{a_1+b_1+c_1}\right)\left(\frac{a_2A+b_2B+c_2C}{a_2+b_2+c_2}\right)\\
&=\frac{c_2ABC}{a_2+b_2+c_2}\cdot\frac{a_1b_2CAB+b_1a_2CBA}{(a_1+b_1+c_1)(a_2+b_2+c_2)}+\\
&\quad\frac{a_2BCA}{a_2+b_2+c_2}\cdot\frac{b_1c_2ABC+c_1b_2ACB}{(a_1+b_1+c_1)(a_2+b_2+c_2)}+\\
&\quad\frac{b_2CAB}{a_2+b_2+c_2}\cdot\frac{a_1c_2BAC+c_1a_2BCA}{(a_1+b_1+c_1)(a_2+b_2+c_2)}\\
&=\frac{c_2(a_1b_2-b_1a_2)+a_2(b_1c_2-c_1b_2)+b_2(-a_1c_2+c_1a_2)}{(a_1+b_1+c_1)(a_2+b_2+c_2)^2}(ABC)^2\\
&=\frac{a_1b_2c_2-a_2b_1c_2+a_2b_1c_2-a_2b_2c_1-a_1b_2c_2+a_2b_2c_1}{(a_1+b_1+c_1)(a_2+b_2+c_2)^2}(ABC)^2\\
&=0
\end{aligned}$$

由此可得以下命题.

命题 3(Möbius-Gauss 公式) 已知平面上任意五个点 A,B,C,D,E,记

$$S=ABC+ACD+ADE,U=ABC+BCD+CDE+DEA+EAB$$

$$V=ABC\cdot BCD+BCD\cdot CDE+CDE\cdot DEA+DEA\cdot EAB+EAB\cdot ABC$$

则

$$S^2-SU+V=0$$

证明

$$\begin{aligned}
&S^2-SU+V\\
&=V-S(U-S)\\
&=BCD\cdot CDE-ABC\cdot CDE+ABC\cdot ACD-ACD\cdot BCD-ACD\cdot CDE-\\
&\quad ACD\cdot EAB+ACD\cdot ACD-ADE\cdot BCD+ADE\cdot ACD\\
&=ACD(ABC+ACD+ADE-BCD-CDE-EAB)+\\
&\quad BCD\cdot CDE-ABC\cdot CDE-ADE\cdot BCD\\
&=ACD(-CDE+BDE)+BCD\cdot CDE-ABC\cdot CDE-ADE\cdot BCD\\
&\qquad(\text{注意到 } ABC+ACD+ADE=BCD+BDE+EAB)\\
&=(-ACD+BCD-ABC)\cdot CDE+ACD\cdot BDE-ADE\cdot BCD
\end{aligned}$$

$$
\begin{aligned}
&=(CAD+BCD+BAC)\cdot CDE+ACD\cdot BDE-ADE\cdot BCD\\
&=BAD\cdot CDE+ACD\cdot BDE-ADE\cdot BCD\\
&=BAD\cdot ECD+ACD\cdot EBD+AED\cdot BCD\\
&=0
\end{aligned}
$$

据 Monge 定理或 Möbius 定理,即得证.

例 24 已知 A,B,C,D,E,F 是空间中任意六个点,我们用 $ABCD$ 表示四面体 $ABCD$ 的有向体积,则

$$ABEF\cdot EFCD-AECF\cdot EBFD+AEFD\cdot EBCF=0$$

证明 设

$$a_1A+b_1B+c_1C+d_1D=(a_1+b_1+c_1+d_1)E=s_1E$$
$$a_2A+b_2B+c_2C+d_2D=(a_2+b_2+c_2+d_2)F=s_2F$$

于是,有

$$
\begin{aligned}
&ABEF\cdot EFCD-AECF\cdot EBFD+AEFD\cdot EBCF\\
&=\frac{1}{s_1s_2}\Big[\begin{vmatrix}c_1&d_1\\c_2&d_2\end{vmatrix}ABCD\cdot\begin{vmatrix}a_1&b_1\\a_2&b_2\end{vmatrix}ABCD-\begin{vmatrix}b_1&d_1\\b_2&d_2\end{vmatrix}ABCD\cdot\\
&\quad\begin{vmatrix}a_1&c_1\\a_2&c_2\end{vmatrix}ABCD+\begin{vmatrix}b_1&c_1\\b_2&c_2\end{vmatrix}ABCD\cdot\begin{vmatrix}a_1&d_1\\a_2&d_2\end{vmatrix}ABCD\Big]\\
&=\frac{|ABCD|^2}{s_1s_2}\left[\begin{vmatrix}c_1&d_1\\c_2&d_2\end{vmatrix}\cdot\begin{vmatrix}a_1&b_1\\a_2&b_2\end{vmatrix}-\begin{vmatrix}b_1&d_1\\b_2&d_2\end{vmatrix}\cdot\begin{vmatrix}a_1&c_1\\a_2&c_2\end{vmatrix}+\begin{vmatrix}b_1&c_1\\b_2&c_2\end{vmatrix}\cdot\begin{vmatrix}a_1&d_1\\a_2&d_2\end{vmatrix}\right]\\
&=\frac{|ABCD|^2}{s_1s_2}[(c_1d_2-c_2d_1)(a_1b_2-a_2b_1)-(b_1d_2-b_2d_1)\cdot\\
&\quad(a_1c_2-a_2c_1)+(b_1c_2-b_2c_1)(a_1d_2-a_2d_1)]\\
&=0
\end{aligned}
$$

例 25 已知 A,B,C,D,E,F 为平面上任意六个点,G,H,I,J,K,L 分别为线段 AB,BC,CD,DE,EF,FA 的中点,直线 GJ 与 IL、HK 与 IL、GJ 与 HK 的交点分别为 P,Q,R,今用 ABC 表示$\triangle ABC$ 的有向面积,则

$$PHK=QJG=RLI=\frac{1}{4}(ACE-BDF)$$

证明 如图 11,设

$$
\begin{cases}
x_1A+x_2B+(1-x_1-x_2)C=D\\
x_3A+x_4B+(1-x_3-x_4)C=E\\
x_5A+x_6B+(1-x_5-x_6)C=F
\end{cases}
\tag{90}
$$

另外,由已知有

$$
\begin{cases}
A+B=2G\\
B+C=2H\\
C+D=2I\\
D+E=2J\\
E+F=2K\\
F+A=2L
\end{cases}
\tag{91}
$$

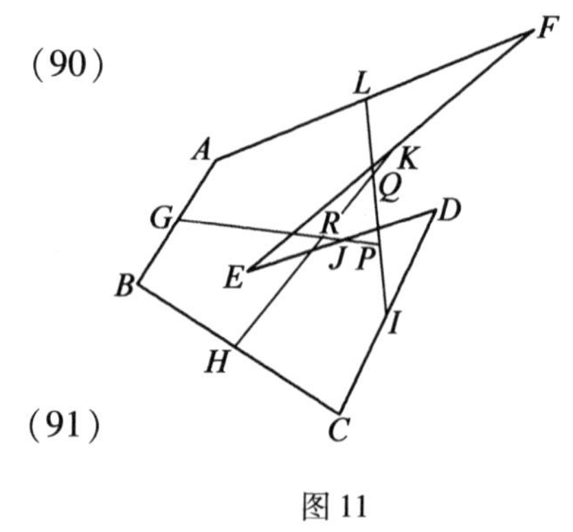

图 11

由式(90)(91)得到

$$\begin{cases}A+B=2G\\B+C=2H\\x_1A+x_2B+(2-x_1-x_2)C=2I\\(x_1+x_3)A+(x_2+x_4)B+(2-x_1-x_2-x_3-x_4)C=2J\\(x_3+x_5)A+(x_4+x_6)B+(2-x_3-x_4-x_5-x_6)C=2K\\(1+x_5)A+x_6B+(1-x_5-x_6)C=2L\end{cases}\tag{92}$$

由式(92)中第1,2,4,5四式消去 A,B,C 得到

$$\begin{aligned}&[(1-x_1-x_3)(1-x_4-x_6)-(1-x_3-x_5)(1-x_2-x_4)]H+(1-x_2-x_4)K\\&=[(1-x_2-x_4)(x_3+x_5)-(1-x_4-x_6)(x_1+x_3)]G+(1-x_4-x_6)J\\&=[(1-x_1-x_3)(1-x_4-x_6)+(1-x_2-x_4)(x_3+x_5)]R\end{aligned}$$

将式(92)中第2,5式代入,化简得

$$\begin{aligned}&(1-x_2-x_4)(x_3+x_5)A+[(1-x_2-x_4)(x_3+x_5)+\\&(1-x_4-x_6)(-x_1+x_2-x_3+x_4)]B+\\&(1-x_4-x_6)(2-x_1-x_2-x_3-x_4)C\\&=2[(1-x_1-x_3)(1-x_4-x_6)+(1-x_2-x_4)(x_3+x_5)]R\end{aligned}\tag{93}$$

由式(92)中第3,6式及式(93),有

$$\begin{aligned}&8[(1-x_1-x_3)(1-x_4-x_6)+(1-x_2-x_4)(x_3+x_5)]ILR\\
&=\begin{vmatrix}x_1 & x_2 & 2-x_1-x_2\\ 1+x_5 & x_6 & 1-x_5-x_6\\ (1-x_2-x_4)(x_3+x_5) & \begin{matrix}(1-x_2-x_4)(x_3+x_5)+\\(1-x_4-x_6)(-x_1+x_2-x_3+x_4)\end{matrix} & \begin{matrix}(1-x_4-x_6)\cdot\\(2-x_1-x_2-x_3-x_4)\end{matrix}\end{vmatrix}\cdot ABC\\
&=\begin{vmatrix}x_1 & -1+x_2 & 1-x_1\\ 1+x_5 & -1+x_6 & -x_5\\ (1-x_2-x_4)(x_3+x_5) & -(1-x_2-x_4)(1-x_4-x_6) & (1-x_1-x_3)(1-x_4-x_6)\end{vmatrix}\cdot 2ABC\\
&=\{(1-x_2-x_4)(x_3+x_5)[x_5(1-x_2)+(1-x_1)(1-x_6)]-\\
&\quad(1-x_2-x_4)(1-x_4-x_6)[x_1x_5+(1-x_1)(1+x_5)]+\\
&\quad(1-x_1-x_3)(1-x_4-x_6)[-x_1(1-x_6)+(1-x_2)(1+x_5)]\}\cdot 2ABC\\
&=[(1-x_2-x_4)(x_3+x_5)(1-x_1+x_5-x_6+x_1x_6-x_2x_5)-\\
&\quad(1-x_2-x_4)(1-x_4-x_6)(1-x_1+x_5)+\\
&\quad(1-x_1-x_3)(1-x_4-x_6)(1-x_1-x_2+x_5+x_1x_6-x_2x_5)]\cdot 2ABC\\
&=[(1-x_2-x_4)(x_3+x_5)(-x_1+x_4+x_5+x_1x_6-x_2x_5+1-x_4-x_6)-\\
&\quad(1-x_2-x_4)(1-x_4-x_6)(1-x_1+x_5)+\\
&\quad(1-x_1-x_3)(1-x_4-x_6)(-x_1+x_4+x_5+x_1x_6-x_2x_5+1-x_2-x_4)]\cdot 2ABC\\
&=\{[(1-x_2-x_4)(1-x_4-x_6)(x_3+x_5)-(1-x_2-x_4)(1-x_4-x_6)(1-x_1+x_5)+\\
&\quad(1-x_1-x_3)(1-x_4-x_6)(1-x_2-x_4)]+(-x_1+x_4+x_5+x_1x_6-x_2x_5)\cdot\\
&\quad[(1-x_2-x_4)(x_3+x_5)+(1-x_1-x_3)(1-x_4-x_6)]\}\cdot 2ABC\end{aligned}$$

$$=(-x_1+x_4+x_5+x_1x_6-x_2x_5)[(1-x_1-x_3)(1-x_4-x_6)+(1-x_2-x_4)(x_3+x_5)]\cdot 2ABC$$

即

$$[(1-x_1-x_3)(1-x_4-x_6)+(1-x_2-x_4)(x_3+x_5)]ILR$$
$$=(-x_1+x_4+x_5+x_1x_6-x_2x_5)[(1-x_1-x_3)(1-x_4-x_6)+(1-x_2-x_4)(x_3+x_5)]\cdot\frac{ABC}{4}$$

由式(93)知

$$(1-x_1-x_3)(1-x_4-x_6)+(1-x_2-x_4)(x_3+x_5)\neq 0$$

因此,有

$$RLI=\frac{1}{4}(x_1-x_4-x_5-x_1x_6+x_2x_5)ABC$$

同理可得

$$PHK=QJG=\frac{1}{4}(x_1-x_4-x_5-x_1x_6+x_2x_5)ABC$$

另外,由式(90)中第2式,有

$$ACE=AC[x_3A+x_4B+(1-x_3-x_4)C]=-x_4ABC$$

又由式(90)中第1,3式,有

$$\begin{aligned}BDF&=B[x_1A+x_2B+(1-x_1-x_2)C][x_5A+x_6B+(1-x_5-x_6)C]\\&=[-x_1(1-x_5-x_6)+x_5(1-x_1-x_2)]ABC\end{aligned}$$

因此

$$\begin{aligned}ACE-BDF&=[x_1(1-x_5-x_6)-x_5(1-x_1-x_2)-x_4]ABC\\&=(x_1-x_4-x_5-x_1x_6+x_2x_5)ABC\end{aligned}$$

由以上便得到

$$\begin{aligned}PHK&=QJG=RLI\\&=\frac{1}{4}(ACE-BDF)\\&=\frac{1}{4}(x_1-x_4-x_5-x_1x_6+x_2x_5)ABC\end{aligned}$$

注 本题是由叶中豪老师提供的一道几何题改编的更一般形式.

例26(“东方热线”论坛,“无名小将”提供) E,F,G 分别是长方体 $ABCD-A'B'C'D'$ 的棱 AA', $C'D'$, BC 的中点(图12),已知 $AB=5$, $AA'=4$, $AD=3$,求四面体 $B'-EFG$ 的体积.

解(杨学校提供) 应用点量法解答. 由于

$$\begin{cases}A'-B'=D'-C'\\A-B=A'-B'\\A'-B=D'-C\\A'-A=B'-B\end{cases}$$

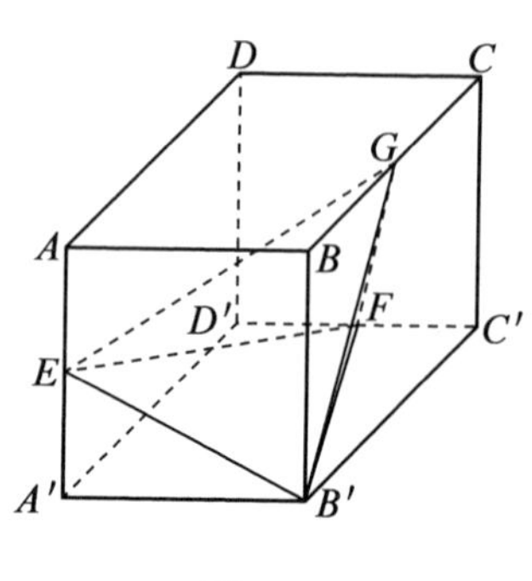

图12

因此,得到

$$\begin{cases}-A'+B'+D'=C'\\-A'+A+B'=B\\-2A'+A+B'+D'=C\end{cases}$$

又由于 $A+A'=2E, C'+D'=2F, B+C=2G$，将上式代入，可得到

$$\begin{cases} E=\dfrac{A+A'}{2} \\ F=\dfrac{2D'-A'+B'}{2} \\ G=\dfrac{-3A'+2A+2B'+D'}{2} \end{cases}$$

因此，有

$$\begin{aligned} & B'EFG \\ =& B'\left(\frac{A+A'}{2}\right)\left(\frac{2D'-A'+B'}{2}\right)\left(\frac{-3A'+2A+2B'+D'}{2}\right) \\ =& \begin{vmatrix} 0 & 1 & 0 & 0 \\ \frac{1}{2} & 0 & 0 & \frac{1}{2} \\ -\frac{1}{2} & \frac{1}{2} & 1 & 0 \\ -\frac{3}{2} & 1 & \frac{1}{2} & 1 \end{vmatrix} A'B'D'A \\ =& -\frac{9}{8}A'B'D'A=-\frac{5}{4} \end{aligned}$$

即四面体 $B'-EFG$ 的体积为$\frac{5}{4}$.

例 27(改造题)　已知 A,B,C,D,E,F 为平面上任意六个点，G,H,I,J,K,L 分别为线段 AB,BC,CD,DE,EF,FA 的中点，直线 GJ 与 IL、HK 与 IL、GJ 与 HK 的交点分别为点 P,Q,R，今用 ABC 表示 $\triangle ABC$ 的有向面积，则

$$PHK=QJG=RLI=\frac{1}{4}(ACE-BDF)$$

证明(杨学枝提供)　用点量法证明. 如图 13，设

$$\begin{cases} x_1A+x_2B+(1-x_1-x_2)C=D \\ x_3A+x_4B+(1-x_3-x_4)C=E \\ x_5A+x_6B+(1-x_5-x_6)C=F \end{cases} \tag{94}$$

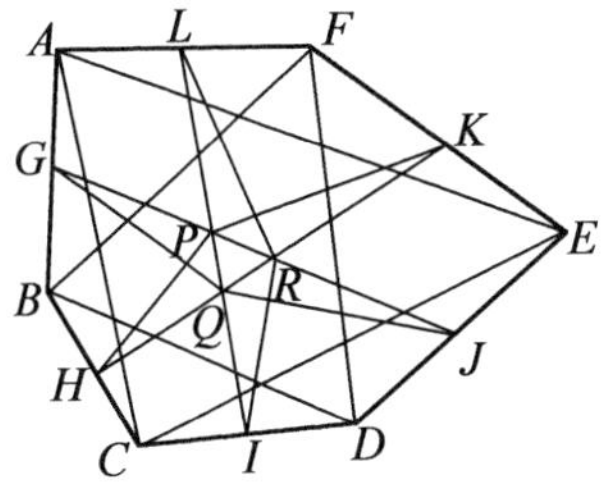

A L F K G E P R B Q J H C I D

图 13

另外，由已知有

$$\begin{cases} A+B=2G \\ B+C=2H \\ C+D=2I \\ D+E=2J \\ E+F=2K \\ F+A=2L \end{cases} \tag{95}$$

由式(94)(95)得到

$$\begin{cases}A+B=2G\\B+C=2H\\x_1A+x_2B+(2-x_1-x_2)C=2I\\(x_1+x_3)A+(x_2+x_4)B+(2-x_1-x_2-x_3-x_4)C=2J\\(x_3+x_5)A+(x_4+x_6)B+(2-x_3-x_4-x_5-x_6)C=2K\\(1+x_5)A+x_6B+(1-x_5-x_6)C=2L\end{cases}\tag{96}$$

由式(96)中第1,2,4,5四式消去A,B,C得到

$$\begin{aligned}&[(1-x_1-x_3)(1-x_4-x_6)-(1-x_3-x_5)(1-x_2-x_4)]H+(1-x_2-x_4)K\\=&[(1-x_2-x_4)(x_3+x_5)-(1-x_4-x_6)(x_1+x_3)]G+(1-x_4-x_6)J\\=&[(1-x_1-x_3)(1-x_4-x_6)+(1-x_2-x_4)(x_3+x_5)]R\end{aligned}$$

将式(96)中第2,5式代入,化简得

$$\begin{aligned}&(1-x_2-x_4)(x_3+x_5)A+[(1-x_2-x_4)(x_3+x_5)+\\&(1-x_4-x_6)(-x_1+x_2-x_3+x_4)]B+\\&(1-x_4-x_6)(2-x_1-x_2-x_3-x_4)C\\=&2[(1-x_1-x_3)(1-x_4-x_6)+(1-x_2-x_4)(x_3+x_5)]R\end{aligned}\tag{97}$$

由式(96)中第3,6式及式(97),有

$$\begin{aligned}&8[(1-x_1-x_3)(1-x_4-x_6)+(1-x_2-x_4)(x_3+x_5)]ILR\\=&\begin{vmatrix}x_1&x_2&2-x_1-x_2\\1+x_5&x_6&1-x_5-x_6\\(1-x_2-x_4)(x_3+x_5)&\begin{matrix}(1-x_2-x_4)(x_3+x_5)+\\(1-x_4-x_6)(-x_1+x_2-x_3+x_4)\end{matrix}&\begin{matrix}(1-x_4-x_6)\cdot\\(2-x_1-x_2-x_3-x_4)\end{matrix}\end{vmatrix}\cdot ABC\\=&\begin{vmatrix}x_1&-1+x_2&1-x_1\\1+x_5&-1+x_6&-x_5\\(1-x_2-x_4)(x_3+x_5)&-(1-x_2-x_4)(1-x_4-x_6)&(1-x_1-x_3)(1-x_4-x_6)\end{vmatrix}\cdot 2ABC\\=&\{(1-x_2-x_4)(x_3+x_5)[x_5(1-x_2)+(1-x_1)(1-x_6)]-\\&(1-x_2-x_4)(1-x_4-x_6)[x_1x_5+(1-x_1)(1+x_5)]+\\&(1-x_1-x_3)(1-x_4-x_6)[-x_1(1-x_6)+(1-x_2)(1+x_5)]\}\cdot 2ABC\\=&[(1-x_2-x_4)(x_3+x_5)(1-x_1+x_5-x_6+x_1x_6-x_2x_5)-\\&(1-x_2-x_4)(1-x_4-x_6)(1-x_1+x_5)+\\&(1-x_1-x_3)(1-x_4-x_6)(1-x_1-x_2+x_5+x_1x_6-x_2x_5)]\cdot 2ABC\\=&[(1-x_2-x_4)(x_3+x_5)(-x_1+x_4+x_5+x_1x_6-x_2x_5+1-x_4-x_6)-\\&(1-x_2-x_4)(1-x_4-x_6)(1-x_1+x_5)+\\&(1-x_1-x_3)(1-x_4-x_6)(-x_1+x_4+x_5+x_1x_6-x_2x_5+1-x_2-x_4)]\cdot 2ABC\\=&\{[(1-x_2-x_4)(1-x_4-x_6)(x_3+x_5)-(1-x_2-x_4)(1-x_4-x_6)(1-x_1+x_5)+\\&(1-x_1-x_3)(1-x_4-x_6)(1-x_2-x_4)]+(-x_1+x_4+x_5+x_1x_6-x_2x_5)\cdot\\&[(1-x_2-x_4)(x_3+x_5)+(1-x_1-x_3)(1-x_4-x_6)]\}\cdot 2ABC\\=&(-x_1+x_4+x_5+x_1x_6-x_2x_5)\cdot\\&[(1-x_1-x_3)(1-x_4-x_6)+(1-x_2-x_4)(x_3+x_5)]\cdot 2ABC\end{aligned}$$

即

$$[(1-x_1-x_3)(1-x_4-x_6)+(1-x_2-x_4)(x_3+x_5)]ILR$$
$$=(-x_1+x_4+x_5+x_1x_6-x_2x_5)[(1-x_1-x_3)\cdot$$
$$(1-x_4-x_6)+(1-x_2-x_4)(x_3+x_5)]\cdot\frac{ABC}{4}$$

由式(97)知

$$(1-x_1-x_3)(1-x_4-x_6)+(1-x_2-x_4)(x_3+x_5)\neq 0$$

因此,有

$$RLI=\frac{1}{4}(x_1-x_4-x_5-x_1x_6+x_2x_5)ABC$$

同理可得

$$PHK=QJG=\frac{1}{4}(x_1-x_4-x_5-x_1x_6+x_2x_5)ABC$$

另外,由式(94)中第2式,有

$$ACE=AC[x_3A+x_4B+(1-x_3-x_4)C]=-x_4ABC$$

又由式(94)中第1,3式,有

$$BDF=B[x_1A+x_2B+(1-x_1-x_2)C][x_5A+x_6B+(1-x_5-x_6)C]$$
$$=[-x_1(1-x_5-x_6)+x_5(1-x_1-x_2)]ABC$$

因此

$$ACE-BDF=[x_1(1-x_5-x_6)-x_5(1-x_1-x_2)-x_4]ABC$$
$$=(x_1-x_4-x_5-x_1x_6+x_2x_5)ABC$$

由以上便得到

$$PHK=QJG=RLI$$
$$=\frac{1}{4}(ACE-BDF)$$
$$=\frac{1}{4}(x_1-x_4-x_5-x_1x_6+x_2x_5)ABC$$

注　本题是由叶中豪老师于2008年提供的一道几何题改编的更一般形式.

例28(王曦提供,录自“东方论坛”)　已知平面凸六边形 $A_1A_2A_3A_4A_5A_6$,三组对边中点的连线共点的充要条件是相间的三个顶点组成的三角形与另外相间的三个顶点组成的三角形的有向面积相等.

杨学校对此作了改编和推广:设$\triangle A_1A_3A_5$与$\triangle A_2A_4A_6$是同一个平面上的两个同转向的三角形,线段 $A_1A_2,A_2A_3,A_3A_4,A_4A_5,A_5A_6,A_6A_7$ 的中点分别为 B_1,B_2,B_3,B_4,B_5,B_6,其中 B_1 与 B_4,B_2 与 B_5,B_3 与 B_6 不重合,则直线 B_1B_4,B_2B_5,B_3B_6 交于一点的充要条件是$\triangle A_1A_3A_5$与$\triangle A_2A_4A_6$的面积相等.

证法1　设

$$\begin{cases}x_1A_1+y_1A_3+z_1A_5=(x_1+y_1+z_1)A_2\\x_2A_1+y_2A_3+z_2A_5=(x_2+y_2+z_2)A_4\\x_3A_1+y_3A_3+z_3A_5=(x_3+y_3+z_3)A_6\end{cases}$$

则

$$\begin{vmatrix} x_1 & y_1 & z_1 \\ x_2 & y_2 & z_2 \\ x_3 & y_3 & z_3 \end{vmatrix} A_1A_3A_5=(x_1+y_1+z_1)(x_2+y_2+z_2)(x_3+y_3+z_3)A_2A_4A_6 \tag{98}$$

由于线段 $A_1A_2,A_2A_3,A_3A_4,A_4A_5,A_5A_6,A_6A_1$ 的中点分别为 B_1,B_2,B_3,B_4,B_5,B_6,因此得到

$$\begin{cases} (2x_1+y_1+z_1)A_1+y_1A_3+z_1A_5=2(x_1+y_1+z_1)B_1 & (99) \\ x_1A_1+(x_1+2y_1+z_1)A_3+z_1A_5=2(x_1+y_1+z_1)B_2 & (100) \\ x_2A_1+(x_2+2y_2+z_2)A_3+z_2A_5=2(x_2+y_2+z_2)B_3 & (101) \\ x_2A_1+y_2A_3+(x_2+y_2+2z_2)A_5=2(x_2+y_2+z_2)B_4 & (102) \\ x_3A_1+y_3A_3+(x_3+y_3+2z_3)A_5=2(x_3+y_3+z_3)B_5 & (103) \\ (2x_3+y_3+z_3)A_1+y_3A_3+z_3A_5=2(x_3+y_3+z_3)B_6 & (104) \end{cases}$$

由式(99)(100)(102)(103)消去 A_1,A_3,A_5,得到

$$\begin{vmatrix} 2x_1+y_1+z_1 & y_1 & z_1 & (x_1+y_1+z_1)B_1 \\ x_1 & x_1+2y_1+z_1 & z_1 & (x_1+y_1+z_1)B_2 \\ x_2 & y_2 & x_2+y_2+2z_2 & (x_2+y_2+z_2)B_4 \\ x_3 & y_3 & x_3+y_3+2z_3 & (x_3+y_3+z_3)B_5 \end{vmatrix}=0$$

若直线 B_1B_4 和 B_2B_5 交于点 M,则有

$$(x_1+y_1+z_1)\begin{vmatrix} x_1 & x_1+2y_1+z_1 & z_1 \\ x_2 & y_2 & x_2+y_2+2z_2 \\ x_3 & y_3 & x_3+y_3+2z_3 \end{vmatrix}B_1+$$

$$(x_2+y_2+z_2)\begin{vmatrix} 2x_1+y_1+z_1 & y_1 & z_1 \\ x_1 & x_1+2y_1+z_1 & z_1 \\ x_3 & y_3 & x_3+y_3+2z_3 \end{vmatrix}B_4$$

$$=\left[(x_1+y_1+z_1)\begin{vmatrix} x_1 & x_1+2y_1+z_1 & z_1 \\ x_2 & y_2 & x_2+y_2+2z_2 \\ x_3 & y_3 & x_3+y_3+2z_3 \end{vmatrix}+\right.$$

$$\left.(x_2+y_2+z_2)\begin{vmatrix} 2x_1+y_1+z_1 & y_1 & z_1 \\ x_1 & x_1+2y_1+z_1 & z_1 \\ x_3 & y_3 & x_3+y_3+2z_3 \end{vmatrix}\right]M$$

同理,若直线 B_1B_4 和 B_3B_6 交于点 M',则由式(99)(100)(101)(104)消去 A_1,A_3,A_5,得到

$$(x_1+y_1+z_1)\begin{vmatrix} x_2 & x_2+2y_2+z_2 & z_2 \\ x_2 & y_2 & x_2+y_2+2z_2 \\ 2x_3+y_3+z_3 & y_3 & z_3 \end{vmatrix}B_1+$$

$$(x_2+y_2+z_2)\begin{vmatrix} 2x_1+y_1+z_1 & y_1 & z_1 \\ x_2 & x_2+2y_2+z_2 & z_2 \\ 2x_3+y_3+z_3 & y_3 & z_3 \end{vmatrix}B_4$$

$$=\left[(x_1+y_1+z_1)\begin{vmatrix} x_2 & x_2+2y_2+z_2 & z_2 \\ x_2 & y_2 & x_2+y_2+2z_2 \\ 2x_3+y_3+z_3 & y_3 & z_3 \end{vmatrix}+\right.$$

$$\left.(x_2+y_2+z_2)\begin{vmatrix} 2x_1+y_1+z_1 & y_1 & z_1 \\ x_2 & x_2+2y_2+z_2 & z_2 \\ 2x_3+y_3+z_3 & y_3 & z_3 \end{vmatrix}\right]M'$$

记

$$\lambda=\begin{vmatrix} x_1 & y_1 & z_1 \\ x_2 & y_2 & z_2 \\ x_3 & y_3 & z_3 \end{vmatrix}-(x_1+y_1+z_1)(x_2+y_2+z_2)(x_3+y_3+z_3)$$

$$u=(y_2+z_2)(x_3+y_3+z_3)+x_3(x_2+y_2+z_2)$$

$$v=(x_1+y_1)(x_3+y_3+z_3)+z_3(x_1+y_1+z_1)$$

则

$$\begin{vmatrix} x_1 & x_1+2y_1+z_1 & z_1 \\ x_2 & y_2 & x_2+y_2+2z_2 \\ x_3 & y_3 & x_3+y_3+2z_3 \end{vmatrix}$$

$$=2\begin{vmatrix} \sum x_1 & x_1+2y_1+z_1 & z_1 \\ \sum x_2 & y_2 & x_2+y_2+2z_2 \\ \sum x_3 & y_3 & x_3+y_3+2z_3 \end{vmatrix}$$

$$=2\begin{vmatrix} \sum x_1 & x_1+2y_1+2z_1 & z_1 \\ \sum x_2 & x_2+2y_2+2z_2 & x_2+y_2+2z_2 \\ \sum x_3 & x_3+2y_3+2z_3 & x_3+y_3+2z_3 \end{vmatrix}$$

$$=2\begin{vmatrix} \sum x_1 & y_1+z_1 & z_1 \\ \sum x_2 & y_2+z_2 & x_2+y_2+2z_2 \\ \sum x_3 & y_3+z_3 & x_3+y_3+2z_3 \end{vmatrix}$$

$$=2\begin{vmatrix} x_1 & y_1+z_1 & z_1 \\ x_2 & y_2+z_2 & x_2+y_2+2z_2 \\ x_3 & y_3+z_3 & x_3+y_3+2z_3 \end{vmatrix}$$

$$=2\begin{vmatrix} x_1 & y_1+z_1 & z_1 \\ x_2 & y_2+z_2 & z_2 \\ x_3 & y_3+z_3 & z_3 \end{vmatrix}+2\begin{vmatrix} x_1 & y_1+z_1 & 0 \\ x_2 & y_2+z_2 & x_2+y_2+z_2 \\ x_3 & y_3+z_3 & x_3+y_3+z_3 \end{vmatrix}$$

$$=2\begin{vmatrix} x_1 & y_1 & z_1 \\ x_2 & y_2 & z_2 \\ x_3 & y_3 & z_3 \end{vmatrix}-2\begin{vmatrix} x_1 & y_1+z_1 & x_1+y_1+z_1 \\ x_2 & y_2+z_2 & 0 \\ x_3 & y_3+z_3 & 0 \end{vmatrix}$$

$$= 2\begin{vmatrix} x_1 & y_1 & z_1 \\ x_2 & y_2 & z_2 \\ x_3 & y_3 & z_3 \end{vmatrix} - 2(x_1 + y_1 + z_1)\begin{vmatrix} x_2 & y_2 + z_2 \\ x_3 & y_3 + z_3 \end{vmatrix}$$

$$= 2\left[\begin{vmatrix} x_1 & y_1 & z_1 \\ x_2 & y_2 & z_2 \\ x_3 & y_3 & z_3 \end{vmatrix} - (x_1 + y_1 + z_1)(x_2 + y_2 + z_2)(x_3 + y_3 + z_3)\right] +$$

$$2(x_1 + y_1 + z_1)[(y_2 + z_2)(x_3 + y_3 + z_3) + x_3(x_2 + y_2 + z_2)]$$

$$= 2[\lambda + (x_1 + y_1 + z_1)u]$$

$$\begin{vmatrix} 2x_1 + y_1 + z_1 & y_1 & z_1 \\ x_1 & x_1 + 2y_1 + z_1 & z_1 \\ x_3 & y_3 & x_3 + y_3 + 2z_3 \end{vmatrix}$$

$$= 2\begin{vmatrix} \sum x_1 & y_1 & z_1 \\ \sum x_1 & x_1 + 2y_1 + z_1 & z_1 \\ \sum x_3 & y_3 & x_3 + y_3 + 2z_3 \end{vmatrix}$$

$$= 2\begin{vmatrix} \sum x_1 & y_1 + z_1 & z_1 \\ \sum x_1 & x_1 + 2y_1 + 2z_1 & z_1 \\ \sum x_3 & x_3 + 2y_3 + 2z_3 & x_3 + y_3 + 2z_3 \end{vmatrix}$$

$$= 2\begin{vmatrix} \sum x_1 & y_1 + z_1 & z_1 \\ 0 & x_1 + y_1 + z_1 & 0 \\ \sum x_3 & x_3 + 2y_3 + 2z_3 & x_3 + y_3 + 2z_3 \end{vmatrix}$$

$$= 2(x_1 + y_1 + z_1)[(x_1 + y_1)(x_3 + y_3 + z_3) + z_3(x_1 + y_1 + z_1)]$$

$$= 2(x_1 + y_1 + z_1)v$$

$$\begin{vmatrix} x_2 & x_2 + 2y_2 + z_2 & z_2 \\ x_2 & y_2 & x_2 + y_2 + 2z_2 \\ 2x_3 + y_3 + z_3 & y_3 & z_3 \end{vmatrix}$$

$$= 2\begin{vmatrix} \sum x_2 & x_2 + 2y_2 + z_2 & z_2 \\ \sum x_2 & y_2 & x_2 + y_2 + 2z_2 \\ \sum x_3 & y_3 & z_3 \end{vmatrix}$$

$$= 2\begin{vmatrix} \sum x_2 & x_2 + 2y_2 + 2z_2 & z_2 \\ \sum x_2 & x_2 + 2y_2 + 2z_2 & x_2 + y_2 + 2z_2 \\ \sum x_3 & y_3 + z_3 & z_3 \end{vmatrix}$$

$$= 2\begin{vmatrix} \sum x_2 & x_2 + 2y_2 + 2z_2 & z_2 \\ 0 & 0 & x_2 + y_2 + z_2 \\ \sum x_3 & y_3 + z_3 & z_3 \end{vmatrix}$$

$$= 2(x_2 + y_2 + z_2)[(y_2 + z_2)(x_3 + y_3 + z_3) + x_3(x_2 + y_2 + z_2)]$$

$$= 2(x_2 + y_2 + z_2)u$$

$$\begin{vmatrix} 2x_1 + y_1 + z_1 & y_1 & z_1 \\ x_2 & x_2 + 2y_2 + z_2 & z_2 \\ 2x_3 + y_3 + z_3 & y_3 & z_3 \end{vmatrix}$$

$$= 2\begin{vmatrix} \sum x_1 & y_1 & z_1 \\ \sum x_2 & x_2 + 2y_2 + z_2 & z_2 \\ \sum x_3 & y_3 & z_3 \end{vmatrix}$$

$$= 2\begin{vmatrix} \sum x_1 & y_1 + z_1 & z_1 \\ \sum x_2 & x_2 + 2y_2 + 2z_2 & z_2 \\ \sum x_3 & y_3 + z_3 & z_3 \end{vmatrix}$$

$$= 2\begin{vmatrix} \sum x_1 & y_1 + z_1 & z_1 \\ \sum x_2 & y_2 + z_2 & z_2 \\ \sum x_3 & y_3 + z_3 & z_3 \end{vmatrix} + 2\begin{vmatrix} \sum x_1 & 0 & z_1 \\ \sum x_2 & x_2 + y_2 + z_2 & z_2 \\ \sum x_3 & 0 & z_3 \end{vmatrix}$$

$$= 2\begin{vmatrix} x_1 & y_1 + z_1 & z_1 \\ x_2 & y_2 + z_2 & z_2 \\ x_3 & y_3 + z_3 & z_3 \end{vmatrix} + 2\begin{vmatrix} \sum x_1 & 0 & z_1 \\ \sum x_2 & x_2 + y_2 + z_2 & z_2 \\ \sum x_3 & 0 & z_3 \end{vmatrix}$$

$$= 2\begin{vmatrix} x_1 & y_1 & z_1 \\ x_2 & y_2 & z_2 \\ x_3 & y_3 & z_3 \end{vmatrix} + 2(x_2 + y_2 + z_2)[z_3(x_1 + y_1 + z_1) - z_1(x_3 + y_3 + z_3)]$$

$$= 2\left[\begin{vmatrix} x_1 & y_1 & z_1 \\ x_2 & y_2 & z_2 \\ x_3 & y_3 & z_3 \end{vmatrix} - (x_1 + y_1 + z_1)(x_2 + y_2 + z_2)(x_3 + y_3 + z_3)\right] +$$

$$2(x_2 + y_2 + z_2)[(x_1 + y_1)(x_3 + y_3 + z_3) + z_3(x_1 + y_1 + z_1)]$$

$$= 2[\lambda + (x_2 + y_2 + z_2)v]$$

于是,上面两个点量式可以分别写成

$$[\lambda + (x_1 + y_1 + z_1)u]B_1 + [(x_2 + y_2 + z_2)v]B_4$$
$$= [\lambda + (x_1 + y_1 + z_1)u + (x_2 + y_2 + z_2)v]M \tag{105}$$

$$[(x_1 + y_1 + z_1)u]B_1 + [\lambda + (x_2 + y_2 + z_2)v]B_4$$
$$= [\lambda + (x_1 + y_1 + z_1)u + (x_2 + y_2 + z_2)v]M' \tag{106}$$

由式(105)(106)得到

$$\lambda(B_1 - B_4) = [\lambda + (x_1 + y_1 + z_1)u + (x_2 + y_2 + z_2)v](M - M') \tag{107}$$

另外,由题意知 $\lambda + (x_1 + y_1 + z_1)u + (x_2 + y_2 + z_2)v \neq 0$,$B_1 \neq B_4$,因此,我们从式(107)可知,$M = M'$的充要条件是 $\lambda = 0$,由式(98)知,直线 B_1B_4,B_2B_5,B_3B_6 交于一点的充要条件是$\triangle A_1A_3A_5$ 与

$\triangle A_2A_4A_6$ 的面积相等.

本题也可以用解析法证明.

证法2 设 $A_i(x_i,y_i)$, $i=1,2,3,4,5,6$,则过 A_1A_2 的中点 B_1 和 A_4A_5 的中点 B_4、A_3A_4 的中点 B_3 和 A_6A_1 的中点 B_6、A_5A_6 的中点 B_5 和 A_2A_3 的中点 B_2 的直线方程分别是

$$\left(\frac{y_1+y_2}{2}-\frac{y_4+y_5}{2}\right)x-\left(\frac{x_1+x_2}{2}-\frac{x_4+x_5}{2}\right)y+\left(\frac{x_1+x_2}{2}\cdot\frac{y_4+y_5}{2}-\frac{x_4+x_5}{2}\cdot\frac{y_1+y_2}{2}\right)=0 \quad (108)$$

$$\left(\frac{y_3+y_4}{2}-\frac{y_6+y_1}{2}\right)x-\left(\frac{x_3+x_4}{2}-\frac{x_6+x_1}{2}\right)y+\left(\frac{x_3+x_4}{2}\cdot\frac{y_6+y_1}{2}-\frac{x_6+x_1}{2}\cdot\frac{y_3+y_4}{2}\right)=0 \quad (109)$$

$$\left(\frac{y_5+y_6}{2}-\frac{y_2+y_3}{2}\right)x-\left(\frac{x_5+x_6}{2}-\frac{x_2+x_3}{2}\right)y+\left(\frac{x_5+x_6}{2}\cdot\frac{y_2+y_3}{2}-\frac{x_2+x_3}{2}\cdot\frac{y_5+y_6}{2}\right)=0 \quad (110)$$

由于直线 B_1B_4 和直线 B_3B_6 相交,因此

$$\begin{vmatrix}\frac{y_1+y_2}{2}-\frac{y_4+y_5}{2} & \frac{x_1+x_2}{2}-\frac{x_4+x_5}{2}\\ \frac{y_3+y_4}{2}-\frac{y_6+y_1}{2} & \frac{x_3+x_4}{2}-\frac{x_6+x_1}{2}\end{vmatrix}\neq 0$$

同理

$$\begin{vmatrix}\frac{y_3+y_4}{2}-\frac{y_6+y_1}{2} & \frac{x_3+x_4}{2}-\frac{x_6+x_1}{2}\\ \frac{y_5+y_6}{2}-\frac{y_2+y_3}{2} & \frac{x_5+x_6}{2}-\frac{x_2+x_3}{2}\end{vmatrix}\neq 0,\ \begin{vmatrix}\frac{y_1+y_2}{2}-\frac{y_4+y_5}{2} & \frac{x_1+x_2}{2}-\frac{x_4+x_5}{2}\\ \frac{y_5+y_6}{2}-\frac{y_2+y_3}{2} & \frac{x_5+x_6}{2}-\frac{x_2+x_3}{2}\end{vmatrix}\neq 0$$

由式(108)(109)(110)可知,这时,直线 B_1B_4、直线 B_3B_6、直线 B_5B_2 三线共点的充要条件是

$$\begin{vmatrix}\frac{y_1+y_2}{2}-\frac{y_4+y_5}{2} & \frac{x_1+x_2}{2}-\frac{x_4+x_5}{2} & \frac{x_1+x_2}{2}\cdot\frac{y_4+y_5}{2}-\frac{x_4+x_5}{2}\cdot\frac{y_1+y_2}{2}\\ \frac{y_3+y_4}{2}-\frac{y_6+y_1}{2} & \frac{x_3+x_4}{2}-\frac{x_6+x_1}{2} & \frac{x_3+x_4}{2}\cdot\frac{y_6+y_1}{2}-\frac{x_6+x_1}{2}\cdot\frac{y_3+y_4}{2}\\ \frac{y_5+y_6}{2}-\frac{y_2+y_3}{2} & \frac{x_5+x_6}{2}-\frac{x_2+x_3}{2} & \frac{x_5+x_6}{2}\cdot\frac{y_2+y_3}{2}-\frac{x_2+x_3}{2}\cdot\frac{y_5+y_6}{2}\end{vmatrix}=0$$

将上面行列式中第一、二行分别加到第三行,得到

$$\begin{vmatrix}\frac{y_1+y_2}{2}-\frac{y_4+y_5}{2} & \frac{x_1+x_2}{2}-\frac{x_4+x_5}{2} & \frac{x_1+x_2}{2}\cdot\frac{y_4+y_5}{2}-\frac{x_4+x_5}{2}\cdot\frac{y_1+y_2}{2}\\ \frac{y_3+y_4}{2}-\frac{y_6+y_1}{2} & \frac{x_3+x_4}{2}-\frac{x_6+x_1}{2} & \frac{x_3+x_4}{2}\cdot\frac{y_6+y_1}{2}-\frac{x_6+x_1}{2}\cdot\frac{y_3+y_4}{2}\\ 0 & 0 & \lambda\end{vmatrix}=0$$

其中

$$\lambda=\frac{x_1+x_2}{2}\cdot\frac{y_4+y_5}{2}-\frac{x_4+x_5}{2}\cdot\frac{y_1+y_2}{2}+\frac{x_3+x_4}{2}\cdot\frac{y_6+y_1}{2}-\frac{x_6+x_1}{2}\cdot\frac{y_3+y_4}{2}+\frac{x_5+x_6}{2}\cdot\frac{y_2+y_3}{2}-\frac{x_2+x_3}{2}\cdot\frac{y_5+y_6}{2}$$

注意到

$$\begin{vmatrix}\frac{y_1+y_2}{2}-\frac{y_4+y_5}{2} & \frac{x_1+x_2}{2}-\frac{x_4+x_5}{2}\\ \frac{y_3+y_4}{2}-\frac{y_6+y_1}{2} & \frac{x_3+x_4}{2}-\frac{x_6+x_1}{2}\end{vmatrix}\neq 0$$

因此

$$\lambda=\frac{x_1+x_2}{2}\cdot\frac{y_4+y_5}{2}-\frac{x_4+x_5}{2}\cdot\frac{y_1+y_2}{2}+\frac{x_3+x_4}{2}\cdot\frac{y_6+y_1}{2}-$$
$$\frac{x_6+x_1}{2}\cdot\frac{y_3+y_4}{2}+\frac{x_5+x_6}{2}\cdot\frac{y_2+y_3}{2}-\frac{x_2+x_3}{2}\cdot\frac{y_5+y_6}{2}$$
$$=\frac{1}{4}\left(-\begin{vmatrix}x_1 & y_1 & 1\\x_3 & y_3 & 1\\x_5 & y_5 & 1\end{vmatrix}+\begin{vmatrix}x_2 & y_2 & 1\\x_4 & y_4 & 1\\x_6 & y_6 & 1\end{vmatrix}\right)=0$$

由于$\triangle A_1A_3A_5$和$\triangle A_2A_4A_6$的有向面积分别为

$$A_1A_3A_5=\begin{vmatrix}x_1 & y_1 & z_1\\x_3 & y_3 & z_3\\x_5 & y_5 & z_5\end{vmatrix},A_2A_4A_6=\begin{vmatrix}x_2 & y_2 & z_2\\x_4 & y_4 & z_4\\x_6 & y_6 & z_6\end{vmatrix}$$

故直线B_1B_4,B_2B_5,B_3B_6交于一点的充要条件是$\triangle A_1A_3A_5$与$\triangle A_2A_4A_6$的面积相等.

M. S. Klamkin 与 Andy Liu(刘安迪)在 1992 年曾给出了 Ceva 定理与 Menelaus 定理的一个统一推广[1]，即：

定理1　已知$\triangle ABC$，D_1,D_2是直线BC上的两点，E_1,E_2是直线CA上的两点，F_1,F_2是直线AB上的两点，且$\frac{\overline{BD_1}}{\overline{D_1C}}=\lambda_1,\frac{\overline{CE_1}}{\overline{E_1A}}=u_1,\frac{\overline{AF_1}}{\overline{F_1B}}=v_1,\frac{\overline{CD_2}}{\overline{D_2B}}=\lambda_2,\frac{\overline{AE_2}}{\overline{E_2C}}=u_2,\frac{\overline{BF_2}}{\overline{F_2A}}=v_2$，则$D_1E_2,E_1F_2,F_1D_2$三线共点或互相平行的充要条件是

$$\lambda_1u_1v_1+\lambda_2u_2v_2+\lambda_1\lambda_2+u_1u_2+v_1v_2=1\tag{111}$$

文[1](由天津师范大学李学武老师译成中文发表在《中等数学》1993 年第 2 期)用重心坐标的方法并引进理想点给出了一个相当简洁的证明. 萧振纲老师在文[2]中给出了它的一个纯几何证明. 下面笔者推广上述的定理,得到以下结论.

定理2　已知$\triangle ABC$，D_1,D_2是直线BC上的两点，E_1,E_2是直线CA上的两点，F_1,F_2是直线AB上的两点，且$\frac{\overline{BD_1}}{\overline{D_1C}}=\lambda_1,\frac{\overline{CE_1}}{\overline{E_1A}}=u_1,\frac{\overline{AF_1}}{\overline{F_1B}}=v_1,\frac{\overline{CD_2}}{\overline{D_2B}}=\lambda_2,\frac{\overline{AE_2}}{\overline{E_2C}}=u_2,\frac{\overline{BF_2}}{\overline{F_2A}}=v_2$，若直线$D_1E_2$与直线$E_1F_2$、直线$E_1F_2$与直线$F_1D_2$、直线$F_1D_2$与直线$D_1E_2$的交点分别为$P,Q,R$,则

$$\begin{aligned}&(1+\lambda_1+v_2+\lambda_1u_1+u_2v_2-u_1u_2)\cdot\\&(1+\lambda_2+u_1+\lambda_2v_2+u_1v_1-v_1v_2)\cdot\\&(1+u_2+v_1+\lambda_2u_2+\lambda_1v_1-\lambda_1\lambda_2)PQR\\&=(\lambda_1\lambda_2+u_1u_2+v_1v_2+\lambda_1u_1v_1+\lambda_2u_2v_2-1)^2ABC\end{aligned}\tag{112}$$

证明　下面用点量法证明. 由已知条件得到

$$\begin{cases}B+\lambda_1C=(1+\lambda_1)D_1\\C+\lambda_2B=(1+\lambda_2)D_2\\C+u_1A=(1+u_1)E_1\\A+u_2C=(1+u_2)E_2\\A+v_1B=(1+v_1)F_1\\B+v_2A=(1+v_2)F_2\end{cases}\tag{113}$$

由式(113)中的第1,4,3,6式得到

$$\begin{vmatrix} 0 & 1 & \lambda_1 & (1+\lambda_1)D_1 \\ 1 & 0 & u_2 & (1+u_2)E_2 \\ u_1 & 0 & 1 & (1+u_1)E_1 \\ v_2 & 1 & 0 & (1+v_2)F_2 \end{vmatrix}=0$$

展开,得到

$$\begin{aligned} &(1-u_1u_2)(1+\lambda_1)D_1+(v_2+\lambda_1u_1)(1+u_2)E_2 \\ =&(\lambda_1+u_2v_2)(1+u_1)E_1+(1-u_1u_2)(1+v_2)F_2 \\ =&(1+\lambda_1+v_2+\lambda_1u_1+u_2v_2-u_1u_2)P \end{aligned}$$

再将式(113)中的第1,4式代入并整理,得到

$$\begin{aligned} &(v_2+\lambda_1u_1)A+(1-u_1u_2)B+(\lambda_1+u_2v_2)C \\ =&(1+\lambda_1+v_2+\lambda_1u_1+u_2v_2-u_1u_2)P \end{aligned} \tag{114}$$

同理得到

$$\begin{aligned} &(u_1+\lambda_2v_2)A+(\lambda_2+u_1v_1)B+(1-v_1v_2)C \\ =&(1+\lambda_2+u_1+\lambda_2v_2+u_1v_1-v_1v_2)Q \end{aligned} \tag{115}$$

$$\begin{aligned} &(1-\lambda_1\lambda_2)A+(v_1+\lambda_2u_2)B+(u_2+\lambda_1v_1)C \\ =&(1+u_2+v_1+\lambda_2u_2+\lambda_1v_1-\lambda_1\lambda_2)R \end{aligned} \tag{116}$$

由以上式(114)(115)(116)得到

$$\begin{aligned} &(1+\lambda_1+v_2+\lambda_1u_1+u_2v_2-u_1u_2)\cdot \\ &(1+\lambda_2+u_1+\lambda_2v_2+u_1v_1-v_1v_2)\cdot \\ &(1+u_2+v_1+\lambda_2u_2+\lambda_1v_1-\lambda_1\lambda_2)PQR \\ =&\begin{vmatrix} v_2+\lambda_1u_1 & 1-u_1u_2 & \lambda_1+u_2v_2 \\ u_1+\lambda_2v_2 & \lambda_2+u_1v_1 & 1-v_1v_2 \\ 1-\lambda_1\lambda_2 & v_1+\lambda_2u_2 & u_2+\lambda_1v_1 \end{vmatrix}ABC \\ =&\begin{vmatrix} v_1v_2+\lambda_1u_1v_1 & 1-u_1u_2 & \lambda_1\lambda_2+\lambda_2u_2v_2 \\ u_1v_1+\lambda_2v_1v_2 & \lambda_2+u_1v_1 & \lambda_2-\lambda_2v_1v_2 \\ v_1-\lambda_1\lambda_2v_1 & v_1+\lambda_2u_2 & \lambda_2u_2+\lambda_1\lambda_2v_1 \end{vmatrix}\frac{ABC}{\lambda_2v_1} \end{aligned}$$

(这里先假设 $\lambda_2v_1\neq0$ 的情况,下面说明当 $\lambda_2v_1\neq0$ 时式(112)也成立)

$$\begin{aligned} =&\begin{vmatrix} v_1v_2+\lambda_1u_1v_1-1+u_1u_2+\lambda_1\lambda_2+\lambda_2u_2v_2 & 1-u_1u_2 & \lambda_1\lambda_2+\lambda_2u_2v_2 \\ u_1v_1+\lambda_2v_1v_2-\lambda_2-u_1v_1+\lambda_2-\lambda_2v_1v_2 & \lambda_2+u_1v_1 & \lambda_2-\lambda_2v_1v_2 \\ v_1-\lambda_1\lambda_2v_1-v_1-\lambda_2u_2+\lambda_2u_2+\lambda_1\lambda_2v_1 & v_1+\lambda_2u_2 & \lambda_2u_2+\lambda_1\lambda_2v_1 \end{vmatrix}\frac{ABC}{\lambda_2v_1} \\ =&\begin{vmatrix} \lambda_1\lambda_2+u_1u_2+v_1v_2+\lambda_1u_1v_1+\lambda_2u_2v_2-1 & 1-u_1u_2 & \lambda_1\lambda_2+\lambda_2u_2v_2 \\ 0 & \lambda_2+u_1v_1 & \lambda_2-\lambda_2v_1v_2 \\ 0 & v_1+\lambda_2u_2 & \lambda_2u_2+\lambda_1\lambda_2v_1 \end{vmatrix}\frac{ABC}{\lambda_2v_1} \\ =&(\lambda_1\lambda_2+u_1u_2+v_1v_2+\lambda_1u_1v_1+\lambda_2u_2v_2-1)\begin{vmatrix} \lambda_2+u_1v_1 & \lambda_2-\lambda_2v_1v_2 \\ v_1+\lambda_2u_2 & \lambda_2u_2+\lambda_1\lambda_2v_1 \end{vmatrix}\frac{ABC}{\lambda_2v_1} \\ =&(\lambda_1\lambda_2+u_1u_2+v_1v_2+\lambda_1u_1v_1+\lambda_2u_2v_2-1)\begin{vmatrix} \lambda_2+u_1v_1 & 1-v_1v_2 \\ v_1+\lambda_2u_2 & u_2+\lambda_1v_1 \end{vmatrix}\frac{ABC}{v_1} \end{aligned}$$

$$=(\lambda_1\lambda_2+u_1u_2+v_1v_2+\lambda_1u_1v_1+\lambda_2u_2v_2-1)^2ABC$$

即得式(112).

当 $\lambda_2=0, v_1\neq 0$(D_2 与 C 重合)时

$$(1+\lambda_1+v_2+\lambda_1u_1+u_2v_2-u_1u_2)(1+u_1+u_1v_1-v_1v_2)(1+u_2+v_1+\lambda_1v_1)PQR$$
$$=\begin{vmatrix} v_2+\lambda_1u_1 & 1-u_1u_2 & \lambda_1+u_2v_2 \\ u_1 & u_1v_1 & 1-v_1v_2 \\ 1 & v_1 & u_2+\lambda_1v_1 \end{vmatrix}ABC$$
$$=\begin{vmatrix} v_1v_2+\lambda_1u_1v_1 & 1-u_1u_2 & \lambda_1+u_2v_2 \\ u_1v_1 & u_1v_1 & 1-v_1v_2 \\ v_1 & v_1 & u_2+\lambda_1v_1 \end{vmatrix}\frac{ABC}{v_1}$$
$$=\begin{vmatrix} v_1v_2+\lambda_1u_1v_1-1+u_1u_2 & 1-u_1u_2 & \lambda_1+u_2v_2 \\ 0 & u_1v_1 & 1-v_1v_2 \\ 0 & v_1 & u_2+\lambda_1v_1 \end{vmatrix}\frac{ABC}{v_1}$$
$$=(v_1v_2+u_1u_2+\lambda_1u_1v_1-1)\begin{vmatrix} u_1v_1 & 1-v_1v_2 \\ v_1 & u_2+\lambda_1v_1 \end{vmatrix}\frac{ABC}{v_1}$$
$$=(v_1v_2+u_1u_2+\lambda_1u_1v_1-1)^2ABC$$

式(112)也成立.

同理可证当 $\lambda_2\neq 0$,$v_1=0$(F_1 与 A 重合)时,式(112)也成立.

另外易证当 $\lambda_2=0, v_1=0$ (D_2 与 C 重合,F_1 与 A 重合)时,式(112)也成立(证略).

综上,式(112)获证.

特例 1 由定理 2 知,定理 1 只是定理 2 的特例.

特例 2 取 $\lambda_2=0$(D_2 与 C 重合),$u_2=0$(E_2 与 A 重合),$v_2=0$(F_2 与 B 重合)时,有以下结论:

已知$\triangle ABC$,D_1 是直线 BC 上的点,E_1 是直线 CA 上的点,F_1 是直线 AB 上的点,且$\frac{\overline{BD_1}}{\overline{D_1C}}=\lambda_1$,$\frac{\overline{CE_1}}{\overline{E_1A}}=u_1$,$\frac{\overline{AF_1}}{\overline{F_1B}}=v_1$,若直线 AD_1 与直线 BE_1、直线 BE_1 与直线 CF_1、直线 CF_1 与直线 AD_1 的交点分别为 P,Q,R,则

$$(1+\lambda_1+\lambda_1u_1)(1+u_1+u_1v_1)(1+v_1+\lambda_1v_1)PQR=(\lambda_1u_1v_1-1)^2ABC \tag{117}$$

由以上证明过程可得到以下等式:

等式 1 设 $\lambda_i,u_i,v_i(i=1,2)$为任意复数,则

$$(\lambda_1+u_2v_2)(u_1+\lambda_2v_2)(v_1+\lambda_2u_2)+(\lambda_2+u_1v_1)(u_2+\lambda_1v_1)(v_2+\lambda_1u_1)+$$
$$(1-\lambda_1\lambda_2)(1-u_1u_2)(1-v_1v_2)-[(1-\lambda_1\lambda_2)(\lambda_1+u_2v_2)(\lambda_2+u_1v_1)+$$
$$(1-u_1u_2)(u_1+\lambda_2v_2)(u_2+\lambda_1v_1)+(1-v_1v_2)(v_1+\lambda_2u_2)(v_2+\lambda_1u_1)]$$
$$=\begin{vmatrix} v_2+\lambda_1u_1 & 1-u_1u_2 & \lambda_1+u_2v_2 \\ u_1+\lambda_2v_2 & \lambda_2+u_1v_1 & 1-v_1v_2 \\ 1-\lambda_1\lambda_2 & v_1+\lambda_2u_2 & u_2+\lambda_1v_1 \end{vmatrix}$$
$$=(\lambda_1\lambda_2+u_1u_2+v_1v_2+\lambda_1u_1v_1+\lambda_2u_2v_2-1)^2$$

由此又可得到一个不等式:

等式2 设 $\lambda_i,u_i,v_i(i=1,2)$ 为任意实数,则

$$\begin{aligned}&(\lambda_1+u_2v_2)(u_1+\lambda_2v_2)(v_1+\lambda_2u_2)+\\&(\lambda_2+u_1v_1)(u_2+\lambda_1v_1)(v_2+\lambda_1u_1)+\\&(1-\lambda_1\lambda_2)(1-u_1u_2)(1-v_1v_2)\\\geqslant&(1-\lambda_1\lambda_2)(\lambda_1+u_2v_2)(\lambda_2+u_1v_1)+\\&(1-u_1u_2)(u_1+\lambda_2v_2)(u_2+\lambda_1v_1)+\\&(1-v_1v_2)(v_1+\lambda_2u_2)(v_2+\lambda_1u_1)\end{aligned}$$

即

$$\begin{vmatrix}v_2+\lambda_1u_1 & 1-u_1u_2 & \lambda_1+u_2v_2\\u_1+\lambda_2v_2 & \lambda_2+u_1v_1 & 1-v_1v_2\\1-\lambda_1\lambda_2 & v_1+\lambda_2u_2 & u_2+\lambda_1v_1\end{vmatrix}\geqslant 0$$

当且仅当 $\lambda_1\lambda_2+u_1u_2+v_1v_2+\lambda_1u_1v_1+\lambda_2u_2v_2=1$ 时取等号.

故直线 B_1B_4,B_2B_5,B_3B_6 交于一点的充要条件是 $\triangle A_1A_3A_5$ 与 $\triangle A_2A_4A_6$ 的面积相等.

《数学通报》2016年第11期的文《内接中点五边形的面积》(中国人民大学附属中学王中子,中国科学技术大学王晁)中证明了以下结论:

命题4 记以 $A_1,A_2,\cdots,A_n$ 为顶点的凸 n 边形 $A_1A_2\cdots A_n$ 的面积为 $S_{A_1A_2\cdots A_n}$. 如图14,对于任意凸五边形 $A_1A_2A_3A_4A_5$(逆时针转向),有

$$\frac{S_{M_1M_2M_3M_4M_5}}{S_{A_1A_2A_3A_4A_5}}<\frac{3}{4}$$

且 $\frac{3}{4}$ 是上确界,其中 $M_1M_2M_3M_4M_5$ 为凸五边形 $A_1A_2A_3A_4A_5$ 的内接中点五边形.

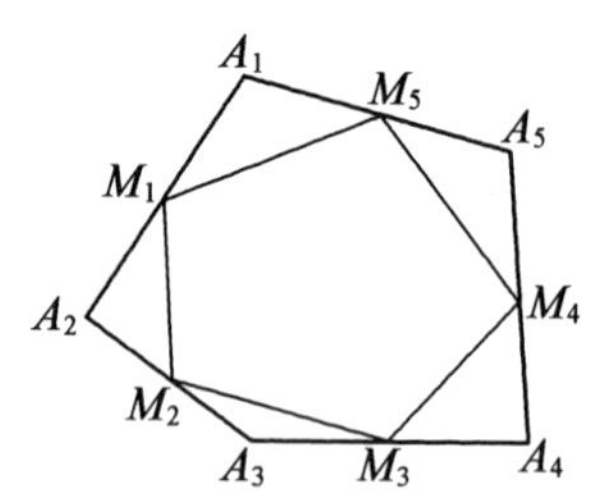

图14

为证明以上命题,先给出如下引理:

引理1 设 $a,b,c,d\in\mathbf{R}_+$,满足 $1-c+d>0,bc-ad>0,-b+d+bc-ad>0$. 求证

$$1+a-b-c+d+bc-ad>0$$

引理1的证明 分两种情况证明.

情况一 当 $0<c\leqslant 1$ 时,有

$$1+a-b-c+d+bc-ad=(1-c)+(-b+d+bc-ad)+a>0$$

情况二 当 $c>1$ 时:

(1)若 $0<d\leqslant 1$,则

$$1+a-b-c+d+bc-ad=b(c-1)+a(1-d)+(1-c+d)>0$$

(2)若 $d\geqslant 1$:

当 $d\geqslant b>0$ 时,则

$$\begin{aligned}&1+a-b-c+d+bc-ad\\=&\frac{1}{d}[(d-1)(bc-ad)+(d-b)(1-c+d)+b]>0\end{aligned}$$

当 $1\leqslant d<b$ 时,则

$$1+a-b-c+d+bc-ad$$
$$=\frac{1}{d}[(c-1)(b-d)+(d-1)(-b+d+bc-ad)+d]>0$$

综上,引理获证.

下面就来证明命题.

命题 4 的证明 记 ABC 为 $\triangle ABC$ 的有向面积($A\to B\to C$ 为逆时针转向时为正,反之为负).

设

$$aA_1+bA_2+(1-a-b)A_3=A_4 \tag{118}$$
$$cA_1+dA_2+(1-c-d)A_3=A_5 \tag{119}$$

另外,由于 M_1,M_2,M_3,M_4,M_5 分别为五边形 $A_1A_2A_3A_4A_5$ 的边 $A_1A_2,A_2A_3,A_3A_4,A_4A_5,A_5A_1$ 的中点,因此,有

$$A_1+A_2=2M_1 \tag{120}$$
$$A_2+A_3=2M_2 \tag{121}$$
$$A_3+A_4=2M_3$$

将式(118)代入,并整理得到

$$aA_1+bA_2+(2-a-b)A_3=2M_3 \tag{122}$$

类似得到

$$(a+c)A_1+(b+d)A_2+(2-a-b-c-d)A_3=2M_4 \tag{123}$$
$$(1+c)A_1+dA_2+(1-c-d)A_3=2M_5 \tag{124}$$

于是,得到

$$\begin{aligned}S_{A_1A_2A_3A_4A_5}&=S_{A_1A_2A_3}+S_{A_1A_3A_4}+S_{A_1A_4A_5}\\&=S_{A_1A_2A_3}-bS_{A_1A_2A_3}+\begin{vmatrix}1&0&0\\a&b&1-a-b\\c&d&1-c-d\end{vmatrix}S_{A_1A_2A_3}\\&=(1-d-bc+ad)S_{A_1A_2A_3}\end{aligned}$$

即

$$\frac{S_{A_1A_2A_3A_4A_5}}{S_{A_1A_2A_3}}=1-d-bc+ad>0$$

另外还得到

$$\begin{aligned}S_{M_1M_2M_3M_4M_5}&=S_{M_1M_2M_3}+S_{M_1M_3M_4}+S_{M_1M_4M_5}\\&=\frac{1}{8}\left[\begin{vmatrix}1&1&0\\0&1&1\\a&b&2-a-b\end{vmatrix}+\begin{vmatrix}1&1&0\\a&b&2-a-b\\a+c&b+d&2-a-b-c-d\end{vmatrix}+\right.\\&\quad\left.\begin{vmatrix}1&1&0\\a+c&b+d&2-a-b-c-d\\1+c&d&1-c-d\end{vmatrix}\right]S_{A_1A_2A_3}\\&=\frac{1}{8}\left[\begin{vmatrix}1&1&2\\0&1&2\\a&b&2\end{vmatrix}+\begin{vmatrix}1&1&2\\a&b&2\\a+c&b+d&2\end{vmatrix}+\begin{vmatrix}1&1&2\\a+c&b+d&2\\1+c&d&2\end{vmatrix}\right]S_{A_1A_2A_3}\end{aligned}$$

$$=\frac{1}{8}[(2-2b)+(2c-2d+2ad-2bc)+$$

$$(2-2a-2d+2ad-2bc)]S_{A_1A_2A_3}$$

$$=\frac{1}{4}(2-a-b+c-2d-2bc+2ad)S_{A_1A_2A_3}$$

即

$$\frac{S_{M_1M_2M_3M_4M_5}}{S_{A_1A_2A_3}}=\frac{1}{4}(2-a-b+c-2d-2bc+2ad)>0$$

由此得到

$$\frac{S_{M_1M_2M_3M_4M_5}}{S_{A_1A_2A_3A_4A_5}}=\frac{\frac{1}{4}(2-a-b+c-2d-2bc+2ad)}{1-d-bc+ad}$$

于是,只要证明

$$\frac{\frac{1}{4}(2-a-b+c-2d-2bc+2ad)}{1-d-bc+ad}<\frac{3}{4} \tag{125}$$

即证

$$1+a+b-c-d-bc+ad>0$$

由于五边形 $A_1A_2A_3A_4A_5$(逆时针转向)为平面凸五边形,因此,由式(118)有

$$a=\frac{A_4A_2A_3}{A_1A_2A_3}>0,b=\frac{A_4A_3A_1}{A_2A_3A_1}=\frac{A_4A_3A_1}{A_1A_2A_3}<0$$

由式(119)有

$$c=\frac{A_5A_2A_3}{A_1A_2A_3}>0,d=\frac{A_5A_3A_1}{A_2A_3A_1}=\frac{A_5A_3A_1}{A_1A_2A_3}<0$$

$$1-c-d=\frac{A_5A_1A_2}{A_3A_1A_2}=\frac{A_5A_1A_2}{A_1A_2A_3}>0$$

另外,由式(118)(119)消去 A_2,得到

$$(ad-bc)A_1-dA_4=(b-d-bc+ad)A_3-bA_5$$

由于五边形 $A_1A_2A_3A_4A_5$(逆时针转向)为平面凸五边形,联结 A_1,A_4 的线段与联结 A_3,A_5 的线段必相交,上面已证 $b<0,d<0$,因此,得到 $ad-bc>0,b-d-bc+ad>0$.

根据引理1,当 $a,c>0,-b,-d>0,1-c+(-d)>0,(-b)c-a(-d)>0,-(-b)+(-d)+(-b)c-a(-d)>0$ 时,有

$$1+a+b-c-d-bc+ad$$

$$=1+a-(-b)-c+(-d)+(-b)c-a(-d)>0$$

即知式(125)成立.

故得到

$$\frac{S_{M_1M_2M_3M_4M_5}}{S_{A_1A_2A_3A_4A_5}}=\frac{\frac{1}{4}(2-a-b+c-2d-2bc+2ad)}{1-d-bc+ad}<\frac{3}{4}$$

原命题获证.

注 由以上所得到的

$$\frac{S_{M_1M_2M_3M_4M_5}}{S_{A_1A_2A_3A_4A_5}}=\frac{\frac{1}{4}(2-a-b+c-2d-2bc+2ad)}{1-d-bc+ad}$$

$$A_2A_3A_4+A_3A_1A_4=A_2A_3A_5$$

其中 $A_2A_3A_4,A_3A_1A_4,A_2A_3A_5$ 均为有向面积(图 15),则有

$$S_{M_1M_2M_3M_4M_5}=\frac{1}{2}S_{A_1A_2A_3A_4A_5}$$

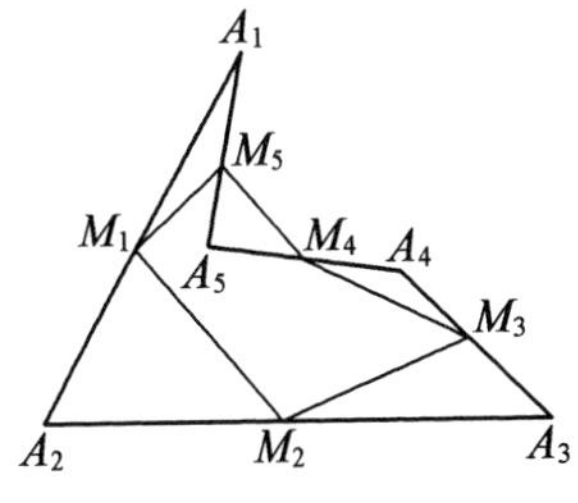

图 15

(三)多点量内积

1. 多点量内积定义

设 $A_1A_2\cdots A_n,B_1B_2\cdots B_n$ 均为 n 点向量,则

$$A_1A_2\cdots A_n\cdot B_1B_2\cdots B_n=\frac{(-1)^n}{2^{n-1}[(n-1)!]^2}\begin{vmatrix}A_1B_1^2 & A_1B_2^2 & \cdots & A_1B_n^2 & 1\\ A_2B_1^2 & A_2B_2^2 & \cdots & A_2B_n^2 & 1\\ \vdots & \vdots & & \vdots & \vdots\\ A_nB_1^2 & A_nB_2^2 & \cdots & A_nB_n^2 & 1\\ 1 & 1 & \cdots & 1 & 0\end{vmatrix}$$

特别地,有

$$\overrightarrow{AB}\cdot\overrightarrow{CD}=\frac{1}{2}\begin{vmatrix}AC^2 & AD^2 & 1\\ BC^2 & BD^2 & 1\\ 1 & 1 & 0\end{vmatrix}$$

$$\overrightarrow{ABC}\cdot\overrightarrow{DEF}=-\frac{1}{16}\begin{vmatrix}AD^2 & AE^2 & AF^2 & 1\\ BD^2 & BE^2 & BF^2 & 1\\ CD^2 & CE^2 & CF^2 & 1\\ 1 & 1 & 1 & 0\end{vmatrix}$$

2. 设 n 点向量 $A_1A_2\cdots A_n,B_1B_2\cdots B_n$ 所成的角为 θ,定义

$$A_1A_2\cdots A_n\cdot B_1B_2\cdots B_n=|A_1A_2\cdots A_n|\cdot|B_1B_2\cdots B_n|\cos\theta$$

由此得到

$$|A_1A_2\cdots A_n|\cdot|B_1B_2\cdots B_n|\geqslant\frac{1}{2^{n-1}[(n-1)!]^2}\left\|\begin{matrix}A_1B_1^2 & A_1B_2^2 & \cdots & A_1B_n^2 & 1\\ A_2B_1^2 & A_2B_2^2 & \cdots & A_2B_n^2 & 1\\ \vdots & \vdots & & \vdots & \vdots\\ A_nB_1^2 & A_nB_2^2 & \cdots & A_nB_n^2 & 1\\ 1 & 1 & \cdots & 1 & 0\end{matrix}\right\|$$

当且仅当 $A_1,A_2,\cdots,A_n,B_1,B_2,\cdots,B_n$ 均为同一个 $n-1$ 维空间点量时取等号.

3. 在 $n-1$ 维空间中,若 n 面体 $A_1A_2\cdots A_n,A_iA_j=a_{ij}(i,j=1,2,\cdots,n,a_{ij}=a_{ji})$,$n$ 面体 $B_1B_2\cdots B_n$,$B_iB_j=b_{ij}(i,j=1,2,\cdots,n,b_{ij}=b_{ji})$,则在这个 $n-1$ 维空间中,有

$$\begin{vmatrix}0 & a_{12}^2 & \cdots & a_{1n}^2 & 1\\ a_{21}^2 & 0 & \cdots & a_{2n}^2 & 1\\ \vdots & \vdots & & \vdots & \vdots\\ a_{n1}^2 & a_{n2}^2 & \cdots & 0 & 1\\ 1 & 1 & \cdots & 1 & 0\end{vmatrix}\cdot\begin{vmatrix}0 & b_{12}^2 & \cdots & b_{1n}^2 & 1\\ b_{21}^2 & 0 & \cdots & b_{2n}^2 & 1\\ \vdots & \vdots & & \vdots & \vdots\\ b_{n1}^2 & b_{n2}^2 & \cdots & 0 & 1\\ 1 & 1 & \cdots & 1 & 0\end{vmatrix}$$

$$=\left(\begin{vmatrix} A_1B_1^2 & A_1B_2^2 & \cdots & A_1B_n^2 & 1 \\ A_2B_1^2 & A_2B_2^2 & \cdots & A_2B_n^2 & 1 \\ \vdots & \vdots & & \vdots & \vdots \\ A_nB_1^2 & A_nB_2^2 & \cdots & A_nB_n^2 & 1 \\ 1 & 1 & \cdots & 1 & 0 \end{vmatrix}\right)^2$$

特别对于平面四边形 $ABCD$,有

$$ABC \cdot ACD = -\frac{1}{16}\begin{vmatrix} 0 & AC^2 & AD^2 & 1 \\ BA^2 & BC^2 & BD^2 & 1 \\ CA^2 & 0 & CD^2 & 1 \\ 1 & 1 & 1 & 0 \end{vmatrix}$$

其中 ABC 和 ACD 均为有向面积.

对于空间中五个点 A,B,C,D,E,有

$$ABCD \cdot ABCE = \frac{1}{288}\begin{vmatrix} 0 & AB^2 & AC^2 & AE^2 & 1 \\ BA^2 & 0 & BC^2 & BE^2 & 1 \\ CA^2 & CB^2 & 0 & CE^2 & 1 \\ DA^2 & DB^2 & DC^2 & DE^2 & 1 \\ 1 & 1 & 1 & 1 & 0 \end{vmatrix}$$

其中 $ABCD$ 和 $ABCE$ 为有向体积.

4. 在 $n-1$ 维空间中,已知 n 面体 $A_1A_2\cdots A_n$,棱长 $A_iA_j=a_{ij}(i,j=1,2,\cdots,n,a_{ij}=a_{ji})$,以 A_iA_j 为棱的二面角为 $\theta_{ij}(i,j=1,2,\cdots,n,\theta_{ij}=\theta_{ji})$,$A_i(i=1,2,\cdots,n)$ 所对的面的三角形面积为 $S_i(i=1,2,\cdots,n)$,n 面体 $A_1A_2\cdots A_n$ 的体积为 V,外接球半径为 R,内切球球心为 I,半径为 r,则

(1)
$$V^2=\frac{(-1)^n}{2^{n-1}[(n-1)!]^2}\begin{vmatrix} 0 & a_{12}^2 & \cdots & a_{1n}^2 & 1 \\ a_{21}^2 & 0 & \cdots & a_{2n}^2 & 1 \\ \vdots & \vdots & & \vdots & \vdots \\ a_{n1}^2 & a_{n2}^2 & \cdots & 0 & 1 \\ 1 & 1 & \cdots & 1 & 0 \end{vmatrix}$$

(2) 若 $D_i(i=1,2,\cdots,n)$ 表示将行列式

$$D=\begin{vmatrix} 0 & a_{12}^2 & \cdots & a_{1n}^2 \\ a_{21}^2 & 0 & \cdots & a_{2n}^2 \\ \vdots & \vdots & & \vdots \\ a_{n1}^2 & a_{n2}^2 & \cdots & 0 \end{vmatrix}$$

的第 i 列中的所有元素都换成 1 所得的行列式,则有

$$D=2R^2\sum_{i=1}^{n}D_i=(-1)^{n-1}2^nR^2[(n-1)!\,|A_1A_2\cdots A_n|]^2$$

特例:设四面体 $ABCD$ 的外接圆半径为 R,记 $\triangle DBC$, $\triangle ADC$, $\triangle ABD$, $\triangle ABC$ 的面积分别为 S_A, S_B, S_C, S_D,四面体 $ABCD$ 的体积为 V. 若 $D_i(i=1,2,3,4)$ 表示将行列式

$$D=\begin{vmatrix}0 & AB^2 & AC^2 & AD^2\\ AB^2 & 0 & BC^2 & BD^2\\ AC^2 & BC^2 & 0 & CD^2\\ AD^2 & BD^2 & CD^2 & 0\end{vmatrix}$$

的第 i 列中的所有元素都换成 1 所得的行列式,则有

$$D=2R^2\sum_{i=1}^{4}D_i=-576R^2V^2$$

即

$$R^2=-\frac{\begin{vmatrix}0 & AB^2 & AC^2 & AD^2\\ AB^2 & 0 & BC^2 & BD^2\\ AC^2 & BC^2 & 0 & CD^2\\ AD^2 & BD^2 & CD^2 & 0\end{vmatrix}}{576V^2}$$

5.
$$\sum_{i=1}^{n}S_iA_i=\left(\sum_{i=1}^{n}S_i\right)I$$

6.
$$\sum_{1\leqslant i<j\leqslant n}S_iS_jA_iA_j^2=\left(\sum_{i=1}^{n}S_i\right)^2(R^2-IO^2)$$

证明

$$\begin{aligned}\sum_{1\leqslant i<j\leqslant n}S_iS_jA_iA_j^2&=\sum_{1\leqslant i<j\leqslant n}S_iS_j(IA_j-IA_i)^2\\&=\sum_{1\leqslant i<j\leqslant n}S_iS_j(IA_i^2+IA_j^2-2IA_i\cdot IA_j)^2\\&=\sum_{1\leqslant i<j\leqslant n}S_iS_j(IA_i^2+IA_j^2)+\sum_{i=1}^{n}S_i^2IA_i^2-\left(\sum_{i=1}^{n}S_iIA_i\right)^2\\&=\sum_{i=1}^{n}S_i\cdot\sum_{i=1}^{n}S_iIA_i^2\\&=\sum_{i=1}^{n}S_i\cdot\sum_{i=1}^{n}S_i(\overrightarrow{IO}+\overrightarrow{OA_i})^2\\&=\left(\sum_{i=1}^{n}S_i\right)^2(IO^2+R^2)+2\left(\sum_{i=1}^{n}S_i\right)\overrightarrow{IO}\cdot\sum_{i=1}^{n}S_i\overrightarrow{OA_i}\\&=\left(\sum_{i=1}^{n}S_i\right)^2(IO^2+R^2)-2\left(\sum_{i=1}^{n}S_i\right)^2IO^2\\&=\left(\sum_{i=1}^{n}S_i\right)^2(R^2-IO^2)\end{aligned}$$

(注意到 $\sum_{i=1}^{n}S_iIA_i=0,\sum_{i=1}^{n}S_i\overrightarrow{OA_i}=\left(\sum_{i=1}^{n}S_i\right)\overrightarrow{OI}$).

由 3 部分可得以下命题:

命题 5 设 P 为四面体 $ABCD$ 内部或边界上任意一点,点 P 在面 BCD,ACD,ABD,ABC 上的正投影分别为点 A_1,B_1,C_1,D_1,$|PA|=R_1$,$|PB|=R_2$,$|PC|=R_3$,$|PD|=R_4$,四面体 $PBCD,APCD,ABPD$,$ABCP,A_1B_1C_1D_1,ABCD$ 的有向体积(右手定则)分别为 V_1,V_2,V_3,V_4,V_0,V,四面体 $ABCD$ 外接球的半径为 R,则

$$288VV_1=\begin{vmatrix} R_1^2 & AB^2 & AC^2 & AD^2 & 1\\ R_2^2 & 0 & BC^2 & BD^2 & 1\\ R_3^2 & CB^2 & 0 & CD^2 & 1\\ R_4^2 & DB^2 & DC^2 & 0 & 1\\ 1 & 1 & 1 & 1 & 0\end{vmatrix}$$

类似还有三式.

证明 注意到

$$\begin{vmatrix} 0 & AB^2 & AC^2 & AD^2 & 1\\ BA^2 & 0 & BC^2 & BD^2 & 1\\ CA^2 & CB^2 & 0 & CD^2 & 1\\ DA^2 & DB^2 & DC^2 & 0 & 1\\ 1 & 1 & 1 & 1 & 0\end{vmatrix}\cdot\begin{vmatrix} 0 & R_2^2 & R_3^2 & R_4^2 & 1\\ R_2^2 & 0 & BC^2 & BD^2 & 1\\ R_3^2 & CB^2 & 0 & CD^2 & 1\\ R_4^2 & DB^2 & DC^2 & 0 & 1\\ 1 & 1 & 1 & 1 & 0\end{vmatrix}$$

$$=\left(\begin{vmatrix} R_1^2 & AB^2 & AC^2 & AD^2 & 1\\ R_2^2 & 0 & BC^2 & BD^2 & 1\\ R_3^2 & CB^2 & 0 & CD^2 & 1\\ R_4^2 & DB^2 & DC^2 & 0 & 1\\ 1 & 1 & 1 & 1 & 0\end{vmatrix}\right)^2$$

类似还有三式.

7. 若$\triangle A_1B_1C_1$与$\triangle A_2B_2C_2$分别在两个半平面α与β内,两个半平面的二面角为α,则

$$16\overrightarrow{A_1B_1C_1}\cdot\overrightarrow{A_2B_2C_2}=16|A_1B_1C_1|\cdot|A_2B_2C_2|\cdot\cos\alpha$$

$$=-\begin{vmatrix} A_1A_2^2 & A_1B_2^2 & A_1C_2^2 & 1\\ B_1A_2^2 & B_1B_2^2 & B_1C_2^2 & 1\\ C_1A_2^2 & C_1B_2^2 & C_1C_2^2 & 1\\ 1 & 1 & 1 & 0\end{vmatrix}$$

这里$\overrightarrow{A_1B_1C_1}=\frac{1}{2}A_1B_1\times A_1C_1,\overrightarrow{A_2B_2C_2}=\frac{1}{2}A_2B_2\times A_2C_2$均为向量,规定当两个三角形在同一个平面上时,逆时针转向的三角形的面积为正,顺时针转向的三角形的面积为负.

(1)对于四面体$ABCD$(图16),有

$$16\overrightarrow{ABC}\cdot\overrightarrow{DBC}=-\begin{vmatrix} AD^2 & AB^2 & AC^2 & 1\\ BD^2 & 0 & BC^2 & 1\\ CD^2 & CB^2 & 0 & 1\\ 1 & 1 & 1 & 0\end{vmatrix}$$

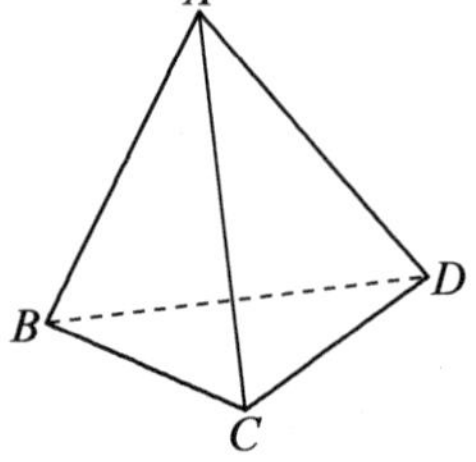

图16

(2)设$ABCD$是平面凸四边形(图17),面积为S,记$AB=a,BC=b,CD=c,DA=d,AC=x,BD=y$,则

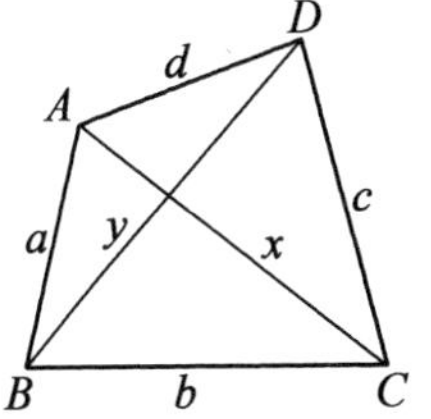

图 17

$$16S^2+\left(\sum a^2\right)^2=4(a^2b^2+b^2c^2+c^2d^2+d^2a^2+x^2y^2)$$

提示：
$$16S^2=16(ABC+ACD)^2=16(ABC)^2+16(ACD)^2+32ABC\cdot ACD$$

(3)A_1,B_1,C_1,A_2,B_2,C_2 为平面上六个点，A_1,B_1,C_1 三点或 A_2,B_2,C_2 三点共线的充要条件是

$$\begin{vmatrix} A_1A_2^2 & A_1B_2^2 & A_1C_2^2 & 1\\ B_1A_2^2 & B_1B_2^2 & B_1C_2^2 & 1\\ C_1A_2^2 & C_1B_2^2 & C_1C_2^2 & 1\\ 1 & 1 & 1 & 0\end{vmatrix}=0$$

8. 在 n 维空间中，对 $n+2$ 个点 $A_i(i=1,2,\cdots,n+1)$ 与点 P，有恒等式

$$(A_1A_2\cdots A_{n+1})P=(PA_2\cdots A_{n+1})A_1+(A_1PA_3\cdots A_{n+1})A_2+\cdots+(A_1A_2\cdots A_nP)A_{n+1}$$

于是，有

$$\begin{aligned}(A_1A_2\cdots A_{n+1}\cdot A_1A_2\cdots A_{n+1})P=&(PA_2\cdots A_{n+1}\cdot A_1A_2\cdots A_{n+1})A_1+\\&(A_1PA_3\cdots A_{n+1}\cdot A_1A_2\cdots A_{n+1})A_2+\cdots+\\&(A_1A_2\cdots A_nP\cdot A_1A_2\cdots A_{n+1})A_{n+1}\end{aligned}$$

9. (1)若 P,Q,A,B 是直线上任意四个点，则成立以下有向线段等式

$$PQ\cdot AB=PA\cdot QB+PB\cdot AQ$$

(2)若 P,Q,A,B 是平面上任意四个点，则成立以下向量等式

$$\overrightarrow{PQ}\cdot\overrightarrow{AB}=\overrightarrow{PA}\cdot\overrightarrow{QB}+\overrightarrow{PB}\cdot\overrightarrow{AQ}$$

(3)若 P,Q,R,A,B,C 是同一平面上任意六个点，则成立以下有向面积等式（Monge 定理或 Möbius 定理）

$$ABC\cdot PQR=ABP\cdot CQR+ABQ\cdot PCR+ABR\cdot PQC$$

以上 XYZ 表示以 X,Y,Z 为顶点的有向三角形面积，一般规定 $X\to Y\to Z$ 为逆时针转向时其面积为正，反之为负.

在 XYZ 中，每对调一对字母改变一次符号，如 $XYZ=-ZYX$ 等.

(4)若 P,Q,R,A,B,C 是三维空间中任意六个点，则成立以下向量等式

$$\overrightarrow{ABC}\cdot\overrightarrow{PQR}=\overrightarrow{ABP}\cdot\overrightarrow{CQR}+\overrightarrow{ABQ}\cdot\overrightarrow{PCR}+\overrightarrow{ABR}\cdot\overrightarrow{PQC}$$

这里规定：$\overrightarrow{XYZ}=\frac{1}{2}\overrightarrow{XY}\times\overrightarrow{XZ}$.

(5)若 P,Q,R,A,B,C 是同一平面上任意六个点，则成立以下有向面积等式

$$(ABC)^2\cdot PQR=\begin{vmatrix} PBC & APC & ABP\\ QBC & AQC & ABQ\\ RBC & ARC & ABR\end{vmatrix}$$

(6)若 P,Q,R,S,A,B,C,D 是欧氏空间中任意八个点，则成立以下有向体积等式

$$ABCD\cdot PQRS=ABCP\cdot DQRS+ABCQ\cdot PDRS+ABCR\cdot PQDS+ABCS\cdot PQRD$$

以上 $XYZW$ 表示以 X,Y,Z,W 为顶点的有向四面体体积,一般用右手定则规定其正负,在 $XYZW$ 中每对调一对字母就改变一次符号,如 $XYZW=-XWZY=YWZX$.

(7)同(6)的条件,成立以下有向体积等式

$$(ABCD)^2\cdot PQRS=\begin{vmatrix} PBCD & APCD & ABPD & ABCP \\ QBCD & AQCD & ABQD & ABCQ \\ RBCD & ARCD & ABRD & ABCR \\ SBCD & ASCD & ABSD & ABCS \end{vmatrix}$$

注 以上结论可向 n 维欧氏空间推广.

参考文献

[1]KLAMKIN M S, ANDY LIU. Simultaneous generalizations of the theorems of Ceva and Menelaus[J]. Mathematics Magazine, 1992,65(1):48-52.

[2]萧振纲. Ceva 定理与 Menelaus 定理之统一推广的纯几何证明[M]//杨学枝. 不等式研究:第2辑. 哈尔滨:哈尔滨工业大学出版社,2011.

von Neumann 多项式

杜莹雪[1],刘培杰[2]

(1. 哈尔滨工业大学出版社　黑龙江　哈尔滨　150006;
2. 哈尔滨工业大学出版社　黑龙江　哈尔滨　150006)

世界著名数学家 T. J. Fletcher 曾指出:

> 数学涉及抽象的过程,这种过程始于具体情况,它认出相应的结构,并用一个结构去解决被另一结构表达的问题.

一、引言

第3届(1969年)全苏数学奥林匹克竞赛有一题[1]为:

试题1　已知 a 为自然数,以 a 为首项系数的整系数二次三项式有两个小于1的不相等的正根.求 a 的最小值.

答案:$a=5$.

解　设 $f(x)=ax^2+bx+c=a(x-x_1)(x-x_2)$,$0<x_1<1$,$0<x_2<1$,数 a,b,c 为整数,且 $a>0$.

因为 $f(0)$ 和 $f(1)$ 是正整数,所以 $f(0)f(1)\geqslant 1$,即 $a^2x_1(1-x_1)x_2(1-x_2)\geqslant 1$.

特别指出,$x(1-x)\leqslant\frac{1}{4}$ 总是成立.同时,等式只在 $x=\frac{1}{2}$ 时成立.因为数 x_1 和 x_2 不相等,而 $x_1(1-x_1)$ 和 $x_2(1-x_2)$ 都是正的,所以,$x_1(1-x_1)x_2(1-x_2)<\frac{1}{16}$.

于是,$a^2>16$,即 $a>4$.

当 $a=5$ 时,得到二次方程 $5x^2-5x+1=0$,它在区间 $[0,1]$ 上有两个不相等的根.

这个问题最早出现在第28届(1967年12月2日)的 Putnam 竞赛上(A-3题)[2].一个问题不约而同出现于两个有名的竞赛中,一定有其原因.

这一问题的背景是 von Neumann 多项式的判定问题.

von Neumann 是匈牙利著名数学家,从小就表现出非凡的才能.其父请布达佩斯大学的J. Kürschak 教授和助教 M. Fekete 担任他的家庭教师.他18岁就发表了第一篇论文,推广了 Tschebyscheff 多项式求根的 Fejér 定理.

二、实系数三、四次多项式是 von Neumann 多项式的充要条件

如果说上一部分刻画了二次整系数 von Neumann 多项式的系数特征,那么下面用初等方法证明了实系数三、四次多项式是 von Neumann 多项式的便于应用的充要条件.

熟知,判定多项式是 von Neumann 多项式,即所有根按模小于或等于1的问题,在差分法稳定性理论中有着重要的意义,其中,尤以低次多项式应用最多.关于二次多项式,已经有了完满的结果.早在20世纪80年代初,东北师范大学的两位教授就对于实系数三次多项式得到如下结果

$$f(x)=x^3+px^2+qx+r \tag{1}$$

定理 1 实系数多项式(1)是 von Neumann 多项式的充要条件是

$$\begin{cases} q\leqslant 3 \\ |p+r|\leqslant 1+q\leqslant 2+pr-r^2 \end{cases} \tag{2}$$

证明 设(1)的根为 x_1,x_2,x_3,由根与系数的关系,(2)等价于

$$\begin{cases} x_1x_2+x_1x_3+x_2x_3\leqslant 3 & (3) \\ (1+x_1)(1+x_2)(1+x_3)\geqslant 0,(1-x_1)(1-x_2)(1-x_3)\geqslant 0 & (4) \\ (1-x_1x_2)(1-x_1x_3)(1-x_2x_3)\geqslant 0 & (5) \end{cases}$$

因此,无论 x_1,x_2,x_3 是三个实数,还是一个实数、两个共轭复数,定理的必要性都是显然的. 为证充分性,分两种情形:

①x_1,x_2,x_3 是实数. 用反证法. 假定 $f(x)$ 按模最大的根是 x_1, $|x_1|>1$,不妨设 $x_1>1$, $x_1\geqslant x_2\geqslant x_3$. 由(4)必有 $(1-x_2)(1-x_3)\leqslant 0$,从而必有 $x_2\geqslant 1$, $x_1x_2>1$. 再由(5)必有

$$(1-x_1x_3)(1-x_2x_3)\leqslant 0 \tag{6}$$

因此又有 $x_3>0$, $x_1x_3\geqslant x_2x_3$. 于是必有 $x_1x_3\geqslant 1$, $x_3\geqslant \frac{1}{x_1}$. 最后得到

$$x_1x_2+x_1x_3+x_2x_3\geqslant x_2\left(x_1+\frac{1}{x_1}\right)+x_1x_3>3 \tag{7}$$

$\left(\text{其中用到 } x_1+\frac{1}{x_1}>2\right)$,此与(3)矛盾.

②x_1 是实数, $x_2=\rho e^{i\theta}$, $x_3=\rho e^{-i\theta}$, $\rho>0$, $\sin\theta\neq 0$. 此时由(4)(5)有

$$(1+x_1)(1+2\rho\cos\theta+\rho^2)\geqslant 0$$

$$(1-x_1)(1-2\rho\cos\theta+\rho^2)\geqslant 0$$

$$(1-\rho^2)(1-2x_1\rho\cos\theta+x_1^2\rho^2)\geqslant 0$$

注意到 $\sin\theta\neq 0$,必有

$$1\pm 2\rho\cos\theta+\rho^2>0,1-2x_1\rho\cos\theta+x_1^2\rho^2>0$$

因此必有

$$1+x_1\geqslant 0,1-x_1\geqslant 0,1-\rho^2\geqslant 0$$

这就完成了定理1的证明.

定理 2 实系数多项式(1)是 von Neumann 多项式的充要条件是:

(1) $|p|\leqslant 3$;

(2) $|p+r|\leqslant 1+q\leqslant 2+pr-r^2$.

证明 注意到条件(1)等价于

$$|x_1+x_2+x_3|\leqslant 3$$

便知必要性显然. 从定理1的证明中可见,为证充分性,只需证明 x_1,x_2,x_3 均是实数的情形定理为真. 仍不妨假定 $x_1>1$, $x_1\geqslant x_2\geqslant x_3$,于是由 $(1-x_1)(1-x_2)(1-x_3)\geqslant 0$ 推知 $x_2\geqslant 1$, $x_1x_2>1$,再由

$$(1-x_1x_2)(1-x_1x_3)(1-x_2x_3)\geqslant 0$$

推知 $x_3\geqslant \frac{1}{x_1}$,最后得到

$$x_1+x_2+x_3\geqslant x_1+\frac{1}{x_1}+x_2>3$$

与条件(1)矛盾.

定理 3 实系数多项式(1)是 von Neumann 多项式的充要条件是

$$|p+r|\leqslant 1+q\leqslant 2+rp-r^2\leqslant 4 \tag{8}$$

证明 由定理1,充分性显然. 为证必要性,只需证 $rp-r^2\leqslant 2$. 显然,我们又只需对 $rp>0$ 的情形加以证明. 不妨设 $r>0,p>0$,由根与系数的关系,$r\leqslant 1,p\leqslant 3,rp-r^2\leqslant 3r-r^2$. 因此问题归结为证明 $h(r)=r^2-3r+2\geqslant 0,0<r\leqslant 1$,这只要注意 $h(1)=0,h'(r)=2r-3<0$ 即可.

为给出实系数四次多项式的结果,我们首先给出如下引理:

引理 1 若实系数 $n(n\geqslant 1)$ 次多项式

$$f(x)=x^n+a_1x^{n-1}+\cdots+a_n$$

的根均是实数,则它是 von Neumann 多项式的充要条件是

$$f^{(k)}(1)\geqslant 0,(-1)^{n-k}f^{(k)}(-1)\geqslant 0 \quad (k=0,1,\cdots,n-1) \tag{9}$$

证明 注意到 $\lim\limits_{x\to+\infty}f^{(k)}(x)=+\infty$, $\lim\limits_{x\to-\infty}(-1)^{n-k}f^{(k)}(x)=\infty$,由 Rolle 定理,必要性显然成立. 用归纳法不难证得充分性:$n=1$ 时显然,假定 $n=m$ 时结论为真,证 $n=m+1$ 时亦然. 如果式(9)对于 $n=m+1$ 成立,而 $f(x)$ 按模最大的根是 x_1,$|x_1|>1$,不妨设 $x_1>1,x_1\geqslant x_2\geqslant\cdots\geqslant x_{m+1}$,于是由

$$f(1)=(1-x_1)(1-x_2)\cdots(1-x_{m+1})\geqslant 0$$

推知 $(1-x_2)\cdots(1-x_{m-1})\leqslant 0$,从而必有 $x_2\geqslant 1$. 若 $x_2=x_1$,则 $f'(x_1)=0$,否则注意到 $f(x_1)=f(x_2)=0$,由 Rolle 定理,必有 $\xi,x_2<\xi<x_1$,使 $f'(\xi)=0$,即 $f'(x)$ 有按模大于 1 的根. 注意到 m 次实系数多项式

$$\frac{1}{m+1}f'(x)=x^m+\frac{m}{m+1}a_1x^{m-1}+\cdots+\frac{a_{m-1}}{m+1}$$

的根也都是实的,并且相应的式(9)对 $k=0,1,\cdots,m-1$ 成立. 由归纳法假设知 $f'(x)$ 的所有根按模小于或等于 1,这与 $\xi>x_2\geqslant 1$ 矛盾,从而证明了引理.

这个引理对于估计实对称矩阵的特征值以及估计实矩阵 $\boldsymbol{G}$ 的范数($\|\boldsymbol{G}\|^2=\rho(\boldsymbol{G}^*\boldsymbol{G})$,其中 $\boldsymbol{G}^*\boldsymbol{G}$ 显然是实对称矩阵)是很方便的,因为不等式(9)的左端只是 $a_1,a_2,\cdots,a_n$ 的线性组合.

定理 4 实系数四次多项式

$$f(x)=x^4+px^3+qx^2+rx+e \tag{10}$$

是 von Neumann 多项式的充要条件是:

(1) $f^{(k)}(1)\geqslant 0,(-1)^{4-k}f^{(k)}(-1)\geqslant 0,k=0,1,2,3$;

(2) $|e|\leqslant 1$;

(3) $(1-e)^2(1+e-q)-(p-r)(ep-r)\geqslant 0$;

(4) $1-\dfrac{q}{2}+\dfrac{p^2}{8}\geqslant 0$.

注 条件(1)可具体写成下列形式

$$|p+r|\leqslant 1+q+e,|3p+r|\leqslant 4+2q,|3p|\leqslant 6+q,|p|\leqslant 4$$

证明 设式(10)的四个根为 x_1,x_2,x_3,x_4. 先证必要性. 注意到

$$f(1)=(1-x_1)(1-x_2)(1-x_3)(1-x_4)$$

$$f'(1)=(1-x_1)(1-x_2)(1-x_3)+(1-x_1)(1-x_2)(1-x_4)+$$
$$(1-x_1)(1-x_3)(1-x_4)+(1-x_2)(1-x_3)(1-x_4)$$

$$f''(1)=2[(1-x_1)(1-x_2)+(1-x_1)(1-x_3)+$$
$$(1-x_1)(1-x_4)+(1-x_2)(1-x_3)+$$

$$(1-x_2)(1-x_4)+(1-x_3)(1-x_4)]$$

$$f'''(1)=6[(1-x_1)+(1-x_2)+(1-x_3)+(1-x_4)]$$

$$e=x_1x_2x_3x_4$$

等,因此不难看出,无论 x_1,x_2,x_3,x_4 是四个实根、两个实根和一对共轭复根,还是两对共轭复根,条件(1)和(2)都是必要的. 再由根与系数的关系及对称多项式的性质,不难检验条件(3)等价于

$$(1-x_1x_2)(1-x_1x_3)(1-x_1x_4)(1-x_2x_3)(1-x_2x_4)(1-x_3x_4)\geqslant 0 \tag{11}$$

因此也是必要的. 现在证明条件(4)的必要性. 注意到 $p^2=x_1^2+x_2^2+x_3^2+x_4^2+2q$,有

$$1-\frac{q}{2}+\frac{p^2}{8}=1+\frac{1}{8}(x_1^2+x_2^2+x_3^2+x_4^2-2q)$$

当 x_1,x_2,x_3,x_4 均是实数时,利用 $1\geqslant\frac{1}{4}(x_1^2+x_2^2+x_3^2+x_4^2)$,我们有

$$1-\frac{q}{2}+\frac{p^2}{8}\geqslant\frac{1}{8}(3x_1^2+3x_2^2+3x_3^2+3x_4^2-2q)$$

$$=\frac{1}{8}\sum_{\substack{i,j=1\\ i<j}}^{4}(x_i-x_j)^2\geqslant 0$$

当 x_1,x_2 是实数,$x_3=\rho e^{i\theta},x_4=\rho e^{-i\theta},\rho>0$ 时,有

$$1-\frac{q}{2}+\frac{p^2}{8}=1+\frac{1}{8}[x_1^2+x_2^2+2\rho^2\cos 2\theta-2x_1x_2-4(x_1+x_2)\rho\cos\theta-2\rho^2]$$

$$=1+\frac{1}{8}[(x_1-x_2)^2+4\rho^2\cos^2\theta-4\rho^2-4(x_1+x_2)\rho\cos\theta]$$

$$\geqslant\frac{1}{8}(x_1-x_2)^2+\frac{1}{2}(1-\rho^2)+\frac{1}{2}+\frac{1}{2}\rho^2\cos^2\theta-\rho|\cos\theta|$$

$$=\frac{1}{8}(x_1-x_2)^2+\frac{1}{2}(1-\rho^2)+\frac{1}{2}(1-\rho|\cos\theta|)^2\geqslant 0$$

当 $x_1=\rho_1e^{i\theta_1},x_2=\rho_1e^{-i\theta_1},x_3=\rho_2e^{i\theta_2},x_4=\rho_2e^{-i\theta_2},\rho_1>0,\rho_2>0$ 时,有

$$1-\frac{q}{2}+\frac{p^2}{8}=1+\frac{1}{8}(2\rho_1^2\cos 2\theta_1+2\rho_2^2\cos 2\theta_2-2\rho_1^2-2\rho_2^2-8\rho_1\rho_2\cos\theta_1\cos\theta_2)$$

$$=1+\frac{1}{8}(4\rho_1^2\cos^2\theta_1+4\rho_2^2\cos^2\theta_2-4\rho_1^2-4\rho_2^2-8\rho_1\rho_2\cos\theta_1\cos\theta_2)$$

$$=1-\frac{1}{2}(\rho_1^2+\rho_2^2)+\frac{1}{2}(\rho_1\cos\theta_1-\rho_2\cos\theta_2)^2\geqslant 0$$

为证定理的充分性,由引理1,我们只需就下面两种情形加以证明:

①x_1,x_2 是实数,$x_3=\rho e^{i\theta},x_4=\rho e^{-i\theta},\rho>0,\sin\theta\neq 0$. 由条件(1)(2)(3)(注意条件(3)与式(11)的等价性),我们有

$$(1+x_1)(1+x_2)(1+2\rho\cos\theta+\rho^2)\geqslant 0$$

$$(1-x_1)(1-x_2)(1-2\rho\cos\theta+\rho^2)\geqslant 0$$

$$|x_1x_2|\rho^2\leqslant 1$$

$$(1-x_1x_2)(1-2x_1\rho\cos\theta+x_1^2\rho^2)(1-2x_2\rho\cos\theta+x_2^2\rho^2)(1-\rho^2)\geqslant 0$$

再注意到 $\sin\theta\neq 0$,从而 $1\pm 2a\cos\theta+a^2>0$,于是有

$$(1+x_1)(1+x_2)\geqslant 0,(1-x_1)(1-x_2)\geqslant 0$$

$$|x_1x_2|\rho^2\leqslant 1$$

$$(1-x_1x_2)(1-\rho^2)\geqslant 0$$

由此便不难推出$|x_1|\leqslant 1$,$|x_2|\leqslant 1$,$\rho\leqslant 1$. 事实上,假定$|x_1|>1$,不妨设$x_1>1$,则必有$x_2\geqslant 1$,$x_1x_2>1$,从而又有$\rho^2\geqslant 1$,$x_1x_2\rho^2>1$,矛盾. 而如果假定$\rho>1$,那么$1-\rho^2<0$,从而必有$x_1x_2\geqslant 1$,$x_1x_2\rho^2>1$,也矛盾.

②$x_1=\rho_1\mathrm{e}^{\mathrm{i}\theta_1}$,$x_2=\rho_1\mathrm{e}^{-\mathrm{i}\theta_1}$,$x_3=\rho_2\mathrm{e}^{\mathrm{i}\theta_2}$,$x_4=\rho_2\mathrm{e}^{-\mathrm{i}\theta_2}$,$\rho_1>0$,$\rho_2>0$,$\sin\theta_1\neq 0$,$\sin\theta_2\neq 0$. 假定$\rho_1>1$,则由于$e=\rho_1^2\rho_2^2$,必有$\rho_2<1$,从而$(1-\rho_1^2)(1-\rho_2^2)<0$. 而由条件(3)

$$(1-\rho_1^2)(1-\rho_2^2)[1-2\rho_1\rho_2\cos(\theta_1+\theta_2)+\rho_1^2\rho_2^2][1-2\rho_1\rho_2\cos(\theta_1-\theta_2)+\rho_1^2\rho_2^2]\geqslant 0$$

因此必有

$$[1-2\rho_1\rho_2\cos(\theta_1+\theta_2)+\rho_1^2\rho_2^2][1-2\rho_1\rho_2\cos(\theta_1-\theta_2)+\rho_1^2\rho_2^2]\leqslant 0$$

注意到$1-2a\cos\theta+a^2\geqslant 0$,且仅当$a=1$,$\cos\theta=1$时等号成立. 因此必有$\rho_1\rho_2=1$,且$\theta_1=\theta_2$,或$\rho_1\rho_2=1$,且$\theta_1+\theta_2=2\pi$. 不妨设$\rho_1\rho_2=1$,$\theta_1=\theta_2=\theta$,则$\sin^2\theta>0$,且

$$\begin{aligned}1-\frac{q}{2}+\frac{p^2}{8}&=1-\frac{1}{2}(\rho_1^2+\rho_2^2+2+2\cos 2\theta)+\frac{1}{2}(\rho_1+\rho_2)^2\cos^2\theta\\&=1-\frac{1}{2}(\rho_1^2+\rho_2^2)-2\cos^2\theta+\frac{1}{2}(\rho_1+\rho_2)^2\cos^2\theta\\&=1-\frac{1}{2}\left(\rho_1^2+\frac{1}{\rho_1^2}\right)\sin^2\theta-\cos^2\theta\\&=\sin^2\theta\left[1-\frac{1}{2}\left(\rho_1^2+\frac{1}{\rho_1^2}\right)\right]<0\end{aligned}$$

此与条件(4)矛盾,定理得证.

三、一个必要条件

下面我们利用简单的复分析方法,给出一个 von Neumann 多项式的必要条件.

定理 5 假设多项式$a_0+a_1x+\cdots+a_nx^n(a_n\neq 0)$的所有零点在$|x|<1$范围内,则

$$\frac{\sum_{k=0}^{n}k|a_k|^2}{\sum_{k=0}^{n}|a_k|^2}>\frac{1}{2}n$$

证明 设所给多项式为f,则$f(z)=\prod_{k=1}^{n}(z-z_k)$,$|z_k|<1$. 令$z=r\mathrm{e}^{\mathrm{i}\theta}$,则

$$f\bar{f}=\prod_{k=1}^{n}[r^2+z_k\bar{z}_k-r(\mathrm{e}^{\mathrm{i}\theta}\bar{z}_k+\mathrm{e}^{-\mathrm{i}\theta}z_k)]$$

$$\frac{\partial}{\partial r}(f\bar{f})=f\bar{f}\sum_{k=1}^{n}\frac{2r^2-r(\mathrm{e}^{\mathrm{i}\theta}\bar{z}_k+\mathrm{e}^{-\mathrm{i}\theta}z_k)}{r^2+z_k\bar{z}_k-r(\mathrm{e}^{\mathrm{i}\theta}\bar{z}_k+\mathrm{e}^{-\mathrm{i}\theta}z_k)}\frac{1}{r}$$

若$|z_k|<r\leqslant 1(k=1,2,\cdots,n)$,则和中每项都大于1,因此$\frac{\partial}{\partial r}(f\bar{f})>nf\bar{f}$. 今在$0\leqslant\theta\leqslant 2\pi$上积分,且在左边交换积分和微分. 因

$$\frac{1}{2\pi}\int_0^{2\pi}f\bar{f}\mathrm{d}\theta=\sum_{k=0}^{n}a_k\bar{a}_kr^{2k}$$

于是$\sum_{k=0}^{n}2ka_k\bar{a}_kr^{2k-1}>n\sum_{k=0}^{n}a_k\bar{a}_kr^{2k}$.

置$r=1$便完成了证明.

参考文献

[1]ВАСИЛЬЕВ Н Б,ЕГОРОВ А А. 全苏数学奥林匹克试题[M]. 李墨卿,刘骧,张威勇,等译. 济南:山东教育出版社,1990.

[2]刘培杰数学工作室. 历届美国大学生数学竞赛试题集:1938~2017[M]. 哈尔滨:哈尔滨工业大学出版社,2021.

Karamata 不等式的应用

刘兵[1]，石焕南[2]，王东生[3]

(1. 北京市商业学校　北京　102209；2. 北京联合大学师范学院基础部　北京　100011；
3. 北京电子科技职业学院基础部　北京　100176)

摘　要：Karamata 不等式是受控理论的重要结论，是处理各类数学奥林匹克不等式的有力工具. 本文利用该不等式证明和加强了各类初等不等式，以展示受控理论统一处理各类不等式的功效.

关键词：Karamata 不等式；受控；解析不等式

一、引言

在本文中，$\mathbf{R}^n$，$\mathbf{R}^n_+$ 和 $\mathbf{R}^n_{++}$ 分别表示 n 维实数集，n 维非负实数集和 n 维正实数集，并记 $\mathbf{R}^1=\mathbf{R}$，$\mathbf{R}^1_+=\mathbf{R}_+$ 和 $\mathbf{R}^1_{++}=\mathbf{R}_{++}$.

定义 1[1-2]　设 $x=(x_1,\cdots,x_n)$ 和 $y=(y_1,\cdots,y_n)\in\mathbf{R}^n$.

(a)若

$$\sum_{i=1}^{k}x_{[i]}\leqslant\sum_{i=1}^{k}y_{[i]}\quad(k=1,2,\cdots,n-1)\tag{1}$$

且

$$\sum_{i=1}^{n}x_i=\sum_{i=1}^{n}y_i\tag{2}$$

则称 x 被 y 所控制，记作 $x\prec y$. 又若 x 不是 y 的重排，则称 x 被 y 严格控制，记作 $x\prec\prec y$.

(b)若

$$\sum_{i=1}^{k}x_{[i]}\leqslant\sum_{i=1}^{k}y_{[i]}\quad(k=1,2,\cdots,n)\tag{3}$$

则称 x 被 y 下(弱)控制，记作 $x\prec_w y$.

定理 1[1-2]　设区间 $I\subset\mathbf{R}$，则 $x\prec y\Rightarrow$ 对 $\forall I$ 上的凸(凹)函数 f，有

$$\sum_{i=1}^{n}f(x_i)\leqslant(\geqslant)\sum_{i=1}^{n}f(y_i)\tag{4}$$

$x\prec\prec y\Rightarrow$ 对 $\forall I$ 上的严格凸(凹)函数 f，有

$$\sum_{i=1}^{n}f(x_i)<(>)\sum_{i=1}^{n}f(y_i)\tag{5}$$

许多文献将定理 1 称为 Karamata 不等式，这是受控理论中一个非常重要的结论. 文[3]就 $n=3$ 的情形给出 Karamata 不等式的证明，一般情形的证明请参见文[4-5]. 本文的第二作者在专著[6-7]中给出了 Karamata 不等式的一些应用，这里将给出十四个新的应用，证明或加强各类不等式.

二、引理

引理 1[1-2]　设 $x,y\in\mathbf{R}^n$，$x_1\geqslant\cdots\geqslant x_n$ 且 $\sum\limits_{i=1}^{n}x_i=\sum\limits_{i=1}^{n}y_i$. 若存在 $k(1\leqslant k<n)$，使得 $x_i\leqslant y_i(i=1,\cdots,$

k),$x_i \geqslant y_i(i=k+1,\cdots,n)$,则必有 $x \prec y$.

引理 2[1-2] 设 $x,y \in \mathbf{R}^n, x_1 \geqslant \cdots \geqslant x_n$ 且 $\sum_{i=1}^{n} x_i \leqslant \sum_{i=1}^{n} y_i$. 若存在 $k(1 \leqslant k < n)$,使得 $x_i \leqslant y_i(i=1,\cdots,k)$,$x_i \geqslant y_i(i=k+1,\cdots,n)$,则必有 $x \prec_w y$.

引理 3[1-2] 若 $x \prec_w y$,其中 $x \in \mathbf{R}_+^n, y \in \mathbf{R}^n$,且 $\delta = \sum_{i=1}^{n}(y_i - x_i)$,则

$$\left(x,\underbrace{\frac{\delta}{k},\cdots,\frac{\delta}{k}}_{k个}\right) \prec (y,\underbrace{0,\cdots,0}_{k个})$$

文[2]第7页证明了 $k=n$ 的情形.

引理 4[1-2] 设 $x=(x_1,\cdots,x_n) \in \mathbf{R}^n$,$\bar{x}=\frac{1}{n}\sum_{i=1}^{n} x_i$,则

$$(\underbrace{\bar{x},\cdots,\bar{x}}_{n个}) \prec (x_1,\cdots,x_n) \tag{6}$$

引理 5[8] 设 $x_1 \geqslant x_2 \geqslant x_3 \geqslant x_4 \geqslant 0$,则

$$\begin{aligned}&\left(\frac{x_1+x_2+x_3}{3},\frac{x_2+x_3+x_4}{3},\frac{x_3+x_4+x_1}{3},\frac{x_4+x_1+x_2}{3}\right)\\ \prec&\left(\frac{x_1+x_2}{2},\frac{x_2+x_3}{2},\frac{x_3+x_4}{2},\frac{x_4+x_1}{2}\right)\end{aligned} \tag{7}$$

引理 6[1]

$$(\underbrace{2,\cdots,2}_{n+1个},\underbrace{4,\cdots,4}_{n+1个},\cdots,\underbrace{2n,\cdots,2n}_{n+1个}) \prec (\underbrace{1,\cdots,1}_{n个},\underbrace{3,\cdots,3}_{n个},\cdots,\underbrace{2n+1,\cdots,2n+1}_{n个}) \tag{8}$$

三、Karamata 不等式的应用

命题 1 设自然数 $n \geqslant 2$,证明

$$\frac{1}{n+1}\left(1+\frac{1}{3}+\cdots+\frac{1}{2n-1}\right) > \frac{1}{n}\left(\frac{1}{2}+\frac{1}{4}+\cdots+\frac{1}{2n}\right) \tag{9}$$

证明 因 $f(x)=\frac{1}{x}$ 在 $(0,+\infty)$ 上严格凸,又控制关系(8)是严格的,由定理1即得证.

命题 2 设整数 $n \geqslant 2$,证明

$$n^n > (n+1)^{n-1} + \frac{n}{n+1} \tag{10}$$

证明 不等式(10)等价于

$$(n+1)^2 n^n > (n+1)^{n+1} + n(n+1) \tag{11}$$

根据引理1不难证明下面的控制关系成立

$$(\underbrace{n,\cdots,n}_{(n+1)^2个}) \prec (\underbrace{n+1,\cdots,n+1}_{n+1个},\underbrace{1,\cdots,1}_{n(n+1)个}) \tag{12}$$

易见 $f(x)=x^x$ 在 $(0,+\infty)$ 上是凸的,结合控制关系(12),由定理1即可证得不等式(10).

命题 3 已知 $n>1$,求证

$$1 \cdot 3 \cdot 5 \cdot \cdots \cdot (2n-1) < n^n \tag{13}$$

证明 注意

$$\frac{1+3+5+\cdots+(2n-1)}{n} = n$$

由引理4,有

$$\underbrace{(n,\cdots,n)}_{n个} \prec\prec (1,3,5,\cdots,2n-1)$$

又 $\ln x$ 在 $(0,+\infty)$ 上严格凹,由定理 1 即可得证.

命题 4　若 $a>0$,则

$$na^{n+1}+1 \geqslant a^n(n+1) \tag{14}$$

证明　由引理 1 易见

$$(\underbrace{n,\cdots,n}_{n+1个}) \prec (\underbrace{n+1,\cdots,n+1}_{n个},0)$$

又 $f(x)=a^x$ 在 $(0,+\infty)$ 上是凸函数,由定理 1 即得证.

命题 5[9]　对于任何自然数 n,有

$$n! \leqslant 2\left(\frac{n}{2}\right)^n \tag{15}$$

证明　由引理 1 不难证明

$$\underbrace{\left(\frac{n}{2},\cdots,\frac{n}{2}\right)}_{n-1个} \prec (n-1,n-2,\cdots,2,1)$$

又 $f(x)=\ln x$ 在 $(0,+\infty)$ 上凸,由定理 1 即得证.

命题 6　设 a,b 是正数,$n\in \mathbf{N}$,证明

$$(n+1)(a^{n+1}+b^{n+1}) \geqslant (a+b)(a^n+a^{n-1}b+\cdots+b^n) \tag{16}$$

证明　不妨设 $a\leqslant b$,则 $t:=\dfrac{b}{a}\geqslant 1$,所证不等式两边同时除以 a^{n+1} 化为

$$(n+1)(1+t^{n+1}) \geqslant (1+t)(1+t+\cdots+t^n) \tag{17}$$

由引理 1 不难证明

$$(n+1,n,n,n-1,n-1,\cdots,2,2,1,1,0) \prec (\underbrace{n+1,\cdots,n+1}_{n+1个},\underbrace{0,\cdots,0}_{n+1个})$$

又 $f(x)=a^x$ 在 $(0,+\infty)$ 上凸,由定理 1 即得证.

命题 7[10]594　若 $a\geqslant 1$,$n\in \mathbf{N}^*$,$n\geqslant 3$,则

$$\frac{na}{1+a+\cdots+a^{n-1}} \leqslant 1 \tag{18}$$

证明　所证不等式等价于

$$na \leqslant 1+a+\cdots+a^{n-1}$$

由引理 1 不难证明

$$x:=(\underbrace{1,\cdots,1}_{n个}) \prec_w (n-1,n-2,\cdots,2,1,0):=y$$

注意 $\delta=\sum\limits_{i=1}^{n}(y_i-x_i)=\dfrac{n(n-3)}{2}$,由引理 3 有

$$\left(\underbrace{1,\cdots,1}_{n个},\underbrace{\frac{n-3}{2},\cdots,\frac{n-3}{2}}_{n个}\right) \prec (n-1,n-2,\cdots,2,1,0,\underbrace{0,\cdots,0}_{n个})$$

又 $f(x)=a^x$ 在 $(0,+\infty)$ 上凸,由定理 1 有

$$na+na^{\frac{n-3}{2}} \leqslant n+1+a+\cdots+a^{n-1}$$

即

$$na+n(a^{\frac{n-3}{2}}-1) \leqslant 1+a+\cdots+a^{n-1}$$

因 $n\geqslant 3$,故 $n(a^{\frac{n-3}{2}}-1)\geqslant 0$,则上式加强了所证不等式.

命题8 对任何正实数x,y和任何正整数m,n有

$$(n-1)(m-1)(x^{m+n}+y^{m+n})+(m+n-1)(x^my^n+x^ny^m)\geqslant mn(x^{m+n-1}y+y^{m+n-1}x) \tag{19}$$

证明 不等式(19)两边同时除以x^{m+n},并记$u=\frac{y}{x}$,得

$$(n-1)(m-1)(1+u^{m+n})+(m+n-1)(u^n+u^m)\geqslant mn(u+u^{m+n-1}) \tag{20}$$

不妨设$x\leqslant y$,则$u\geqslant 1$,因$f'(t)=u^t\ln u\geqslant 0$,$f''(t)=u^t(\ln u)^2\geqslant 0$,故函数$f(t)=u^t$在$(0,+\infty)$上递增且凸.

考虑

$$x:=(\underbrace{m+n-1,\cdots,m+n-1}_{mn个},\underbrace{1,\cdots,1}_{mn个})$$

和

$$y:=(\underbrace{m+n,\cdots,m+n}_{(m-1)(n-1)个},\underbrace{n,\cdots,n}_{m+n-1个},\underbrace{m,\cdots,m}_{m+n-1个},\underbrace{1,\cdots,1}_{(m-1)(n-1)个})$$

因

$$\begin{aligned}\sum_{i=1}^{2mn}y_i&=(m-1)(n-1)(m+n+1)+(m+n-1)(m+n)\\&=mn(m+n)+(n-1)(m-1)\\&\geqslant mn(m+n)\\&=\sum_{i=1}^{2mn}x_i\end{aligned}$$

又$x_i\leqslant y_i(i=1,\cdots,(n-1)(m-1))$且$x_i\geqslant y_i(i=(n-1)(m-1)+1,\cdots,2mn)$,由引理2知$x<_w y$,记$\delta=\sum_{i=1}^{n}(y_i-x_i)=(n-1)(m-1)$,取$k=(n-1)(m-1)$,则$\frac{\delta}{k}=1$,据引理3,有

$$w:=(x,\underbrace{1,\cdots,1}_{(n-1)(m-1)个})<(y,\underbrace{0,\cdots,0}_{(n-1)(m-1)个}):=z$$

由定理1,有

$$\sum_{i=1}^{mn+(n-1)(m-1)}u^{w_i}\leqslant\sum_{i=1}^{mn+(n-1)(m-1)}u^{z_i}$$

即

$$\begin{aligned}&(n-1)(m-1)(1+u^{m+n})+(m+n-1)(u^n+u^m)+(n-1)(m-1)\\&\geqslant mn(u+u^{m+n-1})+(n-1)(m-1)u\\&\Leftrightarrow(n-1)(m-1)\left(1+\left(\frac{y}{x}\right)^{m+n}\right)+(m+n-1)\left(\left(\frac{y}{x}\right)^n+\left(\frac{y}{x}\right)^m\right)\\&\geqslant mn\left(\frac{y}{x}+\left(\frac{y}{x}\right)^{m+n-1}\right)+(n-1)(m-1)\left(\frac{y}{x}-1\right)\end{aligned}$$

即

$$\begin{aligned}&(n-1)(m-1)(x^{m+n}+y^{m+n})+(m+n-1)(x^my^n+x^ny^m)\\&\geqslant mn(x^{m+n-1}y+y^{m+n-1}x)+(n-1)(m-1)(x^{m+n-1}y-x^{m+n})\end{aligned} \tag{21}$$

因$y\geqslant x$,有$(n-1)(m-1)(x^{m+n-1}y-x^{m+n})\geqslant 0$,这样不等式(21)给出了不等式(19)的一个加强.

命题9 如果$A,B\geqslant 0$,那么

$$\arctan A+\arctan B+3\arctan\left(\frac{A+B}{3}\right)\leqslant 2\arctan\left(\frac{A+B}{2}\right)+4\arctan\left(\frac{A+B}{4}\right) \tag{22}$$

证明 令$f(x)=\arctan x$,则$f'(x)=\frac{1}{1+x^2}$,$f''(x)=\frac{-2x}{(1+x^2)^2}\leqslant 0$. 从而据定理1,由

$$\left(\frac{A+B}{2},\frac{A+B}{2},\frac{A+B}{4},\frac{A+B}{4},\frac{A+B}{4},\frac{A+B}{4}\right)\prec\left(A,B,\frac{A+B}{3},\frac{A+B}{3},\frac{A+B}{3},0\right) \tag{23}$$

即可得证.

命题 10 如果 $0\leqslant a\leqslant b<\frac{\pi}{2}$,那么

$$\frac{1}{\cos a}+\frac{1}{\cos b}\geqslant\frac{1}{\cos(a-\sqrt{ab}+b)}+\frac{1}{\cos\sqrt{ab}} \tag{24}$$

证明 令 $f(x)=\frac{1}{\cos x}$,则

$$f'(x)=\frac{\sin x}{\cos^2 x},f''(x)=\frac{\cos^2 x+2\sin^2 x}{\cos^3 x}$$

对于 $x\in\left[0,\frac{\pi}{2}\right)$,有 $f''(x)>0$,故 $f(x)$ 在 $x\in\left[0,\frac{\pi}{2}\right)$ 上凸. 因 $a\leqslant b$,有 $\sqrt{ab}\leqslant a-\sqrt{ab}+b$ 和 $b\geqslant a-\sqrt{ab}+b$,又 $a-\sqrt{ab}+b+\sqrt{ab}=a+b$,所以 $(a-\sqrt{ab}+b,\sqrt{ab})\prec(a,b)$. 由定理 1 即可得证.

命题 11 设 $0<a\leqslant b\leqslant c$,证明

$$\frac{1}{1+e^{a-b+c}}+\frac{1}{1+e^{b}}\leqslant\frac{1}{1+e^{a}}+\frac{1}{1+e^{c}} \tag{25}$$

证明 令 $f(x)=\frac{1}{1+e^x}$,则 $f''(x)=\frac{e^x(e^x-1)}{(1+e^x)^3}\geqslant0$,即 $f(x)$ 在 $(0,+\infty)$ 上凸,由条件 $0<a\leqslant b\leqslant c$,不难验证 $(b,a-b+c)\prec(c,a)$,由定理 1,所证不等式成立.

命题 12 设 $a\geqslant b\geqslant c\geqslant d>0$,求证

$$\left(1+\frac{c}{a+b}\right)\left(1+\frac{d}{b+c}\right)\left(1+\frac{a}{c+d}\right)\left(1+\frac{b}{d+a}\right)\geqslant\left(\frac{3}{2}\right)^4 \tag{26}$$

证明 此不等式等价于

$$\frac{a+b}{2}\cdot\frac{b+c}{2}\cdot\frac{c+d}{2}\cdot\frac{d+a}{2}\leqslant\frac{a+b+c}{3}\cdot\frac{b+c+d}{3}\cdot\frac{c+d+a}{3}\cdot\frac{d+a+b}{3} \tag{27}$$

由 $\ln x$ 在 $(0,+\infty)$ 上的凸性,结合引理 5 即可得证.

命题 13 设 $a,b\in\left(0,\frac{\pi}{2}\right)$,证明

$$(4a+b)(a+4b)\sin a\sin b<25ab\sin\left(\frac{4a+b}{5}\right)\sin\left(\frac{a+4b}{5}\right) \tag{28}$$

证明 不难证明 $f(x)=\ln\frac{\sin x}{x}$ 是凹函数,由 $\left(\frac{4a+b}{5},\frac{a+4b}{5}\right)\prec(a,b)$,有

$$\frac{\sin a}{a}\cdot\frac{\sin b}{b}\leqslant\frac{\sin\frac{4a+b}{5}}{\frac{4a+b}{5}}\cdot\frac{\sin\frac{a+4b}{5}}{\frac{a+4b}{5}}$$

由此即可得证.

命题 14 如果 $a,b,c>0$,那么

$$\frac{abc(a+b)(b+c)(c+a)}{8}\leqslant\left(\frac{a+b+c}{3}\right)^6 \tag{29}$$

证明 易见

$$\left(\underbrace{\frac{a+b+c}{3},\cdots,\frac{a+b+c}{3}}_{6个}\right)\prec\left(a,b,c,\frac{a+b}{2},\frac{b+c}{2},\frac{c+a}{2}\right)$$

结合 $\ln x$ 在$(0,+\infty)$上的凸性,即知不等式(29)成立.

参考文献

[1]MARSHALL A W, OLKIN I, ARNOLD B C. Inequalities: Theory of majorization and its applications[M]. 2nd ed. New York:Springer, 2011.

[2]王伯英. 控制不等式基础[M]. 北京: 北京师范大学出版社,1990.

[3]王伯英. 浅谈控制不等式在几何三角上的应用[J]. 数学通报,1985(9):35-37,12.

[4]续铁权. 关于凸函数的一个控制不等式[J]. 数学通报,1995(7):42-46.

[5]丁立刚,杨金林. 关于 Karamata 不等式的一个证明[J]. 大学数学,2008,24(5):149-152.

[6]石焕南. 受控理论与解析不等式[M]. 哈尔滨:哈尔滨工业大学出版社,2012.

[7]石焕南. Schur-凸函数与不等式[M]. 哈尔滨:哈尔滨工业大学出版社,2017.

[8]石焕南. 一类控制不等式及其应用[J]. 北京联合大学学报(自然科学版),2010,24(1):60-64.

[9]CLOUD M J, DRACHMAN B C, LEBEDEV L P. Inequalities with applications to engineering [M]. 2nd ed. New York:Springer,2014.

[10]甘志国. 初等数学研究(Ⅱ):上[M]. 哈尔滨:哈尔滨工业大学出版社, 2009.

作者简介

刘兵(1966.12—),男,籍贯河北易县,高级讲师,liuting6612@sohu.com;

石焕南(1948.12—),男,籍贯湖南祁东,教授,shihuannan2014qq.com;

王东生(1965.12—),男,籍贯北京,副教授,wds000651225@sina.com.

古老的韩信分油问题

董彦国[1]，苏克义[1,2]

（1. 宁夏大学数学统计学院　宁夏　银川　750021；
2. 银川市第六中学　宁夏　银川　750011）

摘　要：本文介绍了分油问题的四种常见解法，即尝试法、不定方程法、几何坐标法、完整状态转移图法，以韩信分油问题为例进行了详细求解．将快速分油问题转化为图论中的无权图单源最短路径问题，使用Floyd算法找到最优解．将求分油问题所有解的问题转化为求图中两顶点之间所有路径的问题，使用深度优先搜索算法得到全部解．

一、问题背景

分油问题是一道经典的初等数学趣味题目，有着许多版本，其中流传最为广泛的是韩信分油问题："三斤葫芦七斤罐，十斤油篓分一半．笑看智叟忙一团，倒来倒去纷纷乱"．即只有3斤和7斤的容器，怎么均分10斤容器中的油呢？类似的问题还有泊松分酒问题，以及日本的《尘劫记》、俄国别莱利曼的《趣味几何学》(10.8节)、波兰史泰因豪斯的《数学万花镜》(第3章)、美国帕帕斯的《数学趣闻集锦(下)》中记录的问题等．

为了将这个问题数学化，我们假设：每次倒油时都没有油遗失，三个容器都是干净的，即倒油过程中油量不会减少也不会增多．在解决分油问题时需要遵循这样一个法则：每次倒油不是把被倒油的容器倒满，就是倒油的容器被倒空．这条法则也可以表述为：三个容器中至少有一个容器被倒空或被倒满，不会出现三个容器同时都有油但都未满的情况．[1]在寻求分油问题的解法时，有这样的约定：每一个中间油量状态只能出现一次，不重复出现．如果缺少这条约定，就不能找到分油问题的全部解．

二、问题解决方法

分油问题的解决方法有尝试法、不定方程法、几何坐标法、完整状态转移图法，本文以经典的韩信分油问题为例，使用以上方法进行求解．

(一)尝试法

尝试法是摸着石头过河，这种方法具有盲目性和偶然性．以下是尝试出的几种结果(表1,2,3)．

表1　韩信分油问题解法1

操作次数	0	1	2	3	4	5	6	7	8	9
10	10	3	3	6	6	9	9	2	2	5
7	0	7	4	4	1	1	0	7	5	5
3	0	0	3	0	3	0	1	1	3	0

表2　韩信分油问题解法2

操作次数	0	1	2	3	4	5	6	7	8	9	10
10	10	7	7	4	4	1	1	8	8	5	5
7	0	0	3	3	6	6	7	0	2	2	5
3	0	3	0	3	0	3	2	2	0	3	0

表3　韩信分油问题解法3

操作次数	0	1	2	3	4	5	6	7	8	9	10	11	12	13	14	15	16	17	18	19
10	10	3	3	6	6	9	9	2	2	0	7	7	4	4	1	1	8	8	5	5
7	0	7	4	4	1	1	0	7	5	7	0	3	3	6	6	7	0	2	2	5
3	0	0	3	0	3	0	1	1	3	3	3	0	3	0	3	2	2	0	3	0

可以看到,不同的尝试需要的操作次数差距较大. 我们还可以从结果开始,遵循倒油法则,逆推过程,[2]得到表4中的结果.

表4　韩信分油问题的逆推过程

操作次数	9	8	7	6	5	4	3	2	1	0
10	5	2	2	9	9	6	6	3	3	10
7	5	5	7	0	1	1	4	4	7	0
3	0	3	1	1	0	3	0	3	0	0

(二)不定方程法

我们注意到,这类题目有三个共同特点:

(1)两个较小的容器的容积数 N_1,N_2 互素;

(关于这个问题,有两种情况:一是无解,二是可以转化为互素的情况. 所以一般地,两个较小的容器的容积数互素.)

(2)小容器倒油的次数 X,Y 是整数,最后需要得到的油量 M 是正整数;

(3)在小容器里得到数量较少的油,如在容器 N_1 里得到小于或等于 N_1 的油,在容器 N_2 里得到小于或等于 N_2 的油.

分油问题的实质是求解二元一次不定方程,方程为

$$N_2 \cdot X + N_1 \cdot Y = M$$

其中 $N = N_1 + N_2$. 当 $M = \frac{N}{2}$时就是平均分油问题.

与一般不定方程有所不同的是,在解决分油问题时,X 和 Y 的取值可正可负. 正值表示倒满某个小容器的次数,且首先将此容器倒满,负值表示从满油小容器中倒出的次数. 如果方程有多个解,那么需要寻找一组最优解. X 和 Y 的绝对值的和越小,表明倒油的次数越少,表明这是一组最优解. 有了这组解,就可以用来帮助我们完成分油过程.[3]

韩信分油问题的不定方程为 $7X + 3Y = 5$,绝对值的和最小的解为 $X = 2, Y = -3$ 和 $X = -1, Y = 4$. 这两组解的绝对值之和都为5,为了找到最优解,我们写出完整的分油过程进行比较.

当 $X = 2, Y = -3$ 时,解法可用表5展示;当 $X = -1, Y = 4$ 时,解法可用表6展示.

表5　韩信分油问题的不定方程的解为 $X = 2, Y = -3$ 时的完整过程

操作次数	0	1	2	3	4	5	6	7	8	9
10	10	3	3	6	6	9	9	2	2	5
7	0	7(+1)	4	4	1	1	0	7(+1)	5	5
3	0	0	3(−1)	0	3(−1)	0	1	1	3(−1)	0

表 6　韩信分油问题的不定方程的解为 $X=-1,Y=4$ 时的完整过程

操作次数	0	1	2	3	4	5	6	7	8	9	10
10	10	7	7	4	4	1	1	8	8	5	5
7	0	0	3	3	6	6	7(−1)	0	2	2	5
3	0	3(+1)	0	3(+1)	0	3(+1)	2	2	0	3(+1)	0

可以看到，当 $X=2,Y=-3$ 时，9 步完成分油；当 $X=-1,Y=4$ 时，10 步完成分油. 因此，最优解为 $X=2,Y=-3$.

(三)几何坐标法

几何坐标法有二维坐标法和三维坐标法之分，它们之间可以相互转化. 几何坐标法是通过建立直角坐标系，利用坐标分别表示各容器的油量，进而来研究分油问题.

在分油过程中，油总量是 10 斤，我们用三维坐标来表示这三个容器的油量. 如(10,0,0)表示 10 斤容器中装有 10 斤油，其余没有油，简记为(0,0)；又如(3,7,0)表示 10 斤容器中装有 3 斤油，7 斤容器中装有 7 斤油，其余没有油，简记为(7,0). 我们的分油目的就是寻求(0,0)→…→(5,0)的路径. 我们用一个顶点来表示一个状态，用边来表示状态转移的可行性，[4]得到如图 1 所示的模型.

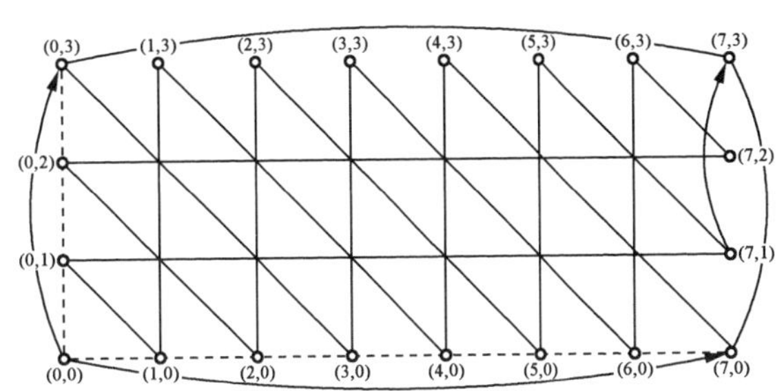

图 1　韩信分油问题的几何坐标图

根据图 1，我们可以直观的寻找到从(0,0)到(5,0)的路径. 图 2 所示的解法为：(0,0)→(7,0)→(4,3)→(4,0)→(1,3)→(1,0)→(0,1)→(7,1)→(5,3)→(5,0)，图 3 的解法为：(0,0)→(0,3)→(3,0)→(3,3)→(6,0)→(6,3)→(7,2)→(0,2)→(2,0)→(2,3)→(5,0). 这种方法虽然直观，但是只能求解顺序解和逆序解，不方便寻求最优解和全部解.

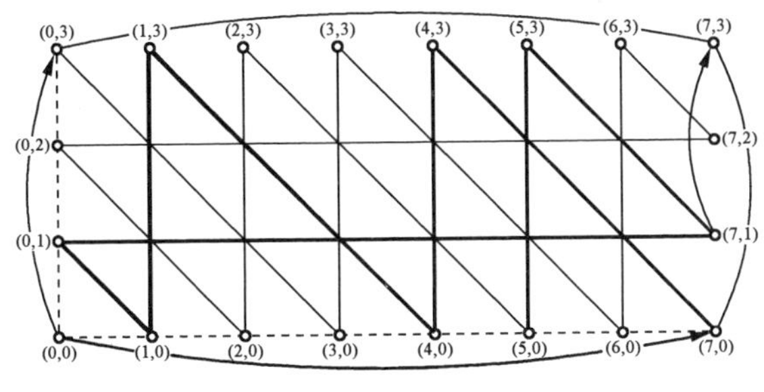

图 2　韩信分油问题路径 1

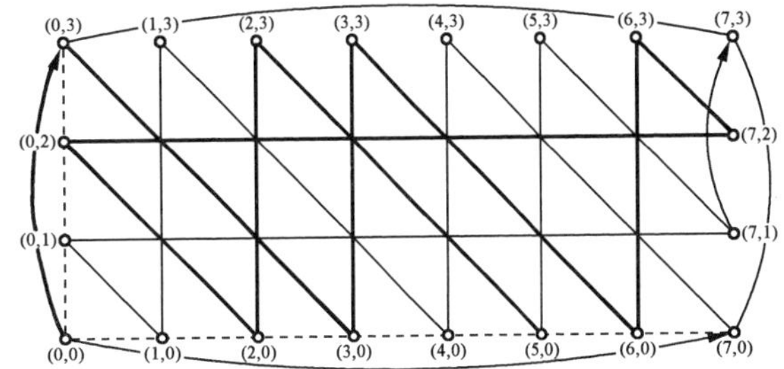

图 3　韩信分油问题路径 2

(四)完整状态转移图法

完整状态转移图法是彭世康等人[5]针对几何坐标法的缺陷提出的新方法，这种方法更加直观，且功能更强大，方便寻求全部解和特殊解.

绘制完整状态转移图需要对几何坐标法的状态图进行改造：

(1)标三维状态值；

(2)找特殊状态点：初始状态(O)、最终状态点(D)和三个容器中至少含有两个满油或空油的状态点(A,B,C). 改造后的几何坐标状态图如图 4 所示.

改造完成后就可以绘制完整的状态转移图(图 5).

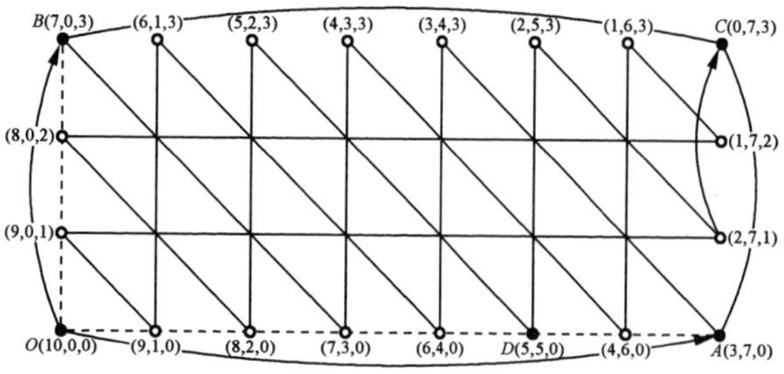

图4 改造后的几何坐标状态图

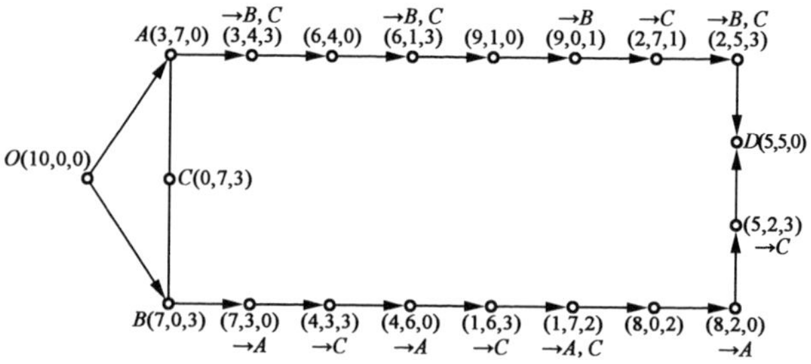

图5 韩信分油问题完整状态转移图

根据图5,从 O 到 D 必经过[$A\cdots D$](表示不经过特殊状态点从 A 到 D)或[$B\cdots D$](表示不经过特殊状态点从 B 到 D)两条路径,不能从 C 不跨越特殊状态点直接到达 D. 于是我们就知道了从 O 到 D 的所有路径(表7).

表7 韩信分油问题的所有解

路径	解数	步骤数
$O\to[A\cdots D]$	1	9
$O\to[B\cdots D]$	1	10
$O\to A\to[B\cdots D]$	4	12,14,16,18
$O\to B\to[A\cdots D]$	4	11,13,15,17
$O\to A\to C\to[B\cdots D]$	5	12,13,15,18,19
$O\to B\to C\to[A\cdots D]$	5	11,13,15,16,19

韩信分油问题一共有20种不同的解法,最少9步完成分油,最多为19步. 最优解为(10,0,0)→(3,7,0)→(3,4,3)→(6,4,0)→(6,1,3)→(9,1,0)→(9,0,1)→(2,7,1)→(2,5,3)→(5,5,0),共9步完成韩信分油问题.

三、问题拓展

韩信分油问题是比较简单的分油问题,对于复杂的分油问题或类似的复杂问题,手动找到最优解和全部解费时费力,我们可以利用计算机强大且快速的计算能力找出问题的全部解和最优解. 裴南平[6]使用回溯法编写了求解分油问题的C语言程序. 经验证,使用该程序求解韩信分油问题,得到共有17种解法,而韩信分油问题共有20种不同的解法. 再使用该程序求解文献[5]中的问题,得到共有102种解法,而文献[5]中给出了121种不同的解法. 这说明该程序在求解时有遗漏,需要修正. 对于快速分油问题,我们关心分油问题的最优解,使用文献[5]中的程序可以求解出包含最优解的部分解,但是当问题涉及的解的个数较多时,就难以通过比对找到最优解.

求分油问题的最优解是一个无权图单源最短路径问题,可以使用广度优先算法、Dijkstra算法或Floyd算法求解. Dijkstra提出的标号法是求解最短路径问题的最好方法,用于计算从一个顶点到其他顶点的最短路径,但是没有得到具体的最短路径. 利用Floyd算法可求得最短路径. 求分油问题的全部解是寻找图中两顶点之间的全部路径,用深度优先搜索算法可求得全部路径. 求分油问题的最优解和全部解的步骤为:

(1)构造不等式组,求出整数解,找到满足法则的所有顶点;

(2)判断顶点两两之间能否到达,构造邻接矩阵;

(3)使用Floyd算法得到最短路径;

(4)使用深度优先搜索算法得到全部路径.

根据上述步骤,一共设计了 6 个函数,使用 Matlab 软件编程求解,Matlab 代码如下:

(1)主程序:定义全局变量和调用其他函数

```
%主程序
%定义全区变量和调用函数
%默认初始所有油装在容器 1 中
%输入相关已知条件
sum = input('输入总油量:');
%依次输入容器容量
a1 = input('容器 1 的容量:');
b1 = input('容器 2 的容量:');
c1 = input('容器 3 的容量:');
%找到顶点 v
v = slov(sum,a1,b1,c1);
%计算邻接矩阵
A = jz(v,a1,b1,c1);
%Floyd 算法求最短路径
[P,u] = f_path(A);
%还原为分油问题的最优解
result = v(P,:);
%深度优先搜索所有路径
[possiablePaths,n] = findPath(A,1,length(v),0)
```

(2)求解不等式组,寻找顶点

```
function result = slov(sum,a1,b1,c1,v0,vend)
%求解不等式组,寻找顶点 v
%sum 为油总量
%a1 为容器 1 的容量
%b1 为容器 2 的容量
%c1 为容器 3 的容量
%v0 为起始状态
%vend 为目标状态
v0 = [a1,0,0];
vend = [a1/2,a1/2,0];
i = 1;
for a = 0:a1
    for b = 0:b1
        for c = 0:c1
            if((a + b + c) == sum&& ~(((0 < a)&&(a < 10))&&((0 < b)&&(b < 7))&&((0 < c)
&&(c < 3))))
```

```
            x(i) = a;y(i) = b;z(i) = c;
            i = i + 1;
          end
        end
      end
    end
    v = [x;y;z]';
    % 调整顶点位置,使得起点为 v1,终点为 vend
    [m,n] = size(v);
    for i = 1:m
        if(v(i,:) = = v0)
          i0 = i;
        end
        if(v(i,:) = = vend)
          iend = i;
        end
    end
    v0 = v(i0,:);
    vend = v(iend,:);
    v(i0,:) = [];
    v(iend,:) = [];
    result = [v0;v;vend];
    end
```

(3)构造邻接矩阵

```
function A = jz(a,a1,b1,c1)
% 输入顶点坐标矩阵
% 输出邻接矩阵
[m, ~] = size(a);
for i = 1:m
    for j = 1:m
      if(i = = j)
        A(i,j) = 0;
      else
        A(i,j) = zy(a(i,:),a(j,:),a1,b1,c1);
      end
    end
end
A;
```

(4)判断能否完成状态转移

```
function r = zy(v1,v2,a,b,c)
% 判断能否一步完成 v1 到 v2 的状态转移
% 如果能完成返回 1 否则返回 inf
r = inf;
% 容器 1 倒入容器 2
vv(2) = v1(1) + v1(2);
if(vv(2) > b)
    vv(2) = b;
end
vv(1) = v1(1) - vv(2) + v1(2);
vv(3) = v1(3);
if(vv = = v2)
    r = 1;
end
% 容器 1 倒入 3
vv(3) = v1(3) + v1(1);
if(vv(3) > c)
    vv(3) = c;
end
vv(1) = v1(1) - vv(3) + v1(3);
vv(2) = v1(2);
if(vv = = v2)
    r = 1;
end
% 容器 2 倒入容器 1
vv(1) = v1(1) + v1(2);
if(vv(1) > a)
    vv(1) = a;
end
vv(2) = v1(2) - vv(1) + v1(1);
vv(3) = v1(3);
if(vv = = v2)
    r = 1;
end
% 容器 2 倒入容器 3
vv(3) = v1(3) + v1(2);
if(vv(3) > c)
    vv(3) = c;
```

```
end
vv(2) = v1(2) - vv(3) + v1(3);
vv(1) = v1(1);
if(vv = = v2)
    r = 1;
end
%容器3倒入容器1
vv(1) = v1(1) + v1(3);
if(vv(1) > a)
    vv(1) = a;
end
vv(3) = v1(3) - vv(1) + v1(1);
vv(2) = v1(2);
if(vv = = v2)
    r = 1;
end
%容器3倒入容器2
vv(2) = v1(2) + v1(3);
if(vv(2) > b)
    vv(2) = b;
end
vv(3) = v1(3) - vv(2) + v1(2);
vv(1) = v1(1);
if(vv = = v2)
    r = 1;
end
r = min(r);
```

(5)Floyd 算法[7]

```
function[P,u] = f_path(W)
%W 表示权值矩阵
%P 表示最短路
%u 表示最短路的权和
n = length(W);
U = W;
m = 1;
while m < = n   %判断是否满足停止条件
  for i = 1:n
    for j = 1:n
      if U(i,j) > U(i,m) + U(m,j)
```

```
            U(i,j) = U(i,m) + U(m,j);   % 更新 dij
          end
        end
      end
    m = m + 1;
    end
    u = U(1,n);
    % 输出最短路的顶点
    P1 = zeros(1,n);
    k = 1;
    P1(k) = n;
    V = ones(1,n) * inf;
    kk = n;
    while kk ~ = 1
      for i = 1:n
        V(1,i) = U(1,kk) - W(i,kk);
        if V(1,i) = = U(1,i)
          P1(k+1) = i;
          kk = i;
          k = k + 1;
        end
      end
    end
    k = 1;
    wrow = find(P1 ~ = 0);
    for j = length(wrow):(-1):1
      P(k) = P1(wrow(j));
      k = k + 1;
    end
    P;
```

(6)路径搜索函数[8]

```
function [possiablePaths,n] = findPath(Graph,partialPath,destination,partialWeight)
% findPath 按深度优先搜索所有可能的从 partialPath 出发到 destination 的路径,这些路径中不包含环路
% Graph:路网图,非无穷或 0 表示两节点之间直接连通,矩阵值就为路网权值
% partialPath:出发的路径,如果 partialPath 就一个数,表示这个就是起始点
% destination:目标节点
% partialWeight:partialPath 的权值,当 partialPath 为一个数时,partialWeight 为 0
pathLength = length(partialPath);
```

```
lastNode  =partialPath(pathLength);% 得到最后一个节点
nextNodes  =find(0 < Graph(lastNode,:) & Graph(lastNode,:) < inf);% 根据 Graph 图得到最后一个节点的下一个节点
GLength  =length(Graph);
possiablePaths =[];
if lastNode  = =destination
% 如果 lastNode 与目标节点相等,则说明 partialPath 就是从其出发到目标节点的路径,结果只有这一个,直接返回
possiablePaths  =partialPath;
possiablePaths(GLength  +  1)  =partialWeight;
return;
elseif length(find(partialPath  =  =destination ) )  ~ =0
return;
end
%  nextNodes 中的数一定大于0,所以为了让 nextNodes(i)去掉,先将其赋值为0
for i =1:length(nextNodes)
   if destination  =  =nextNodes(i)
      % 输出路径
      tmpPath  =cat(2,partialPath,destination);% 串接成一条完整的路径
      tmpPath(GLength  +  1)  =partialWeight  +  Graph(lastNode,destination);% 延长数组长度至GLength +1,最后一个元素用于存放该路径的总路阻
      possiablePaths(length(possiablePaths)  +  1  ,:)  =tmpPath;
      nextNodes(i)  =0;
  elseif length(find(partialPath  =  =nextNodes(i) ) )  ~ =0
      nextNodes(i)  =0;
   end
end
nextNodes  =nextNodes(nextNodes  ~  =0);% 将 nextNodes 中为 0 的值去掉,因为下一个节点可能已经遍历过或者它就是目标节点
for i =1:length(nextNodes)
   tmpPath =cat(2,partialPath,nextNodes(i));
   tmpPsbPaths =findPath(Graph,tmpPath,destination,partialWeight  +  Graph(lastNode,nextNodes(i)));
   possiablePaths  =cat(1,possiablePaths,tmpPsbPaths);
end
[n, ~] =size(possiablePaths);
```

输入测试数据:总油量为10,三个容器的容量分别为10,7,3,输入的数据如图6所示.

命令行窗口
输入总油量：10
容器1的容量：10
容器2的容量：7
容器3的容量：3
fx >>

图 6　韩信分油问题测试数据

运行结果如下：

u =

9

result =

```
10  0  0
 3  7  0
 3  4  3
 6  4  0
 6  1  3
 9  1  0
 9  0  1
 2  7  1
 2  5  3
 5  5  0
```

n =

20

根据测试数据的结果可知，当总油量为 10，三个容器的容量分别为 10，7，3 时，最少 9 步完成分油，最优解为(10,0,0)→(3,7,0)→(3,4,3)→(6,4,0)→(6,1,3)→(9,1,0)→(9,0,1)→(2,7,1)→(2,5,3)→(5,5,0). 分油方案共有 20 种，与使用完整状态转移图法的计算结果一致. 所有的分油方案存储在变量 possiablePaths 中. 得到韩信分油问题的所有解为：

(1)1→8→2→14→15→9→10→3→4→16→17→11→20；

(2)1→8→7→2→14→15→9→10→3→4→16→17→11→20；

(3)1→8→7→13→12→2→14→15→9→10→3→4→16→17→11→20；

(4)1→8→7→13→12→14→15→9→10→3→4→16→17→11→20；

(5)1→8→7→13→12→19→18→6→2→14→15→9→10→3→4→16→17→11→20；

(6)1→8→7→13→12→19→18→6→5→20；

(7)1→8→7→13→12→19→18→6→5→2→14→15→9→10→3→4→16→17→11→20；

(8)1→8→7→13→12→19→18→6→5→14→15→9→10→3→4→16→17→11→20；

(9)1→8→7→13→12→19→18→14→15→9→10→3→4→16→17→11→20；

(10)1→8→7→14→15→9→10→3→4→16→17→11→20；

(11)1→14→2→8→7→13→12→19→18→6→5→20；

(12)1→14→15→8→7→13→12→19→18→6→5→20；

(13)1→14→15→9→2→8→7→13→12→19→18→6→5→20；

(14)1→14→15→9→10→3→2→8→7→13→12→19→18→6→5→20；

(15)1→14→15→9→10→3→4→2→8→7→13→12→19→18→6→5→20;

(16)1→14→15→9→10→3→4→8→7→13→12→19→18→6→5→20;

(17)1→14→15→9→10→3→4→16→17→8→7→13→12→19→18→6→5→20;

(18)1→14→15→9→10→3→4→16→17→11→20;

(19)1→14→15→9→10→3→4→16→17→11→2→8→7→13→12→19→18→6→5→20;

(20)1→14→15→9→10→8→7→13→12→19→18→6→5→20.

其中 1,2,…,20 表示顶点,存储在变量 v 中. 对应的分油状态见表 8.

表 8 韩信分油问题的所有分油状态

顶点	1	2	3	4	5	6	7	8	9	10	11	12	13	14	15	16	17	18	19	20
容器 1	10	0	1	1	2	2	3	3	4	4	5	6	6	7	7	8	8	9	9	5
容器 2	0	7	6	7	5	7	4	7	3	6	2	1	4	0	3	0	2	0	1	5
容器 3	0	3	3	2	3	1	3	0	3	0	3	3	0	3	0	2	0	1	0	0

再使用该程序求解文献[5]中的三桶分油问题.

输入测试数据:总油量为 12,三个容器的容量分别为 12,8,5,输入的数据如图 7 所示.

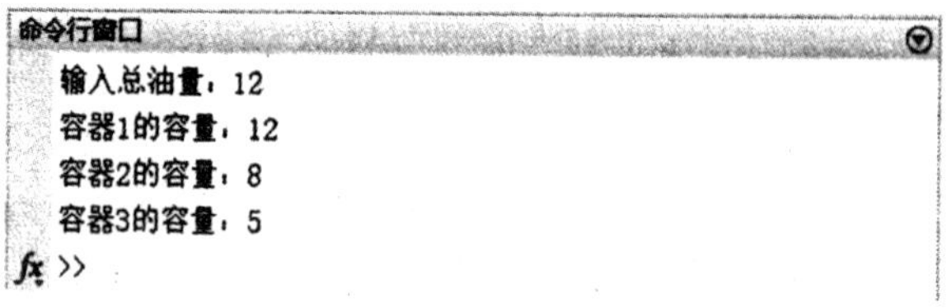

图 7 三桶分油问题的测试数据

运行结果如下.

```
u =

    7

result =

    12    0    0
     4    8    0
     4    3    5
     9    3    0
     9    0    3
     1    8    3
     1    6    5
     6    6    0

n =

    121
```

根据测试数据的结果可知,当总油量为 12,三个容器的容量分别为 12,8,5 时,最少 7 步完成分油,最优解为(12,0,0)→(4,8,0)→(4,3,5)→(9,3,0)→(9,0,3)→(1,8,3)→(1,6,5)→(6,6,0). 分油方案共有 121 种,与文献[5]中的计算结果一致. 分油方案存储在变量 possiablePaths 中,不一一列举.

四、总结

本文介绍了分油问题的四种常见解法,即尝试法、不定方程法、几何坐标法、完整状态转移图法,以韩信分油问题为例进行了详细求解. 与以往的遍历法和回溯法不同,本文将快速分油问题转化为图论中的无权图单源最短路径问题,给出了分油问题寻找顶点和构造邻接矩阵的 Matlab 程序,使用 Floyd 算法找到了最优解. 将求分油问题全部解的问题转化为求图中两顶点之间全部路径的问题,使用深度优先搜索算法得到了全部解. 基于分油问题的邻接矩阵,可以使用图论中的理论和算法对该问题进行进一步研究.

参 考 文 献

[1]张安军. 解决韩信立马分油问题的两种方法[J]. 中学生数学,2016(22):18-17.

[2]张安军. 韩信立马分油问题的三种策略[J]. 中学数学杂志,2016(2):64-65.

[3]许伟亮. 趣味数学游戏教育价值的初步挖掘——以分油问题为例[J]. 福建中学数学,2013(1):16-18.

[4]向定峰. 将数学建模的思想和方法融入图论课程教学中的一点尝试[J]. 重庆教育学院学报,2006(6):28-31.

[5]彭世康,李春梅,彭金瑾. 完整状态转移图法求三桶分油问题全部解[J]. 数学通报,2015,54(1):56-60,63.

[6]裴南平. 用回溯法求"韩信分油"问题所有解[J]. 电脑知识与技术,2017,13(34):248-250.

[7]王海英,黄强,李传涛,等. 图论算法及其 Matlab 实现[M]. 北京:北京航空航天大学出版社,2010:22-23.

[8]张祖渊. 网络可靠性模型及其在信息物理系统和多态网络中的应用[D]. 上海:华东理工大学,2017.

作 者 简 介

董彦国,男,1998 年出生,汉族,宁夏大学数学统计学院学科教学(数学)专业 2020 级硕士研究生.

苏克义,汉族,应用数学硕士,中学数学高级教师,宁夏大学硕士研究生导师,银川市首批高层次学历人才引进人员,银川市"于全高特级教师工作室"成员,银川市教育系统技术标兵,银川市骨干教师,银川市优秀教师,自治区级学术技术带头人后备人选,全国优秀数学竞赛辅导员,全国初等数学研究会第三届常务理事,曾参与全国第一届中学生数学智能竞赛命题,2008 年首次提出了数阵迭代的概念,2009 年解决了 G. L. Chia 和 C. K. Ho 提出的一个关于完全三部图色等价性公开问题的一个特殊情形,2010 年将国际上最好的完全三部图色唯一性判定条件做了部分改进,2020 年提出了一类具有唯一正整数解的丢番图方程,曾获"全国大学生数学建模竞赛特等奖""首届全国初等数学研究论文奖""中国中青年初等数学研究奖""广东省初等数学会议论文评选一等奖""银川市优质课比赛一等奖""银川市数学专业竞赛一等奖""银川市教育教学优秀成果一等奖""银川市毛笔书法比赛一等奖",主持完成第三届全区基础教育教学立项课题研究,多次辅导学生在全国高中数学论文竞赛、全国高中数学联赛和"丘成桐中学数学奖"竞赛中获奖,所教班级学生在高考中都取得了优异成绩,承担过银川市首届"名师工程"现场观摩交流会公开课,曾在宁夏大学数学与统计学院做讲座, 参编过《中学数学解题思想方法技巧》《初高中数学衔接教材》等书籍,在《中学生数学》《数学教学通讯》《中学数学杂志》《中学数学教学参考》《中国初等数学研究》《西北师范大学学报》《山东大学学报》《数学的实践与认识》(北京大学主办)、*Journal of Mathematical Research & Exposition* 和 *Ars Combinatoria*(SCI,加拿大)等数学杂志上发表论文四十余篇.

π的计算与微积分

刘宇宁[1]，杨一[1,2]

（1. 首都师范大学数学科学学院　北京　100089；
2. 内蒙古科技大学包头师范学院　内蒙古自治区　包头市　750306）

摘　要：本文运用教育数学的思想，尝试用较少的预备知识向中学生介绍微积分的相关知识在计算 π 的近似值中的应用.

关键词：π；微积分；L - 导数

每年的 3 月 14 日，是世界各地数学爱好者互相庆祝的节日——“π Day”. π 是数学中用来表示“圆的周长与其直径之比”，即圆周率这个常数的符号. 它是一个无理数①，其数值大约为 3.141 592 6……. 对于数学爱好者来说，“π Day”是每年一次的交流机会，在节日里他们可以比赛背诵 π 的小数点后的各位数字，与朋友们分享关于 π 的计算结果的最新进展，还能一起谈论数学. 因为 π 是无理数，所以只能计算出它的十进制近似小数. 目前的计算结果已超过了小数点后 62.8 万亿位.

如何计算 π 的近似值？事实上，很久以前人们就开始了对 π 的数值的探索.

一、π 的计算的历史②

（一）实验时期

一块古巴比伦石匾（约产于公元前 1900 ~ 1600 年）上清楚地记载了圆周率为 3.125. 同一时期的古埃及文物，《莱因德数学纸草书》中也表明了圆周率约等于 3.160 5. 公元前 800 年至公元前 600 年成文的古印度宗教巨著《百道梵书》中显示了圆周率约等于 3.139.

（二）几何法时期

古希腊作为古代几何王国，对圆周率的贡献尤为突出. 古希腊大数学家 Archimedes（公元前 287—212 年）开创了人类历史上通过理论计算圆周率近似值的先河. Archimedes 从单位圆出发，先利用内接正六边形求出了圆周率的下界为 3，再利用外接正六边形并借助勾股定理求出了圆周率的上界小于 4. 接着，他对内接正六边形和外接正六边形的边数分别加倍，将它们分别变成内接正 12 边形和外接正 12 边形，再借助勾股定理改进圆周率的下界和上界. 他逐步对内接正多边形和外接正多边形的边数加倍，直到增加到内接正 96 边形和外接正 96 边形为止. 最后，他求出了圆周率的下界和上界分别为$\frac{223}{71}$和$\frac{22}{7}$，并取它们的平均值 3.141 851 为圆周率的近似值. Archimedes 用到了迭代算法和两侧数值逼近的概念，称得上是“计算数学”的鼻祖.

中国古代算书《周髀算经》（约公元前 2 世纪）中有“径一而周三”的记载，意即取 $\pi = 3$. 汉朝时，张衡得出$\frac{\pi^2}{16}$约等于$\frac{5}{8}$，即 π 约等于 $\sqrt{10}$（约为 3.162）. 这个值不太准确，但它简单易理解.

---

①　π 是无理数的证明可参考文献[1].

②　π 的计算的历史内容参考文献[2].

公元 263 年，中国数学家刘徽用“割圆术”计算圆周率，他先从圆内接正六边形开始，逐次分割，一直算到圆内接正 192 边形，所谓“割之弥细，所失弥少，割之又割，以至于不可割，则与圆周合体而无所失矣”，这里包含了极限思想，由此，他得出了 $\pi=3.141\,024$ 的圆周率近似值. 后来他又继续割圆到 3 072 边形，求出了 3 072 边形的面积，得到了令自己满意的圆周率，值为 3 927 除以 1 250，约等于 3. 141 6.

公元 480 年左右，南北朝时期的数学家祖冲之进一步得出了精确到小数点后 7 位的 π 的结果，给出了不足近似值 3. 141 592 6 和过剩近似值 3. 141 592 7，还得到了两个近似分数值，密率 355 除以 133 和约率 22 除以 7. 密率是个很好的分数近似值，要取到 52 163 除以 16 604 才能得出比 355 除以 113 略准确的近似.

在之后的 800 年里，祖冲之计算出的 π 值都是最准确的. 其中的密率在西方直到 1573 年才由德国人 Valentinus Otho 得到，1625 年发表在荷兰工程师 Metius 的著作中，欧洲称之为梅蒂斯（Metius）数.

阿拉伯数学家卡西在 15 世纪初求得了圆周率的 17 位精确小数值，打破了祖冲之保持了近千年的纪录，德国数学家 Ludolph van Ceulen 于 1596 年将 π 值算到了小数点后 20 位数，后投入毕生精力，于 1610 年将 π 值算到了小数点后 35 位数，该数值用他的名字命名，称为鲁道夫（Ludolph）数.

（三）分析法时期

微积分发明以后，人们开始利用无穷级数或无穷连乘积求 π 值，摆脱了割圆术的繁复计算. 无穷乘积式、无穷连分数、无穷级数等各种 π 值表达式纷纷出现，使得 π 值计算的精度迅速增加.

（四）计算机时代

电子计算机的出现使 π 值计算有了突飞猛进的发展. 1949 年，美国发明了世上首台电脑. 次年，里特韦斯纳、冯纽曼和梅卓普利斯利用这部电脑，计算出了 π 的 2 037 个小数位. 此后，随着科技的不断进步，电脑的运算速度也越来越快，π 值计算进入了高精确度时代. 2010 年，日本人近藤茂利用家用计算机和云计算相结合，计算出了圆周率的小数点后 5 万亿位.

二、用微积分计算 π 的近似值

在中学，我们知道以下无穷等比数列

$$1,\ -x,x^2,\ -x^3,x^4,\cdots$$

的首项为 $a_1=1$，公比为 $q=-x$. 若 $-1<x<1$，则公比 $|q|<1$. 这时它就是我们在中学时所知的“无穷递缩等比数列”，此时便有以下公式

$$\frac{1}{1+x}=1-x+x^2-x^3+x^4-\cdots\quad(-1<x<1)$$

用 x^2 代替 x，得

$$\frac{1}{1+x^2}=1-x^2+x^4-x^6+x^8-\cdots\quad(-1<x<1)\tag{1}$$

将式(1)逐项积分，得

$$\int_0^x\frac{1}{1+t^2}\mathrm{d}t=\int_0^x1\mathrm{d}t-\int_0^xt^2\mathrm{d}t+\int_0^xt^4\mathrm{d}t-\int_0^xt^6\mathrm{d}t+\int_0^xt^8\mathrm{d}t-\cdots\quad(-1<x<1)$$

即

$$\int_0^x\frac{1}{1+t^2}\mathrm{d}t=x-\frac{x^3}{3}+\frac{x^5}{5}-\frac{x^7}{7}+\frac{x^9}{9}-\cdots\quad(-1<x<1)\tag{2}$$

又因为

$$\arctan x = \int_0^x \frac{1}{1+t^2}\mathrm{d}t \tag{3}$$

所以

$$\arctan x = x - \frac{x^3}{3} + \frac{x^5}{5} - \frac{x^7}{7} + \frac{x^9}{9} - \cdots \quad (-1 < x < 1) \tag{4}$$

接下来我们在式(4)中取 $x=\frac{1}{5}$ 来计算 π 的近似值.

令 $x=\frac{1}{5}, \varphi=\arctan\frac{1}{5}$. 由正切倍角公式

$$\tan 2\varphi = \frac{2\tan\varphi}{1-\tan^2\varphi}$$

得

$$\tan 2\varphi = \frac{\frac{2}{5}}{1-\frac{1}{25}} = \frac{5}{12}, \tan 4\varphi = \frac{\frac{5}{6}}{1-\frac{25}{144}} = \frac{120}{119}$$

因为 $\tan 4\varphi$ 与 1 相差很少,所以 4φ 与 $\frac{\pi}{4}$ 相差很少. 设这个差为 θ,即

$$\theta = 4\varphi - \frac{\pi}{4}$$

则

$$\frac{\pi}{4} = 4\varphi - \theta$$

由此求得

$$\tan\theta = \tan\left(4\varphi - \frac{\pi}{4}\right) = \frac{\tan 4\varphi - \tan\frac{\pi}{4}}{1+\tan 4\varphi \cdot \tan\frac{\pi}{4}} = \frac{\frac{120}{119}-1}{1+\frac{120}{119}} = \frac{1}{239}$$

于是

$$\begin{aligned}\frac{\pi}{4} &= 4\varphi - 4\theta = \arctan\frac{1}{5} - \arctan\frac{1}{239} \\ &= 4\left[\frac{1}{5} - \frac{1}{3}\times\frac{1}{5^3} + \frac{1}{5}\times\frac{1}{5^5} - \frac{1}{7}\times\frac{1}{5^7} + \cdots\right] - \left[\frac{1}{239} + \cdots\right]\end{aligned}$$

两个方括号里边的级数都是 Leibniz 级数①,于是到写出的项为止(左边四项,右边一项),误差不大于

$$\frac{4}{9\times 5^9} + \frac{1}{3\times 239^3} < 0 \cdot 5\times 10^{-6}$$

这样我们就知道,要将 π 的数值准确到 10^{-5},每一项都要计算到七位小数.

而在这时确定的 $\frac{\pi}{4}$,误差不大于 2×10^{-6},即

$$4\times 4\times 0.5\times 10^{-7} + 0.5\times 10^{-7} + 0.5\times 10^{-6} < 2\times 10^{-6}$$

从而所确定的 π 的误差不大于 8×10^{-6}.

① 关于 Leibniz 级数及其余项误差的估计等内容可以阅读文献[3]中的相关内容.

$\frac{\pi}{4}$近似的计算过程如下

$$
\begin{aligned}
&4\times\left(\frac{1}{5}-\frac{1}{3}\times\frac{1}{5^{3}}+\frac{1}{5}\times\frac{1}{5^{5}}-\frac{1}{7}\times\frac{1}{5^{7}}\right)-\frac{1}{239}\\
&\approx 4\times(0.2000000-0.0026667+0.0000640-0.0000018)-0.0041841\\
&=4\times 0.1973955-0.0041841\\
&=0.7895820-0.0041841\\
&=0.7853979
\end{aligned}
$$

于是 $\pi\approx 4\times 0.7853979=3.1415916$,结果精确到五位小数,误差不大于 8×10^{-6}.

如果我们取 $x=\frac{1}{\sqrt{3}}$,则可以做的更简单些

$$\frac{\pi}{6}=\frac{1}{\sqrt{3}}\left(1-\frac{1}{3\times 3}+\frac{1}{5\times 3^{2}}-\frac{1}{7\times 3^{3}}+\cdots\right)$$

这是个 Leibniz 级数,其误差不超过舍去部分的第一项的绝对值. 因为$\frac{2\sqrt{3}}{19\times 3^{9}}<10^{-5}$,所以前九项之和已经精确到小数点后第 4 位,即 $\pi\approx 3.1416$.

这样,只需要按几下计算器,就可以得到 π 的较精确的近似值,这比古人的方法要方便得多.

至此,我们已经计算出了 π 的近似值. 但我们要问,式(2)和式(3)是怎么来的? 这是微积分的威力!

三、微积分是什么?

微积分分为微分法(或求导函数)和积分法(求面积). 这里,式(2)和式(3)中的积分"$\int$"是"微分"的逆运算(如同减法是加法的逆运算,除法是乘法的逆运算).

这样,可将求积分"$\int$"归结为"求导函数". 具体地说,在推导式(2)和式(3)的过程中,对于将函数 $f(t)$ 积分得到 $\int_0^x f(t)\,\mathrm{d}t$ 的这个做法,可以"暂时理解"为:

对于函数 $f(t)$,去找一个函数 $g(t)$,满足函数 $g(t)$ 的导函数是 $f(t)$,即

$$(g(t))'=f(t)$$

需要说明的是,在之前式(2)的推导中所使用的"逐项积分法"是有前提条件的,在其他问题下不能随便这样做![1] 另外,式(2)和式(3)中的积分"$\int_0^x$"指的是"定积分",而"$\int$"是不定积分,两者不是一回事,所以并不能直接做这样的理解! 但是,微积分基本定理(Newton - Leibniz 公式)的内容揭示了定积分与不定积分之间的深刻联系:定积分"$\int_0^x$"的计算可以通过不定积分"$\int$"来实现.[2]所以,在这里"暂时可以做这样的理解".

有了上面的说明,我们只需要先介绍什么是微分法,即求导函数,然后在求出导函数后就可以得出式(2)和式(3)了.

---

① 见文献[3].

② 微积分基本定理的具体内容在这里不做过多阐述,文献[3,4,5,6]中均对其有详细的介绍.

四、微分法——求导函数

下面介绍 L 导数的定义,有了它我们就能计算给定函数的导函数.①

L 导数定义② 设函数 $f(x)$ 和 $g(x)$ 都在区间 Q 内有定义,若存在一个有界函数 $M(x,h)$,使得对 Q 中任意两点 x 和 $x+h$,总有

$$f(x+h)-f(x)=g(x)h+M(x,h)h^2 \tag{5}$$

则称 $g(x)$ 是 $f(x)$ 在区间 Q 上的 L 导数,并称 $f(x)$ 在区间 Q 上 L 可导(若 $f(x)$ 在区间 Q 的每个有限闭子区间上 L 可导,则称它在 Q 上 Lipschitz 可导). 如果 $f(x)$ 是 L 可导的,那么记其 L 导数为 $f'(x)$.

上述定义显然也可以用不等式表达:

若有一个正数 M,使得对 Q 中任意两点 x 和 $x+h$,总有

$$\left|\frac{f(x+h)-f(x)}{h}-g(x)\right|\leqslant M|h| \tag{5*}$$

则称 $g(x)$ 是 $f(x)$ 在区间 Q 上的 L 导数.

从定义可以看出,当 $|h|$ 足够小时,$g(x)$ 与差商 $\frac{f(x+h)-f(x)}{h}$ 之差可以小于任意给定的正数. 因此,在微积分的传统表述中,把 $g(x)$ 叫作当 h 趋于 0 时 $\frac{f(x+h)-f(x)}{h}$ 的极限,把差商看作函数变化的平均速度时,自然地把导数看作瞬时速度.③

利用以上定义,我们计算多项式函数 x^n 和三角函数 $\sin x,\cos x$ 的 L 导数,如下:

例1 对于正整数 n,多项式函数 x^n 的 L 导数为 nx^{n-1},即

$$(x^n)'=nx^{(n-1)}\quad(n\in\mathbf{Z}^*)$$

解
$$f(x+h)-f(x)=(x+h)^n-x^n=nx^{n-1}h+\sum_{k=2}^{n}\mathrm{C}_n^k x^{n-k}h^k$$

当 $x\in[a,b]$ 且 $x+h\in[a,b]$ 时,得

$$\left|\frac{f(x+h)-f(x)}{h}-nx^{n-1}\right|=\left|\sum_{k=2}^{n}\mathrm{C}_n^k x^{n-k}h^{k-1}\right|\leqslant 2^n(|a|+|b|)^{n-2}|h|$$

可知 $f(x)=x^n$ 在任意区间 $[a,b]$ 上都有 L 导数 nx^{n-1}.

例2 正弦函数 $\sin x$ 的 L 导数是 $\cos x$;余弦函数 $\cos x$ 的 L 导数是 $-\sin x$,即

$$(\sin x)'=\cos x,(\cos x)'=-\sin x.$$

解 (1)先计算 $\sin x$ 的 L 导数

$$\frac{\sin(x+h)-\sin x}{h}=\frac{\sin x(\cos h-1)+\cos x\sin h}{h}=\cos x+\frac{\sin x(\cos h-1)+\cos x(\sin h-h)}{h^2}\cdot h$$

注意,当 $0<h<1$ 时,$\sin h<h<\tan h$,故 $\cos h-1<\frac{\sin h}{h}-1<0$;当 $0<|h|<1$ 时

$$\begin{aligned}&|\sin x(\cos h-1)+\cos x(\sin h-h)|\\ \leqslant&(|\sin x|+|\cos x|)(1-\cos h)\end{aligned}$$

① 对于初等函数,L 导数就是导函数. 见文献[4].

② 见文献[4].

③ 关于极限以及瞬时速度的确切含义,见文献[4],那里有更清晰的探讨和严谨简明的论述.

$$\leqslant \sqrt{2}\frac{(1-\sqrt{1-\sin^2 h})(1+\sqrt{1-\sin^2 h})}{(1+\sqrt{1-\sin^2 h})}$$

$$<\sqrt{2}\frac{\sin^2 h}{(1+\cos h)}<h^2$$

从而由 L 导数定义得，$\sin x$ 的 L 导数是 cos x.

(2)再计算 $\cos x$ 的 L 导数.

我们注意到 $\sin x$ 的 L 导数所满足的充要条件为

$$\left|\frac{\sin(x+h)-\sin x}{h}-\cos x\right|<M|h|$$

将其中的 x 换成 $x+\frac{\pi}{2}$，得

$$\left|\frac{\sin\left(x+h+\frac{\pi}{2}\right)-\sin\left(x+\frac{\pi}{2}\right)}{h}-\cos\left(x+\frac{\pi}{2}\right)\right|<M|h|$$

再注意到 $\sin\left(x+\frac{\pi}{2}\right)=\cos x$ 和 $\cos\left(x+\frac{\pi}{2}\right)=-\sin x$，得

$$\left|\frac{\cos(x+h)-\cos x}{h}-(-\sin x)\right|<M|h|$$

从而由 L 导数的定义得，$\cos x$ 的 L 导数是 $-\sin x$.

为了得到正切函数 $\tan x$ 的 L 导数，我们需要以下的运算法则：

函数之商的求导法则 若函数 $f(x)$ 和 $g(x)$ 在区间 I 上 L 可导，且 $g(x)\neq 0$，则函数 $\frac{f(x)}{g(x)}$ 也在区间 I 上 L 可导，且 $\left(\frac{f(x)}{g(x)}\right)'=\frac{f(x)'\cdot g(x)-f(x)\cdot g(x)'}{(g(x))^2}$.

证明 略.[①]

例 3 正切函数 $\tan x$ 的 L 导数为 $\frac{1}{\cos^2 x}$.

解 $(\tan x)'=\left(\frac{\sin x}{\cos x}\right)'=\frac{(\sin x)'\cdot\cos x-\sin x\cdot(\cos x)'}{\cos^2 x}=\frac{(\cos x)^2-(-(\sin x)^2)}{\cos^2 x}=\frac{1}{\cos^2 x}$

为了得到反正切函数 $\arctan x$ 的 L 导数，我们再引入以下的运算法则：

反函数的求导法则 若 $f(x)$ 在区间 I 上 L 可导，且 $f'(x)\neq 0$，其值域为 J，则其反函数 $g(x)$ 在区间 J 上可导，且有

$$g'(x)=\frac{1}{f'(g(x))}$$

证明 略.[②]

例 4 反正切函数 $y=\arctan x$ 的 L 导数为 $\frac{1}{1+x^2}$.

解
$$(\arctan x)'=\frac{1}{(\tan y)'}=\frac{1}{\frac{1}{\cos^2 y}}=\cos^2 y=\frac{1}{1+\tan^2 y}=\frac{1}{1+x^2}$$

---

① 见文献[5]中的附录 2.

② 同上.

这样,在计算出$(x^n)'=nx^{(n-1)}$,$n\in\mathbf{Z}^*$与$(\arctan x)'=\frac{1}{1+x^2}$后,便得到了式(2)和式(3),回答了我们的问题,进而计算出了 π 的近似值.

三、致谢

感谢周俊明教授在本文的写作过程中提供的许多宝贵建议,我们均已采纳.

参考文献

[1] 闵嗣鹤, 严士健. 初等数论:第 3 版[M]. 北京:高等教育出版社, 2003.

[2] 学霸数学. 圆周率, 不得不说的一个数[J/OL]. https://baijiahao. baidu. com/s? id = 1590810927571009952&wfr = spider&for = pc.

[3] 华东师范大学数学系. 数学分析:第 4 版[M]. 北京:高等教育出版社, 2011.

[4] 林群, 张景中. 减肥微积分[M]. 长沙:湖南教育出版社, 2022.

[5] 林群. 给高中生的微积分[M]. 北京:人民教育出版社, 2010.

[6] 张景中. 直来直去的微积分[M]. 北京:科学出版社, 2010.

一类反向 Hölder 不等式

樊益武

（西安交通大学附属中学　陕西　西安　710054）

设 $a_i \geqslant 0, b_i \geqslant 0(1 \leqslant i \leqslant n)$，且 $\frac{1}{p}+\frac{1}{q}=1(p>1)$，寻找常数 c_{pq} 使得

$$\left(\sum_{i=1}^{n} a_i^p\right)^{\frac{1}{p}}\left(\sum_{i=1}^{n} b_i^q\right)^{\frac{1}{q}} \leqslant c_{pq} \sum_{i=1}^{n} a_i b_i \tag{1}$$

则称式(1)为反向 Hölder 不等式. 在这方面的研究有很长的历史，获得了许多经典的结果.[1]

本文研究另一类反向 Hölder 不等式，即寻找常数 c_{pq} 使得

$$\left(\sum_{i=1}^{n} a_i^p\right)^{\frac{1}{p}}\left(\sum_{i=1}^{n} b_i^q\right)^{\frac{1}{q}} - \sum_{i=1}^{n} a_i b_i \leqslant c_{pq} \tag{2}$$

我们获得如下结果.

定理 1　设 $a_i>0, b_i>0(1 \leqslant i \leqslant n)$，且 $m_1 \leqslant a_i \leqslant M_1, m_2 \leqslant b_i \leqslant M_2$，记 $c_1=\frac{M_1}{m_1}, c_2=\frac{M_2}{m_2}, \frac{1}{p}+\frac{1}{q}=1(p>1)$. 则有

$$\left(\sum_{i=1}^{n} a_i^p\right)^{\frac{1}{p}}\left(\sum_{i=1}^{n} b_i^q\right)^{\frac{1}{q}} - \sum_{i=1}^{n} a_i b_i \leqslant n m_1 m_2\left(\frac{1}{4pq}+\frac{1}{2}+\frac{1}{2}\left|\frac{1}{p}-\frac{1}{q}\right|\right)\left(c_1^p c_2^q-1\right) \tag{3}$$

证明　考虑

$$f=\left(\sum_{i=1}^{n} a_i^p\right)^{\frac{1}{p}}\left(\sum_{i=1}^{n} b_i^q\right)^{\frac{1}{q}} - \sum_{i=1}^{n} a_i b_i$$

固定 $a_2, \cdots, a_n$ 和 $b_1, \cdots, b_n$，视 a_1 为变量，且 $m_1 \leqslant a_1 \leqslant M_1$，将 f 视为 a_1 的函数

$$f''(a_1)=(p-1) a_1^{p-2}\left(\sum_{i=1}^{n} b_i^q\right)^{\frac{1}{q}}\left(\sum_{i=1}^{n} a_i^p\right)^{\frac{1}{p}-2} \sum_{i=2}^{n} a_i^p>0$$

所以 $f(a_1)$ 在区间 $[m_1, M_1]$ 上是凹函数，因此函数 $f(a_1)$ 只能在端点处取得最大值. 同理，当 $a_2, \cdots, a_n$ 分别取区间 $[m_1, M_1]$ 的相应端点，$b_1, b_2, \cdots, b_n$ 分别取区间 $[m_2, M_2]$ 的相应端点时，f 取得最大值.

(1) 若 a_i 取 $\lambda+\mu$ 个 m_1，η 个 M_1，b_i 取 $\lambda+\eta$ 个 m_2，μ 个 M_2，其中 $\lambda+\mu+\eta=n$，则

$$f_1=\left[\eta M_1^p+(\lambda+\mu) m_1^p\right]^{\frac{1}{p}}\left[\mu M_2^q+(\lambda+\eta) m_2^q\right]^{\frac{1}{q}}-\left(\eta M_1 m_2+\lambda m_1 m_2+\mu M_2 m_1\right)$$

令 $x=\frac{\lambda}{n}, y=\frac{\eta}{n}, z=\frac{\mu}{n}, x+y+z=1$. 则

$$\begin{aligned} f_1 &= m_1 m_2 n\left[\left(y c_1^p+x+z\right)^{\frac{1}{p}}\left(z c_2^q+x+y\right)^{\frac{1}{q}}-\left(y c_1+x+z c_2\right)\right] \\ &= m_1 m_2 n\left\{\left[1+y\left(c_1^p-1\right)\right]^{\frac{1}{p}}\left[1+z\left(c_2^q-1\right)\right]^{\frac{1}{q}}-\left(y c_1+x+z c_2\right)\right\} \end{aligned}$$

由 Bernoulli 不等式得

$$\begin{aligned} f_1 &\leqslant m_1 m_2 n\left\{\left[1+\frac{y}{p}\left(c_1^p-1\right)\right]\left[1+\frac{z}{q}\left(c_2^q-1\right)\right]-\left(y c_1+x+z c_2\right)\right\} \\ &= m_1 m_2 n\left[\frac{y z}{p q}\left(c_1^p-1\right)\left(c_2^q-1\right)+y\left(\frac{c_1^p}{p}+\frac{1}{q}-c_1\right)+z\left(\frac{c_2^q}{q}+\frac{1}{p}-c_2\right)\right] \end{aligned}$$

易证

$$(c_1^p-1)(c_2^q-1)\leqslant c_1^pc_2^q-1$$

$$\frac{c_1^p}{p}+\frac{1}{q}-c_1\leqslant\frac{1}{p}(c_1^p-1)\leqslant\frac{1}{p}(c_1^pc_2^q-1)$$

$$\frac{c_2^q}{q}+\frac{1}{p}-c_2\leqslant\frac{1}{q}(c_2^q-1)\leqslant\frac{1}{q}(c_1^pc_2^q-1)$$

所以

$$f_1\leqslant nm_1m_2\left(\frac{yz}{pq}+\frac{y}{p}+\frac{z}{q}\right)(c_1^pc_2^q-1) \tag{4}$$

(2)若 a_i 取 $\lambda+\mu$ 个 M_1,η 个 m_1,b_i 取 $\lambda+\eta$ 个 M_2,μ 个 m_2,其中 $\lambda+\mu+\eta=n$. 令 $x=\frac{\lambda}{n}$,$y=\frac{\eta}{n}$,$z=\frac{\mu}{n}$,$x+y+z=1$. 则

$$\begin{aligned}f_2&=[(\lambda+\mu)M_1^p+\eta m_1^p]^{\frac{1}{p}}[(\lambda+\eta)M_2^q+\mu m_2^q]^{\frac{1}{q}}-(\lambda M_1M_2+\mu M_1m_2+\eta m_1M_2)\\&=nM_1M_2\{[(x+z)+yc_1^{-p}]^{\frac{1}{p}}[(x+y)+zc_2^{-q}]^{\frac{1}{q}}-(x-zc_2^{-1}+yc_1^{-1})\}\\&=nM_1M_2\{[1+y(c_1^{-p}-1)]^{\frac{1}{p}}[1+z(c_2^{-q}-1)]^{\frac{1}{q}}-(x+zc_2^{-1}+yc_1^{-1})\}\end{aligned}$$

由 Bernoulli 不等式得

$$\begin{aligned}f_2&\leqslant nM_1M_2\left\{\left[1+\frac{y}{p}(c_1^{-p}-1)\right]\left[1+\frac{z}{q}(c_2^{-q}-1)\right]-(x+zc_2^{-1}+yc_1^{-1})\right\}\\&=nM_1M_2\left\{\frac{yz}{pq}(c_1^{-p}-1)(c_2^{-q}-1)+y\left(\frac{c_1^{-p}}{p}+\frac{1}{q}-c_1^{-1}\right)+z\left(\frac{c_2^{-q}}{q}+\frac{1}{p}-c_2^{-1}\right)\right\}\end{aligned}$$

易证

$$(1-c_1^{-p})(1-c_2^{-q})\leqslant 1-c_1^{-p}c_2^{-q}$$

$$\frac{c_1^{-p}}{p}+\frac{1}{q}-c_1^{-1}\leqslant\frac{1}{q}(1-c_1^{-p})\leqslant\frac{1}{q}(1-c_1^{-p}c_2^{-q})$$

$$\frac{c_2^{-q}}{q}+\frac{1}{p}-c_2^{-1}\leqslant\frac{1}{p}(1-c_2^{-q})\leqslant\frac{1}{p}(1-c_1^{-p}c_2^{-q})$$

所以

$$\begin{aligned}f_2&\leqslant nM_1M_2(1-c_1^{-p}c_2^{-q})\left(\frac{yz}{pq}+\frac{y}{q}+\frac{z}{p}\right)\\&=n\frac{M_1M_2}{c_1^pc_2^q}(c_1^pc_2^q-1)\left(\frac{yz}{pq}+\frac{y}{q}+\frac{z}{p}\right)\end{aligned}$$

即

$$f_2\leqslant nm_1m_2(c_1^pc_2^q-1)\left(\frac{yz}{pq}+\frac{y}{q}+\frac{z}{p}\right) \tag{5}$$

由式(4)(5)可知:只需要求出式$\frac{yz}{pq}+\frac{y}{p}+\frac{z}{q}$的一个上界.

注意,$0<y+z\leqslant 1$,因此

$$\begin{aligned}\frac{yz}{pq}+\frac{y}{p}+\frac{z}{q}&\leqslant\frac{1}{4pq}+\frac{y}{p}+\frac{z}{q}\leqslant\frac{1}{4pq}+\max\left\{\frac{1}{p},\frac{1}{q}\right\}\\&\leqslant\frac{1}{4pq}+\frac{1}{2}+\frac{1}{2}\left|\frac{1}{p}-\frac{1}{q}\right|\end{aligned}$$

推论 设 $a_i>0,b_i>0(1\leqslant i\leqslant n)$,且 $m_1\leqslant a_i\leqslant M_1,m_2\leqslant b_i\leqslant M_2,\frac{1}{p}+\frac{1}{q}=1(p>1)$.则

$$\left(\sum_{i=1}^{n}a_i^p\right)^{\frac{1}{p}}\left(\sum_{i=1}^{n}b_i^q\right)^{\frac{1}{q}}-\sum_{i=1}^{n}a_ib_i\leqslant n\left(\frac{1}{4pq}+\frac{1}{2}+\frac{1}{2}\left|\frac{1}{p}-\frac{1}{q}\right|\right)\frac{M_1^pM_2^q-m_1^pm_2^q}{m_1^{p-1}m_2^{q-1}} \tag{6}$$

参考文献

[1]匡继昌.常用不等式:第4版[M].济南:山东科学技术出版社,2010.

“平移置换”及其轮换构成

党润民

（韩城矿务局第二中学　陕西　韩城　715405）

摘　要：提出“平移置换”的概念，研究将此类置换表为不相交轮换之积的规律，得到几个有趣的结论.

关键词：平移置换；轮换；最大公约数；裴蜀定理

如所周知，A_n 上共有 $n!$ 个置换. 其中有一类简单置换，作者发现它们的轮换构成有很简洁的规律.

这类简单置换是 $A_n=\{1,2,\cdots,n\}$ 上的双射 $f_{n,r}$（其中 $n>3$，正整数 $r<n$）

$$f_{n,r}(x)=\begin{cases}x+r, & 1\leqslant x\leqslant n-r\\ x+r-n, & n-r+1\leqslant x\leqslant n\end{cases}$$

比如，$f_{5,3}=\begin{pmatrix}1&2&3&4&5\\4&5&1&2&3\end{pmatrix}=(1,4,2,5,3)$. 第二排的数字（像）恰似将第一排的数字（原像）适当平移而来. 也可以把这两排数字想象为两个同心圆圈，第二排数字（像）的圈就是将第一排数字（原像）的圈进行适当的旋转而来的.

为方便计，提出如下定义：

定义 1　称 $A_n=\{1,2,\cdots,n\}$ 上的双射 $f_{n,r}$ 为 A_n 上的 r - 平移置换（称为“旋转置换”亦无不可）.

例如，上面的 $f_{5,3}$ 就称为 A_5 上的 3 - 平移置换.

定义 2　若置换可表示为 m 个轮换之合成（积），则称该置换“含有”或“包含”m 个轮换.

定义 3　记置换 $f_{n,r}$ 所含轮换的个数为 $k(f_{n,r})$.

例如，由上面的例子知道，$k(f_{5,3})=1$.

另外，在不致混淆的前提下记正整数 a,b 的最大公约数为 (a,b).

下面先通过实例来探索这种平移置换所包含的轮换的个数的规律.

显然有

$$f_{5,2}=\begin{pmatrix}1&2&3&4&5\\3&4&5&1&2\end{pmatrix}=(1,3,5,2,4)$$

$$f_{5,4}=\begin{pmatrix}1&2&3&4&5\\5&1&2&3&4\end{pmatrix}=(1,5,4,3,2)$$

$$f_{n,1}=\begin{pmatrix}1&2&\cdots&n-1&n\\2&3&\cdots&n&1\end{pmatrix}=(1,2,\cdots,n)$$

$$f_{n,n-1}=\begin{pmatrix}1&2&3&\cdots&n-1&n\\n&1&2&\cdots&n-2&n-1\end{pmatrix}=(1,n,n-1,\cdots,2)$$

可见

$$k(f_{5,i})=1 \quad (i=1,2,3,4)$$
$$k(f_{n,1})=1 \quad (n=2,3,\cdots)$$
$$k(f_{n,n-1})=1 \quad (n=2,3,\cdots)$$

而

$$f_{6,2}=\begin{pmatrix}1 & 2 & 3 & 4 & 5 & 6\\ 3 & 4 & 5 & 6 & 1 & 2\end{pmatrix}=(1,3,5)(2,4,6)$$
$$f_{6,3}=\begin{pmatrix}1 & 2 & 3 & 4 & 5 & 6\\ 4 & 5 & 6 & 1 & 2 & 3\end{pmatrix}=(1,4)(2,5)(3,6)$$
$$f_{6,4}=\begin{pmatrix}1 & 2 & 3 & 4 & 5 & 6\\ 5 & 6 & 1 & 2 & 3 & 4\end{pmatrix}=(1,5,3)(2,6,4)$$
$$f_{9,4}=\begin{pmatrix}1 & 2 & 3 & 4 & 5 & 6 & 7 & 8 & 9\\ 5 & 6 & 7 & 8 & 9 & 1 & 2 & 3 & 4\end{pmatrix}=(1,5,9,4,8,3,7,2,6)$$

于是，首先得到以下结论.

结论1 $k(f_{n,1})=k(f_{n,n-1})=1$.

这很明显，在前面实际上已经证明了.

其次，在前面的例子中容易看出，5 和 2，3 都互质，9 和 4 也互质，而 6 与 2，3，4 都不互质. 相应地，$k(f_{5,2})$，$k(f_{5,3})$，以及 $k(f_{9,4})$ 都等于 1，而 $k(f_{6,2})$，$k(f_{6,3})$，$k(f_{6,4})$ 都大于 1. 而且，$k(f_{6,2})=2=(6,2)$，$k(f_{6,3})=3=(6,3)$，$k(f_{6,4})=2=(6,4)$.

很自然地猜想：

(1)当 n 与 r 互质，即它们的最大公约数 $(n,r)=1$ 时，$k(f_{n,r})=1$；

(2)当 n 与 r 不互质，即 $(n,r)>1$ 时，$k(f_{n,r})>1$；

(3)$k(f_{n,r})=(n,r)$.

下面依次考虑猜想(2)(1)(3)的正确性.

猜想(2)很容易证明是对的.

于是，有以下结论.

结论2 当 n 与 r 不互质，即 $(n,r)>1$ 时，$k(f_{n,r})>1$.

证明 如果 n 与 r 不互质，它们的最大公约数 $(n,r)=d>1$，却有 $f_{n,r}=(a_1, a_2,\cdots, a_n)$，那么根据 $f_{n,r}$ 的定义和轮换的定义，所有的 a_2，$\cdots$，a_n 都可以由 a_1 经过若干次 $+r$ 和若干次 $+r-n$ 的操作得到，因而一定有 $a_1+p_ir-q_in$ 的形式，从而都与 a_1 对模 d 同余. 这显然不可能.

特别地，因为 n 是 d 的倍数，显然与 1 对模 d 不同余，所以当 $d>1$ 时，元素 n 和 1 总不能在同一个轮换中.

猜想(1)也是对的.

因此，有下面的结论.

结论3 当 n 与 r 互质，即它们的最大公约数 $(n,r)=1$ 时，$k(f_{n,r})=1$.

证明 当 $(n,r)=1$ 时，尝试构造 $A_n=\{1,2,\cdots,n\}$ 中诸元素的排列 a_1，a_2，$\cdots$，a_n，使得 $f_{n,r}=(a_1, a_2,\cdots, a_n)$，也就是使得

$$a_{i+1}=f_{n,r}(a_i),i=1,2,\cdots,n,\ a_{n+1}=a_1 \qquad (*)$$

由轮换的性质，可以取 $a_1=1$. 考虑 $1+rx-ny$ 能否取遍 $2,3,\cdots,n$. 因为 $(n,r)=1$，故由裴蜀定理，方程 $rx-ny=s$，也就是方程 $1+rx-ny=s+1$ 当 $s=1,2,3,\cdots,n-1$，$s+1=2,3,\cdots,n$(以及任何整数)时

都有无穷多整数解. 所以 $1+rx-ny$ 取遍 $2,3,\cdots,n$,这在 x,y 为无限制整数的情况下没有问题. 设 x_0,y_0 是一个特解,x,y 是任意解,则 $rx-ny=rx_0-ny_0$,$r(x-x_0)=n(y-y_0)$. 因为 n 与 r 互质,所以 $y-y_0$ 是 r 的倍数. 设 $y-y_0=rt$,t 是整数,则 $y=y_0+rt$,$x=x_0+nt$.

可见 x 和 y 是分别以正整数 n 和 r 为公差的等差数列(广义的,无所谓首项)中的值,因此,对于任意一个 $s=1,2,3,\cdots,n-1$,在 $(0,n)$ 中有唯一的 x_{s1},在 $[0,r)$ 中有唯一的 y_{s1},它们是方程 $rx-ny=s$ 的解中的元素,其中 x_{s1} 不能取0,因为 $rx-ny=s>0$, 与区间 $(0,n)$ 中的这个 x_{s1} 相匹配的 y 正是区间 $[0,r)$ 中的这个 y_{s1}:由 $rx-ny=s$ 有 $y=\frac{rx-s}{n}$,当 $0<x<n$ 时, $-\frac{s}{n}<\frac{rx-s}{n}<r-\frac{s}{n}$,所以 $0\leqslant y<r$. 于是有 $rx_{s1}-ny_{s1}=s$,整数 x_{s1} 在 $(0,n)$ 中,整数 y_{s1} 在 $[0,r)$ 中.

因为 $y_{s1}=\frac{rx_{s1}-s}{n}$,所以

$$x_{s1}-y_{s1}=x_{s1}-\frac{rx_{s1}-s}{n}=\frac{(n-r)x_{s1}+s}{n}>0$$

于是知 $x_{s1}>y_{s1}$. 因此

$$s+1=1+(x_{s1}-y_{s1})r+y_{s1}(r-n)$$

就是说,每个 $s+1=2,3,\cdots,n$ 都可以由1经过 $x_{s1}-y_{s1}$ 次 $+r$ 的操作和 y_{s1} 次 $+r-n$ 的操作得到. 它们能不能排列成满足式(*)的轮换呢?下面给出具体的构造和证明.

令 s 取值 $1,2,3,\cdots,n-1$,于是 $s+1$ 的取值为 $2,3,\cdots,n-1,n$.

由方程 $rx-ny=s$ 知,对应于每个 s 所得到的唯一整数 x_{s1} 既然都在区间 $(0,n)$ 中,故可能取到的值是 $1,2,3,\cdots,n-1$.

容易证明,当 s 不相同时,x_{s1} 不能相同(如果 $rx_1-ny_1=s_1$,$rx_1-ny_2=s_2$,s_1 不等于 s_2,那么 $s_1-s_2=n(y_2-y_1)$,但左边的绝对值小于右边的绝对值),所以,与 s 取1到 $n-1$ 这 $n-1$ 个数相应的(也就是与 $s+1$ 取2到 n 这 $n-1$ 个数相应的)x_{s1} 也有 $n-1$ 个不同的值,是 $1,2,\cdots,n-1$ 的一个完整排列. 反过来说,对应于 x_{s1} 的 $n-1$ 个不同的值,$s+1$ 取2到 n 这 $n-1$ 个不同的值.

记 $x_{s1}=k$ 时的 y_{s1} 为 y_k,s 为 s_k,则 $1+s_k=1+rk-ny_k$,$k=1,2,3,\cdots,n-1$.

令 $a_{k+1}=1+s_k$,$k=1,2,3,\cdots,n-1$,连同 $a_1=1$ 就得到一个排列:a_1, a_2, $\cdots$, a_n,含有 $A_n=\{1,2,\cdots,n\}$ 的全部元素. 现在验证这个排列满足式(*).

首先,当 $k=1$ 时

$$a_2=1+s_1=1+r\times1-n\times0=1+r=f_{n,r}(1)=f_{n,r}(a_1)$$ (注意,已证 $x_{s1}>y_{s1}$)

当 $k=2,3,\cdots,n-1$ 时

$$a_k=1+s_{k-1}=1+r(k-1)-ny_{k-1}$$
$$a_{k+1}=1+s_k=1+rk-ny_k$$

所以

$$a_{k+1}-a_k=r-n(y_k-y_{k-1})$$

从而

$$a_{k+1}=a_k+r-n(y_k-y_{k-1})$$

其中

$$y_k-y_{k-1}=\frac{rk-s_k}{n}-\frac{r(k-1)-s_{k-1}}{n}=\frac{r-(s_k-s_{k-1})}{n}$$

注意到 r,s_k 和 s_{k-1} 都属于 $\{1,2,\cdots,n-1\}$,所以

$$-(n-2)\leqslant s_k-s_{k-1}\leqslant n-2$$

$$3-n\leqslant r-(s_k-s_{k-1})\leqslant 2n-3$$

于是

$$\frac{3}{n}-1\leqslant y_k-y_{k-1}\leqslant 2-\frac{3}{n}$$

因为 y_k-y_{k-1}是整数,以及 $n>3$, 所以

$$y_k-y_{k-1}=0 \text{ 或 } 1$$

由前面得到的 $a_{k+1}=a_k+r-n(y_k-y_{k-1})$,有

$$a_{k+1}=a_k+r$$

或者

$$a_{k+1}=a_k+r-n$$

只有这两种可能的关系.

由于 $a_1,a_2,\cdots,a_n$ 都在 A_n 中取值,所以 $a_{k+1}=a_k+r$ 只能发生在 $a_k<n-r$ 时(如果 $a_k>n-r$,则 $a_k+r>n$),$a_{k+1}=a_k+r-n$ 只能发生在 $a_k>n-r$ 时(如果 $a_k<n-r$,则 $a_k+r-n\leqslant 0$).

所以从 a_2 到 a_n,相邻两项 a_{i+1}与 a_i 的关系是

$$a_{i+1}=\begin{cases}a_i+r, & 1\leqslant a_i\leqslant n-r\\ a_i+r-n, & n-r+1\leqslant a_i\leqslant n\end{cases}\quad (i=2,3,\cdots,n-1)$$

对照法则$f_{n,r}$的定义,结合已有的 $a_2=f_{n,r}(a_1)$,有 $a_{i+1}=f_{n,r}(a_i)$,$i=1,2,\cdots,n-1$.

现在的问题是:当 $i=n$ 时,是否有 $a_{n+1}=f_{n,r}(a_n)=a_1$?

由于$f_{n,r}$是 $A_n=\{1,2,\cdots,n\}$ 上的一一映射,而我们刚刚得到,a_1 的像是 a_2,a_2 的像是 a_3,……,a_{n-1}的像是 a_n, 于是 a_n 的像一定是(只能是)a_1.

实际上,当 $k=n-1$ 时,有

$$a_n=1+s_{n-1}=1+r(n-1)-ny_{n-1}$$

于是有

$$y_{n-1}=\frac{rn-r+1-a_n}{n}=r-\frac{a_n+r-1}{n}$$

显然

$$0<\frac{a_n+r-1}{n}<2$$

而$\frac{a_n+r-1}{n}=r-y_{n-1}$是整数,故

$$\frac{a_n+r-1}{n}=1$$

因而

$$y_{n-1}=r-1$$

所以

$$a_n=1+r(n-1)-n(r-1)=-r+1$$

从而

$$f_{n,r}(a_n)=f_{n,r}(n-r+1)=(n-r+1)+r-n=1=a_1$$

因此,$a_{i+1}=f_{n,r}(a_i)$,$i=1,2,\cdots,n$,且 $a_{n+1}=a_1$. 也就是$f_{n,r}=(a_1,\ a_2,\ \cdots,\ a_n)$,所以 $k(f_{n,r})=1$.

结论3得证.

结论3涵盖结论1. 将结论2和结论3合起来就是以下定理.

定理1 $k(f_{n,r})=1$ 的充分必要条件是 $(n,r)=1$.

由此立得下面的定理.

定理2 正整数 $n>4$ 为素数的一个充分必要条件是,对于一切 $r\in\{2,3,\cdots,[\sqrt{n}]\}$,都有 $k(f_{n,r})=1$.

这个定理的有趣之处是,提供了不涉及整除性而判断整数素性的一个途径. 很明显,这一途径对于实际判定大的整数的素性并不实用.

猜想(3),即 $k(f_{n,r})=(n,r)$ 是否正确? 定理1已表明,当 $(n,r)=1$ 时,它是对的. 下面考虑当 $(n,r)>1$ 时的情况.

设 $(n,r)=d>1$,$n=ud$, $r=vd$,$(u,v)=1$,$u>v$.

在置换 $f_{n,r}$ 含有1的那个轮换中,设置1为第一个数,则其余元素都可以表示为 $1+pr-qn=1+d(pv-qu)$ 的形式,即与元素1处于同一轮换的所有元素 x 与元素1对模 d 同余:$x\equiv 1(\bmod d)$. 同理,分别与 $2,\cdots,d$ 处于同一轮换的元素也分别与 $2,\cdots,d$ 对模 d 同余. 而 $1,2,\cdots,d$ 对模 d 都不同余,所以,置换 $f_{n,r}$ 至少含有 $d=(n,r)$ 个轮换. 下面考虑,是否仅有 d 个轮换. 这只需考虑含有 i 的那个轮换是否包含了与 i 对模 d 同余的所有元素,$i=1,2,\cdots,d$.

A_n 中与 i 对模 d 同余的元素有 $\frac{n}{d}=u$ 个(包含 i). 含有 i 的那个轮换姑且记作 L_i,要考虑它是否含有 i 以外的全部 $u-1$ 个元素:$d+i,2d+i,\cdots,(u-1)d+i$, $i=1,2,\cdots,d$.

结论是肯定的,证明方法完全类似于前面结论3的证明,故此处从略,见附注2.

d 个轮换各有 u 个元素,$ud=n$,则 $f_{n,r}$ 恰好是 d 个轮换之积(合成), $k(f_{n,r})=d=(n,r)$.

猜想(3)的正确性得证.

这样,我们就得到了以下定理.

定理3 $k(f_{n,r})=(n,r)$. 当 $(n,r)=1$ 时,$f_{n,r}$ 就是一个轮换;当 $(n,r)=d>1$ 时,$f_{n,r}$ 包含 d 个等长轮换,每个轮换的全部元素对模 d 同余.

关于“平移置换”的轮换构成,以上得到的结论都很简单,然而作者对上述给出的证明略觉相对烦琐. 诚挚希望有兴趣的朋友能找到更简捷的证明,并对这一类置换的性质作出更深入的研究.

附注1 由上述结论3的构造过程知,当互质的 n,r 较大时,我们不必明确完整的轮换排列,即可确定当以1为第一个数时,任意不超过 n 的正整数 m 在轮换中的位置. 只需解方程 $rx-ny=m-1$,得到介于0和 n 之间的整数 x_0, 介于0和 r(可能为0)之间的整数 y_0, 就可断定,m 是轮换中的第 $1+x_0$ 个数,且是由1经过 x_0-y_0 次 $+r$ 和 y_0 次 $+r-n$ 的操作得到的. 当以 A_n 中的其他元素 i 为第一个数时,方法完全类似,只需解方程 $rx-ny=m-i$.

比如,$n=29\times 37\times 9=9\ 657$,$r=19\times 23\times 8=3\ 496$,显然它们互质,则 $A_{9\ 657}$ 上的 3 496 - 平移置换是一个轮换. 以1为第一个数,问2 021排在这个轮换的第几位? 解方程 $3\ 496x-9\ 657y=2\ 020$,得 $x=7\ 282+9\ 657t$, $y=2\ 636+3\ 496t$. 所以,2 021排在第7 283位,是由1经过 $7\ 282-2\ 636=4\ 646$ 次 $+3\ 496$ 和 2 636 次 $+3\ 496-9\ 657$ 的操作得到的.

简单直观的例子:$n=11$,$r=9$,A_{11} 上的 9 - 平移置换是一个轮换. 若第一个数为2,求6在轮换中的位置. 解方程 $2+9x-11y=6$,即解方程 $9x-11y=4$,得 $x=9+11t$,$y=7+9t$,所以6这个数应该在由2开始的轮换排列中的第 $1+9=10$ 个位置,经过 $9-7=2$ 次 $+9$ 和7次 $+9-11$ 的操作得到,如下

$6=2+9\times 9-7\times 11$

$$\begin{array}{cccccccccc} =2 & +9 & +(9-11) & +(9-11) & +(9-11) & +(9-11) & +(9-11) & +9 & +(9-11) & +(9-11) \\ 2 & 11 & 9 & 7 & 5 & 3 & 1 & 10 & 8 & 6 \\ ① & ② & ③ & ④ & ⑤ & ⑥ & ⑦ & ⑧ & ⑨ & ⑩ \end{array}$$

实际上

$$\begin{aligned} f_{11,9} &= (1,10,8,6,4,2,11,9,7,5,3) \\ &= (10,8,6,4,2,11,9,7,5,3,1) \\ &= \cdots \\ &= (2,11,9,7,5,3,1,10,8,6,4) \end{aligned}$$

附注2 令 $md+i=i+xr-yn$, $m=1,2,\cdots,u-1$,也就是 $vx-uy=m$. 先考虑 $u>3$ 的情况. 因为 u 与 v 互质,所以由裴蜀定理,这个方程对每个 m 都有整数解,设 x_0,y_0 是一个特解,x,y 是任意解,则 $vx-uy=vx_0-uy_0$,$v(x-x_0)=u(y-y_0)$. 而 u 与 v 互质,故 $y-y_0$ 是 v 的倍数,设 $y-y_0=vt$,t 是整数,则 $y=y_0+vt$,$x=x_0+ut$.

可见 x 和 y 是分别以正整数 u 和 v 为公差的等差数列(广义的,无所谓首项的)中的值,因此,对任意一个 $m=1,2,\cdots,u-1$,在区间$(0,u)$内有且仅有唯一的整数 x_{m1},在区间$[0,v)$内有且仅有唯一的整数 y_{m1},是方程 $vx-uy=m$ 的解中的元素,其中 x_{m1} 不能取0,因为 $vx-uy=m>0$, 与$(0,u)$中的这个 x_{m1} 相匹配的 y 正是这个$[0,v)$中的 y_{m1}:由 $vx-uy=m$ 有 $y=\frac{vx-m}{u}$,当 $0<x<u$ 时,$-\frac{m}{u}<\frac{vx-m}{u}<v-\frac{m}{u}$,所以 $0\leqslant y<v$. 于是有 $vx_{m1}-uy_{m1}=m$.

因为 $y_{m1}=\frac{vx_{m1}-m}{u}$,所以

$$x_{m1}-y_{m1}=x_{m1}-\frac{vx_{m1}-m}{u}=\frac{(u-v)x_{m1}+m}{u}>0$$

于是可知 $x_{m1}>y_{m1}$. 因此

$$m=(x_{m1}-y_{m1})v+y_{m1}(v-u),md+i=i+(x_{m1}-y_{m1})r+y_{m1}(r-n)$$

容易证明,当 m 不相同时,x_{m1} 不能相同(如果 $vx_1-uy_1=m_1,vx_1-uy_2=m_2$,$m_1$ 不等于 m_2,那么 $m_1-m_2=u(y_2-y_1)$,但左边的绝对值小于右边的绝对值). 所以,与 m 取 1 到 $u-1$ 这 $u-1$ 个数相应的(也就是与 $md+i$ 取 $d+i$ 到$(u-1)d+i$ 这 $u-1$ 个数相应的),x_{m1} 也有 $u-1$ 个不同的值,是区间$(0,u)$中全部整数 $1,2,\cdots,u-1$ 的一个完整排列. 反过来说,x_{m1} 的 $u-1$ 个值对应着 $md+i$ 的 $u-1$ 个值.

这些值能够适当排列,使得整个排列满足轮换的要求吗? 为了回答这个问题,需要构造一串数 a_1, a_2, $\cdots$, a_u,除了含有 i 和所有 $md+i,m=1,2,\cdots,u-1$,而且要满足 $a_{j+1}=f_{n,r}(a_j)$,$j=1,2,\cdots,u$, $a_{u+1}=a_1$.

设 $a_1=i$. 记当 $x_{m1}=k$ 时的 y_{m1} 为 y_k,m 为 m_k,有 $i+m_kd=i+d(vk-uy_k)=i+rk-ny_k$.

令 $a_{k+1}=i+m_kd,k=1,2,\cdots,u-1$.

首先有,当 $k=1$ 时

$$a_2=i+m_1d=i+r\times1-n\times0=i+r=f_{n,r}(a_1)$$

(注意,已经知道 $x>y,i\leqslant d$, $i+r\leqslant(1+v)d\leqslant ud=n$.)

当 $k=2,\cdots,u-1$ 时

$$a_k=i+m_{k-1}d=i+r(k-1)-ny_{k-1}$$

$$a_{k+1}=i+m_kd=i+rk-ny_k$$

所以

$$a_{k+1}-a_k=r-n(y_k-y_{k-1})$$

从而

$$a_{k+1}=a_k+r-n(y_k-y_{k-1})$$

其中

$$y_k-y_{k-1}=\frac{vk-m_k}{u}-\frac{v(k-1)-m_{k-1}}{u}=\frac{v-(m_k-m_{k-1})}{u}$$

注意到 v,m_k 和 m_{k-1} 都属于 $\{1,2,\cdots,u-1\}$,所以

$$-(u-2)\leqslant m_k-m_{k-1}\leqslant u-2$$
$$3-u\leqslant v-(m_k-m_{k-1})\leqslant 2u-3$$

于是

$$\frac{3}{u}-1\leqslant y_k-y_{k-1}\leqslant 2-\frac{3}{u}$$

而 y_k-y_{k-1} 是整数,且 $u>3$, 因而断定

$$y_k-y_{k-1}=0\text{ 或 }1$$

由前面得到的 $a_{k+1}=a_k+r-n(y_k-y_{k-1})$,有

$$a_{k+1}=a_k+r$$

或者

$$a_{k+1}=a_k+r-n.$$

只有这两种可能.

由于 $md+i$ 属于 $\{d+i,2d+i,\cdots,(u-1)d+i\}$,故所有的 $a_{k+1},a_k,k=2,\cdots,u-1$,包括 a_2, $\cdots$, a_u,都在 $\{d+i,2d+i,\cdots,(u-1)d+i\}$ 中取值,从而,当 $a_{k+1}=a_k+r$ 时,由 $a_{k+1}\leqslant(u-1)d+i=n-d+i$ 知 $a_k\leqslant n-r-(d-i)\leqslant n-r$; 当 $a_{k+1}=a_k+r-n$ 时,由 $a_{k+1}\geqslant d+i$ 知 $a_k\geqslant n-r+d+i>n-r+1$. 根据 $f_{n,r}$ 的定义,从 a_2 到 a_u,相邻两项 a_{j+1} 与 a_j 的关系是 $a_{j+1}=f_{n,r}(a_j)$, $j=2,\cdots,u-1$. 又因为 $a_2=f_{n,r}(a_1)$,所以有 $a_{j+1}=f_{n,r}(a_j)$, $j=1,2,\cdots,u-1$. 现在的问题是,是否有 $f_{n,r}(a_u)=a_1=i$?

由于

$$a_u=i+m_{u-1}d=i+[v(u-1)-uy_{u-1}]d=i+r(u-1)-ny_{u-1}$$

于是有

$$y_{u-1}=\frac{ru-r+i-a_u}{n}=v-\frac{a_u+r-i}{n}\quad\left(\text{注意}\frac{ru}{n}=v\right)$$

显然有

$$0<\frac{(a_u+r-i)}{n}<2$$

故知整数 $v-y_{u-1}=\dfrac{a_u+r-i}{n}=1$,因而

$$y_{u-1}=v-1,\ a_u=n-r+i$$

从而

$$f_{n,r}(a_u)=f_{n,r}(n-r+i)=(n-r+i)+r-n=i=a_1$$

因此,$a_{j+1}=f_{n,r}(a_j)$, $j=1,2,\cdots,u$,且 $a_{u+1}=a_1$. 也就是 $L_i=(a_1,a_2,\cdots,a_u)$ 包含了 A_n 中所有与 i 对模 d 同余的全部 u 个元素

$$i, d+i, 2d+i, \cdots, (u-1)d+i \quad (i=1,2,\cdots,d)$$

因而,$f_{n,r}$是 d 个长为 $u=\frac{n}{d}$的轮换之积:$k(f_{n,r})=d=(n,r)$.

至于 $u\leqslant 3$ 的情况,直接检验之. 当 $u=3$ 时,若 $v=2$,即 $n=3d$, $r=2d$,则

$$f_{n,r}=(1,1+2d,1+d)(2,2+2d,2+d)\cdots(d,3d,2d)$$

若 $v=1$,即 $n=3d$, $r=d$,则

$$f_{n,r}=(1,1+d,1+2d)(2,2+d,2+2d)\cdots(d,2d,3d)$$

当 $u=2$ 时,则 $v=1$,即 $n=2d$,$r=d$,则

$$f_{n,r}=(1,1+d)(2,2+d)\cdots(d,2d)$$

也都有 $k(f_{n,r})=d=(n,r)$.

作者简介

党润民,1964 年入读兰州大学数学力学系,离校(并参加一年半劳动锻炼)后一直从事高中数学教学.

一个多元含参代数不等式的拓广

郑小彬[1]，李明[2]

（1. 佰数教育　福建　泉州　362000；

2. 中国医科大学智能医学学院智能计算教研室　辽宁　沈阳　110122）

摘　要：借助于单调性和凹凸性，对一个多元含参代数不等式成立的条件进行了拓广.

关键词：凹函数；凸函数；Jensen 不等式；Bernoulli 不等式

文献[1]中提出了一个多元代数不等式猜想：

猜想 1　已知 $2\leqslant n\in\mathbf{N},x_1,x_2,\cdots,x_n>0,x_1+x_2+\cdots+x_n=1$，则

$$(\sqrt{x_1}+\sqrt{x_2}+\cdots+\sqrt{x_n})\left(\frac{1}{\sqrt{1+x_1}}+\frac{1}{\sqrt{1+x_2}}+\cdots+\frac{1}{\sqrt{1+x_n}}\right)\leqslant\frac{n^2}{\sqrt{n+1}}$$

文献[2]用 Cauchy 不等式将其证明. 文献[3]又将该不等式从幂指数的角度进行了参数推广，得到：

结论 1　已知 $2\leqslant n\in\mathbf{N},x_1,x_2,\cdots,x_n>0,x_1+x_2+\cdots+x_n=1,0<p\leqslant\frac{1}{2}$，则

$$(x_1^p+x_2^p+\cdots+x_n^p)\left[\frac{1}{(1+x_1)^p}+\frac{1}{(1+x_2)^p}+\cdots+\frac{1}{(1+x_n)^p}\right]\leqslant\frac{n^2}{(n+1)^p}$$

文献[4]又将结论 1 中使得不等式成立的 p 值的范围进行了拓广，得到：

结论 2　已知 $2\leqslant n\in\mathbf{N},x_1,x_2,\cdots,x_n>0,x_1+x_2+\cdots+x_n=1,0<p\leqslant\frac{3}{5}$，则

$$(x_1^p+x_2^p+\cdots+x_n^p)\left[\frac{1}{(1+x_1)^p}+\frac{1}{(1+x_2)^p}+\cdots+\frac{1}{(1+x_n)^p}\right]\leqslant\frac{n^2}{(n+1)^p}$$

本文将对使得该多元含参代数不等式成立的 p 值的范围进行再拓广，得到：

结论 3　已知 $2\leqslant n\in\mathbf{N},x_1,x_2,\cdots,x_n>0,x_1+x_2+\cdots+x_n=1,0<p\leqslant\frac{2n}{2n+1}$，则

$$(x_1^p+x_2^p+\cdots+x_n^p)\left[\frac{1}{(1+x_1)^p}+\frac{1}{(1+x_2)^p}+\cdots+\frac{1}{(1+x_n)^p}\right]\leqslant\frac{n^2}{(n+1)^p}$$

证明　情形 1：当 $n\geqslant3$ 时，首先证明下面的引理.

引理 1　若 $0<x<1,0<p\leqslant\frac{2n}{2n+1}(n\geqslant3)$，则 $f(x)=x^p+\left[\frac{n+1}{n^2(1+x)}\right]^p$ 为凹函数.

证明　$f''(x)=p(p-1)x^{p-2}+p(p+1)\left(\frac{n+1}{n^2}\right)^p(1+x)^{-p-2}$，则欲证 $f''(x)<0$，即证

$$\frac{x^{2-p}}{(1+x)^{p+2}}<\frac{1-p}{1+p}\cdot\left(\frac{n^2}{n+1}\right)^p$$

等价于证明

$$(2-p)\ln x-(p+2)\ln(1+x)-\ln\left[\frac{1-p}{1+p}\cdot\left(\frac{n^2}{n+1}\right)^p\right]<0$$

记 $$g(x)=(2-p)\ln x-(p+2)\ln(1+x)-\ln\left[\frac{1-p}{1+p}\cdot\left(\frac{n^2}{n+1}\right)^p\right]$$

则 $$g'(x)=\frac{2-p-2px}{x(x+1)}$$

(1)若 $0<p\leqslant\frac{2}{3}$,则 $g'(x)\geqslant\frac{4(1-x)}{3x(x+1)}>0$,所以 $g(x)$ 单调递增,因此

$$g(x)<g(1)=-(p+2)\ln 2-\ln\left[\frac{1-p}{1+p}\cdot\left(\frac{n^2}{n+1}\right)^p\right]$$

记 $$h(p)=-(p+2)\ln 2-\ln\left[\frac{1-p}{1+p}\cdot\left(\frac{n^2}{n+1}\right)^p\right]\quad\left(0<p\leqslant\frac{2}{3}\right)$$

则 $$h''(p)=\frac{4p}{(1-p^2)^2}>0$$

可知 $h(p)$ 为凸函数,所以

$$h(p)\leqslant\max\left\{h(0),h\left(\frac{2}{3}\right)\right\}$$

其中 $$h(0)=-2\ln 2<0,h\left(\frac{2}{3}\right)=\frac{1}{3}\ln\frac{125}{256}-\frac{2}{3}\ln\frac{n^2}{n+1}<0$$

即有 $h(p)<0$,故可知 $g(x)<0$.

(2)若 $\frac{2}{3}<p\leqslant\frac{2n}{2n+1}$,则当 $0<x<\frac{2-p}{2p}$ 时,$g(x)$ 递增;当 $\frac{2-p}{2p}<x<1$ 时,$g(x)$ 递减. 所以

$$g(x)\leqslant g\left(\frac{2-p}{2p}\right)=(2-p)\ln\frac{2-p}{2p}-(p+2)\ln\frac{2+p}{2p}-\ln\left[\frac{1-p}{1+p}\cdot\left(\frac{n^2}{n+1}\right)^p\right]$$

记 $$k(p)=(2-p)\ln\frac{2-p}{2p}-(p+2)\ln\frac{2+p}{2p}-\ln\left[\frac{1-p}{1+p}\cdot\left(\frac{n^2}{n+1}\right)^p\right]$$

则 $$k''(p)=\frac{4(p^4+2)}{p(4-p^2)(p^2-1)^2}>0$$

由此可知 $k(p)$ 为凸函数,所以

$$k(p)\leqslant\max\left\{k\left(\frac{2}{3}\right),k\left(\frac{2n}{2n+1}\right)\right\}$$

其中 $$k\left(\frac{2}{3}\right)=\frac{1}{3}\ln\frac{125}{256}-\frac{2}{3}\ln\frac{n^2}{n+1}<0$$

记 $$t(n)=k\left(\frac{2n}{2n+1}\right)=\frac{2n+2}{2n+1}\ln\frac{n+1}{2n}-\frac{6n+2}{2n+1}\ln\frac{3n+1}{2n}+\ln(4n+1)-\frac{2n}{2n+1}\ln\frac{n^2}{n+1}$$

则 $$t'(n)=-\frac{2\left[(4n^2+5n+1)\ln\frac{3n+1}{4}+3n(2n+1)\right]}{(2n+1)^2(n+1)(4n+1)}<0$$

于是 $t(n)$ 单调递减,所以

$$t(n)\leqslant t(3)=\frac{1}{7}\ln\frac{13^7\times 2^{20}}{5^{20}}<0$$

其中 $$\left(\frac{5}{2}\right)^{20}=\left(\frac{625}{16}\right)^5>39^5>13^7$$

因此 $k(p)<0$,故可知 $g(x)<0$.

综上可知,当 $0<p\leqslant\frac{2n}{2n+1}(n\geqslant 3)$ 时,$g(x)<0$,即 $f''(x)<0$,引理 1 得证.

应用引理1,由 Jensen 不等式有

$$\sum_{k=1}^{n} x_k^p \sum_{k=1}^{n}\left[\frac{n+1}{n^2(1+x_k)}\right]^p \leqslant \frac{1}{4}\left\{\sum_{k=1}^{n}\left[x_k^p+\left(\frac{n+1}{n^2(1+x_k)}\right)^p\right]\right\}^2$$

$$=\frac{1}{4}\left[\sum_{k=1}^{n} f(x_k)\right]^2$$

$$\leqslant \frac{1}{4}\left[nf\left(\frac{1}{n}\right)\right]^2$$

$$=\frac{1}{n^{2p-2}}$$

所以 $\sum_{k=1}^{n} x_k^p \sum_{k=1}^{n} \frac{1}{(1+x_k)^p} \leqslant \frac{n^2}{(1+n)^p}$.

情形2:当 $n=2$ 时,有 $0<p\leqslant\frac{4}{5}$,记 $s(x)=\frac{x^p}{(x+1)^p}$,$t(x)=\frac{(1-x)^p}{(x+1)^p}$,$\phi(x)=s(x)+t(x)$,则 $\lambda(x)=\phi(x)+\phi(1-x)$. 此时,证明结论3即证明 $\lambda(x)\leqslant\frac{4}{3^p}$,由对称性,只需考虑 $\frac{1}{2}\leqslant x<1$ 的情况. 因为

$$s''(x)=\frac{px^p(p-2x-1)}{x^2(x+1)^{p+2}}, t''(x)=\frac{p(1-x)^p(4p-4x)}{(1-x)^2(1+x)^{p+2}}$$

所以

$$\phi''(x)=s''(x)+t''(x)=\frac{p[(1-x)^2x^p(p-2x-1)+x^2(1-x)^p(4p-4x)]}{x^2(1-x)^2(1+x)^{p+2}}$$

于是

$$\begin{aligned}\lambda''(x)&=\phi''(x)+\phi''(1-x)\\&=\frac{p[(1-x)^2x^p(p-2x-1)+x^2(1-x)^p(4p-4x)]}{x^2(1-x)^2(1+x)^{p+2}}+\\&\quad\frac{p[x^2(1-x)^p(p+2x-3)+(1-x)^2x^p(4p+4x-4)]}{x^2(1-x)^2(2-x)^{p+2}}\\&=\frac{p\left\{x^2(1-x)^p\left[\frac{4p-4x}{(x+1)^{p+2}}+\frac{p+2x-3}{(2-x)^{p+2}}\right]+(1-x)^2x^p\left[\frac{p-2x-1}{(1+x)^{p+2}}+\frac{4p+4x-4}{(2-x)^{p+2}}\right]\right\}}{[x(1-x)]^2}\end{aligned}$$

下面证明

$$\frac{x^2(1-x)^p}{(1+x)^{p+2}}\geqslant\frac{(1-x)^2x^p}{(2-x)^{p+2}} \tag{1}$$

$$x^2(1-x)^p(p+2x-3)+(1-x)^2x^p(1+2x-p)\leqslant 0 \tag{2}$$

证明式(1)等价于证明$\left[\frac{x(2-x)}{1-x^2}\right]^2\geqslant\left[\frac{x(1+x)}{(2-x)(1-x)}\right]^p$.

由$\frac{1}{2}\leqslant x<1$ 易得$\frac{x(1+x)}{(2-x)(1-x)}\geqslant 1$,所以

$$\left[\frac{x(1+x)}{(2-x)(1-x)}\right]^p\leqslant\frac{x(1+x)}{(2-x)(1-x)}$$

又因为

$$\left[\frac{x(2-x)}{1-x^2}\right]^2-\frac{x(1+x)}{(2-x)(1-x)}=\frac{x(2x-1)^3}{(2-x)(1-x^2)^2}\geqslant 0$$

所以式(1)得证.

证明式(2)等价于证明$\left(\frac{x}{1-x}\right)^{2-p}\geqslant\frac{1+2x-p}{3-2x-p}$.

由 Bernoulli 不等式有

$$\left(\frac{x}{1-x}\right)^{2-p}=\left(1+\frac{2x-1}{1-x}\right)^{2-p}\geqslant 1+\frac{(2-p)(2x-1)}{1-x}$$

又因为

$$1+\frac{(2-p)(2x-1)}{1-x}-\frac{1+2x-p}{3-2x-p}=\frac{(2x-1)(1-p)(4-2x-p)}{(1-x)(3-2x-p)}\geqslant 0$$

所以式(2)得证.

应用不等式(1)(2)对$\lambda''(x)$放大得

$$\lambda''(x)\leqslant\frac{p\left[\frac{x^2(1-x)^p(5p-2x-3)}{(x+1)^{p+2}}+\frac{(1-x)^2x^p(5p+2x-5)}{(2-x)^{p+2}}\right]}{[x(1-x)]^2}$$

$$\leqslant\frac{p(1-x)^2x^p(10p-8)}{[x(1-x)]^2(2-x)^{p+2}}\leqslant 0$$

所以$\lambda'(x)$单调递减,有$\lambda'(x)\leqslant\lambda'\left(\frac{1}{2}\right)=0$,因此$\lambda(x)$单调递减,有$\lambda(x)\leqslant\lambda\left(\frac{1}{2}\right)\leqslant\frac{4}{3^p}$,即当$n=2$时,结论3得证.

综合情形1和情形2,结论3得证.

顺便指出,当$n=2$时,使得结论3中的不等式恒成立的最大的p值恰是$\frac{4}{5}$. 证明如下:

易知$p<1$,下面证明当$\frac{4}{5}<p<1$时,不等式不成立.

先来证明

$$x^2(1-x)^p(x-p)+(1-x)^2x^p(p+x-1)\geqslant 0 \tag{3}$$

即证

$$x-p+\left(\frac{1-x}{x}\right)^{2-p}(p+x-1)\geqslant 0$$

由 Bernoulli 不等式有

$$\left(\frac{1-x}{x}\right)^{2-p}=\left(1+\frac{1-2x}{x}\right)^{2-p}\geqslant 1+\frac{(2-p)(1-2x)}{x}$$

又有

$$x-p+\left[1+\frac{(2-p)(1-2x)}{x}\right](p+x-1)=\frac{(2-p-x)(1-p)(2x-1)}{x}\geqslant 0$$

故式(3)得证.

应用不等式(3)对$\lambda''(x)$缩小得

$$\lambda''(x)\geqslant\frac{p\left[\frac{x^2(1-x)^p(5p-2x-3)}{(2-x)^{p+2}}+\frac{(1-x)^2x^p(5p+2x-5)}{(x+1)^{p+2}}\right]}{[x(1-x)]^2}$$

易知$5p+2x-5>0$,所以只需有$5p-2x-3\geqslant 0$,即$\frac{1}{2}<x\leqslant\frac{5p-3}{2}$,便有$\lambda''(x)>0$,此时$\lambda'(x)$单调递增,于是$\lambda'(x)>0$,所以$\lambda(x)$单调递增,因此有$\lambda(x)>\frac{4}{3^p}$,即此时结论3中的不等式反向成立. 故可

知当 $n=2$ 时,$p_{\max}=\frac{4}{5}$.

最后再指出,对于结论3中的多元含参代数式,文献[5]中得到了如下下界不等式:

结论4 已知 $2\leqslant n\in\mathbf{N},x_1,x_2,\cdots,x_n>0,x_1+x_2+\cdots+x_n=1,0<p\leqslant\frac{\ln 2}{\ln 3}$,则

$$n-1+2^{-p}<(x_1^p+x_2^p+\cdots+x_n^p)\left[\frac{1}{(1+x_1)^p}+\frac{1}{(1+x_2)^p}+\cdots+\frac{1}{(1+x_n)^p}\right]$$

这里笔者猜测,当 $0<p\leqslant\frac{2n}{2n+1}$ 时,结论4仍然成立,得此留给有兴趣的学者进行进一步的研究.

参考文献

[1]吴善和,石焕南.一个无理不等式的简证及类似[J].福建中学数学,2004(2):20.

[2]舒金根.一个不等式猜想的证明[J].福建中学数学,2004(8):18-19.

[3]于先金.一个不等式的下界估计及其推广[J].福建中学数学,2005(5):22-23.

[4]江永明.一个代数不等式的推广及证明[M]//杨学枝.不等式研究:第2辑.哈尔滨:哈尔滨工业大学出版社,2012:77-80.

[5]李明,孙世宝.探究一个 n 元含参代数式的最佳上下界[M]//杨学枝.不等式研究:第2辑.哈尔滨:哈尔滨工业大学出版社,2012:106-110.

作者简介

郑小彬,男,1991年出生,高中数学教师.

李明,男,1981年出生,讲师,硕士,沈阳市数学会理事,全国不等式研究会理事,全国初等数学研究会副秘书长,2006年以来在各类期刊杂志公开发表数学论文62篇.主要研究方向为不等式和数学文化.

abc 猜想与整除问题

李扩继

（渭城区第一初级中学　陕西　咸阳　712000）

摘　要：本文给出了若干个 Fermat 小定理的推论，为整除问题提供了有力的理论工具，由此求解了若干个 Diophantus 方程，给出了 *abc* 定理.

关键词：*abc* 猜想；Fermat 小定理的推论；整除问题

一、引言

1985 年，约瑟夫·欧斯特列（Joseph Oesterlé）和大卫·马瑟（David Masser）提出了一个猜想，并激起了众多数学家的兴趣，其认为，如果这个猜想是成立的，那么它可以用来求解很多著名的 Diophantus 方程. 事实是这样吗？本文由此猜想入手，得到了整除问题的若干引理，为解决有关问题提供了有力的工具. 在解析这个猜想之前，先引入一些符号.

定义 1　用 $\mathrm{rad}(n)$ 表示正整数 n 的所有不相同的素因子之积，$\mathrm{rad}(1)=1$，如 $\mathrm{rad}(2^2\times3^3)=6$. 用 ord_pa 表示集合 $\{a,a^2,\cdots,a^r,\cdots,a^n\}$ 中的 r，r 满足取最小值使等式 $a^r=pk+1$（或 $a^r\equiv1\pmod p$）成立，其中 $a\geqslant2$，a 与 p 互质，$r<p$，r,a,p,k 都是正整数，称 $\mathrm{ord}_pa(=r)$ 为此集合中用 p 除 $a^n(n\to\infty)$ 的余数为 1 的最小循环节，或称 $r(=\mathrm{ord}_pa)$ 为 a 模 p 的次数，如 $2^1\equiv2\pmod 7$，$2^2\equiv4\pmod 7$，$2^3\equiv1\pmod 7$，$2^4\equiv2\pmod 7$，则 $\mathrm{ord}_72=3$. 用 $\max(|a|,|b|)$ 表示正数 $|a|$，$|b|$ 中最大的一个数，如 $\max(2,5,8)=8$. 用 $(a,b)=1$ 表示正整数 a 与 b 互质（说明：当以下字母表示数字时，若没有特别说明，则均为正整数）.

二、*abc* 猜想

对于任意实数 $\varepsilon>0$，存在一个常数 $k(\varepsilon)$，使得如果整数 a,b,c 满足 $a+b=c$，$(a,b)=1$，那么就有

$$\max(|a|,|b|,|c|)<k(\varepsilon)\times(\mathrm{rad}(abc))^{1+\varepsilon}$$

因为整数 a,b,c 满足 $a+b=c$，其中有负数项的总能通过移项变为每一项都是正数，所以只讨论 a,b,c 都是正整数的情况就行了.

定理 1（*abc* 定理）　在正整数集合中，互质的正整数 a,b,c 满足：$a+b=c(b>a)$，c 在不超过 n（给定）的范围内，那么：

（1）$\mathrm{rad}(abc)=c$ 是特例，充要条件是 $c=2$；

（2）若 $c>2$，则 $\mathrm{rad}(abc)>c$ 是普遍的，是较多的，其充要条件是 $\mathrm{rad}(c)=c$，或 $\mathrm{rad}(ab)>c\div\mathrm{rad}(c)$，或 $\mathrm{rad}(a)=a$，且 $\mathrm{rad}(b)=b$；

（3）$\mathrm{rad}(abc)<c$ 是反例，是较少的，其充要条件是 $c\div\mathrm{rad}(c)>\mathrm{rad}(ab)$，或存在素数 p 满足：p^m 整除 b，且 $\mathrm{rad}(ac)<p^{m-1}$，其中 $(c,p)=1$，整数 $m\geqslant2$.

如 $9=1+8=2+7=3+6=4+5$，其中 $9=1+8$ 满足（3），$9=2+7$，$9=4+5$ 满足（2），$9=3+6$ 可化为 $3=1+2$，满足（2）.

证明　（1）当 $c=2$ 时，$2=1+1$，$\mathrm{rad}(2\times1\times1)=2=c$. 当 $c=\mathrm{rad}(abc)$ 时，$\mathrm{rad}(abc)=\mathrm{rad}(ab)\times$

rad(c),若 rad$(ab)\neq 1$,则 rad(ab)整除 c,这与正整数 a,b,c 互质相矛盾,所以 rad$(ab)=1$,得 $c=2$.

(2)当 $c>2$ 时,由 $c=a+b,b>a$,可得 rad$(ab)\geqslant 2$. 于是由 rad$(c)=c$,得

$$\mathrm{rad}(abc)=\mathrm{rad}(ab)\times \mathrm{rad}(c)\geqslant 2c>c$$

反过来

$$\mathrm{rad}(abc)=\mathrm{rad}(ab)\times \mathrm{rad}(c)>c\Rightarrow \mathrm{rad}(ab)>c\div \mathrm{rad}(c)\geqslant 1$$

当 rad$(c)=c$ 时取等号.

由于

$$\mathrm{rad}(ab)>c\div \mathrm{rad}(c)\Rightarrow \mathrm{rad}(abc)=\mathrm{rad}(ab)\times \mathrm{rad}(c)>c$$

反过来也成立.

由 $c=a+b,b>a>1$, 得

$$(a-1)(b-1)>1\Rightarrow ab>a+b=c$$

又由 rad$(a)=a$,且 rad$(b)=b$,得

$$\mathrm{rad}(abc)=ab\times \mathrm{rad}(c)>c$$

反过来也成立.

(3)$c\div$ rad$(c)>$ rad$(ab)\Leftrightarrow c>$ rad(abc).

由 rad$(ac)<p^{m-1}$,且 p^m 整除 b,得

$$\mathrm{rad}(abc)=\mathrm{rad}(ac)\times \mathrm{rad}(p\times b\div p^m)\leqslant \mathrm{rad}(ac)\times b\div p^{m-1}<b<c$$

反过来也成立.

为了证明 abc 定理的存在性问题及有关的整除问题,需要下面的一系列引理.

三、若干引理

引理1 若 a 和 b 是正整数,则 $a=b(\mathrm{mod}\ m)$,当且仅当存在正整数 k,使得 $a=b+km$. 特别地,当 m 整除 a 时,记 $a\equiv 0(\mathrm{mod}\ m)$.

引理2 设 m 是正整数. 模 m 的同余满足下面的性质:

(1)自反性. 若 a 是正整数,则 $a\equiv a\ (\mathrm{mod}\ m)$;

(2)对称性. 若 a 和 b 是正整数, 且 $a\equiv b(\mathrm{mod}\ m)$,则 $b\equiv a(\mathrm{mod}\ m)$;

(3)传递性. 若 a,b 和 c 是正整数,且 $a\equiv b(\mathrm{mod}\ m)$,$b\equiv c(\mathrm{mod}\ m)$,则 $a\equiv c(\mathrm{mod}\ m)$.

引理3 若 a,b,c,k,r 和 m 都是正整数,$m>0$,$(a,m)=1$,$(c,m)=1$,当 $a\equiv b(\mathrm{mod}\ m)$时,当且仅当 $ac\equiv bc(\mathrm{mod}\ m)$.

证明 由引理1,设 $a=mk+b$(下略).

引理4(整除运算) 若 m,j,k_j,b_j,n,a,p(素数)均为正整数,且$(a,p)=1$,$k_1+k_1+\cdots+k_m=n$, $a^{k_1}\equiv b_1(\mathrm{mod}\ p)$,$b_1a^{k_2}\equiv b_2(\mathrm{mod}\ p)$,$\cdots$,$b_{m-1}a^{k_m}\equiv b_m(\mathrm{mod}\ p)$,则:

(1)$a^n\equiv b_m(\mathrm{mod}\ p)$;

(2)若 $a^{k_1}\equiv b_1(\mathrm{mod}\ p)$,$a^{k_2}\equiv b_2(\mathrm{mod}\ p)$,则 $a^{k_1+k_2}\equiv b_1\equiv b_2(\mathrm{mod}\ p)$;

(3)若 $a\equiv b(\mathrm{mod}\ m)$,则 $a^r\equiv b^r(\mathrm{mod}\ m)$.

证明 (1)$a^{k_1}\equiv b_1(\mathrm{mod}\ p)$,由引理1,设 $a^{k_1}=pk+b_1(\mathrm{mod}\ p)$,则

$$a^{k_1}a^{k_2}=pka^{k_2}+b_1a^{k_2}(\mathrm{mod}\ p)$$

所以

$$a^{k_1+k_2}\equiv b_1a^{k_2}\equiv b_2(\mathrm{mod}\ p)$$

以此类推,得 $a^n \equiv b_m \pmod p$.

(2)和(3)可由引理 2 证明.

引理 5(Fermat 小定理的推论 1)　已知正整数 p,a,m, $m\geqslant 1$,p 是素数,$(a,p)=1$,那么 $a^{(p-1)p^{m-1}}\equiv 1 \pmod{p^m}$.

证明　考虑 $p-1$ 个正整数 $a^{p^{m-1}},(2a)^{p^{m-1}},\cdots,[(p-1)a]^{p^{m-1}}$. 正整数 $a,2a,\cdots,(p-1)a$ 都不能被 p 所整除. 若不然,设 p 整除 ja,因为 p 不整除 a,所以 p 必然整除 j,但 $1\leqslant j\leqslant p-1$,这是不可能的. 进一步,在 $a,2a,\cdots,(p-1)a$ 中,任何两个数模 p 不同余. 为了证明这一点,设 $ja\equiv ka \pmod p$,其中 $1\leqslant j<k\leqslant p-1$,因为 $(a,p)=1$,由引理 3 得 $j\equiv k \pmod p$,产生矛盾. 因为正整数 $a,2a,\cdots,(p-1)a$ 是 $(p-1)$ 个由满足模 p 均不同余于 0,且任何两个都不同余的整数组成的集合中的元素,所以 $a,2a,\cdots,(p-1)a$ 模 p 的最小正剩余按一定的顺序排列必定是整数 $1,2,\cdots,p-1$. 设 $b_1,b_2,\cdots,b_{p-1}$ 对应于 $a,2a,\cdots,(p-1)a$ 中唯一的一个数,且 $b_1=pk_1+1,b_2=pk_2+2,\cdots,b_{p-1}=pk_{p-1}+p-1$($k_j$ 为非负整数,$1\leqslant j\leqslant p-1$),又由二项式定理知

$$(b_j)^{p^{m-1}}=(pk_j+j)^{p^{m-1}}=(pk_j)^{p^{m-1}}+\cdots+p^{m-1}(pk_j)j^{p^{m-1}-1}+j^{p^{m-1}}$$

只有最后一项 $j^{p^{m-1}}$ 不能被 p^m 所整除,由定理 1 知

$$b_j^{p^{m-1}}\equiv j^{p^{m-1}} \pmod{p^m}$$

所以,整数 $a^{p^{m-1}},(2a)^{p^{m-1}},\cdots,[(p-1)a]^{p^{m-1}}$ 的乘积模 p^m 同余于 $1\times 2^{p^{m-1}}\times 3^{p^{m-1}}\times\cdots\times(p-1)^{p^{m-1}}$,即

$$a^{(p-1)p^{m-1}}[(p-1)!]^{p^{m-1}}\equiv[(p-1)!]^{p^{m-1}} \pmod{p^m}$$

又因为 $(p-1)!$ 与 p 互质,所以由定理 3 得

$$a^{(p-1)p^{m-1}}\equiv 1 \pmod{p^m}$$

当 $m=1$ 时,$a^{(p-1)}\equiv 1 \pmod p$ 是 Fermat 小定理. 由 Fermat 小定理还可以得到它的一个简单证明,如下:

由 Fermat 小定理,设 $a^{p-1}=pk+1$(k 为正整数),则

$$(a^{p-1})^{p^{m-1}}=(pk+1)^{p^{m-1}}=(pk)^{p^{m-1}}+\cdots+p^{m-1}(pk)+1$$

因此

$$a^{(p-1)p^{m-1}}\equiv 1 \pmod{p^m}$$

引理 6(Fermat 小定理的推论 2)　若 $a(2\leqslant a)$,j 均为正整数,p_j 为素数,$(a,p_j)=1$,则

$$a^{(p_1-1)p_1^{k_1-1}(p_2-1)p_2^{k_2-1}\cdots(p_j-1)p_j^{k_j-1}}\equiv 1 \pmod{p_1^{k_1}\times p_2^{k_2}\times\cdots\times p_j^{k_j}}$$

证明　类似于引理 5 的证明. 只需证明

$$a^{(p_1-1)p_1^{k_1-1}(p_2-1)p_2^{k_2-1}}\equiv 1 \pmod{p_1^{k_1}\times p_2^{k_2}}$$

由引理 5 知 $a^{(p_1-1)p_1^{k_1-1}}\equiv 1 \pmod{p_1^{k_1}}$. 考虑 p_2-1 个正整数

$$a^{(p_1-1)p_1^{k_1-1}p_2^{k_2-1}},(2a)^{(p_1-1)p_1^{k_1-1}p_2^{k_2-1}},\cdots,[(p_2-1)a]^{(p_1-1)p_1^{k_1-1}p_2^{k_2-1}}$$

这 p_2-1 个正整数相乘之积模 $p_2^{k_2}$ 同余于 $[(p_2-1)!]^{(p_1-1)p_1^{k_1-1}p_2^{k_2-1}}$,即

$$a^{(p_1-1)p_1^{k_1-1}(p_2-1)p_2^{k_2-1}}[(p_2-1)!]^{(p_1-1)p_1^{k_1-1}p_2^{k_2-1}}\equiv[(p_2-1)!]^{(p_1-1)p_1^{k_1-1}p_2^{k_2-1}} \pmod{p_1^{k_1}\times p_2^{k_2}}$$

得

$$a^{(p_1-1)p_1^{k_1-1}(p_2-1)p_2^{k_2-1}}\equiv 1 \pmod{p_1^{k_1}\times p_2^{k_2}}$$

一般证明与此类似(证明略).

引理 7(Fermat 小定理的推论 3)　若 $a(2\leqslant a)$,r 均为整数,a,p 为素数,$(a,p)=1,2\leqslant r<p,a<p$,

$r=\mathrm{ord}_p a$. 则:

(1)r 整除$(p-1)$;

(2) $a^{rp^{m-1}}\equiv 1(\bmod p^m)$.

证明 (1)由 $a^r\equiv 1(\bmod p)$,有 $a^{r+1}\equiv a(\bmod p)$,且 a 为素数,$a<p$,对于集合 $N=\{1,a,a^2,\cdots,a^r,\cdots,a^n\}$,$r$ 是集合 N 中 p 除 $a^n(n\to\infty)$的余数的一个最小循环节. 由引理 5 知 $a^{(p-1)p^{m-1}}\equiv 1(\bmod p^m)$,$(p-1)p^{m-1}$也是集合 N 中 p^m 除 $a^n(n\to\infty)$的余数的一个循环节,包含 r,所以 r 整除$(p-1)p^{m-1}$. 由于 $2\leqslant r<p$,r 不整除 p,所以 r 整除$(p-1)$.

(2)设 $a^r=pk+1$,考虑 $a^{rp^{m-1}}=(pk+1)^{p^{m-1}}$,参考引理 5 的证明,可得 $a^{rp^{m-1}}\equiv 1(\bmod p^m)$.

推论 1 如果 a,r,s,m,p 都是正整数,$(a,p)=1$,$a^r\equiv 1(\bmod p^s)$,那么 $a^{rp^{m-s}}\equiv 1(\bmod p^m)(m\geqslant s)$.

推论 2(Euler 定理) 用 $\varphi(n)$表示在 n 以内的与 n 互质的正整数的个数,称 $a^{\varphi(n)}\equiv 1(\bmod n)$为 Euler 定理,其中正整数 a,n 满足$(a,n)=1$,$a<n$. 因此,引理 5 和引理 6 都是 Euler 定理的特例.

Euler 定理的意义是:在$(a,n)=1$,$a<n$,$a^r\equiv 1(\bmod p)$的条件下,所有 a 模 n 的次数 $r=\mathrm{ord}_n a$ 是 $\varphi(n)$的因子数.

如果 $n=13$,$a<p$,$a=2,3,\cdots,12$,那么 a 模 13 的次数是 $r=\mathrm{ord}_{13}a$. 在$(13-2)$个 a 的取值中,a 模 13 的次数是 $\varphi(13)=12$,12 的因子数是 2,3,4,6,12,最大值次数有 $\varphi(\varphi(13))=4$ 个,即 2,6,7,11 模 13 的次数都为 12(当 a 模 n 的次数满足 $\mathrm{ord}_n a=\varphi(n)$时,称 a 是模 n 的原根,见文献[1]),$\mathrm{ord}_{13}2=\mathrm{ord}_{13}6=\mathrm{ord}_{13}7=\mathrm{ord}_{13}11=\varphi(13)=12$;$\mathrm{ord}_{13}4=\mathrm{ord}_{13}10=6$;$\mathrm{ord}_{13}5=\mathrm{ord}_{13}8=4$;$\mathrm{ord}_{13}3=\mathrm{ord}_{13}9=3$;$\mathrm{ord}_{13}12=2$.

再如 $n=6$,$\varphi(6)=2$,小于 6 且与 6 互质的数只有 5,5 模 6 的次数为 2. 即 $5^1\equiv 5(\bmod 6)$,$5^2\equiv 1(\bmod 6)$,5 是 6 的原根,$\mathrm{ord}_6 5=\varphi(6)=2$.

引理 8 已知正整数 r,p,a,m, $m\geqslant 3$,p 是素数,$(a,p)=1$,如果 $a^r\equiv 1(\bmod p)$,其中,$r=\mathrm{ord}_n a$ 是 $\varphi(n)$的因子数,那么 $a^{rp^{m-2}}\equiv 1(\bmod p^m)$不成立.

证明 由 Fermat 小定理知

$$a^{(p-1)p^{m-1}}\equiv 1(\bmod p^m),a^{rp^{m-1}}\equiv 1(\bmod p^m)\quad(m\geqslant 3)$$

若 $a^{(p-1)p^{m-2}}\equiv 1(\bmod p^m)$或 $a^{rp^{m-2}}\equiv 1(\bmod p^m)$成立,则由引理 7 知,存在 $a^r\equiv 1(\bmod p)$,$2\leqslant r\leqslant p-1$. 从而由 $a^{rp^{m-1}}\equiv 1(\bmod p^m)$,得 rp^{m-1}整除$(p-1)p^{m-2}$或 rp^{m-2},这样有 rp 整除$(p-1)$或 p 整除 1,显然不成立. 或者,由 $a^{rp^{m-2}}\equiv 1(\bmod p^{m-1})$,存在 k(p 不整除 k),使得 $a^{rp^{m-2}}=1+p^{m-1}k$,将两边同时 p 次幂,由二项式定理,得 $a^{(p-1)p^{m-1}}\neq 1(\bmod p^{m+1})$,根据归纳法原理,定理得证.

引理 9 如果 a,b($2\leqslant a,b$,且 $a\neq 2,3$ 或 9),m,n,r,j,k_j,p(素数)都是正整数,$(a,p)=1$, $a^{r_0}\equiv b(\bmod p)$,$r=\mathrm{ord}_p a$,且 $a^r\neq 1(\bmod p^2)$,$r\mid\varphi(p)$,$(a,b)=1$,$2\leqslant a,b<p$,那么存在 $k_j(3\leqslant j)$,$0\leqslant k_j\leqslant p-1$,使得

$$a^{r_0+rk_1+rpk_2+\cdots+rp^{m-2}k_{m-1}}\equiv b(\bmod p^m)$$

说明 由引理 9 知,当 $3\leqslant j$ 时,有 $1\leqslant k_j\leqslant p-1$.

证明 当 $a>p$ 时,令 $a=pk+a_0(a_0<p,1\leqslant k)$,则 $a^r=(pk+a_0)^r$. 由二项式定理知

$$a^r=(pk+a_0)^r\equiv a_0^r(\bmod p)$$

所以只讨论当 $2\leqslant a<p$ 时的情况.

由引理 5 知 $a^r\equiv 1(\bmod p)$,当 $a^r\equiv 1(\bmod p^2)$存在时,$a^{r_0+rk_1}\equiv b(\bmod p^2)$不存在,这是因为 $p<a^{r_0}<p^2$, $a^{r_0+rk_1}\equiv a^{r_0}\neq b(\bmod p^2)$. 如 $3^3\equiv 5(\bmod 11)$,$3^5\equiv 1(\bmod 11)$,$3^5\equiv 1(\bmod 11^2)$,但不存在 k,使得 $3^k\equiv 5(\bmod 11^2)$存在.

设 $a^{r_0}=pk_0+b$, $a^r=pk_1+1$, 则

$$a^{r_0+r}=(pk_1+1)(pk_0+b)=p^2k_0k_1+p(k_0+bk_1)+b$$

$$a^{r_0+2r}=(pk_1+1)[p^2k_0k_1+p(k_0+bk_1)+b]=p^3\cdots+p(k_0+2bk_1)+b$$

$$a^{r_0+3r}=(pk_1+1)[p^3\cdots+p(k_0+2bk_1)+b]=p^4\cdots+p(k_0+3bk_1)+b$$

$$\vdots$$

$$a^{r_0+(p-1)r}=(pk_1+1)[p^{(p-1)}\cdots+p(k_0+(p-2)bk_1)+b]=p^p\cdots+p[k_0+(p-1)bk_1]+b$$

上面各式只有最后两项不能被 p^2 所整除,所以,只讨论下面 p 个数中存在唯一一个数能被 p 所整除就可以

$$k_0,k_0+bk_1,k_0+2bk_1,\cdots,k_0+(p-1)bk_1 \tag{1}$$

如果 k_0 能被 p 所整除,符合题意,其他数就不用讨论了;如果 k_1 能被 p 所整除,那么数列(1)中所有数被 p 除余 k_0,不存在被 p 除余 b 的数,会导致 $a>p$,只要令 $a=a_0^p$,就有 $a^{r_0}\equiv 1(\bmod p^2)$ 成立. 所以有 $(k_0,p)=1$, $(b,p)=1$, $(k_1,p)=1$,这样,在这 p 个数中,$a^{r+r_0k_1}(0\leqslant k_1\leqslant p-1)$ 被 p^2 除的余数是模 p^2 的完全剩余系. 所以,数列(1)中有唯一一个数能被 p 所整除. 因此 $a^{r_0+rk}\equiv b(\bmod p^2)$ 成立.

同理,若 $a^{r_0+rk}\neq b(\bmod p^3)$,由引理 8,$a^{rp}\neq 1(\bmod p^3)$ 知,对于 a^{r_0+rk}, $a^{r_0+rk_1+rp}$, $\cdots$, $a^{r_0+rk_1+(p-1)rp}$,存在 $k_2(0\leqslant k_2\leqslant p-1)$ 使得 $a^{r_0+rk_1+rpk_2}\equiv b(\bmod p^3)$ 成立. 方法为设 $a^{r_0+rk}=p^2k_0+b$, $a^{rp}=p^2k_1+1$. 以下的讨论和上面的方法相一致(略). 以此类推,可得结论(过程符合数学归纳法原理).

一般的,设 $a^{r_0}=pk_0+b$, $a^r=pk_1+1$. 由二项式定理,得

$$a^{rp}=(k_1p+1)^p=(k_1p)^p+p(k_1p)^{p-1}+\cdots+p(k_1p)+1$$

$$a^{rp^m}=(k_1p+1)^{p^m}=(k_1p)^{p^m}+C_{p^m}^{p^m-1}(k_1p)^{p^m-1}+\cdots+C_{p^m}^1(k_1p)+1$$

所以,存在 k_1,使得 $a^{r_0+rk_1}\equiv b(\bmod p^2)$,若 $a^{r_0+rk_1}\equiv b(\bmod p^3)$,则罢,否则,存在 $k_2(0\leqslant k_2\leqslant p-1)$,使得 $a^{r_0+rk_1+rpk_2}\equiv b(\bmod p^3)$ 成立. 一般的,设 $a^{r_0+rk_1+rpk_2+\cdots+rp^{m-2}k_{m-1}}\equiv b(\bmod p^m)$ 成立,且

$$a^{r_0+rk_1+rpk_2+\cdots+rp^{m-2}k_{m-1}}\neq b(\bmod p^{m+1})$$

那么,令

$$a^{r_0+rk_1+rpk_2+\cdots+rp^{m-2}k_{m-1}}=kp^m+b\quad(p\text{ 不整除 }k)$$

因为

$$a^{rp^{m-1}k_m}=(k_1p+1)^{p^{m-1}k_m}=(k_1p)^{p^{m-1}k_m}+\cdots+C_{p^{m-1}k_m}^2(k_1p)^2+C_{p^{m-1}k_m}^1(k_1p)+1$$

所以

$$(kp^m+b)\times(C_{p^{m-1}k_m}^2(k_1p)^2+C_{p^{m-1}k_m}^1(k_1p)+1)$$

$$=kp^m\times C_{p^{m-1}k_m}^2(k_1p)^2+bC_{p^{m-1}k_m}^2(k_1p)^2+kp^m\times C_{p^{m-1}k_m}^1(k_1p)+bC_{p^{m-1}k_m}^1(k_1p)+kp^m+b$$

注意

$$bC_{p^{m-1}k_m}^1(k_1p)+kp^m=(bk_1k_m+k)p^m$$

除 b 外的其他各项都能被 p^{m+1} 所整除,因为 $1\leqslant k_m\leqslant p-1$,$p$ 不整除 b,k_1,k,所以,存在唯一的 k_m,使得 $p\mid bk_1k_m+k$,且 p^2 不整除 bk_1k_m+k.

分析引理 9 的应用条件:由 $(a,p)=1$,得 $a^{(p-1)}\equiv 1(\bmod p)$,由条件知 $1<a<p$,a 的取值是 $2,3,\cdots,(p-1)$,共有 $p-2$ 个取值. 满足 $b\neq 1$,条件 $(a,b)=1$ 的 a,$2\leqslant r\leqslant r_0-1$,$r_0=\text{ord}_pa$,即 $p<a^r<a^{r_0}$,所以 $p=3$ 不满足条件;当 $p=5$ 时,只有 $a=2,3$ 满足条件,当 $a=2$ 时,$b=1$,当 $a=3$ 时,$b=1$,且 $2^4\neq 1(\bmod 5^2)$, $3^4\neq 1(\bmod 5^2)$,所以 $a\neq 2$;当 $p=11$ 时,a 有 9 个取值,$\text{ord}_{11}2=\text{ord}_{11}6=\text{ord}_{11}7=$

$\mathrm{ord}_{11}8=10$, $\mathrm{ord}_{11}3=\mathrm{ord}_{11}4=\mathrm{ord}_{11}5=\mathrm{ord}_{11}9=5$, $\mathrm{ord}_{11}10=2$,由于 $3^5\equiv1\pmod{11^2}$, $9^5\equiv1\pmod{11^2}$,所以 $a=3$ 与 $a=9$ 都不满足条件.

推论1 如果 $(a,p)=1$, p 为素数,且 $a^r\equiv b\pmod{p^s}$. 那么

$$a^{r+(p-1)p^{s-1}k_1+(p-1)p^sk_2+\cdots+(p-1)p^{m+s-2}k_m}\equiv b\pmod{p^{m+s}}$$

其中

$$1<s,0\leqslant k_j\leqslant p-1,1\leqslant j\leqslant m$$

证明 由引理9可证明.(略)

推论2 对于引理9,当 $m\geqslant3$ 时, $a^{r+(p-1)k_1+(p-1)pk_2+\cdots+(p-1)p^{m-2}k_{m-1}}\equiv b\pmod{p^{m+1}}$ 不成立.

证明 若 $m\geqslant2$,已知 $a^{r+(p-1)k_1+(p-1)pk_2+\cdots+(p-1)p^{m-2}k_{m-1}}\equiv b\pmod{p^m}$,以及 $a^{(p-1)p^{m-1}}\equiv1\pmod{p^m}$,则由引理4的整除运算有

$$a^{r+(p-1)k_1+(p-1)pk_2+\cdots+(p-1)p^{m-2}k_{m-1}+(p-1)p^{m-1}k_m}\equiv b\pmod{p^m}\quad(0<k_m<p)$$

若

$$a^{r+(p-1)k_1+(p-1)pk_2+\cdots+(p-1)p^{m-2}k_{m-1}}\equiv b\pmod{p^{m+1}}$$

成立,则由引理9知

$$a^{r+(p-1)k_1+(p-1)pk_2+\cdots+(p-1)p^{m-2}k_{m-1}+(p-1)p^{m-1}k_m}\equiv b\pmod{p^{m+1}}$$

也成立,这使得

$$a^{(p-1)p^{m-1}k_m}\equiv1\pmod{p^{m+1}}$$

成立,由引理5知,除非 $k_m=0$ 或 p,这才能成立,但这与 $0<k_m<p$ 矛盾. 所以,命题成立.

四、整数分类问题

abc 猜想是一个整数分类问题. 正整数或者是偶数,或者是奇数. 1不是素数. 素数只有自身一个素因子. 奇合数至少含有两个素因子(两个素因子可以相同). 正整数 c 不是偶数,即为奇数, c 的二位加法分拆个数是 $\left[\frac{c}{2}\right]$ 个. 其中, $[a]$ 表正数 a 的整数部分.

正整数的两位加法分拆有,奇数=1+偶数;或者奇数=素数+偶数;或者奇数=奇合数+偶数;或者偶数=1+素数;或者偶数=1+奇合数;或者偶数=素数+奇合数;或者偶数=素数+素数;或者偶数=奇合数+奇合数. 对于偶数=偶数+偶数,给两边同除以2或若干个2,即可化为上面的各式.

定理2(*abc* 定理的存在性) 若互质的正整数 a,b,c 满足 $a+b=c$,任意给定正整数 q,令 $c=q^n$,总存在正整数 m,n,p,且 $p^{m-1}>aq$, $m\geqslant2$, $(q,p)=1$, $q<p$, $(q,b_0)=1$,使得 p^m 整除 b,则总有 $\mathrm{rad}(abc)<c$ 成立.

证明 q,p 满足 $(q,p)=1$. 由欧拉定理,有 $q^{\varphi(p)}\equiv1\pmod p$,即 p 除 $q^n(n\to\infty)$ 的余数的最大的循环节为 $(p-1)$,余数是 $1,2,\cdots,(p-1)$,即 $\{q,q^2,\cdots,q^{p-1},q^p\equiv q\pmod p$ 开始循环, $\cdots\}$;若存在最小值 r 满足 $q^r=pk+1$ (r,k 是正整数, $r\leqslant p-1$),即循环节为 $r=\mathrm{ord}_pq$,由推论2知, r 是 $\varphi(p)$ 的因子数;当 $k=1$, $q^r=p+1$ 时, p 除 q^n 的余数分别为 $1,q,q^2,\cdots,q^{r-1}$. 所以满足 $q<p$,当选 a 作为 p 除 q^n 的余数时,即 $q^n=pk+a$,且 $(q,a)=1$,可知 p^m 整除 b 总是存在的. 再有 $p^{m-1}>aq$,根据定理1中的(3),就有 $\mathrm{rad}(abc)<c$.

五、应用举例

例1 已知互质的正整数 a,b,c 满足 $c=a+b$,其中 $c=2^x$, $a=1$, $2^x=1+3^2y$. 求正整数 x,y.

解 因为 $2^2=1+3$,由引理5知 $2^{2\times3}\equiv1\pmod{3^2}$,有 $2^6=1+3^2\times7$,即 $x=6$, $y=7$,又因为 $2^{2\times3\times3}\equiv$

$1 \pmod{3^3}$,所以有 $2^{18}=1+3^2\times 29\ 127$,即 $x=18, y=29\ 127$. 一般地,$x=2\times 3^{m-1}, y=\frac{b}{9}$. 以上各式都满足 $c>\text{rad}(abc)$.

例 2 已知互质的正整数 a,b,c 满足 $c=a+b$,其中 $c=3^x, a=2, 3^x=2+5^3y$. 求正整数 x,y 的最小解.

解 因为 $3^3\equiv 2 \pmod 5$,由引理 8 知,存在 $k(0\leqslant k\leqslant 4)$,使得 $3^{3+4k}\equiv 2 \pmod{5^2}$ 成立,可得 $k=0$;由引理 8 知,总存在 $k(0\leqslant k\leqslant 4)$,使得 $3^{3+20k}\equiv 2\pmod{5^3}$ 成立,根据引理 4 进行整除运算,可得

$$3^{10}\equiv 49 \pmod{5^3}$$

$$3^{20}\equiv 49^2\equiv 26 \pmod{5^3}$$

$$3^{3+20}\equiv 26\times 3^3\equiv 77 \pmod{5^3}$$

$$3^{3+20\times 2}\equiv 26\times 77\equiv 2 \pmod{5^3}$$

求得 $k=2$,最小解即 $x=43$.

因为 $3^{43}=2+5^3y>3\times 2\times 5y=\text{rad}(abc)$,也有 $c>\text{rad}(abc)$

例 3 求方程 $3^n=1+2^m$ 的正整数解.

解 当 $n\geqslant 2$ 时,$3^n\geqslant \text{rad}(2\times 3)=6$.

因为 $3\equiv 1\pmod 2$, $3^2\equiv 1 \pmod{2^2}$,或 $3^2\equiv 1\pmod{2^3}$,由引理 6,得 $3^{2^{m-1}}\equiv 1\pmod{2^m}(m\geqslant 1)$,或 $3^{2^{m-2}}\equiv 1\pmod{2^m}(m\geqslant 3)$. 由已知 $3^n=1+2^m$,得 $3^n\equiv 1\pmod{2^m}$,所以 $n=2^{m-1}k(k\geqslant 1)$,或 $n=2^{m-2}k$,即 $3^{2^{m-1}k}=1+2^m$,或 $3^{2^{m-2}k}=1+2^m$. 只讨论当 $k=1$ 时的情况:当 $3^{2^{m-1}}=1+2^m$, $m=1$ 时,$n=1$,有 $3=1+2$;当 $3^{2^{m-2}}=1+2^m$, $m=3$ 时,$n=2$,有 $3^2=1+2^3$. 由于当 $2^{m-1}\geqslant m(m\geqslant 2)$ 时,$3^{2^{m-1}}-2^m>1$;或由于当 $2^{m-2}\geqslant m(m\geqslant 4)$ 时,$3^{2^{m-2}}-2^m>1$,因此,方程 $3^n=1+2^m$ 只有两个正整数解:$n=1, m=1$;或 $n=2$, $m=3$.

例 4 求方程 $2^n=1+3^m$ 的正整数解.

解 当 $n\geqslant 3$ 时,$2^n\geqslant \text{rad}(2\times 3)=6$. 与例 3 类似.

因为 $2^2=1+3$, $2^2\equiv 1\pmod 3$,由引理 5,得 $2^{2\times 3^{m-1}}\equiv 1\pmod{3^m}$,再由 $2^n=1+3^m$,得 $2^n\equiv 1\pmod{3^m}$. 比较两者,有 $n=2\times 3^{m-1}k$(整数 $k\geqslant 1$). 只讨论当 $k=1$ 时的最小情况:$2^{2\times 3^{m-1}}=1+3^m$. 当 $m=1$ 时,$n=2$,有 $2^2=1+3$;当 $m=2$ 时,$2^6>3^2+1$. 由于当 $m\geqslant 2$ 时,$2^{2\times 3^{m-1}}-3^m=4^{3^{m-1}}-3^m>1$. 因此,方程 $2^n=1+3^m$ 只有唯一的正整数解:$n=2, m=1$.

例 5(Catalan 猜想) 求证:Diophantus 方程 $x^n=1+y^m$ 当 $m\geqslant 2, n\geqslant 2$ 时,除 $x=3, y=2$ 和 $x=2$, $y=3$ 以外,没有其他正整数解.

证明 假设 x,y 都是正整数. 由 $x^n=1+y^m$, $(x,y)=1$,得 $x^n\equiv 1\pmod{y^m}$.

当 y 是素数时,由引理 5,有 $x^{(y-1)\times y^{m-1}}\equiv 1\pmod{y^m}$,即 $x^{(y-1)\times y^{m-1}}=1+y^mk$. 依题意,$k=1$,得 $x^{(y-1)\times y^{m-1}}=1+y^m$. 当 $m=1$ 时,$x^{y-1}=1+y$,只有当 $x=2, y=3$,或 $x=3, y=2$ 时等式成立. 若不然,由引理 7 知,如果存在 $x^r\equiv 1\pmod{y^m}$,那么 r 整除 $(y-1)$. 则 n 的最小值为 $n\geqslant y^{m-1}$. 当 $m\geqslant 2, x\geqslant 4$ 时,正整数 $y(y\geqslant 2)$ 无论取任何值,都有 $4^{y^{m-1}}-y^m>1$.

当 y 是合数时,只考虑最小情况 $y=pq$,其中 p,q 均为素数(注:当 y 分解为多个素数幂之积时,也是如此). 由引理 6,得 $x^{(p-1)p^{m-1}(q-1)q^{m-1}}\equiv 1\pmod{y^m}$. 取 n 的最小值 $n=(p-1)p^{m-1}(q-1)q^{m-1}$(由引理 7 知,如果存在 $x^r\equiv 1\pmod{y^m}$,那么 r 整除 $(y-1)$,则 n 的最小值为 $n\geqslant y^{m-1}$),于是应有 $x^{(p-1)p^{m-1}(q-1)q^{m-1}}=1+(pq)^m$. 和上面的讨论一样,当 $x\geqslant 4$ 时,正整数 $y(y\geqslant 2)$ 无论取任何值,都有 $x^{(p-1)p^{m-1}(q-1)q^{m-1}}-(pq)^m>1$.

所以,原命题成立.

例6 若 n,a,m,b 都是正整数,对于 n,m,x 存在 $r=\mathrm{ord}_y x$,使得 $x^r\equiv b(\bmod y)$ 成立,$1\leqslant b<y$,且 $x^r\not\equiv b(\bmod y^2)$,$(x,b)=1$,求证:$x^n=b+y^m$,当 $m\geqslant 4$ 时,方程无正整数解.

证明 假设 x,y 都是正整数. 由引理1知,$(x,y)=1$,$x^n\equiv b(\bmod y^m)$,即 b 为 y^m 除 x^n 的余数. 当 $b=1$ 时,如例5. 故只讨论 $b>1$ 的情况.

当 y 为素数时,$m=2$,由题设和引理8知

$$x^{r+(y-1)k_1}=b+y^2 \tag{2}$$

若 $x>y>1$,则 $x^{r+(y-1)k_1}>x^y>\ y+y^2>\ b+y^2$. 所以,只讨论 $x<y$ 的情况.

若 $x=2,y=3$,则 $b=1$ 或2. 当 $b=1$ 时,式(2)无解;当 $b=2$ 时,与 $(x,b)=1$ 矛盾,式(2)无解.

若 $x=2,y=5$,则 $b=3$,即 $2^{3+4}\equiv 3(\bmod 5^2)$,但 $2^{3+4}>3+5^2$,式(2)无解.

若 k_1 取最小值1,x 取最小值2,则无论 $y(y\geqslant 5)$ 取任何值,总有

$$x^{r+(y-1)k_1}>x^y>y+y^2>b+y^2$$

式(2)无解.

当 y 为素数,$m=2$ 时,由题设和引理9知

$$x^{r+(y-1)k_1+(p-1)pk_2}=b+y^3 \tag{3}$$

若 $k_1=k_2=1$,或 $k_1=0,k_2=1$,x 取最小值2,则无论 $y(y\geqslant 3)$ 取任何值,总有

$$x^{r+(y-1)k_1+(p-1)pk_2}>x^{y^2}>y+y^3>b+\ y^3$$

式(3)无解.

又由题设和引理9知,若 $k_2=0$,x 取最小值2,则有

$$2^{r+(y-1)k_1}=b+y^3 \tag{4}$$

经验证,在 $y<10$ 内,只有 $2^7=3+5^3$ 成立.

若 $k_1=1$,则无论 $y(y\geqslant 10)$ 取任何值,总有

$$2^{r+(y-1)k_1}>2^y>y+y^3>b+y^3$$

式(4)无解.

当 $4\leqslant m\leqslant y$ 时,由引理9知,存在正整数 $r,k_j(1\leqslant k_j\leqslant y-1,3\leqslant j)$,使得

$$x^{r+(y-1)k_1+(y-1)yk_2+\cdots+(y-1)y^{m-2}k_{m-1}}\equiv b(\bmod y^m)$$

结合题设,n 取最小值

$$n=r+(y-1)k_1+(y-1)yk_2+\cdots+(y-1)y^{m-2}k_{m-1}$$

但由已知 $x^r=b+y$ 知,当 $k_1\geqslant 1$ 时,总有 $x^{r+(y-1)k_1}>b+y^2$. 这是因为,若 $x=2,y=3,2^2=1+3,r=2,b=1$,则有 $x^{r+(y-1)k_1}>b+y^2$;若 $x=3,y=2,3=1+2,r=1,b=1,k_1=1$,则有 $x^{r+(y-1)k_1}>b+y^2$;若 $x\geqslant 2,y>3$,则有 $x^{(y-1)k_1}>1+y>\dfrac{b}{x^r}+\dfrac{y^2}{x^r}$,即 $x^{r+(y-1)k_1}>b+y^2$. 当 $m\geqslant 3,x\geqslant 2,y>3$ 时,假设 $y^{m-1}<x^r<y^m$,由已知 $x^r\equiv b(\bmod y)$,即 $k_1=k_2=\cdots=k_{m-2}=0$ 知,最小值 $n=(y-1)y^{m-2}k_{m-1}$.

因为

$$x^{(y-1)y^{m-2}k_{m-1}}=(x^{y-1})^{y^{m-2}k_{m-1}}>1+y^{m-1}$$

所以

$$x^{(y-1)k_1+(y-1)yk_2+\cdots+(y-1)y^{m-2}k_{m-1}}>1+y^{m-1}>\frac{b}{x^r}+\frac{y^m}{x^r}$$

即

$$x^{r+(y-1)k_1+(y-1)yk_2+\cdots+(y-1)y^{m-2}k_{m-1}}>b+y^m$$

当 y 为合数时,考虑最简单的情况 $y=p\times q$,其中 p,q 是素数(与将 y 表示成若干个素数幂之积的情况相似). 由引理6知,$x^{(p-1)(q-1)}\equiv 1(\bmod pq)$,由 $x^r=b(\bmod y)$ 和引理9知,存在 $k_1(0\leqslant k_1\leqslant y-1)$,使得 $x^{r+(p-1)(q-1)k_1}\equiv b(\bmod p^2q^2)$;进一步,存在 $k_2(0\leqslant k_2\leqslant y-1)$,使得 $x^{r+(p-1)(q-1)k_1+(p-1)(q-1)pqk_2}\equiv b(\bmod p^3q^3)$;……;存在 $k_{m-1}(1\leqslant k_{m-1}\leqslant y-1)$,使得

$$x^{r+(p-1)(q-1)k_1+(p-1)(q-1)pqk_2+\cdots+(p-1)(q-1)p^{m-2}q^{m-2}k_{m-1}}\equiv b(\bmod p^mq^m)$$

假设 $y^{m-1}<x^r<y^m$,由已知 $x^r=b(\bmod y)$,即 $k_1=k_2=\cdots=k_{m-2}=0$,也即 $n=(y-1)y^{m-2}k_{m-1}$ 知,n 取最小值

$$n=(p-1)(q-1)(pq)^{m-2}k_{m-1}$$

当 $m=2$ 时,应有 $x^{r+(p-1)(q-1)k_1}=b+y^2$,若 $x=2,y=3\times 5,k_1=1,b<y,2^4=1+15,r=1$,则等式不成立. 这是因为 $x^{(p-1)(q-1)k_1}>1+y>\frac{b}{x^r}+\frac{y^2}{x^r}$. 对于 $m\geqslant 3$,与上面 y 为素数时的讨论情况一样,等式 $x^n=b+y^m(m\geqslant 4)$ 不成立.

所以,方程无正整数解.

例7(Fermat 大定理)　Diophantus 方程 $x^n+y^n=z^n$ 无非零整数解,其中 n 为整数,且 $n\geqslant 3$.

分析　设 $x<y<z$.

(1)当 $n=2$ 时,$x^2+y^2=z^2$, x,y,z 为一组勾股数,一般的,当 $x=2k+1$ 时,$y=2k^2+2k,z=2k^2+2k+1$(k 为正整数);当 $x=2kr$ 时,$y=k^2-r^2,z=k^2+r^2$(k,r 均为正整数,$r<k$).

(2)当 $n=mk$ 为合数时,因为$(x^k)^m+(y^k)^m=(z^k)^m$,所以只讨论 n 为质数即可. 当 n 为大于1的奇数时

$$z^n=x^n+y^n=(x+y)(x^{n-1}-x^{n-2}y+x^{n-3}y^2-\cdots+y^{n-1})$$
$$x^n=z^n-y^n=(z-y)(z^{n-1}+z^{n-2}y+z^{n-3}y^2+\cdots+y^{n-1})$$
$$y^n=z^n-x^n=(z-x)(z^{n-1}+z^{n-2}x+z^{n-3}x^2+\cdots+x^{n-1})$$

假设 x,y,z 都是正整数,那么有 $x+y$ 整除 z^n,$z-y$ 整除 x^n,$z-x$ 整除 y^n,若 x,y,z 中有一个数为质数,则有 $x+y=z$. z 的取值范围是$\frac{1}{2}(x+y)<z<x+y$. 下面分析 $z\geqslant x+y$ 的情况,因为当 $n>1$ 时,式子 $(x+y)^n>x^n+y^n$ 恒成立,所以,当 $n\geqslant 3,z\geqslant x+y$ 时,方程 $x^n+y^n=z^n$ 无非零整数解.

若 $x+y=pq\cdots r$(若干个不同的质数之积),则 $z\geqslant x+y$;当 $x+y=a_1^{m_1}$时,若取 $z=a_1^{m_1-1}$,因为$a_1\geqslant 2$,则$z\leqslant\frac{1}{2}(x+y)$,所以,$x$ 与 y 中总有一个大于 z,矛盾,所以,z 的最小取值为 $z\geqslant x+y$;$x+y$ 还有许多取值使得 $z\geqslant x+y$,不再列举.

(3)当偶数 $n=2^km$ 时, m 为大于1的奇数,k 为非零自然数. 有$(x^{2^k})^m+(y^{2^k})^m=(z^{2^k})^m$,即归结到(2)中当 m 为大于1的奇数,方程无非零整数解的情况;当偶数 $n=2^k$ 时,有$(x^{2^{k-2}})^4+(y^{2^{k-2}})^4=(z^{2^{k-2}})^4$,只要证明方程 $x^4+y^4=z^4$ 无非零整数解即可.

当$(x^2)^2+(y^2)^2=(z^2)^2$ 时,x^2,y^2,z^2 为一组勾股数,若 $x^2=2k+1,y^2=2k^2+2k,z^2=2k^2+2k+1$($k$ 为正整数),则 $z^2-y^2=1$,因为 $z>y>1,(y+1)^2-y^2>1$,所以 $z^2-y^2=1$ 不成立,即方程 $x^4+y^4=z^4$ 无整数解;当 $x^2=2kr,y^2=k^2-r^2,z^2=k^2+r^2$($k,r$ 均为正整数,$r<k$)时,由于 $r^2+y^2=k^2$, $r^2+k^2=z^2$,则 $r,y,k(r<y<k)$ 和 $r,k,z(r<k<z)$ 均为一组勾股数,由于勾股数中的最小数 $r=r$,由唯一性得 $y=k$,$k=z$,矛盾,即方程 $x^4+y^4=z^4$ 无非零整数解.

假设x,y,z都是正整数,且$x<y<z,x^n+y^n=z^n$成立,那么,由题设$(x,y)=1$,得$x^n\equiv z^n(\bmod y^s)$或$x^n\equiv a_0(\bmod z^s),y^n\equiv -a_0(\bmod z^s)$. 设$x^{r_1}\equiv a_1(\bmod z),y^{s_1}\equiv -a_1(\bmod z);x^{r_2}\equiv a_2(\bmod z^2),y^{s_2}\equiv -a_2(\bmod z^2);\cdots;x^{r_j}\equiv a_j(\bmod z^j),y^{s_j}\equiv -a_j(\bmod z^j)$,其中$1\leqslant j\leqslant n-1$. 任意给定$z$(定值),如果$y$为质数,且$x^{r_1}\equiv z^{s_1}\equiv 1(\bmod y)$,由引理5,$n=(y-1)k$;如果$y$为合数,且$x^{r_1}\equiv z^{s_1}\equiv 1(\bmod y)$,由引理6,也有合数$n=r_1k=s_1k$,其中$r_1=s_1,k$为正整数,归结到(2)的情况.

若$x^{r_1}\equiv a_1(\bmod z),y^{s_1}\equiv -a_1(\bmod z)$,其中$z$为质数,由引理5,得$x^{r_1+(z-1)k_1}\equiv a_1(\bmod z)$,$y^{s_1+(z-1)k_2}\equiv -a_1(\bmod z),n=r_1+(z-1)k_1=s_1+(z-1)k_2$,其中$k_1,k_2$为正整数. 设$r_1s_1$,由于$r_1,s_1$是$x^{r_1}\equiv a_1(\bmod z),y^{s_1}\equiv b_1(\bmod z)$的最小解,所以$z>r_1s_1$,那么,$r_1-s_1=(k_2-k_1)(z-1)$. 因为$r_1-s_1<z-1$,所以$(k_2-k_1)(z-1)<z-1$,即$(k_2-k_1)<1$,但由$r_1s_1$和$r_2-s_2=(k_2-k_1)(z-1)$可知$k_2k_1$,显然,只有当$k_2=k_1$时,$(k_2-k_1)<1$才能成立,这时$r_1=s_1$;若$z$为合数,不妨设$z=p^kq^m$(若$z=p^kq^m\cdots r^n$是质因数幂之积时,亦是同理),由引理6,得

$$n=r_1+(p-1)(q-1)p^{k-1}q^{m-1}k_1=s_1+(p-1)(q-1)p^{k-1}q^{m-1}k_2$$

当$k_2=k_1$时,$r_1=s_1$;当$k_2=k_1+k_0$时

$$r_1=s_1+(p-1)(q-1)p^{k-1}q^{m-1}k_0$$

由于

$$x^{s_1+(p-1)(q-1)p^{k-1}q^{m-1}k_0}\equiv a_1(\bmod z),x^{(p-1)(q-1)p^{k-1}q^{m-1}k_0}\equiv 1(\bmod z)$$

所以$x^{s_1}\equiv a_1(\bmod z)$,因此$r_1=s_1$,这时,当$r_1=s_1=1$时,有$x+y=z$,因为$x,y,z$是一组勾股数,满足$x^2+y^2=z^2$,但$x^n+y^n<(x+y)^n$,或$(x^2)^n+(y^2)^n<(x^2+y^2)^n$,所以,当$n\geqslant 3$时,$x^n+y^n=z^n$不成立. 类似地,当$x^{r_2}\equiv a_2(\bmod z^2),y^{s_2}\equiv -a_2(\bmod z^2)$时,有$r_2=s_2$,同理,当$x^{r_3}\equiv a_3(\bmod y^3),z^{s_3}\equiv -a_3(\bmod y^3)$时,可得出$r_3=s_3;\cdots;r_j=s_j$.

综上,满足题设条件,有$x+y=z$,或x,y,z是一组勾股数$(x^2+y^2=z^2)$,当$n\geqslant 3$时,因为$x^n+y^n<(x+y)^n$,或$(x^2)^n+(y^2)^n<(x^2+y^2)^n$,所以方程$x^n+y^n=z^n$无非零整数解.

上述论述告诉我们,不存在正整数x,y,z,n,当$n\geqslant 3,x<y<z,(x,z)=1,(y,z)=1,(x,y)=1$时,使得$x^n\equiv a_1(\bmod z),y^n\equiv -a_1(\bmod z)$,且$x^n\equiv a_2(\bmod z^2),y^n\equiv -a_2(\bmod z^2)$成立.

例8(Fermat-Catalan猜想) 方程$x^a+y^b=z^c$在$(x,y)=(y,z)=1$且$\frac{1}{a}+\frac{1}{b}+\frac{1}{c}<1$的条件下至多存在有限个解.

Fermat-Catalan猜想现在还是悬而未决. 到目前为止,满足该猜想的Diophantus方程的解仅有10个,它们是

$$1+2^3=3^2,2^5+7^2=3^4,7^3+13^2=2^9,2^7+17^3=71^2,3^5+11^4=122^2$$

$$17^7+76271^3=21063928^2,1414^3+2213459^2=65^7$$

$$926^3+15312283^2=113^7,43^8+96222^3=30042907^2$$

$$33^8+1549034^2=15613^3$$

参考文献

[1]KENNETH H ROSEN. 初等数论及其应用[M]. 夏鸿刚,译. 北京:机械工业出版社,2009:245.

纯循环小数的性质与单位分数循环节的若干算法

吴 波

（重庆市长寿龙溪中学 重庆 401249）

摘 要：本文从参考文献[1～23]中收集整理了纯循环小数的若干奇妙的性质或现象. 然后在此基础上给出了文献[4～6]中提出的单位分数循环节的若干算法的证明. 最后用几个无穷级数来解释纯循环小数中的一些有趣现象.

关键词：纯循环小数；商数列；余数列；最短循环节；算法

一、引言

关于纯循环小数，有很多奇妙的性质或现象. 受这些奇妙现象的吸引，这些年来，我们搜集了一些相关的文章（文献[1～23]是其中的一部分）. 对比这些结果，我们发现：一些有趣的性质或现象并未收录在张远达教授的《循环小数》这本专著中. 尤其是文献[4～6]中提出的单位分数循环节的几种算法，似乎以前尚未见过.

本文收集整理了纯循环小数的一些奇妙的性质，在此基础上，我们给出了文献[4～6]中提出的单位分数循环节的若干算法的证明. 最后我们还将用几个无穷级数来解释纯循环小数中的一些有趣现象.

二、预备知识

（一）长除法与基本概念

申明 若未加特别说明，本文命题中的条件和符号都与本小节一致！

本文约定 $m,r,s\in\mathbf{N}^*$，$r<m$，$(m,r)=1$，$(m,10)=1$. 在此约定下，$\frac{r}{m}$是既约分数，并且它可化为十进制纯循环小数. 设其十进制小数的循环节长度为 d. 设 d 的最小值为 s，则 s 叫作其最短循环节长度. 我们约定

$$\frac{r}{m}=0.\dot{a}_1a_2\cdots\dot{a}_d$$

$\frac{r}{m}=0.\dot{a}_1a_2\cdots\dot{a}_d$可由长除法得到. 这里先回顾一下长除法的具体步骤，因为我们要从中引出几个概念.

因为 $r<m$，首先商 0，并在其后打上小数点，得余数 r（因为 r 是初始余数，我们将其记作 r_0，即 $r_0=r$）；在 r_0 后添 0，商 a_1，得余数 $r_1=10r_0-ma_1$；在 r_1 后添 0，商 a_2，得余数 $r_2=10r_1-ma_2$；……

一般地，在 r_{i-1}后添 0，商 a_i，得余数 $r_i=10r_{i-1}-ma_i$（其中 $i\in\mathbf{N}^*$，且 $0<r_i<m$）.

在约定条件下，在长除法过程中必然会产生循环，即必定存在某个 $d\in\mathbf{N}^*$，使得 $r_d=r_0(=r)$. 设 $\{r_n\}$ 中在 r_0 之后第一个等于 r_0 的余数是 r_s，则在 r_s 之后，这个长除法的过程就会产生无限循环.

对于在上述过程中出现的数列，我们做如下定义：

定义 1 在长除法过程中生成的商数 $a_1, a_2, \cdots, a_n, \cdots$ 构成一个无穷数列 $\{a_n\}$，称 $\{a_n\}$ 为 $\frac{r}{m}$(或 $0.\dot{a}_1 a_2 \cdots \dot{a}_d$)的商数列.

定义 2 在长除法过程中生成的余数 $r_0, r_1, r_2, \cdots, r_n, \cdots$ 构成一个无穷数列 $\{r_n\}$，称 $\{r_n\}$ 为 $\frac{r}{m}$(或 $0.\dot{a}_1 a_2 \cdots \dot{a}_d$)的余数列.

说明 文献[5]中将余数列 $\{r_n\}$ 中的项 r_k 称为"循环小数的第 k 个特征值".

定义 3[1] $\overline{a_1 a_2 \cdots a_d}$ 和 $\overline{a_1 a_2 \cdots a_s}$ 分别叫做 $\frac{r}{m}$(或 $0.\dot{a}_1 a_2 \cdots \dot{a}_d$)的循环节和最短循环节.

说明 (1)参考文献中的大多数都没有对"循环节"和"最短循环节"(在文献[1]中称为"最小循环节")这两个概念作出区分(文献[1]中是作了区分的). 我们认为对两者作出区分是必要的——这与区分周期和最小正周期这两个概念完全类似;

(2)文献[1]中将"循环节长度"称为"循环节位数". 本文采用前者.

(二)预备定理

结论 1 $\frac{r}{m}$ 的商数列 $\{a_n\}$ 和余数列 $\{r_n\}$ 都是以最短循环节长度 s 为最小正周期的周期数列.

推论 若 s, d 分别是 $\frac{r}{m}$ 的最短循环节长度和某个循环节长度，则存在 $k \in \mathbf{N}^*$，使得 $d = ks$，从而 $r_d = r_{ks} = r_0 = r$. 如前一小节所述，商数列 $\{a_n\}$ 与余数列 $\{r_n\}$ 之间有如下基本联系:

结论 2 $r_i = 10r_{i-1} - ma_i$，或 $10r_{i-1} = ma_i + r_i (i \in \mathbf{N}^*)$.

若从整体上看，根据前文所述的长除法，结论 3 和结论 4 是显见的.

结论 3 $r_i = 10^i r - m \times \overline{a_1 a_2 \cdots a_i}$，或 $10^i r = m \times \overline{a_1 a_2 \cdots a_i} + r_i (i \in \mathbf{N}^*)$.

证明 在前文所述的长除法中，将前 i 步作为一个整体看，即是在 r 后面添 i 个 0，除以 m，商 $\overline{a_1 a_2 \cdots a_i}$ 余 r_i. 因此有 $10^i r = m \times \overline{a_1 a_2 \cdots a_i} + r_i (i \in \mathbf{N}^*)$. 证毕.

结论 3 是用前面的商数给出后面的余数. 而文献[5]中有一个猜想，是用后面的商数给出前面的余数. 其实这个猜想在一般情况下都成立，即是(其中，当 $r = 1$ 时，结论 4 即给出了文献[5]中的命题 3):

结论 4 若 $\frac{r}{m} = 0.\dot{a}_1 a_2 \cdots \dot{a}_d$，则余数列中的项

$$r_{d-k} = 10^{-k}(m \times \overline{a_{d-k+1} \cdots a_{d-1} a_d} + r) \quad (1 \leqslant k \leqslant d)$$

证明 在前一小节所述的长除法中，第 $d-k$ 步后的余数为 r_{d-k}. 将之后的 k 步作为一个整体，即是:在 r_{d-k} 后添 k 个 0，除以 m，商 $\overline{a_{d-k+1} \cdots a_{d-1} a_d}$ 余 r(因循环节长度为 d，由推论 1 知余数 $r_d = r$). 因此有 $10^k r_{d-k} = m \times \overline{a_{d-k+1} \cdots a_{d-1} a_d} + r$，变形即得欲证结论. 证毕.

在结论 3 中，令 $i = d$，结合推论 1 中的 $r_d = r$，有以下结论.

结论 5 若 $\frac{r}{m} = 0.\dot{a}_1 a_2 \cdots \dot{a}_d$，则

$$m \times \overline{a_1 a_2 \cdots a_d} = (10^d - 1) r$$

推论 $m \times \overline{a_1 a_2 \cdots a_s} = (10^s - 1) r$.

由结论 5 可得下列结论.

结论 6 $0.\dot{a}_1a_2\cdots\dot{a}_d=\dfrac{\overline{a_1a_2\cdots a_d}}{10^d-1}$.

结论 7 诸商数 $a_i\in\{0,1,2,\cdots,9\}(i\in\mathbf{N}^*)$，而诸余数 $r_i(i\in\mathbf{N}^*)$ 都在模 m 的最小正既约剩余系中.

证明 对十进制小数来说，前者是显然的.

由结论 2 知

$$10r_{i-1}=ma_i+r_i\quad(i\in\mathbf{N}^*)$$

又结合约定条件 $(m,10)=1$，因此有 $(m,r_i)=(m,r_{i-1})$. 递推得

$$(m,r_i)=(m,r_{i-1})=(m,r_{i-2})=\cdots=(m,r)=1$$

因此诸 $r_i(i\in\mathbf{N}^*)$ 都在模 m 的最小正既约剩余系中. 证毕.

三、纯循环小数的若干性质

关于循环节长度 d，一般的数论书中都有如下结论（证略）：

性质 1 $r<m,(m,10r)=1$. 正整数 d 是 $\dfrac{r}{m}$ 的循环节长度的充要条件是 $10^d\equiv1(\mathrm{mod}\ m)$. 而对于 $\dfrac{r}{m}$ 的最短循环节长度 s，必有 $s\mid d,s\mid\varphi(m)$（$\varphi(m)$ 为 Euler 函数）.

说明 满足 $10^d\equiv1(\mathrm{mod}\ m)$ 的正整数 d 的最小值叫作 10 对模 m 的阶（文献[24]中称为"指数"），因此 $\dfrac{r}{m}$ 的十进制纯循环小数的最短循环节长度就是 10 对模 m 的阶.

性质 2[1] 对于不是 2,5 的素数 p，若 $\dfrac{1}{p},\dfrac{1}{p^2},\cdots,\dfrac{1}{p^n}$ 的最短循环节长度都是 s，但 $\dfrac{1}{p^{n+1}}$ 的最短循环节长度不是 s，则 $\dfrac{1}{p^{n+k}}(k\in\mathbf{N}^*)$ 的最短循环节长度为 sp^k.

在结论 2 中令 $i=1,2,\cdots,s$，累加可得（注意 $r_0=r$）：

性质 3[7] 若 $(m,10)=1$，则 $m\sum\limits_{i=1}^{s}a_i=9\sum\limits_{i=1}^{s}r_i$.

推论[7] 若 $(m,30)=1$，则 $9\mid\sum\limits_{i=1}^{s}a_i,m\mid\sum\limits_{i=1}^{s}r_i$.

很多文献（如文献[8]）中都提到了数"142 857"的"走马灯"一样的神奇现象. 另外，将其等分成若干段后相加出现了"互补"的奇妙性质. 具体地说，就是：

(1) $\dfrac{1}{7}=0.\dot{1}42\ 85\dot{7}$，$\dfrac{3}{7}=0.\dot{4}28\ 57\dot{1}$，$\dfrac{2}{7}=0.\dot{2}85\ 71\dot{4}$，$\dfrac{6}{7}=0.\dot{8}57\ 14\dot{2}$，$\dfrac{4}{7}=0.\dot{5}71\ 42\dot{8}$，$\dfrac{5}{7}=0.\dot{7}14\ 28\dot{5}$；

(2) $142+857=999,14+28+57=99$.

现象(1)确乎很神奇，而文献[1]和文献[9]中都指出：这是结论 2 的自然推论. 一般地，有以下性质.

性质 4 若 $\dfrac{r}{m}=0.\dot{a}_1a_2\cdots\dot{a}_d$，其余数列为 $\{r_n\}$，则

$$\frac{r_i}{m}=0.\dot{a}_{i+1}\cdots a_da_1\cdots\dot{a}_i\quad(i=1,2,\cdots,d-1)$$

证明 将题设中的等式乘以 10，得

$$\frac{10r}{m}=a_1.\dot{a}_2a_3\cdots a_d\dot{a}_1$$

注意到 $r_0=r$,在结论 2 中令 $i=1$,有 $10r=ma_1+r_1$,则

$$\frac{10r}{m}=a_1+\frac{r_1}{m}$$

两厢对照,得

$$a_1+\frac{r_1}{m}=a_1.\dot{a}_2a_3\cdots a_d\dot{a}_1$$

抵消 a_1,即得

$$\frac{r_1}{m}=0.\dot{a}_2a_3\cdots a_d\dot{a}_1$$

这表明:将$\frac{r}{m}$的循环节$\overline{a_1a_2\cdots a_d}$的第一位 a_1 移到最后一位即得$\frac{r_1}{m}$的循环节.

同理可证:将$\frac{r_1}{m}$的循环节$\overline{a_2a_3\cdots a_da_1}$的第一位 a_2 移到最后一位即得$\frac{r_2}{m}$的循环节;……. 如此下去,直到得到$\frac{r_{d-1}}{m}$的循环节,即形成了"走马灯"的现象. 证毕.

由性质4还可以引出文献[2]中提到的另一个"走马灯"现象,比如

428 571 = 142 857 ×3,285 714 = 142 857 ×2,857 142 = 142 857 ×6

571 428 = 142 857 ×4,714 285 = 142 857 ×5,142 857 = 142 857 ×1

一般地,我们可以证明以下性质.

性质5 $\overline{a_1a_2\cdots a_d}\times r_i=\overline{a_{i+1}\cdots a_da_1\cdots a_i}\times r(i=1,2,\cdots,d-1)$.

证明 由结论5得

$$\frac{r}{m}=\frac{\overline{a_1a_2\cdots a_d}}{10^d-1}$$

由性质4和结论6可知

$$\frac{r_i}{m}=0.\dot{a}_{i+1}\cdots a_da_1\cdots\dot{a}_i=\frac{\overline{a_{i+1}\cdots a_da_1\cdots a_i}}{10^d-1}$$

将上述两式相除,化简即得欲证结论. 证毕.

在上面的"走马灯"现象中,142 857 所乘的数都是小于7的正整数. 文献[8]中还提到了 142 857 × 9 = 1 285 713,将 1 285 713 切成两段:后六位"285 713"为一段,前面剩下的"1"为一段. 将两段相加为 285 714,这正是 142857 ×2. 原文提到:这种有点变形的"走马灯"现象对于"素数 m 的倒数的最短循环节长度为 $m-1$"都成立. 下面我们推广这一结论(m 不需要为素数,所乘的数也可以更大).

性质6 若$\frac{1}{m}=0.\dot{a}_1a_2\cdots\dot{a}_d$,其余数列为$\{r_n\}$,正整数 $k\leqslant\overline{a_{i+1}\cdots a_da_1\cdots a_i}$,将$\overline{a_1a_2\cdots a_d}\times(km+r_i)$的结果切成两段:最后面的 d 位数为一段,前面剩下的为一段. 那么这两段之和为$\overline{a_{i+1}\cdots a_da_1\cdots a_i}$($i=1,2,\cdots,d-1$).

证明 注意到 $r=1$,由结论5知

$$\overline{a_1a_2\cdots a_d}\times m=10^d-1$$

则

$$\begin{aligned}\overline{a_1a_2\cdots a_d}\times(km+r_i)&=(10^d-1)k+\overline{a_1a_2\cdots a_d}\times r_i\\&=(10^d-1)k+\overline{a_{i+1}\cdots a_da_1\cdots a_i}\quad(\text{此步由性质5得})\\&=k\times10^d+(\overline{a_{i+1}\cdots a_da_1\cdots a_i}-k)\end{aligned}$$

按题设中的切法,最后面的 d 位数这一段即为$\overline{a_{i+1}\cdots a_da_1\cdots a_i}-k$,而前一段是 k(在题设下,k 不会超过 d 位),两段之和为$\overline{a_{i+1}\cdots a_da_1\cdots a_i}$. 证毕.

类似可证(证略):当$\overline{a_{i+1}\cdots a_da_1\cdots a_i}<k\leqslant\overline{a_{i+1}\cdots a_da_1\cdots a_i}+10^d$ 时,两段的和为$\overline{a_{i+1}\cdots a_da_1\cdots a_i}+10^d-1$.

而对于前面列举的现象(2),其实就是关于纯循环小数的著名的 Midy 定理及其推广.

性质 7[10] $(m,30)=1$,$\frac{r}{m}$的最短循环节为$\overline{a_1a_2\cdots a_s}$,若 $s=kt(k,t\in\mathbf{N}^*,k\geqslant2)$,则最短循环节可等分为 k 段,设其中第 $i+1$ 段$\overline{a_{it+1}a_{it+2}\cdots a_{(i+1)t}}=A_{i+1}(i=0,1,2,\cdots,k-1)$,则

$$(10^t-1)\mid\sum_{i=1}^{k}A_i,m\mid\sum_{i=1}^{k}r_{it},\frac{\sum_{i=1}^{k}A_i}{10^t-1}=\frac{1}{m}\sum_{i=1}^{k}r_{it}$$

文献[10]中在 $m\geqslant7$ 且为素数,$r=1$ 的条件下证明了性质 7,而文献[12]中在$(m,30)=1$ 的条件下证明了性质 7 的第一个整除结论. 因此,下面只给出了性质 7 的后两个结论的证明. 注意到,当 $t=1$ 时(即每个商数 a_i 都是一段),结论中的等式其实就是性质 3,因此我们的想法是将性质 3 的证明中的累加法迁移过来(比文献[10]中的证法略简单一些).

证明 注意到 $s=kt(k,t\in\mathbf{N}^*,k\geqslant2)$,现将前文所述的长除法中的前 s 步等分为 k 段,每段 t 步. 前 i 段结束时余数为 r_{it},前 $i+1$ 段结束时余数为 $r_{(i+1)t}$,而第 $i+1$ 段的 t 个商数为 $a_{it+1},a_{it+2},\cdots,a_{(i+1)t}$. 所以第 $i+1$ 段的这 t 步从整体上看即是:在 r_{it}后添加 t 个 0,除以 m,商$\overline{a_{it+1}a_{it+2}\cdots a_{(i+1)t}}$(即 A_{i+1})余 $r_{(i+1)t}$. 因此有

$$10^tr_{it}=mA_{i+1}+r_{(i+1)t}\quad(0\leqslant i\leqslant k-1)$$

令 $i=0,1,2,\cdots,k-1$,将所得的 k 个等式累加并项得(结合推论 1 中的 $r_0=r=r_s=r_{kt}$)

$$(10^t-1)\sum_{i=1}^{k}r_{it}=m\sum_{i=1}^{k}A_i$$

所以

$$\frac{1}{m}\sum_{i=1}^{k}r_{it}=\frac{\sum_{i=1}^{k}A_i}{10^t-1}$$

这样,我们就证明了性质 7 中的等式成立.

再由性质 7 中的第一个整除结论(证明参见文献[12])知,此等式的右边为整数. 由此知 $m\mid\sum_{i=1}^{k}r_{it}$. 证毕.

若能将最短循环节等分为两段(即 $k=2$),则可得著名的 Midy 定理[13].

推论 1 $(m,30)=1$,$\frac{r}{m}$的最短循环节为$\overline{a_1\cdots a_ta_{t+1}\cdots a_{2t}}$,则

$$\overline{a_1\cdots a_t}+\overline{a_{t+1}\cdots a_{2t}}=10^t-1$$

$$a_i + a_{i+t} = 9, r_i + r_{i+t} = m \quad (i = 1, 2, \cdots, t)$$

证明 由于$\overline{a_1 \cdots a_t}$和$\overline{a_{t+1} \cdots a_{2t}}$都不超过 t 位,因此$\overline{a_1 \cdots a_t} + \overline{a_{t+1} \cdots a_{2t}} < 2(10^t - 1)$.(不可能取等号!否则 $a_1, a_2, \cdots, a_{2t}$都是9.如此最短循环节长度将为1(且推出 $m = r$),与题设矛盾!)

而由性质7有$(10^t - 1) \mid (\overline{a_1 \cdots a_t} + \overline{a_{t+1} \cdots a_{2t}})$,将两者结合即知等式成立.

后两个小结论均与之等价.证毕.

这就是很多文献中都提到过的纯循环小数中神奇的"互补"现象.我们还由此发现文献[3]中的$\frac{1}{121}$的最短循环节的第12位有误,应为"9".由此,文献[3]中所说的那种对称性不复存在.

在文献[1]中,张远达教授为此还专门研究了最短循环节长度的奇偶性问题,有兴趣的读者可以参看.

若能将最短循环节等分为三段,且 $r = 1$,可得以下推论.

推论2 $(m, 30) = 1$,$\frac{1}{m}$的最短循环节为$\overline{a_1 \cdots a_t a_{t+1} \cdots a_{2t} a_{2t+1} \cdots a_{3t}}$,则

$$\overline{a_1 \cdots a_t} + \overline{a_{t+1} \cdots a_{2t}} + \overline{a_{2t+1} \cdots a_{3t}} = 10^t - 1$$

$$1 + r_t + r_{2t} = m$$

文献[10]在 m 为素数的条件下证明了此推论中的前一个等式(由性质7知,后一等式与其等价).其证明对推论5仍然适用,有兴趣的读者可以参看.

对于素数倒数的循环节的平方,文献[11]中证得的命题中涉及与性质6一样的"切法".

性质8[11] m 是素数,且$\frac{1}{m} = 0.\dot{a}_1 a_2 \cdots \dot{a}_s$,将$(\overline{a_1 \cdots a_s})^2$ 切为两段,最后面的 s 位数为一段,前面剩下的为一段,设这两段之和为 S,则$\frac{S}{\overline{a_1 \cdots a_s}} = m$(当 $m \mid \overline{a_1 \cdots a_s}$时)或 n(当 n 是$\overline{a_1 \cdots a_s}$模 m 的最小正剩余时).

文献[11]末的"编者按"中还对$\overline{a_1 \cdots a_s}$的 k 次幂所切成的 k 段之和提出了类似的问题,有兴趣的读者可以参看.

文献[12]和文献[13]在极特殊的条件下给出了最短循环节中数字的分布规律.

性质9[12,13] m 是不小于7的素数,m 的倒数化为十进制小数时的最短循环节长度为 $m - 1$,则其最短循环节中数字1,2,4,5,7,8出现的次数相同,数字0和9出现的次数相同,数字3和6出现的次数相同,并且这十个数字出现的次数最多只相差1次.

由数论知识知:若10是素数 m(m 不是2,5)的原根,则将其倒数化为十进制小数时的最短循环节长度为 $m - 1$.那么以10为原根的素数是否有无穷多个?

此问题与数论中著名的 Artin 猜想[9,14]有关,有兴趣的读者可以查阅相关文献.

四、单位分数的循环节的若干算法

(一)凑九法

我们先看文献[3]中介绍的一种找循环节的"凑九法".

当 $r = 1$ 时,由结论5的推论知

$$m \times \overline{a_1 a_2 \cdots a_s} = 10^s - 1 = 99 \cdots 9 (s \text{ 个 } 9)$$

"凑九法"的依据即是此结论.

比如：设$\frac{1}{13}=\overline{a_1a_2\cdots a_s}$，即是要求数字 $a_1,a_2,\cdots,a_s$ 使得 $13\times\overline{a_1a_2\cdots a_s}=99\cdots9$（$s$ 个 9）.

欲使积的末位为 9，只需 $13\times a_s$ 的末位为 9，因此必有 $a_s=3$；此时 $13\times a_s=39$，会向倒数第 2 位进 3，那么欲使积的倒数第 2 位也为 9，则 $13\times a_{s-1}$ 的末位为 $9-3=6$，因此必有 $a_{s-1}=2$；此时 $13\times a_{s-1}=26$，会向倒数第 3 位进 2，那么欲使积的倒数第 3 位也为 9，则 $13\times a_{s-2}$ 的末位为 $9-2=7$，因此必有 $a_{s-2}=9$；……. 由性质 1，最多算出 $\varphi(13)=12$ 个商数进行观察即可得到答案. 结果为$\frac{1}{13}=0.\dot{0}7692\dot{3}$.

（二）谈式算法：变形的长除法

谈祥柏教授在文献[4]中提出了一种用变形的长除法来求素数倒数的循环节的算法，令人耳目一新. 谈祥柏教授称想到这种算法与其住在 19 楼有着莫大的关系——文献[4]中的第一个例子就是求 19 的倒数的循环节.

不过文献[4]中并未说明算法的原理. 这一小节我们就来探讨"谈式算法"背后的理论依据.

谈式算法是一种与长除法步骤基本一样，而又略有变化的方法. 这种算法要求分子 $r=1$，还要恒等变形使分母的末位数字为 9. 比如要求$\frac{1}{13}$，要先变形为$\frac{3}{39}$，再做变形的长除法. 变形之处在于：

（1）"被除数"是 3，但除数不是 39，而是 $39+1=40$. 列算式时都缩小 10 倍，改为"除式"0. 3㊀4；

（2）如图 1 所示，做 0. 3㊀4 时（注意：㊀并非普通除法！），在每一步所得的余数后添加的都是前一步的商数（看图 1 中的两组箭头）！而当余数又是最初的 3 时，即开始循环. 结果仍为$\frac{1}{13}=0.\dot{0}7692\dot{3}$.

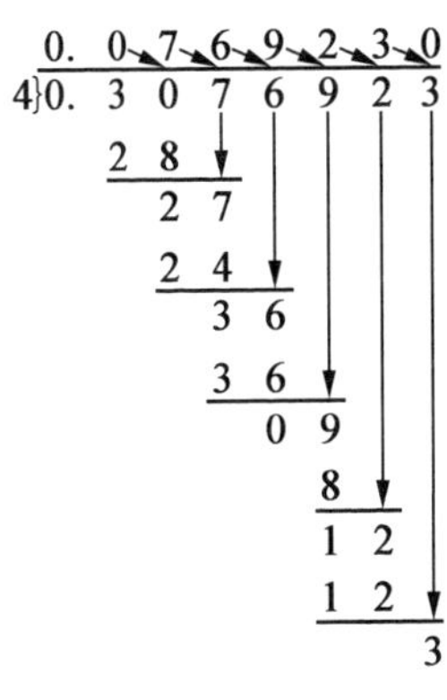

图 1

图 1 中的例子来自文献[4]. 为便于理解此算法，我们在原图基础上添加了表明数字来源的两组箭头，以及被除数中源自于商数的 6 个数字：0，7，6，9，2，3.

如图 1 所示，重新检视这个例子，我们发现：真正的被除数其实是$0.\dot{3}0769\dot{2}$（其中 0，7，6，9，2 来源于商数，在做长除法之前是未知的！），而除数是 4，商数是 $0.\dot{0}7692\dot{3}$.

只捡其中的一个循环节来看，即是 $307\,692\div4=076\,923$. 换成乘法形式，即是 $076\,923\times4=307\,692$.

这不正是性质 5 中所提到的"走马灯"中的等式吗（注意此处 $r=1$）！

由此我们就明白了谈式算法的原理其实是性质 5（也可以认为是性质 4）. 具体地说，是如下等式（$r=1$）

$$\overline{a_1a_2\cdots a_s}\times r_{s-1}=\overline{a_sa_1a_2\cdots a_{s-1}}$$

写成除法形式是

$$\overline{a_sa_1a_2\cdots a_{s-1}}\div r_{s-1}=\overline{a_1a_2\cdots a_s}$$

根据谈式算法，被除数$\overline{a_sa_1a_2\cdots a_{s-1}}$中的数字 $a_1,a_2,\cdots,a_{s-1}$ 来源于商数，但 a_s 和 r_{s-1} 必须在做长除法之前就要计算出来. 因此在谈式算法中我们需要回答下面的问题.

问题　如何由 m 找到 a_s 和 r_{s-1}？

答案很简单！事实上，根据前面提到的"凑九法"，a_s 只需一步即可找到. 找到 a_s 后，再由结论 2

(注意 $r=1$)可推得 $r_{s-1}=\dfrac{ma_s+1}{10}$,由此公式即可找到 r_{s-1}.

谈式算法为何要恒等变形使分母的末位数字为9?末位为9后又为何要加上1再缩小10倍?这其实就是为了找到 a_s 和 r_{s-1}. 比如:对于 $m=13$,由"凑九法"知 $a_s=3$. 再代入 r_{s-1} 的公式知 $r_{s-1}=4$. 这与例子中的数字吻合.

在谈式算法中,将$\dfrac{1}{19}$变形为"除式"0.1⊖2. 除数变为了2,确实比19简单了许多. 读者不妨一试.

(三)刘-赵算法:无穷递缩等比数列法

文献[5]中刘元宗和赵武超教授发现了一种利用无穷递缩等比数列算素数方幂的倒数所化成的纯循环小数循环节的方法. 令人惊异的是:这样的数列居然有无穷多个! 比如

$$\begin{aligned}\frac{1}{13}=0.\dot{0}7692\dot{3}&=\sum_{k=0}^{\infty}0.07\cdot(9\cdot 10^{-2})^k=\sum_{k=0}^{\infty}0.076\cdot(12\cdot 10^{-3})^k\\&=\sum_{k=0}^{\infty}0.0769\cdot(3\cdot 10^{-4})^k=\sum_{k=0}^{\infty}0.07692\cdot(4\cdot 10^{-5})^k\\&=\sum_{k=0}^{\infty}0.076923\cdot(1\cdot 10^{-6})^k=\cdots\end{aligned}$$

文献[5]中找了很多例子来检验它,都是对的,因此认为这种算法(见文献[5]中的命题1)很可能是正确的. 下面我们将证明这个算法在更一般的情形下是正确的(并不局限于素数方幂的倒数).

定理1 若$\dfrac{1}{m}=0.\dot{a}_1a_2\cdots\dot{a}_s$,且对于 $i\in\mathbf{N}^*$,有$\overline{a_1a_2\cdots a_i}\neq 0$,则$\dfrac{1}{m}$等于以 $0.\overline{a_1a_2\cdots a_i}$ 为首项,以 $10^{-i}r_i$ 为公比的无穷递缩等比数列的所有项的和.

证明 在结论3中,令 $r=1$,有 $r_i=10^i-m\times\overline{a_1a_2\cdots a_i}$. 所以

$$\frac{r_i}{10^i}=1-m\times\frac{\overline{a_1a_2\cdots a_i}}{10^i}\quad(i\in\mathbf{N}^*)$$

$$1-\frac{r_i}{10^i}=m\times\frac{\overline{a_1a_2\cdots a_i}}{10^i}\quad(i\in\mathbf{N}^*)$$

$$1-10^{-i}r_i=m\times 0.\overline{a_1a_2\cdots a_i}\quad(i\in\mathbf{N}^*)$$

即

$$\frac{1}{m}=\frac{0.\overline{a_1a_2\cdots a_i}}{1-10^{-i}r_i}\quad(i\in\mathbf{N}^*)$$

上式右边即是以 $0.\overline{a_1a_2\cdots a_i}$ 为首项,以 $10^{-i}r_i$ 为公比的无穷递缩等比数列的所有项的和. 证毕.

刘-赵算法令人惊异,但背后的原理却是如此简单!

(四)肖式算法:无穷递增等比数列法

在文献[6]中,肖乐农老师提出了一个猜想,这个猜想给出了单位分数循环节的另一种算法.

具体地说,m 是除2,5以外的素数,则$\dfrac{1}{m}$的循环节可以由以下步骤得到:其末位数字 a_s 由"凑九法"确定,其他各位数字自后往前依次为后一位数字与$\dfrac{ma_s+1}{10}$(由结论2知(注意 $r=1$)此式即是 r_{s-1})的乘积的个位数字(有进位时要把进位加进去),直到重新循环为止.

仍以$\dfrac{1}{13}$为例. 因为 $m=13$,所以由"凑九法"知末位 $a_s=3$,余数 $r_{s-1}=4$. 因为 $a_s\times 4=12$,所以倒数

第二位 a_{s-1} 是 12 的末位数字 2，且向倒数第三位进 1；因为 $a_{s-1}\times 4=8$，所以倒数第三位 a_{s-2} 是 $8+1=9$，此步没有向倒数第四位进位；因为 $a_{s-2}\times 4=36$，所以倒数第四位 a_{s-3} 是 36 的末位数字 6，且向倒数第五位进 3；因为 $a_{s-3}\times 4=24$，所以倒数第五位 a_{s-4} 是 $4+3=7$，且向倒数第六位进 2；因为 $a_{s-4}\times 4=28$，所以倒数第六位 a_{s-5} 是 $8+2=10$ 的末位数字 0（注意：此处 10 里的 1 要向倒数第七位进 1），且向倒数第七位进 $2+1=3$；因为 $a_{s-5}\times 4=0$，所以倒数第七位是 $0+3=3$. 随后出现循环，所以结果仍然为 $\frac{1}{13}=0.\dot{0}76\ 92\dot{3}$.

在文献[15]中，甘志国老师将此算法的原理仍归结为性质 5，并且还可以推广（见文献[16]）. 在文献[17]中，乐茂华教授给出了这个算法的另一个证明. 在本小节中，我们将改进肖式算法的表述，并加以拓广，然后给出一个不同于文献[15,16,17]的新证明.

通过上例，我们看到，肖式算法每次乘以 r_{s-1} 时不但要错一位还要考虑进位，因此这种表述和操作略显复杂. 由于每次都是乘 r_{s-1}，乘积似乎构成一个等比数列. 注意到这一点，我们发现，肖式算法其实也就是在求一个等比数列的前若干项的和！完全不必拘泥于每一步的错位进位这些细节.

具体地说，改进后的肖式算法可以表述为：由"凑九法"确定末位 a_s，对以 a_s 为首项，以 $10r_{s-1}$ 为公比的等比数列，求其前足够多的项的和，则此和的末 s 位数字即是 $\frac{r}{m}$ 的最短循环节！

改进后的肖式算法为构造一个无穷递增的等比数列来找循环节，正好与前面提到的刘－赵算法的构造无穷递缩等比数列找循环节的方法相对！

刘－赵算法中用以生成循环节的数列有无穷多个. 那么改进后的肖式算法是否也有无穷多个求和能生成相同的循环节的数列呢？经过试验，回答是肯定的！

仍以 $\frac{1}{13}=0.\dot{0}76\ 92\dot{3}$ 为例. 当正整数 n 的取值足够大时，可以验证

$$\sum_{k=0}^{n}3\cdot(4\cdot 10)^k=3+120+4\ 800+192\ 000+7\ 680\ 000+\cdots=\cdots 076\ 923\ 076\ 923$$

$$\sum_{k=0}^{n}23\cdot(3\cdot 10^2)^k=\cdots 076\ 923\ 076\ 923$$

$$\sum_{k=0}^{n}923\cdot(12\cdot 10^3)^k=\cdots 076\ 923\ 076\ 923$$

$$\sum_{k=0}^{n}6923\cdot(9\cdot 10^4)^k=\cdots 076\ 923\ 076\ 923$$

$$\sum_{k=0}^{n}76\ 923\cdot(10\cdot 10^5)^k=\cdots 076\ 923\ 076\ 923$$

$$\sum_{k=0}^{n}076\ 923\cdot(1\cdot 10^6)^k=\cdots 076\ 923\ 076\ 923$$

$$\vdots$$

这类等比数列有无穷多个！其首项分别是 3，23，923，6 923，76 923，076 923，…，是由循环节 076 923中的数字从后往前数所得的. 这与刘－赵算法中各等比数列的首项是循环节 076923 中数字从前往后数的顺序正好相反！

对于改进后的肖式算法，下面我们将证明一个更精细的结论.

因为数列首项的位数有的会超过最短循环长度 s，所以在下面的表述中改用循环节长度 d.

定理 2 若 $\frac{1}{m}=0.\dot{a}_1a_2\cdots\dot{a}_d$，$k\in\mathbf{N}^*$ 且 $1\leqslant k\leqslant d$，则以 $\overline{a_{d-k+1}\cdots a_{d-1}a_d}$ 为首项，以 $m\times\overline{a_{d-k+1}\cdots a_{d-1}a_d}+1$

为公比的等比数列的前 kd 项的和的末 kd 位数字即是将$\overline{a_1a_2\cdots a_d}$重复 k 次.

我们的思路是将两者算出来看差值. 若差值的末 kd 位数字均是 0,即证得两者的末 kd 位数字相同.

证明 设余数列为$\{r_n\}$,由结论 4 得(注意 $r=1$)

$$10^k r_{d-k}=m\times\overline{a_{d-k+1}\cdots a_{d-1}a_d}+1$$

所以

$$10^k \mid (m\times\overline{a_{d-k+1}\cdots a_{d-1}a_d}+1) \tag{1}$$

由结论 5 得(注意 $r=1$)

$$m\times\overline{a_1a_2\cdots a_d}=10^d-1 \tag{2}$$

由于 d 是其循环节长度,则 kd 也是其循环节长度. 所以式(2)中的 d 可以用 kd 代换,由此易得

$$\underbrace{\overline{a_1a_2\cdots a_da_1a_2\cdots a_d\cdots a_1a_2\cdots a_d}}_{\text{将}\overline{a_1a_2\cdots a_d}\text{重复}k\text{次}}=\frac{10^{kd}-1}{m} \tag{3}$$

将以$\overline{a_{d-k+1}\cdots a_{d-1}a_d}$为首项,以 $m\times\overline{a_{d-k+1}\cdots a_{d-1}a_d}+1$ 为公比的等比数列的前 kd 项的和记作 Σ_{kd},则

$$\begin{aligned}\Sigma_{kd}&=\frac{\overline{a_{d-k+1}\cdots a_{d-1}a_d}\cdot[1-(m\times\overline{a_{d-k+1}\cdots a_{d-1}a_d}+1)^{kd}]}{1-(m\times\overline{a_{d-k+1}\cdots a_{d-1}a_d}+1)}\\&=\frac{(m\times\overline{a_{d-k+1}\cdots a_{d-1}a_d}+1)^{kd}-1}{m}\end{aligned}$$

结合式(3)得

$$\begin{aligned}&\Sigma_{kd}-\underbrace{\overline{a_1a_2\cdots a_da_1a_2\cdots a_d\cdots a_1a_2\cdots a_d}}_{\text{将}\overline{a_1a_2\cdots a_d}\text{重复}k\text{次}}\\&=\frac{(m\times\overline{a_{d-k+1}\cdots a_{d-1}a_d}+1)^{kd}-10^{kd}}{m}\\&=\frac{\left(\dfrac{m\times\overline{a_{d-k+1}\cdots a_{d-1}a_d}+1}{10}\right)^{kd}-1}{m}\times 10^{kd}\end{aligned} \tag{4}$$

由性质 1 知 $10^d\equiv 1(\bmod m)$,则 $10^{kd}\equiv 1(\bmod m)$.

又因为显然有$(m\times\overline{a_{d-k+1}\cdots a_{d-1}a_d}+1)^{kd}\equiv 1(\bmod m)$,所以

$$(m\times\overline{a_{d-k+1}\cdots a_{d-1}a_d}+1)^{kd}\equiv 10^{kd}(\bmod m)$$

再结合约定条件$(m,10)=1$ 及式(1)可知

$$\left(\frac{m\times\overline{a_{d-k+1}\cdots a_{d-1}a_d}+1}{10}\right)^{kd}\equiv 1(\bmod m)$$

所以

$$\frac{\left(\dfrac{m\times\overline{a_{d-k+1}\cdots a_{d-1}a_d}+1}{10}\right)^{kd}-1}{m}\in\mathbf{N}^*$$

结合式(4)即知,两者的差值的末 kd 位数字全是 0.

这表明 Σ_{kd}的末 kd 位数字即是将$\overline{a_1a_2\cdots a_d}$重复 k 次. 证毕.

肖式算法与刘-赵算法之间存在一种奇特的对称性.

五、纯循环小数与无穷级数

由纯循环小数的本义，$0.\dot{a}_1a_2\cdots\dot{a}_s$ 可以看作无穷级数$\overline{a_1a_2\cdots a_s}\cdot\sum_{k=1}^{\infty}10^{-ks}$. 而前面提到的刘－赵算法和肖式算法其实也是将纯循环小数与某些无穷级数联系起来. 康明昌教授在文献[18]中也用无穷级数解释了某些纯循环小数的奇特现象. 本节中我们再给出几个可以表示纯循环小数的无穷级数，由此可以解释纯循环小数的某些有趣的现象.

关于$\frac{1}{7}=0.\dot{1}42\ 85\dot{7}$和$\frac{1}{7^2}=0.\dot{0}20\ 408\ 163\ 2\cdots755\dot{1}$，文献[3]中提到了它们有如下有趣的现象

$$0.\dot{1}42\ 85\dot{7}=\sum_{i=1}^{\infty}(14\times2^{i-1}\times10^{-2i})=0.14+0.002\ 8+0.000\ 056+0.000\ 001\ 12+\cdots$$

$$0.\dot{0}20\ 408\ 163\ 2\cdots755\dot{1}=\sum_{i=1}^{\infty}(2^i\times10^{-2i})=0.02+0.000\ 4+0.000\ 008+0.000\ 000\ 16+\cdots$$

利用刘－赵算法也可解释上述现象. 但现在我们撇开商数和余数，从级数角度考虑，可证得如下结论.

定理 3　常数 a,b,k 满足条件 $k\in\mathbf{N}^*$，$a\in\mathbf{R}$ 且 $a\neq0$，$0<|b|<10^k$，则

$$\sum_{i=1}^{\infty}(ab^{i-1}\times10^{-ki})=\frac{a}{10^k-b}$$

证明　待证式左边可变形为无穷级数 $\sum_{i=1}^{\infty}\left(\frac{a}{10^k}\times\left(\frac{b}{10^k}\right)^{i-1}\right)$.

因为 $0<|b|<10^k$，所以此级数即是以$\frac{a}{10^k}$为首项，以$\frac{b}{10^k}$为公比的无穷递缩等比数列的所有项的和. 由此易知结论成立. 证毕.

现在附加上条件 $a\in\mathbf{N}^*$，$b\in\mathbf{Z}$，且$(b,10)=1$，则$\frac{a}{10^k-b}$必可化为纯循环小数. 定理 3 表明：此时的纯循环小数必可表示为无穷级数 $\sum_{i=1}^{\infty}(ab^{i-1}\times10^{-ki})$.

比如：$\frac{1}{3}=\frac{1}{10-7}=\frac{1}{10^2-97}=\frac{1}{10^3-997}=\cdots$，代入定理 3 可知：$\frac{1}{3}$可以用无穷多种方式表示为此类无穷级数.

b 还可以是负整数. 比如：$\frac{1}{13}=\frac{1}{10-(-3)}$，代入定理 3 可知：$\frac{1}{13}$可以表示为以 0.1 为首项，以 −0.3 为公比的无穷递缩等比数列的所有项之和.

不难验证它们都是正确的！

对于任意正分数$\frac{r}{m}$，总有无穷多个正整数 k，使得 $m<10^k$. 而$\frac{r}{m}=\frac{r}{10^k-(10^k-m)}$，对照定理 3，可以得到下面的定理.

定理 4　任意正有理数都能以定理 3 中的方式用无穷多个无穷级数来表示.

此种表示方法并不局限于纯循环小数. 比如

$$\frac{1}{4}=\frac{2}{10-2}=\sum_{i=1}^{\infty}(2^i\times10^{-i})=0.2+0.04+0.008+0.001\ 6+0.000\ 32+\cdots$$

再看文献[3]中提到的某些循环小数的另一种奇妙现象

$$\frac{1}{243}=0.\dot{0}04\ 115\ 226\ 337\cdots781\ 89\dot{3}$$

$$=\sum_{i=0}^{\infty}((4+111i)\times10^{-3(i+1)})$$

$$=0.004+0.000\ 115+0.000\ 000\ 226+0.000\ 000\ 000\ 337+\cdots$$

其中004,115,226,337,448,…构成等差数列.

将其一般化,我们可得下面的定理.

定理5 a,b 为常数,$|x|<1$,则

$$\sum_{i=0}^{\infty}[(a+bi)x^{i+1}]=\frac{ax}{1-x}+\frac{bx^2}{(1-x)^2}$$

证明 因为 $|x|<1$,所以有 $\frac{1}{1-x}=\sum_{i=0}^{\infty}x^i$. 将两边求导,得

$$\frac{1}{(1-x)^2}=\sum_{i=1}^{\infty}ix^{i-1}$$

则

$$\frac{x}{1-x}=\sum_{i=0}^{\infty}x^{i+1},\frac{x^2}{(1-x)^2}=\sum_{i=0}^{\infty}ix^{i+1}$$

由此不难验证结论成立. 证毕.

在定理5中令 $x=10^{-k}(k\in\mathbf{N}^*)$,可得以下推论.

推论1 常数 a,b,k 满足条件 $a,b\in\mathbf{Z},k\in\mathbf{N}^*$,则

$$\sum_{i=0}^{\infty}[(a+bi)\times10^{-k(i+1)}]=\frac{a}{10^k-1}+\frac{b}{(10^k-1)^2}$$

因为 $(10,10^k-1)=1$,所以 $\frac{a}{10^k-1}+\frac{b}{(10^k-1)^2}$ 必可化为纯循环小数. 由推论6知,此时的纯循环小数必可表示为无穷级数 $\sum_{i=0}^{\infty}[(a+bi)\times10^{-k(i+1)}]$. 比如

$$\frac{1}{3}=\frac{2}{9}+\frac{9}{9^2}=\sum_{i=0}^{\infty}[(2+9i)\times10^{-(i+1)}]$$

$$=0.2+0.11+0.020+0.002\ 9+0.000\ 38+0.000\ 047+\cdots$$

在定理5中,令 $x=-10^{-k}(k\in\mathbf{N}^*)$,并略加变形,可得以下推论.

推论2 常数 a,b,k 满足条件 $a,b\in\mathbf{Z},k\in\mathbf{N}^*$,则

$$\sum_{i=0}^{\infty}[(a+bi)\times(-1)^i10^{-k(i+1)}]=\frac{a}{10^k+1}-\frac{b}{(10^k+1)^2}$$

因为 $(10,10^k+1)=1$,所以 $\frac{a}{10^k+1}-\frac{b}{(10^k+1)^2}$ 必可化为纯循环小数. 由推论7知,此时的纯循环小数必可表示为无穷级数 $\sum_{i=0}^{\infty}[(a+bi)\times(-1)^i10^{-k(i+1)}]$. 比如

$$\frac{10}{121}=\frac{1}{11}-\frac{1}{11^2}=\sum_{i=0}^{\infty}((1+i)\times(-1)^i10^{-(i+1)})$$

$$=0.1-0.02+0.003-0.000\ 4+0.000\ 05-0.000\ 006+\cdots$$

本文所述的十进制纯循环小数的性质和现象大多可以推广到其他进制的纯循环小数. 但限于篇幅,不再赘述.

参考文献

[1]张远达.循环小数[M].武汉:湖北教育出版社,1984.

[2]张远南.无限中的有限[M].上海:上海科学普及出版社,1990:58-60.

[3]杨世明,王雪芹.数学发现的艺术:数学中的合情推理[M].青岛:青岛海洋大学出版社,1998:204,211-213.

[4]谈祥柏.令人大吃一惊的求出素数倒数的循环节之新方法[J].小数数学教师,2017(1):78-80.

[5]刘元宗,赵武超.关于素循环小数的特征值[J].数学的实践与认识,2006,36(4):240-245.

[6]肖乐农.循环小数的一个猜想[J].中学生数学(高中版),2000(8):16.

[7]陈小松.循环小数的周期和数码和[J].云南大学学报(自然科学版),2007,29(3):217-222.

[8]张雅惠.有趣的素数倒数——循环数[J].中学生数学,2019(23):25-26.

[9]康明昌.循环小数[J].数学传播,2000,25(3):55-62.

[10]周持中.关于两个循环小数的猜想的加强与证明[J].中等数学,1998(3):19-20.

[11]苏文龙.质数倒数的循环节的一个性质[J].中学数学研究,2006(5):9.

[12]张晓涛.关于纯循环小数两个猜想的证明[J].科学咨询,2016(6):112.

[13]张伟.关于十进制循环小数的一个注记[D].苏州:苏州大学,2009:3,10-11,13.

[14]郭宝文.关于Artin猜想[J].数学的实践与认识,1988,18(2):95.

[15]甘志国.循环小数一个猜想的证明[J].中学数学月刊,2004(1):26.

[16]甘志国.纯循环小数的一个猜想的推广[J].中学数学,2006(5):38-39.

[17]乐茂华.关于单位分数的一个猜想[J].吉首大学学报(自然科学版),2008,29(1):1-2.

[18]康明昌.神秘的数　隐藏玄机[J].高等数学研究,2000,3(2):36,25.

[19]亨斯贝尔格.数学中的智巧[M].李忠,译.北京:北京大学出版社,1985:152-159.

[20]吴康,林观有.关于循环小数的一点注记[J].中等数学,1997(5):21.

[21]彭光焰.有趣的"缺8数"[J].数学通报,1998,37(8):40-41.

[22]谈祥柏.初探精细结构常数[J].科学(中文版),2000(3):57-58.

[23]宋佳.关于循环小数的几个猜想[J].中学数学教学参考,2004(12).

[24]潘承洞,潘承彪.初等数论[M].北京:北京大学出版社,1992.

作者简介

吴波,男,1974年出生,重庆长寿人.1996年毕业于重庆教育学院数学系(后更名为"重庆第二师范学院").中学一级教师,主要从事中学数学教学和初等数学研究工作.发表有《本原海伦数组公式》《也说蝴蝶定理的一般形式》《二次曲线的一个封闭性质——whc174的拓广和本质》《完全四点形九点二次曲线束及其对偶》《Brahmagupta四边形的构造方法》等多篇论文.

受 Vasile Cîrtoaje 不等式启发的不等式取等及对称不等式降次分拆研究

沈志军[1],何灯[2],柏一鸣[3]

(1. 咸阳宝石钢管钢绳有限公司　陕西　咸阳　712000;

2. 福建省福清第三中学　福建　福清　350315;

3. 浙江万里学院　浙江　宁波　315000)

摘　要:通过研究 Vasile Cîrtoaje 不等式的取等条件,得到了一个三元四次对称不等式,并给出了不等式的取等条件,因此获得了一类三元四次对称不等式的统一证明方法. 在此基础上,发现 Vasile Cîrtoaje 不等式的取等条件与仿射变换相关联,其取等条件隐含对称性,由此揭示了不等式的取等条件可在对称不等式分拆证明中应用,从而达到降次的目的,并指出了螺旋线包含多种对称信息,应在对称不等式证明中得到重视.

关键词:Vasile Cîrtoaje 不等式;取等条件;对称不等式

为了叙述方便,本文约定如下符号

$$\sum_{\mathrm{cyc}} f(x,y,z) = f(x,y,z) + f(y,z,x) + f(z,x,y)$$

$$a=\sin^2\frac{\pi}{7},b=\sin^2\frac{2\pi}{7},c=\sin^2\frac{3\pi}{7}$$

$$\omega=\cos\frac{2\pi}{3}+\mathrm{i}\sin\frac{2\pi}{3},\bar{\omega}=\cos\frac{4\pi}{3}+\mathrm{i}\sin\frac{4\pi}{3},\mathrm{i}^2=-1$$

一、引言

设 $x,y,z\in\mathbf{R}$,则

$$\sum_{\mathrm{cyc}}\left[\frac{1}{4}(5x^2-2xy-z^2)(x^2-2xy+z^2)\right]\geqslant 0 \tag{1}$$

设 $x,y,z\in\mathbf{R}$,则

$$\sum_{\mathrm{cyc}}\left[\left(x^2-yz+\frac{1}{2}z^2\right)(x-y)^2\right]\geqslant 0 \tag{2}$$

当且仅当 $x:y:z=1:1:1$ 或者 $x:y:z=a:b:c$ 及其轮换时,不等式取等.

式(1)与式(2)成立,但如何发现并证明该类问题? 为了叙述方便,先给出相关术语与引理.

二、术语的定义

定义 1(对称)　对一个事物进行一次变动或操作,如果经此操作后,该事物完全复原,那么称该事物对经历的操作是对称的.

定义 2(齐次函数)　如果函数 $f(x_1,x_2,\cdots,x_n)$ 满足 $f(tx_1,tx_2,\cdots,tx_n)=t^kf(x_1,x_2,\cdots,x_n)\ (t>0)$,那么称此函数是 k 次齐次函数.

定义 3(轮换对称函数)　如果函数 $f(x_1,x_2,\cdots,x_n)$ 按顺序轮换每个自变量所得的函数的表达式与原来函数的表达式相同,但存在两个自变量交换后所得的函数的表达式与原来函数的表达式不同,

那么此函数可称为轮换对称函数.

定义 4(完全对称函数) 如果函数 $f(x_1, x_2, \cdots, x_n)$ 任意交换两个自变量所得的函数的表达式与原来函数的表达式相同,那么此函数称为完全对称函数.

三、引理

引理 1 设 $z_1, z_2, z_3 \in \mathbf{C}$,则

$$(z_1 + z_2 z_3)(\overline{z_1} + \overline{z_2}\,\overline{z_3}) \geqslant 0 \tag{3}$$

当且仅当 $z_1 + z_2 z_3 = 0$ 时,不等式取等.

由复数模的定义可直接证明引理 1.

引理 2 设 $x, y, z \in \mathbf{R}$, $\forall \operatorname{Re}(Z), \operatorname{Im}(Z) \in \mathbf{R}$,则

$$\sum_{\text{cyc}} x^4 + [(\operatorname{Re}(Z))^2 + (\operatorname{Im}(Z))^2 - 1]\sum_{\text{cyc}} x^2y^2 + [2\operatorname{Re}(Z) - (\operatorname{Re}(Z))^2 - (\operatorname{Im}(Z))^2]\sum_{\text{cyc}} x^2yz +$$

$$[-\operatorname{Re}(Z) - \sqrt{3}\operatorname{Im}(Z)]\sum_{\text{cyc}} x^3y + [-\operatorname{Re}(Z) + \sqrt{3}\operatorname{Im}(Z)]\sum_{\text{cyc}} xy^3 \geqslant 0 \tag{4}$$

当且仅当

$$x:y:z = \left(1 + 2|Z^*|\cos\frac{\arg(Z^*)}{3}\right):\left(1 + 2|Z^*|\cos\frac{\arg(Z^*) + 2\pi}{3}\right):\left(1 + 2|Z^*|\cos\frac{\arg(Z^*) + 4\pi}{3}\right) \tag{5}$$

及其轮换时不等式取等,其中

$$Z^* = \frac{Z-2}{Z+1}$$

$$\begin{aligned}\arg(Z^*) &= \arccos\frac{(\operatorname{Re}(Z) - 2)(\operatorname{Re}(Z) + 1) + (\operatorname{Im}(Z))^2}{\sqrt{(\operatorname{Re}(Z) + 1)^2 + (\operatorname{Im}(Z))^2}\sqrt{(\operatorname{Re}(Z) - 2)^2 + (\operatorname{Im}(Z))^2}} \\ &= \arccos\frac{|Z|^2 - \operatorname{Re}(Z) - 2}{\sqrt{|Z|^2 + 2\operatorname{Re}(Z) + 1}\sqrt{|Z|^2 - 4\operatorname{Re}(Z) + 4}}\end{aligned}$$

Z 为任意复数.

证明 在引理 1 中,令 $Z_1 = x^2 + \omega y^2 + \overline{\omega} z^2$, $Z_2 = Z = \operatorname{Re}(Z) + \mathrm{i}\operatorname{Im}(Z)$, $Z_3 = yz + \omega zx + \overline{\omega} xy$,代入化简,即可证明引理 2 中的式(4). 下面证明取等条件,受取等条件的形式的启发,设[1]

$$x = (1 + m + \overline{m})t, y = (1 + \omega m + \overline{\omega m})t, z = (1 + \overline{\omega} m + \overline{\overline{\omega} m})t \tag{6}$$

其中 $m \in \mathbf{C}$, $t \neq 0$. 则

$$Z_1 = x^2 + \omega y^2 + \overline{\omega} z^2 = (3m^2 + 6\overline{m})t, Z_3 = yz + \omega zx + \overline{\omega} xy = (3m^2 - 3\overline{m})t \tag{7}$$

根据引理 1 的取等条件,当 $Z_2 = z$ 时

$$3m^2 + 6\overline{m} + Z(3m^2 - 3\overline{m}) = 0 \tag{8}$$

整理式(8)可得

$$\frac{m^2}{\overline{m}} = \frac{Z-2}{Z+1} = Z^* \tag{9}$$

又 $m \in \mathbf{C}$,设 $m = r(\cos\theta + \mathrm{i}\sin\theta)$,化简式(9)得

$$r(\cos 3\theta + \mathrm{i}\sin 3\theta) = |Z^*|(\cos(\arg(Z^*)) + \mathrm{i}\sin(\arg(Z^*))) \tag{10}$$

比较方程两端的实部和虚部,可得

$$\begin{cases} r\cos 3\theta = |Z^*|\cos(\arg(Z^*)) \\ r\sin 3\theta = |Z^*|\sin(\arg(Z^*)) \end{cases} \tag{11}$$

由复数运算得

$$\begin{cases} r = |Z^*| \\ \theta = \dfrac{\arg(Z^*)+2k\pi}{3} \end{cases} \tag{12}$$

其中 $k=0,1,2$. 当 k 取不同值时,x,y,z 循环取等,故令 $k=0$,可得

$$\begin{cases} r = |Z^*| \\ \theta = \dfrac{\arg(Z^*)}{3} \end{cases} \tag{13}$$

其中 $Z^* = \dfrac{Z-2}{Z+1}$,将式(13)代入式(6)可得

$$x = [1+|Z^*|(\cos\theta+\mathrm{i}\sin\theta)+|Z^*|(\cos(-\theta)+\mathrm{i}\sin\theta)]t = \left[1+2|Z^*|\cos\frac{\arg(|Z^*|)}{3}\right]t$$

同理

$$y = \left[1+2|Z^*|\cos\frac{\arg(Z^*)+2\pi}{3}\right]t, z = \left[1+2|Z^*|\cos\frac{\arg(Z^*)+4\pi}{3}\right]t$$

因此

$$x:y:z = \left(1+2|Z^*|\cos\frac{\arg(Z^*)}{3}\right):\left(1+2|Z^*|\cos\frac{\arg(Z^*)+2\pi}{3}\right):\left(1+2|Z^*|\cos\frac{\arg(Z^*)+4\pi}{3}\right) \tag{14}$$

即取等条件为式(5)成立.

引理3 一元三次方程 $64x^3-112x^2+56x-7=0$ 的三个根是 a,b,c.

证明 由 $\prod\limits_{k=1}^{n}\sin\dfrac{k\pi}{2n+1} = \dfrac{\sqrt{2n+1}}{2^n}$[2] 可知 $\prod\limits_{k=1}^{3}\sin\dfrac{k\pi}{7} = \dfrac{\sqrt{7}}{8}$,则

$$abc = \prod_{k=1}^{3}\sin^2\frac{k\pi}{7} = \frac{7}{64} \tag{15}$$

由 $\sum\limits_{k=1}^{n}\cos^2\dfrac{k\pi}{2n+1} = \dfrac{2n-1}{4}$[3] 可知 $\sum\limits_{k=1}^{3}\cos^2\dfrac{k\pi}{2n+1} = \dfrac{5}{4}$,则

$$a+b+c = \sum_{k=1}^{3}\sin^2\frac{k\pi}{7} = 3-\sum_{k=1}^{3}\cos^2\frac{k\pi}{2n+1} = \frac{7}{4} \tag{16}$$

设 $S=\cos\dfrac{\pi}{7}+\mathrm{i}\sin\dfrac{\pi}{7}$,$\bar{S}=\cos\dfrac{\pi}{7}-\mathrm{i}\sin\dfrac{\pi}{7}$,则 $S\bar{S}=1$,$S^7=-1$,$S^{14}=1$. 因此

$$\begin{aligned} ab+bc+ca &= \left(\frac{S^2-1}{2\mathrm{i}S}\right)^2\left(\frac{S^4-1}{2\mathrm{i}S^2}\right)^2+\left(\frac{S^4-1}{2\mathrm{i}S^2}\right)^2\left(\frac{S^6-1}{2\mathrm{i}S^3}\right)^2+\left(\frac{S^6-1}{2\mathrm{i}S^3}\right)^2\left(\frac{S^2-1}{2\mathrm{i}S}\right)^2 \\ &= \frac{1}{16}\times\frac{12S^{10}-3S^6-2S^{12}-3S^{16}-3S^{14}+S^{20}-2S^8+S^{18}+S^2+1-3S^4}{S^{10}} \\ &= \frac{1}{16}\times\frac{-12S^3-3S^6+2S^5-3S^2-3+S^6+2S+S^4+S^2+1-3S^4}{-S^3} \\ &= \frac{3}{4}+\frac{1}{16}\times\frac{-2(1-S+S^2)(1+S^4)}{-S^3} \\ &= \frac{3}{4}+\frac{1}{8}\times\frac{(1+S)(1-S+S^2)(1+S^4)}{S^3(1+S)} \\ &= \frac{3}{4}+\frac{1}{8}\times\frac{(1+S^3)(1+S^4)}{S^3(1+S)} = \frac{7}{8} \end{aligned}$$

综上

$$ab+bc+ca=\frac{7}{8} \tag{17}$$

由式(15)~(17)与 Vieta 定理知,a,b,c 是一元三次方程 $x^3-\frac{7}{4}x^2+\frac{7}{8}x-\frac{7}{64}=0$ 的三个根,整理即为引理 3.

引理 4

$$\begin{aligned}&\frac{a}{1+\frac{2\sqrt{7}}{7}\cos\left(\frac{1}{3}\arccos\left(-\frac{\sqrt{7}}{14}\right)+\frac{2\pi}{3}\right)}\\=&\frac{b}{1+\frac{2\sqrt{7}}{7}\cos\left(\frac{1}{3}\arccos\left(-\frac{\sqrt{7}}{14}\right)+\frac{4\pi}{3}\right)}\\=&\frac{c}{1+\frac{2\sqrt{7}}{7}\cos\left(\frac{1}{3}\arccos\left(-\frac{\sqrt{7}}{14}\right)\right)}\\=&\frac{7}{12}\end{aligned}$$

在引理 3 中,令一一映射 $y=\frac{12x-7}{2\sqrt{7}}$,则 $4y^3-3y+\frac{\sqrt{7}}{14}=0$,即得引理 4.

引理 5 设实系数 n 元 m 次连续函数 $F(x)$,则在点$(x_1^*,x_2^*,\cdots,x_n^*)$处,$F(x)$有 Taylor 展开式

$$\begin{aligned}&F(x_1,x_2,\cdots,x_n)\\=&F(x_1^*,x_2^*,\cdots,x_n^*)+\sum_{k_1=1}^{n}(x_{k_1}-x_{k_1}{}^*)F_{k_1}^{(1)}(x_1,x_2,\cdots,x_n)+\\&\frac{1}{2!}\sum_{k_1,k_2=1}^{n}(x_{k_1}-x_{k_1}{}^*)(x_{k_2}-x_{k_2}{}^*)F_{x_{k_1}x_{k_2}}^{(2)}(x_1,x_2,\cdots,x_n)+\cdots+\\&\frac{1}{m!}\sum_{k_1,k_2,\cdots,k_m=1}^{n}(x_{k_1}-x_{k_1}{}^*)(x_{k_2}-x_{k_2}{}^*)\cdots(x_{k_m}-x_{k_m}{}^*)F_{x_{k_1}x_{k_2}\cdots x_{k_m}}^{(m)}(x_1,x_2,\cdots,x_n)\end{aligned}$$

例如:$F(x)=x^3$,在 $x=y$ 处展开可得 $F(x)=y^3+3y^2(x-y)+3y(x-y)^2+(x-y)^3$.

引理 6 可微函数 $f(x_1,x_2,\cdots,x_n)$为 k 次齐次函数的充要条件,即 Euler 定理为

$$\sum_{i=1}^{n}x_i\frac{\partial f}{\partial x_i}=kf$$

四、应用

(一)不等式取等

例 1 设 $x,y,z\in\mathbf{R}$,则

$$\left(\sum_{\text{cyc}}x^2\right)^2-3\sum_{\text{cyc}}x^3y\geqslant 0 \tag{18}$$ [4]

或者

$$\left(\sum_{\text{cyc}}x^2\right)^2-3\sum_{\text{cyc}}xy^3\geqslant 0 \tag{19}$$ [4]

当且仅当 $x:y:z=1:1:1$ 或者 $x:y:z=a:b:c$ 及其轮换时,式(18)与式(19)取等. 式(18)与式(19)称为 Vasile Cîrtoaje 不等式,由罗马尼亚的 Vasile Cîrtoaje 提出. 本文工作受该不等式启发.

由于式(18)与式(19)采用置换后等价,因此下文仅证明式(18).

证明
$$\left(\sum_{cyc}x^2\right)^2-3\sum_{cyc}x^3y=\sum_{cyc}x^4+2\sum_{cyc}x^2y^2-3\sum_{cyc}x^3y \tag{20}$$

比较式(20)与引理2的各项系数可获得方程组

$$\begin{cases}(\mathrm{Rz}(Z))^2+(\mathrm{Im}(Z))^2-1=2\\(\mathrm{Re}(Z))^2+(\mathrm{Im}(Z))^2-2\mathrm{Re}(Z)=0\\-\mathrm{Re}(Z)+\sqrt{3}\mathrm{Im}(Z)=0\\-\mathrm{Re}(Z)-\sqrt{3}\mathrm{Im}(Z)=-3\end{cases} \tag{21}$$

解得

$$\begin{cases}\mathrm{Re}(Z)=\dfrac{3}{2}\\\mathrm{Im}(Z)=\dfrac{\sqrt{3}}{2}\end{cases} \tag{22}$$

由引理2可知式(18)成立,此时

$$Z^*=\frac{Z-2}{Z+1}=\frac{-\dfrac{1}{2}+\dfrac{\sqrt{3}}{2}\mathrm{i}}{\dfrac{5}{2}+\dfrac{\sqrt{3}}{2}\mathrm{i}}=\frac{\sqrt{7}}{7}\left(\frac{-\sqrt{7}}{14}+\frac{3\sqrt{21}}{14}\mathrm{i}\right)$$

则

$$\begin{cases}|Z^*|=\dfrac{1}{\sqrt{7}}\\\theta=\dfrac{1}{3}\arccos\left(-\dfrac{\sqrt{7}}{14}\right)\end{cases} \tag{23}$$

由引理2和引理4可知,式(18)当 $x:y:z=a:b:c$ 及其轮换时取等,而式(18)当 $x:y:z=1:1:1$ 时取等是显然的.将式(1)与式(2)展开等于式(20)的左边,因此成立.

例2 设 $x,y,z\in\mathbf{R}$,则

$$m\sum_{cyc}x^4+n\sum_{cyc}x^2y^2+p\sum_{cyc}x^3y+g\sum_{cyc}xy^3-(m+n+p+g)\sum_{cyc}x^2yz\geqslant 0 \tag{24}$$

当且仅当 $m>0$ 且 $3m(m+n)\geqslant p^2+pg+g^2$ 时,不等式成立.

式(24)是越南人 Võ Quốnc Bá Cẩn 的定理,他用式(24)证明了与四次函数相关的大量不等式,本文将说明式(24)的成立条件并不全面.

证明 当 $m>0$ 时,比较式(24)与引理2的各项系数可获得方程组

$$\begin{cases}\dfrac{n}{m}=(\mathrm{Re}(Z))^2+(\mathrm{Im}(Z))^2-1\\\dfrac{p}{m}=-\mathrm{Re}(Z)-\sqrt{3}\mathrm{Im}(Z)\\\dfrac{g}{m}=-\mathrm{Re}(Z)+\sqrt{3}\mathrm{Im}(Z)\\\dfrac{m+n+p+g}{m}=(\mathrm{Re}(Z))^2+(\mathrm{Im}(Z))^2-2\mathrm{Re}(Z)\end{cases} \tag{25}$$

由式(25)可得

$$\begin{cases}\dfrac{(m+n)}{m}=(\mathrm{Re}(Z))^2+(\mathrm{Im}(Z))^2\\ -\dfrac{p+g}{2m}=\mathrm{Re}(Z)\\ -\dfrac{p-g}{2\sqrt{3}m}=\mathrm{Im}(Z)\end{cases}\tag{26}$$

将式(26)中的第 2 式与第 3 式代入第 1 式,并整理,可得

$$3m(m+n)=\frac{3(p^2+g^2)}{2}\tag{27}$$

由基本不等式得

$$\frac{3(p^2+g^2)}{2}\geqslant p^2+pg+g^2\tag{28}$$

应当说明,式(27)说明当 $m>0$ 时,还需 $m+n>0$,笔者猜测 Võ Quốnc Bá Cẩn 可能未注意式(24)成立还需 $m+n>0$,他应用式(24)的例题均满足该条件.

综上所述,式(24)成立的条件是 $m>0,m+n>0,3m(m+n)\geqslant p^2+pg+g^2$. 当 $Z=-\dfrac{p+g}{2m}-\dfrac{p-g}{2\sqrt{3}m}\mathrm{i}$,且 $Z^*=\dfrac{Z-2}{Z+1}$,$3m(m+n)=p^2+pg+g^2$ 时,式(24)的取等条件满足式(5). 选择适当的参数,由式(5)可得 x,y,z 的任意比值. 式(5)对于重新认知不等式取等条件有启示.

此外,由于式(2)含有平方项,前面系数形成的参数为 2 次,相当于将原问题降次分拆,这是一个重要的证明不等式的思路[5],对该类分拆的等价类已有较为深入的研究,[6,7,8,9,10]分拆是该类证明成功的基础. 受式(5)和引理 5 的启发,本文将讨论与齐次对称函数相关的不等式分拆问题.

(二)对称不等式分拆

例 3 设实系数 n 元齐次完全对称函数 $F(x)$ 满足:当 $x_1=x_2=\cdots=x_n$ 时,有 $F(x)=0$,且 $F(x)$ 的次数不小于 2. 存在多项式 $P(i,j,x)$ 使得[11]

$$F(x)=\sum_{1\leqslant i<j\leqslant n}P(i,j,x)(x_i-x_j)^2$$

证明 将函数 $F(x_1,x_2,\cdots,x_n)$ 在点 $P(x_2,x_3,\cdots,x_n,x_1)$ 处展开,并设函数 $F(x_1,x_2,\cdots,x_n)$ 的次数为 m 次,由引理 5 可得

$$\begin{aligned}F(x_1,x_2,\cdots,x_n)=&F(x_2,x_3,\cdots,x_n,x_1)+\left[\sum_{i=1}^{n-1}(x_i-x_{i+1})\frac{\partial F(x_1,x_2,\cdots,x_n)}{\partial x_i}+(x_n-x_1)\frac{\partial F(x_1,x_2,\cdots,x_n)}{\partial x_n}\right]+\\&\sum_{q=2}^{m}\frac{1}{q!}\left\{\sum_{i=1}^{n-1}\left[(x_i-x_{i+1})\frac{\partial}{\partial x_i}+(x_n-x_1)\frac{\partial}{\partial x_n}\right]^qF(x_2,x_3,\cdots,x_n,x_1)\right\}\end{aligned}\tag{29}$$

其中将$\dfrac{\partial}{\partial x_i}$和$\dfrac{\partial}{\partial x_n}$当作一个数对待(而不是当作微分运算符号).[12]当 $x_1=x_2=\cdots=x_n$ 时,有 $F(x)=0$,则式(29)可简化为

$$\begin{aligned}F(x_1,x_2,\cdots,x_n)=&\left[\sum_{i=1}^{n-1}(x_i-x_{i+1})\frac{\partial F(x_2,x_3,\cdots,x_n,x_1)}{\partial x_i}+(x_n-x_1)\frac{\partial F(x_2,x_3,\cdots,x_n,x_1)}{\partial x_n}\right]+\\&\sum_{q=2}^{m}\frac{1}{q!}\left\{\sum_{i=1}^{n-1}\left[(x_i-x_{i+1})\frac{\partial}{\partial x_i}+(x_n-x_1)\frac{\partial}{\partial x_n}\right]^qF(x_2,x_3,\cdots,x_n,x_1)\right\}\end{aligned}\tag{30}$$

则 $F(x)$ 对 x_j 求导得

$$\frac{\partial F(x_1,x_2,\cdots,x_n)}{\partial x_j}=\left[\frac{\partial F(x_2,x_3,\cdots,x_n,x_1)}{\partial x_j}-\frac{\partial F(x_2,x_3,\cdots,x_n,x_1)}{\partial x_{j+1}}\right]+$$

$$\sum_{q=2}^{m}\frac{1}{q!}\left[\sum_{i=1}^{n-1}\left[(x_i-x_{i+1})\frac{\partial}{\partial x_i}+(x_n-x_1)\frac{\partial}{\partial x_n}\right]^q F(x_2,x_3,\cdots,x_n,x_1)\right]\Bigg|'_{x_j}\tag{31}$$

在式(31)中,x_j,x_{j+1}中的j的取值为$1,2,\cdots,n$,并令$x_{n+1}=x_1$.

对式(31)中第2个方括号内含有x_j的项求导后,均含有项(x_j-x_{j+1}).在点$P(x_2,x_3,\cdots,x_n,x_1)$处,当$x_1=x_2=\cdots=x_n$时,第二个方括号为0,由式(31)可得

$$\frac{\partial F(x_1,x_2,\cdots,x_n)}{\partial x_j}\bigg|_P=\left(\frac{\partial F(x)}{\partial x_j}-\frac{\partial F(x)}{\partial x_{j+1}}\right)\bigg|_P\tag{32}$$

由完全对称函数的定义交换函数的自变量x_j,x_{j+1},可得

$$F(x_1,x_2,\cdots,x_j,x_{j+1},\cdots,x_n)=F(x_1,x_2,\cdots,x_{j+1},x_j,\cdots,x_n)\tag{33}$$

根据引理6与式(33)得恒等式

$$\begin{aligned}&x_j\frac{\partial F(x_1,x_2,\cdots,x_j,x_{j+1},\cdots,x_n)}{\partial x_j}+x_{j+1}\frac{\partial F(x_1,x_2,\cdots,x_j,x_{j+1},\cdots,x_n)}{\partial x_{j+1}}\\&=x_{j+1}\frac{\partial F(x_1,x_2,\cdots,x_{j+1},x_j,\cdots,x_n)}{\partial x_j}+x_j\frac{\partial F(x_1,x_2,\cdots,x_{j+1},x_j,\cdots,x_n)}{\partial x_{j+1}}\end{aligned}\tag{34}$$

在点$P(x_2,x_3,\cdots,x_n,x_1)$处,比较$x_j,x_{j+1}$的系数可得

$$\frac{\partial F(x_1,x_2,\cdots,x_j,x_{j+1},\cdots,x_n)}{\partial x_{j+1}}=\frac{\partial F(x_1,x_2,\cdots,x_{j+1},x_j,\cdots,x_n)}{\partial x_j}\tag{35}$$

当$x_1=x_2=\cdots=x_n$时,联立式(32)和式(35),可得

$$\frac{\partial F(x)}{\partial x_i}\bigg|_P=0\tag{36}$$

在点$P(x_2,x_3,\cdots,x_n,x_1)$处,当$x_1=x_2=\cdots=x_n$时,联立式(30)和式(36),可得

$$F(x_1,x_2,\cdots,x_n)\mid_P=\sum_{q=2}^{m}\frac{1}{q!}\left\{\sum_{i=1}^{n-1}\left[(x_i-x_{i+1})\frac{\partial}{\partial x_i}+(x_n-x_1)\frac{\partial}{\partial x_n}\right]^q F(x_2,x_3,\cdots,x_n,x_1)\right\}\tag{37}$$

注意恒等式

$$(x_j-x_i)(x_j-x_k)=\frac{1}{2}[(x_j-x_i)^2+(x_j-x_k)^2-(x_i-x_k)^2]\tag{38}$$

联立式(37)与式(38),并合并同类项,即得例3.有趣之处为式(36)是例3的隐含结论.

例4 设$x,y,z\in\mathbf{R}$,则

$$\sum_{\text{cyc}}(x^4y^2+x^2y^4)+2\sum_{\text{cyc}}x^3y^3-\sum_{\text{cyc}}x^4yz-\sum_{\text{cyc}}(x^3y^2z+x^2y^3z)-3x^2y^2z^2\geqslant 0$$

证明 在引理1中,令$Z_1=0,Z_2=Z=\mathrm{Re}(Z)+\mathrm{iIm}(Z),Z_3=(x^2y+xy^2)+\omega(y^2z+yz^2)+\overline{\omega}(z^2x+zx^2)$,当$|Z_2|\neq 0$时,化简即为例4.

例5 设$x,y,z\in\mathbf{R}$,则

$$\sum_{\text{cyc}}x^4+\sum_{\text{cyc}}xy^3-2\sum_{\text{cyc}}x^3y\geqslant 0$$

证明 与引理2的各项系数进行比较,可得方程组

$$\begin{cases}(\mathrm{Re}(Z))^2+(\mathrm{Im}(Z))^2-1=0\\(\mathrm{Rz}(Z))^2+(\mathrm{Im}(Z))^2-2\mathrm{Re}(Z)=0\\-\mathrm{Re}(Z)+\sqrt{3}\,\mathrm{Im}(Z)=1\\-\mathrm{Re}(Z)-\sqrt{3}\,\mathrm{Im}(Z)=-2\end{cases}\tag{39}$$

解得

$$\begin{cases}\mathrm{Re}(Z)=\dfrac{1}{2}\\[2ex]\mathrm{Im}(Z)=\dfrac{\sqrt{3}}{2}\end{cases}\tag{40}$$

其中 $Z=\frac{1}{2}+\mathrm{i}\frac{\sqrt{3}}{2},Z^*=\frac{Z-2}{Z+1}=\frac{-\frac{3}{2}+\mathrm{i}\frac{\sqrt{3}}{2}}{\frac{3}{2}+\mathrm{i}\frac{\sqrt{3}}{2}}=\frac{\cos\frac{5\pi}{6}+\mathrm{i}\sin\frac{5\pi}{6}}{\cos\frac{\pi}{6}+\mathrm{i}\sin\frac{\pi}{6}}=\cos\frac{2\pi}{3}+\mathrm{i}\sin\left(\frac{2\pi}{3}\right),|Z^*|=1,\arg(Z^*)=\frac{2\pi}{3}$.

取等条件为

$$\begin{aligned}x:y:z&=\left(1+2|Z^*|\cos\frac{\arg(Z^*)}{3}\right):\left(1+2|Z^*|\cos\frac{\arg(Z^*)+2\pi}{3}\right):\left(1+2|Z^*|\cos\frac{\arg(Z^*)+4\pi}{3}\right)\\&=\left(1+2\cos\frac{2\pi}{9}\right):\left(1+2\cos\frac{8\pi}{9}\right):\left(1+2\cos\frac{14\pi}{9}\right)\end{aligned}$$

例 5 由褚小光先生提供,但最早的出处似乎还是 Võ Quốnc Bá Cẵn.

五、小结

笔者曾对例 3 有两个疑问:一是当 $x_1=x_2=\cdots=x_n$ 时,例 3 需要约束条件 $F(x)=0$. 这个约束条件严格,大量不等式不满足;二是分拆基的次数为何是 2 次[13]. 下文分析上述两个问题.

由引理 5 可知 $x_1=x_2=\cdots=x_n$ 有 $F(x)=0$,则常数项为 0. 根据式(36)与多项式带余数的除法性质,可得取等型的分拆基函数至少为 2 次,而且根据式(37)可发现,分拆系数 $P(i,j,x)$ 是原不等式问题中对应函数的部分偏导数之和.

实际上,完全对称保证各变量之间存在 Abel 代换(国内不等式学者也称为"差分代换"),如果取等点函数值为 0,从而使得函数在取等点至少一阶导数为 0.

综上所述,可以利用不等式取等条件构造分拆基,则证明不等式就简化为系数的判定问题. 由于分拆基可以是 1 次或者数次函数,从而达到对原不等式的对应函数降次的目的,例 3 给出了平方分拆理论的依据,类似方法应得到关注.

本文工作的另一个启发来自于钢丝绳领域,笔者研究发现钢丝绳参数关联因子 n 的最佳取值为 3,7[14,15]等素数. 在对因子 n 的性质分析中,笔者发现该参数可能与"双周期函数"有直接关系,即 n 与引理 1 结构类似,已有文献中的式(12)是引理 1 的出处[16],文献[16]的式(12)的本质是一个仿射变换(类似于引理 1). 钢丝绳的本质是螺旋线,它是自然在几十亿年中选择的曲线,大自然在启发工程师思考. 本文的不等式问题和钢丝绳问题最大的类似点在于对称性完全相同,因此引理 1 是发现不等式的一种方法.

与不等式取等条件是自变量取值相等比较,仿射变换指出,自变量取值不相等才是大量存在的情况.

参考文献

[1]孟道骥,陈良云,史毅茜,等. 抽象代数:第 2 版[M]. 北京:科学出版社,2003:209-217.

[2]袁高文. 解析 n 次单位根在三角数列中的应用[J]. 陕西教育学院学报,2002,18(2):71-73.

[3]刘治国. 关于三角函数 $S_m(n)=\sum_{k=1}^{n}\cos^m\frac{2k\pi}{2n+1}$ 的和[J]. 青岛教育学院学报(综合版),1994,15(3):45-49.

[4]张宏. Vasc不等式的证明及应用[J]. 数学通报,2012,51(2):53-55.

[5]杨学枝. 证明不等式的一种方法——兼答若干猜想题[J]. 数学通报,1998,37(3):27-31.

[6]姚勇,陈胜利. 用Schur分析证明不等式竞赛题[J]. 中学数学,2007(12):6-10

[7]褚小光. 三元n次对称不等式的分拆法[M]//杨学枝. 不等式研究:第2辑. 哈尔滨:哈尔滨工业大学出版社,2012: 308-314.

[8]何灯. 三元n次对称不等式的平分型分析及其他[J]. 佛山科学技术学院学报(自然科学版),2010,28(4): 51-57.

[9]陈胜利,黄方剑. 三元对称形式的Schur分析与不等式的可读证明[J]. 数学学报,2006,49(3): 491-502.

[10]刘保乾. S_i类多项式初探[J]. 广东教育学院学报,2007,27(5):6-13.

[11]文家金,张勇. 齐次对称多项式的分拆原理与方差平均不等式猜想[J]. 四川师范大学学报(自然科学版),2006,29(4):438-440.

[12]《数学手册》编写组. 数学手册[M]. 北京:高等教育出版社,2013:222-225.

[13]沈志军. 物理学量纲在不等式证明中的应用[J]. 广东第二师范学院学报(自然科学版),2017,37(5):49-55.

[14]沈志军,秦万信,张东昱,等. 钢丝绳参数关联因子的应用探讨[J]. 金属制品,2019,45(5):4-9.

[15]王时龙,周杰,李小勇,等. 多股螺旋弹簧[M]. 北京:科学出版社,2011:40-41.

[16]沈志军,魏朝晖,蔡继峰,等. 微分几何观点在钢丝绳理论计算中的应用[J]. 金属制品,2017,43(4):9-12.

作 者 简 介

沈志军,1979出生,咸阳宝石钢管钢绳有限公司高级工程师,主要研究方向为钢丝绳空间几何与力学模型、工程问题的不等式模型,发表论文60余篇(外文1篇).

何灯,1984出生,福建省福清第三中学一级教师,主要研究方向为不等式仿真,发表论文100余篇.

柏一鸣,2000出生,浙江万里学院在读,主要研究方向为解析主要不等式,发表论文数篇.

一类复数(向量)模最大值问题的探讨

孙世宝

(丹阳中学　安徽　马鞍山　243121)

一、引言及引理

有这样一个老问题:已知 z 为复变数,且 $|z|=1$. 求 $|z^3-3z+2|$ 的最大值.

下面我们先介绍它的几个解答,然后把它推广到一般情形.

引理1(最大模原理)　设复变函数 $f(z)$ 在区域 D 内解析,且恒不为常数,则 $|f(z)|$ 在区域 D 内的任意一点都取不到最大值.

引理2　设 $f_i(z)\ (i=1,2,\cdots,n)$ 为闭区域 D 内的复解析函数,则 $\sum\limits_{i=1}^{n}|f_i(z)|$ 的最大值可在边界 ∂D 上取到.

引理的证明可参见文献[1].

二、老问题的几个解答

解法1(消元,求导或三元均值)　设 $z=x+y\mathrm{i}, x^2+y^2=1, s=z^3-3z+2$,那么

$$s=(x^3-3xy^2-3x+2)+(3x^2y-y^3-3y)\mathrm{i}=2(x-1)(2x^2+2x-1)-4y^3\mathrm{i}$$

$$\begin{aligned}|s|^2&=4(x-1)^2[(2x^2+2x-1)^2+4(1-x)(x+1)^3]\\&=4(x-1)^2(4x+5)=(2-2x)^2(4x+5)\\&\leqslant\left(\frac{2-2x+2-2x+4x+5}{3}\right)^3=27\end{aligned}$$

$$|s|\leqslant 3\sqrt{3}$$

不难得到 $x=-\dfrac{1}{2}, |s|_{\max}=3\sqrt{3}$.

解法2(三角换元,放缩,配方)　设 $z=\cos\theta+\mathrm{i}\sin\theta$,则

$$s=\cos 3\theta-3\cos\theta+2+(\sin 3\theta-3\sin\theta)\mathrm{i}$$

于是

$$\begin{aligned}|s|^2&=(\cos 3\theta-3\cos\theta+2)^2+(\sin 3\theta-3\sin\theta)^2\\&=14-6\cos(3\theta-\theta)+4(\cos 3\theta-3\cos\theta)\\&\leqslant 18-6\cos 2\theta-12\cos\theta\\&=27-3(2\cos\theta+1)^2\leqslant 27\quad(\text{余略})\end{aligned}$$

(其实不放缩,利用三倍角和二倍角公式转化为 $\cos\theta$ 的三次式,利用导数也可以.)

解法3(构造恒等式,均值不等式)

$$|s|=(z-1)^2(z+2)=|z-1|^2|z+2|\leqslant\sqrt{\left(\frac{2|z-1|^2+|z+2|^2}{3}\right)^3}$$

注意到

$$2|z-1|^2+|z+2|^2=2(z-1)(\bar{z}-1)+(z+2)(\bar{z}+2)=3z\bar{z}+6=9$$

于是知道$|s|\leqslant 3\sqrt{3}$,取等条件为

$$\begin{cases}z\bar{z}=1\\|z-1|=|z+2|\end{cases}\Leftrightarrow z=-\frac{1}{2}\pm\frac{\sqrt{3}}{2}\mathrm{i}$$

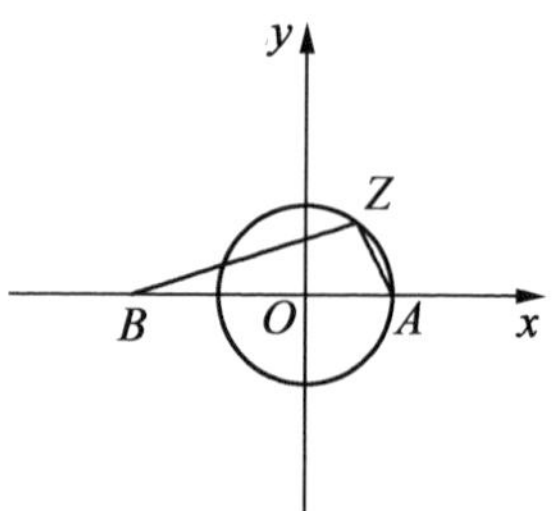

图1

如图1所示,$z_A=1,z_B=-2,Z$为圆上一个动点,则有恒等式$2|ZA|^2+|ZB|^2=9$,即在此条件下求$|ZA|^2|ZB|$的最大值.

注意到

$$z_A+z_A+z_B=0,|z|=1\Leftrightarrow\left|z-\frac{z_A+z_A+z_B}{3}\right|=1$$

解法4

$$\begin{aligned}|s|&=\sqrt{[(x-1)^2+y^2]^2[(x+2)^2+y^2]}\\&=\sqrt{(2-2x)^2(5+4x)}\\&\leqslant\sqrt{\left(\frac{2-2x+2-2x+5+4x}{3}\right)^3}=3\sqrt{3}\end{aligned}$$

我们把问题一般化,有下面的内容.

三、几个一般性问题

问题1 已知三条直线$L_i:a_ix+b_iy+c_i=0,i=1,2,3$,它们围成的三角形的内部及边界上的动点$P(x,y)$满足$a_ix+b_iy+c_i\geqslant 0,i=1,2,3$. 求$s=\prod_{i=1}^{3}(a_ix+b_iy+c_i)$的最大值.

问题2 已知z_1,z_2,z_3为给定的复数,原点O在$\triangle z_1z_2z_3$围成的区域内或边界上. 复变数z满足$|z|=c$(c^2是一个二次方程的根,具体见后面内容). 试求$|(z-z_1)(z-z_2)(z-z_3)|$的最大值.

问题1比问题2更基本,也不难把问题2用向量来表述.

问题3 当$z_1,z_2,z_3\in\mathbf{R}$时,$|z|=1$. 试求$|(z-z_1)(z-z_2)(z-z_3)|$的最大值.

此问题可以转化为求x的三次函数在$x\in[-1,1]$上的最大值,具体求解略.

问题4 已知动点P在$\triangle ABC$围成的区域内或边界上. 试求$\prod PA=PA\cdot PB\cdot PC$的最大值.

四、问题的解答及几个定理和推论

问题1的解答 方法1:设存在待定常数$\lambda_i>0,i=1,2,3$,则

$$s=\frac{1}{\prod\lambda_i}\cdot\prod\lambda_i(a_ix+b_iy+c_i)\leqslant\frac{1}{\prod\lambda_i}\cdot\left[\frac{\sum\lambda_i(a_ix+b_iy+c_i)}{3}\right]^3$$

于是

$$s\leqslant\frac{1}{\prod\lambda_i}\cdot\left[\frac{(\sum a_i\lambda_i)x+(\sum b_i\lambda_i)y+\sum c_i\lambda_i}{3}\right]^3$$

令$\sum a_i\lambda_i=\sum b_i\lambda_i=0$,可见

$$s\leqslant\frac{1}{\prod\lambda_i}\cdot\left(\frac{\sum c_i\lambda_i}{3}\right)^3$$

可求得

$$\frac{\lambda_1}{\begin{vmatrix}a_2&a_3\\b_2&b_3\end{vmatrix}}=\frac{\lambda_2}{\begin{vmatrix}a_3&a_1\\b_3&b_1\end{vmatrix}}=\frac{\lambda_3}{\begin{vmatrix}a_1&a_2\\b_1&b_2\end{vmatrix}}=t$$

不妨设

$$D_1=\begin{vmatrix}a_2 & a_3\\ b_2 & b_3\end{vmatrix},D_2=\begin{vmatrix}a_3 & a_1\\ b_3 & b_1\end{vmatrix},D_3=\begin{vmatrix}a_1 & a_2\\ b_1 & b_2\end{vmatrix}$$

则 $\lambda_i=D_it,i=1,2,3$. 因此

$$s\leqslant\frac{|Dt|^3}{27\prod\lambda_i}=\frac{|D|^3}{27|D_1D_2D_3|},D=\begin{vmatrix}a_1 & a_2 & a_3\\ b_1 & b_2 & b_3\\ c_1 & c_2 & c_3\end{vmatrix}$$

取等条件为 $\lambda_i(a_ix+b_iy+c_i)=\mu,i=1,2,3$. 再设 $z=-\frac{u}{t},d_i=\frac{1}{D_i},i=1,2,3$,得方程组

$$\begin{cases}a_1x+b_1y+d_1z=-c_1\\ a_2x+b_2y+d_2z=-c_2\\ a_3x+b_3y+d_3z=-c_3\end{cases},x=\frac{\begin{vmatrix}b_1 & c_1 & d_1\\ b_2 & c_2 & d_2\\ b_3 & c_3 & d_3\end{vmatrix}}{\begin{vmatrix}a_1 & b_1 & d_1\\ a_2 & b_2 & d_2\\ a_3 & b_3 & d_3\end{vmatrix}},y=-\frac{\begin{vmatrix}a_1 & c_1 & d_1\\ a_2 & c_2 & d_2\\ a_3 & c_3 & d_3\end{vmatrix}}{\begin{vmatrix}a_1 & b_1 & d_1\\ a_2 & b_2 & d_2\\ a_3 & b_3 & d_3\end{vmatrix}}$$

将每个行列式按第三列展开,不难求得 $\begin{vmatrix}a_1 & b_1 & d_1\\ a_2 & b_2 & d_2\\ a_3 & b_3 & d_3\end{vmatrix}=3$,则

$$x=\frac{1}{3}\left(\frac{\begin{vmatrix}b_2 & c_2\\ b_3 & c_3\end{vmatrix}}{\begin{vmatrix}a_2 & b_2\\ a_3 & b_3\end{vmatrix}}+\frac{\begin{vmatrix}c_3 & b_3\\ c_1 & b_1\end{vmatrix}}{\begin{vmatrix}a_3 & b_3\\ a_1 & b_1\end{vmatrix}}+\frac{\begin{vmatrix}b_1 & c_1\\ b_2 & c_2\end{vmatrix}}{\begin{vmatrix}a_1 & b_1\\ a_2 & b_2\end{vmatrix}}\right),y=\frac{1}{3}\left(\frac{\begin{vmatrix}a_2 & c_2\\ a_3 & c_3\end{vmatrix}}{\begin{vmatrix}a_2 & b_2\\ a_3 & b_3\end{vmatrix}}+\frac{\begin{vmatrix}a_3 & c_3\\ a_1 & c_1\end{vmatrix}}{\begin{vmatrix}a_3 & b_3\\ a_1 & b_1\end{vmatrix}}+\frac{\begin{vmatrix}a_1 & c_1\\ a_2 & c_2\end{vmatrix}}{\begin{vmatrix}a_1 & b_1\\ a_2 & b_2\end{vmatrix}}\right)$$

方法 2:设三条直线 $L_i(i=1,2,3)$ 围成的三角形 $\triangle ABC$ 的面积为 S,三边长记为 a,b,c,内点 P 到三边的距离为 d_i,则

$$d_i=\frac{a_ix+b_iy+c}{\sqrt{a_i^2+b_i^2}}\quad(i=1,2,3)$$

因此

$$2S=ad_1+bd_2+cd_3\geqslant3\sqrt[3]{abcd_1d_2d_3}$$

于是

$$s=\prod(a_ix+b_iy+c_i)\leqslant\frac{4S^3\prod\sqrt{a_i^2+b_i^2}}{27abc}$$

当 $ad_1=bd_2=cd_3$ 时取等号,即当 P 为 $\triangle ABC$ 的重心时取等号. 联立直线方程可求得其三个顶点坐标,进而求出重心坐标如前面.

问题 2 的解答 $|z-z_j|=\sqrt{a_jx+b_jy+c_j},j=1,2,3$

其中

$$a_j=-(z_j-\bar{z}_j),b_j=(z_j-\bar{z}_j)i,c_j=c^2+|z_j|^2$$

于是

$$t=|(z-z_1)(z-z_2)(z-z_3)|=\sqrt{\prod(a_1x+b_1y+c_1)}$$

由问题1的结论有

$$t\leqslant\frac{|D|^{\frac{3}{2}}}{\sqrt{27|D_1D_2D_3|}}$$

计算得

$$D_1=2(z_2\overline{z_3}-\overline{z_2}z_3)\mathrm{i},D_2=2(z_3\overline{z_1}-\overline{z_3}z_1)\mathrm{i},D_3=2(z_1\overline{z_2}-\overline{z_1}z_2)\mathrm{i}$$

$$D=\begin{vmatrix}a_1&a_2&a_3\\b_1&b_2&b_3\\c_1&c_2&c_3\end{vmatrix}=2\mathrm{i}\begin{vmatrix}z_1&z_2&z_3\\\bar z_1&\bar z_2&\bar z_3\\c^2+|z_1|^2&c^2+|z_2|^2&c^2+|z_3|^2\end{vmatrix}$$

$$x=\frac{1}{6}\sum_{\text{cyc}}\frac{(z_2-\overline{z_2})(c^2+|z_3|^2)-(z_3-\overline{z_3})(c^2+|z_2|^2)}{z_2\overline{z_3}-z_3\overline{z_2}}$$

$$y=-\frac{\mathrm{i}}{6}\sum_{\text{cyc}}\frac{(z_3+\overline{z_3})(c^2+|z_2|^2)-(z_2+\overline{z_2})(c^2+|z_3|^2)}{z_2\overline{z_3}-z_3\overline{z_2}}$$

由方程$|x+y\mathrm{i}|=c$知,这一般是c的二次方程,也即$\left\|\begin{matrix}z_1&z_2&z_3\\D_1^{-1}&D_2^{-1}&D_3^{-1}\\c^2+|z_1|^2&c^2+|z_2|^2&c^2+|z_3|^2\end{matrix}\right\|=\frac{3}{2}c$. 特别地,当$D_1=D_2=D_3$,即$O$为$\triangle z_1z_2z_3$的重心时,方程左边与$c$无关,这是一个一次方程;当$|z_1|=|z_2|=|z_3|$时,这是$c$的二次方程.

换一个处理:若原点O在$\triangle z_1z_2z_3$的内部,则存在正常数

$$\mu_i,i=1,2,3,\mu_1z_1+\mu_2z_2+\mu_3z_3=0$$

不难知道

$$\mu_1:\mu_2:\mu_3=S_{\triangle Oz_2z_3}:S_{\triangle Oz_3z_1}:S_{\triangle Oz_1z_2}=|D_1|:|D_2|:|D_3|$$

且有恒等式$\sum\mu_1|z-z_1|^2=\sum\mu_1(c^2+|z_1|^2)$,这样由均值不等式得到

$$\sum\mu_1(c^2+|z_1|^2)\geqslant 3\sqrt[3]{\mu_1\mu_2\mu_3\prod|z-z_1|^2}$$

$$\prod|z-z_1|\leqslant\sqrt{\frac{\left(\sum\mu_1(c^2+|z_1|^2)\right)^3}{27\mu_1\mu_2\mu_3}}$$

取等条件为$\mu_i|z-z_i|^2=\tau,i=1,2,3$,且$|z|=c$.

最后得到$\left\|\begin{matrix}z_1&z_2&z_3\\D_1^{-1}&D_2^{-1}&D_3^{-1}\\c^2+|z_1|^2&c^2+|z_2|^2&c^2+|z_3|^2\end{matrix}\right\|=\frac{3}{2}c$,这一般是$c$的二次方程,最大值为$\frac{|D|^{\frac{3}{2}}}{\sqrt{27|D_1D_2D_3|}}$,其中

$$D_1=2(z_2\overline{z_3}-\overline{z_2}z_3)\mathrm{i},D_2=2(z_3\overline{z_1}-\overline{z_3}z_1)\mathrm{i},D_3=2(z_1\overline{z_2}-\overline{z_1}z_2)\mathrm{i}$$

$$D=2\mathrm{i}\left\|\begin{matrix}z_1&z_2&z_3\\\bar z_1&\bar z_2&\bar z_3\\c^2+|z_1|^2&c^2+|z_2|^2&c^2+|z_3|^2\end{matrix}\right\|=\sum(c^2+|z_1|^2)D_1$$

例1:取$z_1=1,z_2=\mathrm{i},z_3=-1-\mathrm{i},|z|=\frac{\sqrt{2}}{6}$时,有

$$|z^3-iz+i-1|_{\max}=\left(\prod|z-z_1|\right)_{\max}=\frac{125}{108}\sqrt{2}$$

例2:取 $z_1=1,z_2=i,z_3=-\frac{3+4i}{5}$,$|z|=c=3\pm2\sqrt{2}$时,有

$$\left(\prod|z-z_1|\right)_{\max}=\frac{168\sqrt{5}\pm120\sqrt{10}}{5}$$

注意到 D 随着 c 的增大而增大,于是我们得到如下结论:

定理1 已知 z_1,z_2,z_3 为给定的复数,原点 O 在 $\triangle z_1z_2z_3$ 内,复变数 z 满足 $|z|\leqslant c$($c>0$ 为常数).则我们有不等式

$$|(z-z_1)(z-z_2)(z-z_3)|\leqslant\frac{|D|^{\frac{3}{2}}}{\sqrt{27|D_1D_2D_3|}}$$

其中 $D_1=2(z_2\overline{z_3}-\overline{z_2}z_3)i,D_2=2(z_3\overline{z_1}-\overline{z_3}z_1)i,D_3=2(z_1\overline{z_2}-\overline{z_1}z_2)i,D=\sum(c^2+|z_1|^2)D_1$. 当 c 满足方程 $|\sum(c^2+|z_1|^2)D_1|=\frac{3}{2}c$ 时,不等式取等.

推论1 P,Q 为 $\triangle ABC$ 所在平面上的两点,其中点 P 在三角形内.记点 P,Q 到三角形三顶点的距离分别为 $R_i,R'_i,i=1,2,3$;点 P 到三边距离为 $r_i,i=1,2,3$,那么有如下的不等式

$$\prod R_1'\leqslant\frac{(2sr|PQ|^2+\sum aR_1^2r_1)^{\frac{3}{2}}}{\sqrt{27abc\prod r_1}}\quad(s,r\text{ 分别代表}\triangle ABC\text{ 的半周长及内切圆半径})$$

在此推论中取点 P 为 $\triangle ABC$ 的内心 I,则有以下推论.

推论2 $\prod R'_1\leqslant\frac{(2s|QI|^2+abc)^{\frac{3}{2}}}{\sqrt{27abc}}$.

显然有下面的定理.

定理2 已知 $z_i(i=1,2,\cdots,n)$ 为任意给定复数,复变数 z 满足 $|z|\leqslant c$($c>0$ 为常数),则我们有不等式

$$\left|\prod(z-z_1)\right|\leqslant\prod(c+|z_1|)\quad(\text{当诸 }z_i\text{ 同向时取等})$$

定理3 若复变量 z 满足 $|z|\leqslant c$,$a_i(i=0,1,2,\cdots,n)$ 为给定的常复数,则有

$$\left|\sum_{i=0}^{n}a_iz^{n-i}\right|_{\max}\geqslant\sqrt{\sum_{i=0}^{n}|a_i|^2c^{2(n-i)}+2|a_0a_n|c^n}\geqslant|a_0|c^n+|a_n|$$

特殊化,并且利用 Vieta 定理可以得到(多元结论类似)下面的推论.

推论1 已知 z_1,z_2,z_3 为任意给定的复数,复变数 z 满足 $|z|\leqslant c$($c>0$ 为常数).则我们有不等式

$$\left(\prod|z-z_1|\right)_{\max}\geqslant\sqrt{(c^3+\prod|z_1|)^2+c^2|\sum z_1z_2|^2+c^4|\sum z_1|^2}\geqslant c^3+\left|\prod z_1\right|$$

将推论1应用于三角形(取内心为 O),则有以下推论.

推论2 已知 P 为 $\triangle ABC$ 内部或边界上的动点,则有

$$(PA\cdot PB\cdot PC)_{\max}\geqslant r^2(4R+r)\quad(\text{当}\triangle ABC\text{ 等边且 }P\text{ 为三边中点时取等})$$

我们只需证明定理3的特殊形式 $n=3,c=1,a_0=1$,即复变量 z 满足 $|z|\leqslant1$,那么有不等式

$$|z^3+a_1z^2+a_2z+a_3|_{\max}\geqslant\sqrt{1+|a_1|^2+|a_2|^2+|a_3|^2+2|a_3|}$$

证明 由最大模原理知,只需考虑当$|z|=1$时不等式成立即可.

记$f(z)=|z^3+a_1z^2+a_2z+a_3|^2$,$z=\cos\theta+\mathrm{i}\sin\theta$,则

$$z\bar{z}=1$$

$$f(z)=(z^3+a_1z^2+a_2z+a_3)(\bar{z}^3+\bar{a}_1\bar{z}^2+\bar{a}_2\bar{z}+\bar{a}_3)$$

$$=(\bar{a}_3z^3+a_3\bar{z}^3)+(\bar{b}_2z^2+b_2\bar{z}^2)+(\bar{b}_1z+b_1\bar{z})+(1+|a_1|^2+|a_2|^2+|a_3|^2)$$

$$\bar{a}_3z^3+a_3\bar{z}^3=(\bar{a}_3+a_3)\cos 3\theta+\mathrm{i}(\bar{a}_3-a_3)\sin 3\theta$$

$$=\sqrt{(\bar{a}_3+a_3)^2-(\bar{a}_3-a_3)^2}\cos(3\theta-\phi_3)$$

$$=2|a_3|\cos(3\theta-\phi_3)$$

这样有

$$f(z)=c_3\cos(3\theta-\phi_3)+c_2\cos(2\theta-\phi_2)+c_1\cos(\theta-\phi_1)+c_0$$

除了θ是变量,其他的都是实常数

$$c_3=2|a_3|,c_0=1+|a_1|^2+|a_2|^2+|a_3|^2$$

记

$$g(\theta)=f(z),\theta_i=\frac{2(i-1)\pi+\phi_3}{3}\quad(i=1,2,3)$$

于是不难得到

$$g(\theta)_{\max}\geqslant\frac{1}{3}\sum g(\theta_i)=c_3+c_0,[\sqrt{f(z)}]_{\max}=\sqrt{g(\theta)_{\max}}\geqslant\sqrt{c_0+c_3}$$

也就是

$$|z^3+a_1z^2+a_2z+a_3|_{\max}\geqslant\sqrt{1+|a_1|^2+|a_2|^2+|a_3|^2+2|a_3|}$$

定理4 已知$z_i(i=1,2,3)$为给定的复数,c为正常数,复变数z满足$|z|\leqslant c$.则有

$$\lim_{c\to+\infty}\frac{|(z-z_1)(z-z_2)(z-z_3)|_{\max}-c^3}{c^2}=|z_1+z_2+z_3|$$

证明 $h(z)=\prod(z-z_1)=z^3-(\sum z_1)z^2+(\sum z_1z_2)z-\prod z_1$,$|z|=c$

利用模不等式得到

$$h(z)\leqslant c^3+|\sum z_1|c^2+|\sum z_1z_2|c+|\prod z_1|$$

于是

$$|h(z)|_{\max}\leqslant c^3+|\sum z_1|c^2+|\sum z_1z_2|c+|\prod z_1| \tag{1}$$

又取

$$z_0=-\frac{c\sum z_1}{|\sum z_1|},w(z)=z^2(z-\sum z_1)$$

不难见

$$|z_0|=c,|w(z_0)|=c^3+|\sum z_1|c^2$$

而

$$h(z_0)=w(z_0)+(\sum z_1z_2)z_0-\prod z_1$$

由模不等式不难得到

$$|h(z)|_{\max}\geqslant|h(z_0)|\geqslant|w(z_0)|-|\sum(z_1z_2)z_0|-|\prod z_1|$$

$$=c^3+|\sum z_1|c^2-|\sum z_1z_2|c-|\prod z_1| \tag{2}$$

于是,式由(1)和式(2)可知

$$\lim_{c\to+\infty}\frac{|(z-z_1)(z-z_2)(z-z_3)|_{\max}-c^3}{c^2}=|z_1+z_2+z_3|$$

由证明过程可知

$$\max\left\{c^3+\left|\sum z_1\right|c^2-\left|\sum z_1z_2\right|c-\left|\prod z_1\right|,c^3+\left|\prod z_1\right|\right\}$$
$$\leqslant|(z-z_1)(z-z_2)(z-z_3)|_{\max}$$
$$\leqslant c^3+\left|\sum z_1\right|c^2+\left|\sum z_1z_2\right|c+\left|\prod z_1\right|$$

问题4的解答 用相应的点表示其对应的复数,则有

$$\prod PA=PA\cdot PB\cdot PC=\left|\prod(P-A)\right|$$

由引理1知道复解析函数$f(P)=\prod(P-A)$的模的最大值应在点P在三角形的边上时取到.不妨假设点P在边BC上,记$PB=x,PC=a-x$,由余弦定理知$PA=\sqrt{x^2-2cx\cos B+c^2}$.于是

$$\prod PA=\sqrt{(x^2-ax)^2(x^2-2cx\cos B+c^2)}\quad(0<x<a)$$

作代换$y=\frac{x}{a},u=\left(\frac{c}{a}\right)^2,v=\frac{c\cos B}{a}<\sqrt{u}$,则

$$\prod PA=a^3\sqrt{(y^2-y)^2(y^2-2vy+u)}=a^3\sqrt{g(y)}\quad(0<y<1)$$

利用最值条件

$$g'(y)=-2y(1-y)[3y^3-(2+5v)y^2+(2u+3v)y-u]=0\quad(0<y<1)$$

方程转化为

$$3y^3-(2+5v)y^2+(2u+3v)y-u=0\tag{1}$$

再作平移

$$y=z+\frac{2+5v}{9}$$

得到

$$3z^3+t_1z+t_0=0$$

其中

$$t_1=2u+3v-\frac{(2+5v)^2}{9}$$

$$t_0=\frac{27(2u+3v)(2+5v)-243u-2(2+5v)^3}{243}$$

利用三次方程$x^3+px+q=0$的解的卡丹公式

$$x=\sqrt[3]{-\frac{q}{2}+\sqrt{\frac{q^2}{4}+\frac{p^3}{27}}}+\sqrt[3]{-\frac{q}{2}-\sqrt{\frac{q^2}{4}+\frac{p^3}{27}}}$$

可求得z,进而得到x及相应的最大值.

考虑一种特殊情形:将方程

$$3y^3-(2+5v)y^2+(2u+3v)y-u=0$$

改写为

$$(2y-1)u+(3y-5y^2)v+3y^3-2y^2=0$$

考虑u的系数为零,得到$y=\frac{x}{a}=\frac{1}{2},v=\frac{c\cos B}{a}=\frac{1}{2}$.此时$AB=AC$,这时方程可化为

$$\left(y-\frac{1}{2}\right)(3y^2-3y+2u)=0$$

讨论一下极值得到以下结论.

结论1 当$AB=AC$,且

$$\cos B\leqslant\frac{\sqrt{6}}{3}\Leftrightarrow u=\left(\frac{c}{a}\right)^2\geqslant\frac{3}{8}$$

时,边BC上$\prod PA$取最大值的点P是其中点,此时$\prod PA$的最大值为

$$\left(\prod PA\right)_{\max}=\frac{1}{4}a^2\sqrt{b^2-\frac{1}{4}a^2}\left(\leqslant\frac{2\sqrt{3}}{9}b^3\right)$$

若

$$\cos B>\frac{\sqrt{6}}{3}\Leftrightarrow u\leqslant\frac{3}{8}$$

则$PB=\frac{3\pm\sqrt{9-24u}}{6}a$,此时$\prod PA$的最大值为

$$\left(\prod PA\right)_{\max}=\frac{2\sqrt{3}}{9}b^3$$

结论2 (1)当$\sum(PA\cdot PB)$取最大值时,点P在$\triangle ABC$的最长边上;

(2)当$\prod PA$取最大值时,点P在$\triangle ABC$的较长的两条边上;

(3)$a>b>c$,$\sqrt{a^4+a^2b^2+b^4}\geqslant(a^2+b^2)\cos C$,当$\prod PA$取最大值时,点$P$在$\triangle ABC$的最长的边$BC$上(最小角$\angle C\geqslant\frac{\pi}{6}$为其特例).

证明 首先,由引理2知最大值在三角形边上取到. 在图1中假设$a>b$,$\forall P\in AC$,作$\angle CPQ=\angle B$. 则$\triangle CPQ\backsim\triangle CBA$,$\triangle CPB\backsim\triangle CQA$,于是$\frac{PC}{QC}=\frac{PB}{QA}=\frac{a}{b}>1$,这样有$aQC-bPC=0$,$aQA-bPB=0$,所以$QC<PC$. 因此

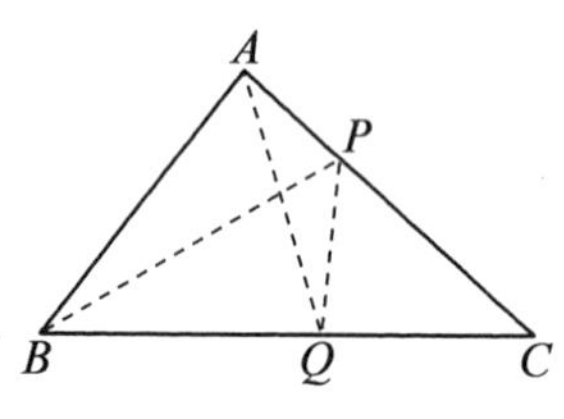

图1

$$\begin{aligned}&\sum(QA\cdot QB)-\sum(PA\cdot PB)\\=&QC\cdot(a-QC)-PC\cdot(b-PC)+aQA-bPB\\=&PC^2-QC^2>0\end{aligned}$$

故结论2(1)成立.

再证明(2):在图2中假设$a>b>c$,$\forall P\in AB$,$PQ/\!/BC$. 记$PA=ct$,$QA=bt$,$t\in(0,1)$,则

$$PB=c(1-t),QC=b(1-t)$$

$$PC=\sqrt{c^2t^2-2bct\cos A+b^2}$$

$$QB=\sqrt{b^2t^2-2bct\cos A+c^2}$$

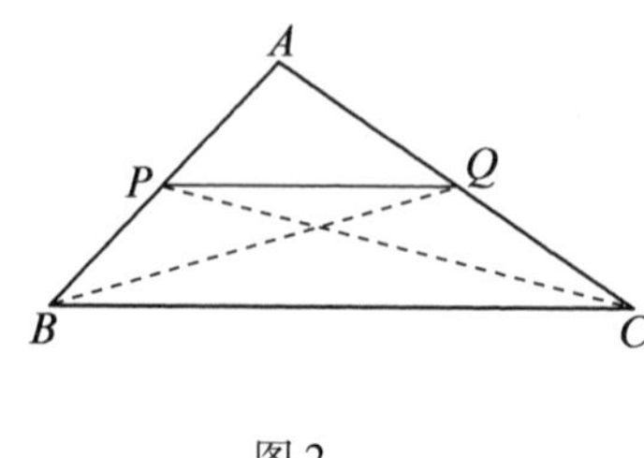

图2

于是有

$$\begin{aligned}&\left(\prod QA\right)^2-\left(\prod PA\right)^2\\=&t^2(1-t)^2(b^2-c^2)\left[(b^4+b^2c^2+c^4)t^2-2bc\cos A\cdot(b^2+c^2)t+b^2c^2\right]\end{aligned}$$

利用二元均值及 $\cos A<\frac{1}{2}$ 得到

$$\begin{aligned}&(a^4+a^2b^2+b^4)t^2-2bc\cos A\cdot(b^2+c^2)t+b^2c^2\\ \geqslant&2bct[\sqrt{b^4+b^2c^2+c^4}-(b^2+c^2)\cos A]\\ >&2bct\left[\sqrt{b^4+b^2c^2+c^4}-\frac{1}{2}(b^2+c^2)\right]\\ >&0\end{aligned}$$

即有

$$(\prod QA)^2>(\prod PA)^2\Rightarrow\forall Q_1\in CA$$

$$(\prod Q_1A)_{\max}\geqslant\prod QA>\prod PA,\forall P\in AB$$

于是 $(\prod Q_1A)_{\max}>(\prod PA)_{\max}$. 结论2(2)得到了证明.

结论2(3)的证明与2(2)的证明相似,此处略.

定理5 给定常数 $\lambda>1$,且 P 为边 BC 上的动点,$u=\left(\frac{c}{a}\right)^2$,$v=\frac{c\cos B}{a}$. 我们有不等式

$$\prod PA=PA\cdot PB\cdot PC\leqslant\frac{2a^3}{\lambda}t\sqrt{t}$$

其中

$$t=\frac{1}{3}(1-2v+u)+\frac{(\lambda-2+2v)^2}{12(\lambda-1)}$$

当

$$\frac{1}{4}-\frac{\lambda}{8}+\frac{5\lambda-2}{8(\lambda-1)^2}(1-2v)^2+u-v=0\wedge\left|\frac{1-2v}{\lambda-1}\right|\leqslant1$$

时,可取到等号.

证明 记号同前,$y=\frac{x}{a}$,$u=\left(\frac{c}{a}\right)^2$,$v=\frac{c\cos B}{a}$,则

$$\prod PA=a^3\sqrt{(y^2-y)^2(y^2-2vy+u)}=a^3\sqrt{g(y)}\quad(0\leqslant y\leqslant1)$$

作代换 $y=\frac{1}{2}+\delta$,$|\delta|\leqslant\frac{1}{2}$. 这样得到

$$\begin{aligned}(\prod PA)^2&=a^6\left(\frac{1}{4}-\delta^2\right)^2\left[\left(\frac{1}{4}+\lambda\delta^2+u-v\right)+(1-\lambda)\delta^2+(1-2v)\delta\right]\\&\leqslant a^6\left(\frac{1}{4}-\delta^2\right)^2\left[\left(\frac{1}{4}+\lambda\delta^2+u-v\right)+\frac{(1-2v)^2}{4(\lambda-1)}\right]\\&=\left(\frac{2}{\lambda}\right)^2a^6\left(\frac{\lambda}{8}-\frac{\lambda}{2}\delta^2\right)^2\left[\frac{1}{4}+\lambda\delta^2+u-v+\frac{(1-2v)^2}{4(\lambda-1)}\right]\\&\leqslant\frac{1}{27}\cdot\left(\frac{2}{\lambda}\right)^2a^6\left[2\left(\frac{\lambda}{8}-\frac{\lambda}{2}\delta^2\right)+\frac{1}{4}+\lambda\delta^2+u-v+\frac{(1-2v)^2}{4(\lambda-1)}\right]^3\quad(\text{三元均值})\end{aligned}$$

整理即得定理5中的结论.

推论1 在 $\triangle ABC$ 中,$a\geqslant b\geqslant c$,P 为 $\triangle ABC$ 内部或边上的动点,则

$$\prod PA=PA\cdot PB\cdot PC\leqslant\frac{\sqrt{3}}{8}a^2b\quad(\text{当}\triangle ABC\text{等边且}P\text{为三边中点时取等})$$

证明 由前面的叙述知,只需证明点 P 在三角形较长的两边上时不等式成立即可.

(1)点 P 在边 BC 上.

在定理5中取 $\lambda=2$ 得到

$$\prod PA\leqslant\frac{\sqrt{3}}{9}(b^2+c^2-h_a^2)^{\frac{3}{2}}<\frac{2\sqrt{6}}{9}b^3\quad(\text{其中 } h_a \text{ 为 } BC \text{ 边上的高})$$

此时只需要

$$\frac{2\sqrt{6}}{9}b^3\leqslant\frac{\sqrt{3}}{8}a^2b\Leftrightarrow\left(\frac{b}{a}\right)^2\leqslant\eta^3=\frac{9\sqrt{2}}{32}\approx0.397\ 7$$

故只需在 $\left(\frac{b}{a}\right)^2\geqslant\eta^3$ 下证明不等式成立即可. 又由在定理5中取 $\lambda=6$ 得到

$$\prod PA\leqslant\frac{\sqrt{3}a^3}{27}\left[(1-2v+u)+\frac{1}{5}(v+2)^2\right]^{\frac{3}{2}}$$

于是只需证明

$$\frac{\sqrt{3}a^3}{27}\left[(1-2v+u)+\frac{1}{5}(v+2)^2\right]^{\frac{3}{2}}\leqslant\frac{\sqrt{3}}{8}a^2b$$

也即

$$\frac{\sqrt{3}}{27}\left[(1-2v+u)+\frac{1}{5}(v+2)^2\right]^{\frac{3}{2}}\leqslant\frac{\sqrt{3}}{8}(1-2v+u)^{\frac{1}{2}}$$

令

$$s=\sqrt[3]{1-2v+u}=\sqrt[3]{\left(\frac{b}{a}\right)^2}\in[\eta,1]$$

则只需证明

$$h(s)=\frac{1}{9}\left[s^3+\frac{1}{5}(v+2)^2\right]-\frac{1}{4}s\leqslant0\quad(\eta\leqslant s\leqslant1)$$

因为

$$h'(s)=\frac{1}{3}\left(s+\frac{\sqrt{3}}{2}\right)\left(s-\frac{\sqrt{3}}{2}\right)=0$$

$s=\frac{\sqrt{3}}{2}$ 为 $h(s)$ 的极小值点,所以只需验证 $h(\mu)\leqslant0,h(1)\leqslant0$. 不难知道 $0<v=\frac{c\cos B}{a}\leqslant\frac{1}{2}$,于是

$$h(\eta)\leqslant\frac{1}{9}\left(\frac{9\sqrt{2}}{32}+\frac{5}{4}\right)-\frac{1}{4}\eta\approx-0.000\ 772\ 1<0$$

$$h(1)\leqslant\frac{1}{9}\left(1+\frac{5}{4}\right)-\frac{1}{4}=0$$

$$h(s)\leqslant\max\{h(\eta),h(1)\}\leqslant0$$

此时定理6得到证明.

(2)点 P 在边 CA 上.

$$y=\frac{AP}{b},u=\left(\frac{c}{b}\right)^2,-2<v=\frac{c\cos A}{b}\leqslant\frac{1}{2}$$

由定理5可知

$$\prod PA=PA\cdot PB\cdot PC\leqslant\frac{2b^3}{\lambda}t\sqrt{t}$$

其中

$$t=\frac{1}{3}(1-2v+u)+\frac{(\lambda-2+2v)^2}{12(\lambda-1)}$$

当 $\lambda=6$ 时得到

$$\prod PA\leqslant\frac{\sqrt{3}b^3}{27}\left[(1-2v+u)+\frac{1}{5}(v+2)^2\right]^{\frac{3}{2}}$$

只需证明

$$\frac{\sqrt{3}b^3}{27}\left[(1-2v+u)+\frac{1}{5}(v+2)^2\right]^{\frac{3}{2}}\leqslant\frac{\sqrt{3}}{8}a^2b$$

$$s=\sqrt[3]{1-2v+u}=\sqrt[3]{\frac{a^2}{b^2}}\in[1,\sqrt[3]{4}]$$

即只需证明

$$h_1(s)=\frac{1}{9}\left[s^3+\frac{1}{5}(v+2)^2\right]-\frac{1}{4}s^2\leqslant 0$$

$$h'_1(s)=\frac{1}{3}s\left(s-\frac{3}{2}\right)=0$$

$s=\frac{3}{2}$是 $h_1(s)$的极小值点

$$h_1(1)\leqslant\frac{1}{9}\left(1+\frac{5}{4}\right)-\frac{1}{4}=0$$

$$h_1(\sqrt[3]{4})\leqslant\frac{1}{9}\left(4+\frac{5}{4}\right)-\frac{1}{\sqrt[3]{4}}<0$$

$$h_1(s)\leqslant\max\{h_1(1),h_1(\sqrt[3]{4})\}\leqslant 0$$

推论2 在$\triangle ABC$中,$a\geqslant b\geqslant c$,P为$\triangle ABC$内部或边上的动点,则

$$\prod PA=PA\cdot PB\cdot PC\leqslant\frac{2\sqrt{3}}{9}b^3\quad(\text{当 }\triangle ABC\text{ 中 }b=c\wedge\cos B\geqslant\frac{\sqrt{6}}{3}\text{ 时取等})$$

证明 若 $P\in BC$,由 $a\geqslant b\geqslant c$ 可知 $2v=\frac{2c\cos B}{a}\leqslant 1,u=\left(\frac{c}{a}\right)^2$.在定理5中令 $\lambda=2-2v\geqslant 1$,得到

$$\prod PA=PA\cdot PB\cdot PC\leqslant\frac{2a^3}{\lambda}\left[\frac{1}{3}(1-2v+u)\right]^{\frac{3}{2}}=\frac{2\sqrt{3}b^3}{9\lambda}\leqslant\frac{2\sqrt{3}b^3}{9}$$

若 $P\in CA$,记 M 为中点,$PC=b\left(\frac{1}{2}+\delta\right)$,$PA=b\left(\frac{1}{2}-\delta\right)$,则有

$$PB\leqslant BM+MP=BM+b|\delta|<\frac{a+c}{2}+b|\delta|<\frac{3}{2}b+b|\delta|$$

$$\prod PA=PA\cdot PB\cdot PC<b^3\left(\frac{1}{4}-\delta^2\right)\left(\frac{3}{2}+|\delta|\right)$$

记

$$f(\delta)=\left(\frac{1}{4}-\delta^2\right)\left(\frac{3}{2}+|\delta|\right)\quad\left(0\leqslant|\delta|<\frac{1}{2}\right)$$

不难求得

$$f(\delta)_{\max}=f\left(\frac{2\sqrt{3}-3}{6}\right)=\frac{2\sqrt{3}}{9}$$

于是

$$\prod PA=PA\cdot PB\cdot PC<\frac{2\sqrt{3}}{9}b^3$$

若 $P\in AB$,则证明完全类似(或利用结论2(2)即可).

推论3 在$\triangle ABC$中,R为其外接圆半径,P为$\triangle ABC$内部或边上的动点,则$\prod PA \leqslant \frac{32}{27}R^3$.

证明 只需考虑点P在边BC上的情形即可.记号同前,$u=\left(\frac{c}{a}\right)^2$,$v=\frac{c\cos B}{a}$.在定理5中取$\lambda=4$,得到

$$\prod PA \leqslant \frac{\sqrt{3}a^3}{18}\left[1-2v+u+\frac{1}{3}(1+v)^2\right]^{\frac{3}{2}}$$

只需要

$$\frac{\sqrt{3}a^3}{18}\left[1-2v+u+\frac{1}{3}(1+v)^2\right]^{\frac{3}{2}} \leqslant \frac{32}{27}R^3$$

即

$$a^2\left[1-2v+u+\frac{1}{3}(1+v)^2\right] \leqslant \frac{16}{3}R^2$$

而

$$R^2=\frac{a^2u(1-2v+u)}{4(u-v^2)}$$

于是要证明

$$(u-v^2)[3u+(v-2)^2] \leqslant 4(1-2v+u)u$$

整理为

$$[u+v(v-2)]^2 \geqslant 0$$

取等条件为

$$u+v(v-2)=0 \Leftrightarrow \tan B\tan C=2$$

另一个几何证明:$P\in BC$,射线AP与$\triangle ABC$的外接圆相交于点Q,则利用相交弦定理,三元均值不等式及$AQ\leqslant 2R$得到

$$\begin{aligned}\prod PA &= PA\cdot(PB\cdot PC)=PA^2\cdot PQ \leqslant \frac{4}{27}\cdot\left(\frac{1}{2}PA+\frac{1}{2}PA+PQ\right)^3\\&=\frac{4}{27}AQ^3 \leqslant \frac{32}{27}R^3\end{aligned}$$

运用这种方法我们给出的取等条件为

$$\tan B\tan C=2 \Leftrightarrow \tan A=\tan B+\tan C$$

且AP过圆心.显然,其中R可替换为$\triangle ABC$的覆盖圆的半径R_m,即有$\prod PA \leqslant \frac{32}{27}R_m^3$.

定理6 已知$P\in BC$,$\lambda>1$,则有$\sum(PA\cdot PB) \leqslant a^2M$,因此

$$M=\begin{cases}\frac{\lambda+1}{4}+\frac{\mu^2}{\lambda}, & \frac{\lambda}{2}\in\left[\mu,\frac{\lambda}{4}+\mu^2\right]\\ \mu+\frac{1}{4}, & \frac{\lambda}{2}<\mu\\ \sqrt{\frac{\lambda}{4}+\mu^2}, & \frac{\lambda}{2}>\sqrt{\frac{\lambda}{4}+\mu^2}\end{cases}$$

其中

$$\mu=\sqrt{\frac{(1-2v)^2}{4(\lambda-1)}+u-v+\frac{1}{4}},u=\left(\frac{c}{a}\right)^2,v=\frac{c\cos B}{a}$$

特别地,已知 $P\in BC$,则有

$$\sum(PA\cdot PB)\leqslant\frac{\lambda+1}{4}+\frac{\mu^2}{\lambda}$$

当此不等式取等时

$$\delta=\frac{1-2v}{2(\lambda-1)}\in\left[-\frac{1}{2},\frac{1}{2}\right],\frac{\lambda^2}{4}-\lambda\delta^2-\mu^2=0$$

证明 记 $PB=b\left(\frac{1}{2}+\delta\right),PC=b\left(\frac{1}{2}-\delta\right),|\delta|\leqslant\frac{1}{2},u=\left(\frac{c}{a}\right)^2,v=\frac{c\cos B}{a}$

则

$$\sum(PA\cdot PB)=a^2\left[\frac{1}{4}-\delta^2+\sqrt{\lambda\delta^2+(1-\lambda)\delta^2+(1-2v)\delta+u-v+\frac{1}{4}}\right]$$

$$\leqslant a^2\left[\frac{1}{4}-\delta^2+\sqrt{\lambda\delta^2+\frac{(1-2v)^2}{4(\lambda-1)}+u-v+\frac{1}{4}}\right]$$

记 $$\mu^2=\frac{(1-2v)^2}{4(\lambda-1)}+u-v+\frac{1}{4},x=\sqrt{\lambda\delta^2+\mu^2}\in\left[\mu,\sqrt{\frac{\lambda}{4}+\mu^2}\right]$$

那么

$$\frac{1}{4}-\delta^2+\sqrt{\lambda\delta^2+\frac{(1-2v)^2}{4(\lambda-1)}+u-v+\frac{1}{4}}=-\frac{x^2}{\lambda}+x+\frac{1}{4}+\frac{\mu^2}{\lambda}=f(x)$$

$$f(x)_{\max}=\begin{cases}\frac{\lambda+1}{4}+\frac{\mu^2}{\lambda}, & \frac{\lambda}{2}\in\left[\mu,\sqrt{\frac{\lambda}{4}+\mu^2}\right]\\ \mu+\frac{1}{4}, & \frac{\lambda}{2}<\mu\\ \sqrt{\frac{\lambda}{4}+\mu^2}, & \frac{\lambda}{2}>\sqrt{\frac{\lambda}{4}+\mu^2}\end{cases}$$

定理6得到证明.

由证明过程知道,当 $b=c$ 时

$$v=\frac{1}{2}$$

$$\sum(PA\cdot PB)=a^2\left[\frac{1}{4}-\delta^2+\sqrt{\delta^2+u-v+\frac{1}{4}}\right]$$

不难讨论当得到其最大值时,M 满足

$$M=\begin{cases}\frac{1}{4}a^2+a\sqrt{b^2-\frac{a^2}{4}}, & A\leqslant\frac{\pi}{2}\\ \frac{1}{4}a^2+b^2, & A>\frac{\pi}{2}\end{cases}$$

考虑到

$$\frac{1}{4}a^2+a\sqrt{b^2-\frac{a^2}{4}}\leqslant\frac{1}{4}a^2+b^2$$

故我们猜测:在 $\triangle ABC$ 中,$a\geqslant b\geqslant c$,P 为 $\triangle ABC$ 内部或边上的动点,则

$$\sum(PA\cdot PB)\leqslant\frac{1}{4}a^2+b^2$$

我们给出更好的一个结果:

定理7 在$\triangle ABC$中,$a\geqslant b\geqslant c$,P为$\triangle ABC$内部或边上的动点,则

$$\sum(PA\cdot PB)\leqslant\begin{cases}\frac{1}{4}a^2+a\sqrt{b^2-\frac{a^2}{4}}, & a\leqslant\sqrt{2}b\\ \frac{1}{4}a^2+b^2, & a>\sqrt{2}b\end{cases}$$

当$b=c$时取等.

证明 利用引理2,只需考虑$P\in BC,2v=\frac{2c\cos B}{a}\leqslant 1$.在定理6中取$\lambda=2-2v\geqslant 1$,得到

$$M=\frac{\lambda+1}{4}+\frac{\mu^2}{\lambda}\leqslant\frac{\lambda+1}{4}+\mu^2=\frac{3-2v}{4}+\frac{1-2v}{4}+u-v+\frac{1}{4}=\frac{b^2}{a^2}+\frac{1}{4}$$

于是有

$$\sum(PA\cdot PB)\leqslant a^2M\leqslant\frac{1}{4}a^2+b^2$$

下面再证

$$\sum(PA\cdot PB)\leqslant\frac{1}{4}a^2+a\sqrt{b^2-\frac{1}{4}a^2}\quad(a\leqslant\sqrt{2}b)$$

若$P\in BC,PB=a\left(\frac{1}{2}+\delta\right),PC=a\left(\frac{1}{2}-\delta\right),|\delta|\leqslant\frac{1}{2},u=\left(\frac{c}{a}\right)^2,v=\frac{c\cos B}{a}\leqslant\frac{1}{2}$,则

$$\sum(PA\cdot PB)=a^2\left[\frac{1}{4}-\delta^2+\sqrt{\delta^2+(1-2v)\delta+u-v+\frac{1}{4}}\right]$$

$$\leqslant\frac{1}{4}a^2+a\sqrt{b^2-\frac{1}{4}a^2}$$

$$\Leftrightarrow\frac{1}{4}-\delta^2+\sqrt{\delta^2+(1-2v)\delta+u-v+\frac{1}{4}}\leqslant\frac{1}{4}+\sqrt{1-2v+u-\frac{1}{4}}$$

$$\Leftrightarrow\delta^2+(1-2v)\delta+u-v+\frac{1}{4}\leqslant\left(\sqrt{1-2v+u-\frac{1}{4}}+\delta^2\right)^2$$

记$t=\sqrt{1-2v+u-\frac{1}{4}}$,则整理上述不等式得

$$\delta^4+(2t-1)\delta^2+(1-2v)\left(\frac{1}{2}-\delta\right)\geqslant 0$$

由于

$$t=\sqrt{1-2v+u-\frac{1}{4}}=\sqrt{\frac{b^2}{a^2}-\frac{1}{4}}\geqslant\frac{1}{2}\Leftrightarrow a\leqslant\sqrt{2}b$$

于是$2t-1\geqslant 0,1-2v\geqslant 0,\frac{1}{2}-\delta\geqslant 0$,故

$$\delta^4+(2t-1)\delta^2+(1-2v)\left(\frac{1}{2}-\delta\right)\geqslant 0$$

定理7证毕!

推论 $\sum(PA\cdot PB)\leqslant\frac{1+2\sqrt{3}}{4}ab$,其中$a\geqslant b\geqslant c$(当三角形等边时取等).

证明 $a>\sqrt{2}b,\sum(PA\cdot PB)\leqslant\frac{1}{4}a^2+b^2<\frac{3\sqrt{2}}{4}ab\Leftrightarrow(a-\sqrt{2}b)(a-2\sqrt{2}b)<0$

而

$$\sqrt{2}b<a<2b<2\sqrt{2}b$$

于是

$$\sum(PA\cdot PB)<\frac{3\sqrt{2}}{4}ab<\frac{1+2\sqrt{3}}{4}ab$$

$$a\leqslant\sqrt{2}b$$

$$\sum(PA\cdot PB)\leqslant\frac{1}{4}a^2+a\sqrt{b^2-\frac{1}{4}a^2}\leqslant\frac{1+2\sqrt{3}}{4}ab$$

$$\Leftrightarrow h(x)=x+4\sqrt{1-\frac{1}{4}x^2}-(1+2\sqrt{3})\leqslant 0\quad\left(x=\frac{a}{b}\in[1,\sqrt{2}]\right)$$

不难计算得到 $h(x)_{\max}=h(1)=0$,于是 $h(x)\leqslant 0$.

类似于推论 6 的几何证明,我们有如下结果

$$\sum(PA\cdot PB)<\frac{1}{4}(a+2R_m)^2<4R_m^2\quad(a\geqslant b\geqslant c)$$

定理 8 在 $\triangle ABC$ 中,$a\geqslant b\geqslant c$,P 为 $\triangle ABC$ 内部或边上的动点,$\alpha\geqslant 2$,则

$$\sum(PA\cdot PB)^{\alpha}\leqslant a^{\alpha}b^{\alpha}\quad(当 P\equiv C 时取等)$$

证明 先证明一个结论:在 $\triangle ABC$ 中,$u=\left(\frac{c}{a}\right)^2$,$v=\frac{c\cos B}{a}<\frac{1}{2}$,$P\in BC$,则

$$\sum(PA\cdot PB)^2\leqslant a^4\cdot\max\left\{\frac{5}{16}+\frac{1}{2}u-\frac{3}{4}v,1-2v+u\right\}$$

设 $P\in BC$,$PB=a\left(\frac{1}{2}+\delta\right)$,$PC=a\left(\frac{1}{2}-\delta\right)$,$|\delta|\leqslant\frac{1}{2}$,$\lambda>1$. 则

$$\begin{aligned}a^{-4}\sum(PA\cdot PB)^2&=a^{-4}[(PB^2+PC^2)PA^2+PB^2\cdot PC^2]\\&=\left(\frac{1}{2}+2\delta^2\right)\left[\lambda\delta^2+(1-\lambda)\delta^2+(1-2v)\delta+\frac{1}{4}-v+u\right]+\left(\frac{1}{4}-\delta^2\right)^2\\&\leqslant\left(\frac{1}{2}+2\delta^2\right)\left[\lambda\delta^2+\frac{4(1-\lambda)\left[\left(\frac{1}{4}-v+u\right)-(1-2v)^2\right]}{4(1-\lambda)}\right]+\left(\frac{1}{4}-\delta^2\right)^2\\&=f(\delta^2)\end{aligned}$$

若 $v<\frac{1}{2}$,取 $\lambda=2-2v$. 于是利用 $f(x)$ 为二次项系数为正的二次式可知

$$a^{-4}\sum(PA\cdot PB)^2\leqslant\max\left\{f(0),f\left(\frac{1}{4}\right)\right\}$$

而

$$f(0)=\frac{5}{16}+\frac{1}{2}u-\frac{3}{4}v,f\left(\frac{1}{4}\right)=1-2v+u$$

则

$$\sum(PA\cdot PB)^2\leqslant a^4\cdot\max\left\{\frac{5}{16}+\frac{1}{2}u-\frac{3}{4}v,1-2v+u\right\}$$

下面来证明定理 7. 利用引理 2,只要考虑点 P 在 $\triangle ABC$ 的边上的情形即可.

若 $P\in BC$,$a\geqslant b\geqslant c$,$u=\left(\frac{c}{a}\right)^2$,$v=\frac{c\cos B}{a}\leqslant\frac{1}{2}$,则由上面的证明结果可知

$$\sum (PA \cdot PB)^2 \leqslant a^4 \cdot \max\left\{\frac{5}{16}+\frac{1}{2}u-\frac{3}{4}v, 1-2v+u\right\}$$
$$=\max\left\{\frac{1}{8}a^2c^2+\frac{3}{8}a^2b^2-\frac{1}{16}a^4, a^2b^2\right\}=a^2b^2$$

若 $P\in CA, u=\left(\frac{c}{b}\right)^2, v=\frac{c\cos A}{b}\leqslant\frac{1}{2}$,则由上面的证明结果可知

$$\sum (PA \cdot PB)^2 \leqslant b^4 \cdot \max\left\{\frac{5}{16}+\frac{1}{2}u-\frac{3}{4}v, 1-2v+u\right\}$$
$$=\max\left\{\frac{1}{8}b^2c^2+\frac{3}{8}a^2b^2-\frac{1}{16}b^4, a^2b^2\right\}$$
$$=a^2b^2$$

若 $P\in AB, u=\left(\frac{b}{c}\right)^2, v=\frac{b\cos A}{c}\leqslant\frac{1}{2}$,则由上面的证明结果可知

$$\sum (PA \cdot PB)^2 \leqslant c^4 \cdot \max\left\{\frac{5}{16}+\frac{1}{2}u-\frac{3}{4}v, 1-2v+u\right\}$$
$$=\max\left\{\frac{1}{8}b^2c^2+\frac{3}{8}a^2c^2-\frac{1}{16}c^4, a^2c^2\right\}$$
$$<a^2b^2$$

综合上述情形,有 $\sum (PA \cdot PB)^2 \leqslant a^2b^2$.

显然,利用 $\max\{PA\cdot PB, PB\cdot PC, PC\cdot PA\}\leqslant ab$,对于 $n\geqslant 2$,有

$$\sum\left(\frac{PA\cdot PB}{ab}\right)^n \leqslant \sum\left(\frac{PA\cdot PB}{ab}\right)^2\leqslant 1$$

定理8得到证明.

定理9 在 $\triangle ABC$ 中,$a\geqslant b\geqslant c$,P 为 $\triangle ABC$ 内部或边上的动点,那么不等式

$$\prod PA = PA\cdot PB\cdot PC\leqslant \max\left\{\frac{a^2}{4}\sqrt{b^2-\frac{1}{4}a^2}, \frac{b^2}{4}\sqrt{a^2-\frac{1}{4}b^2}\right\}, b^2+c^2\geqslant\frac{3}{4}a^2$$

成立.

证明 $P\in BC, PB=a\left(\frac{1}{2}+\delta\right), PC=a\left(\frac{1}{2}-\delta\right), |\delta|\leqslant\frac{1}{2}, u=\left(\frac{c}{a}\right)^2, v=\frac{c\cos B}{a}\leqslant\frac{1}{2}$. 欲证明

$$\prod PA = a^3\left(\frac{1}{4}-\delta^2\right)\sqrt{\delta^2+(1-2v)\delta+u-v+\frac{1}{4}}\leqslant a^3M$$

只需证

$$(1-2v)\delta\left(\delta^2-\frac{1}{4}\right)^2+f(\delta^2)\leqslant\sigma=M^2-\frac{1}{16}\left(u-v+\frac{1}{4}\right)$$

(1)若 $b^2+c^2\leqslant\frac{3}{4}a^2$,即 $u-v+\frac{1}{8}\leqslant 0$,则

$$u-v+\frac{1}{8}\in\left[-\frac{1}{8}, 0\right]$$

$$f(x)=x^3+\left(u-v-\frac{1}{4}\right)x^2-\frac{1}{2}\left(u-v+\frac{1}{8}\right)x, x=\delta^2\in\left[0,\frac{1}{4}\right]$$

因此 $$f'(x)=3x^2+2\left(u-v-\frac{1}{4}\right)x-\frac{1}{2}\left(u-v+\frac{1}{8}\right)=0\Leftrightarrow x=\frac{1}{4}, -\frac{2}{3}\left(u-v+\frac{1}{8}\right)$$

而 $$x_2=-\frac{2}{3}\left(u-v+\frac{1}{8}\right)\in\left[0,\frac{1}{12}\right]$$

则
$$f_2(x)_{\max}=f(x_2)=\frac{4}{27}\left(u-v+\frac{5}{4}\right)\left(u-v+\frac{1}{8}\right)^2$$

又
$$\delta\left(\delta-\frac{1}{4}\right)^2\leqslant\frac{\sqrt{5}}{250}$$

$$M\geqslant\sqrt{\frac{1}{16}\left(u-v+\frac{1}{4}\right)+\frac{4}{27}\left(u-v+\frac{5}{4}\right)\left(u-v+\frac{1}{8}\right)^2+\frac{\sqrt{5}}{250}(1-2v)} \tag{4}$$

当 M 取等号时

$$\prod PA\leqslant a^3\sqrt{\frac{1}{16}\left(u-v+\frac{1}{4}\right)+\frac{4}{27}\left(u-v+\frac{5}{4}\right)\left(u-v+\frac{1}{8}\right)^2+\frac{\sqrt{5}}{250}(1-2v)}$$

注意到

$$u-v\in\left[-\frac{1}{4},-\frac{1}{8}\right],\frac{4}{27}\left(u-v+\frac{5}{4}\right)\left(u-v+\frac{1}{8}\right)^2\leqslant-\frac{1}{54}\left(u-v+\frac{1}{8}\right)$$

得到
$$\prod PA\leqslant a^3\sqrt{\frac{1}{16}\left(u-v+\frac{1}{4}\right)-\frac{1}{54}\left(u-v+\frac{1}{8}\right)+\frac{\sqrt{5}}{250}(1-2v)}$$

更弱些的

$$\prod PA\leqslant a^3\sqrt{\frac{1}{16}\left(u-v+\frac{1}{4}\right)-\frac{1}{32}\left(u-v+\frac{1}{8}\right)+\frac{\sqrt{5}}{250}(1-2v)}$$

即
$$\prod PA\leqslant\frac{a^3}{16}\sqrt{8(u-v)+3+\frac{128\sqrt{5}}{125}(1-2v)}$$

(2)若 $b^2+c^2\geqslant\frac{3}{4}a^2$,即

$$u-v+\frac{1}{8}\geqslant 0,x_2=-\frac{2}{3}\left(u-v+\frac{1}{8}\right)\leqslant 0$$

$$f(x)_{\max}=\max\left\{f(0),f\left(\frac{1}{4}\right)\right\}=0$$

则此时有

$$\prod PA\leqslant a^3\sqrt{\frac{1}{16}\left(u-v+\frac{1}{4}\right)+\frac{\sqrt{5}}{250}(1-2v)} \tag{5}$$

于是
$$\prod PA\leqslant a^3\sqrt{\frac{1}{16}\left(u-2v+\frac{3}{4}\right)-\left(\frac{1}{32}-\frac{\sqrt{5}}{250}\right)(1-2v)}$$
$$\leqslant\frac{1}{4}a^3\sqrt{u-2v+\frac{3}{4}}$$

也即

$$\prod PA\leqslant\frac{1}{4}a^2\sqrt{b^2-\frac{1}{4}a^2}$$

同样地,当 $P\in AC$ 时,$\prod PA\leqslant\frac{1}{4}b^2\sqrt{a^2-\frac{1}{4}b^2}$(因为 $a^2+c^2\geqslant\frac{3}{4}b^2$,这显然成立).

推论 1 在$\triangle ABC$ 中,$a\geqslant b\geqslant c$,P 为$\triangle ABC$ 内部或边上的动点,那么 $\prod PA\leqslant\frac{1}{4}ab^2$,取等时 P 为等腰 Rt$\triangle ABC$ 斜边的中点.

证明 假设 $a\geqslant b\geqslant c$,$P\in BC$,若 $b^2+c^2\geqslant\frac{3}{4}a^2$,则

$$\prod PA \leqslant \frac{a^2}{4}\sqrt{b^2-\frac{1}{4}a^2} \leqslant \frac{1}{4}ab^2$$

即

$$\left(\frac{1}{2}a^2-b^2\right)^2 \geqslant 0$$

这是显然的!

若 $b^2+c^2<\frac{3}{4}a^2$,则有

$$\prod PA \leqslant \frac{a^3}{16}\sqrt{8(u-v)+3+\frac{128\sqrt{5}}{125}(1-2v)} \leqslant \frac{1}{4}ab^2 = \frac{1}{4}a^3(u-2v+1)$$

记 $x=u-2v+1$,不等式化为

$$\phi(x)=16x^2-8(x+2v-1-v)-3-\frac{128\sqrt{5}}{125}(1-2v)$$

$$=(4x-1)^2+\left(4-\frac{128\sqrt{5}}{125}\right)(1-2v)\geqslant 0$$

这也是成立的!

若 $P\in AC$,则

$$\prod PA \leqslant \frac{1}{4}b^2\sqrt{a^2-\frac{1}{4}b^2} < \frac{1}{4}ab^2$$

推论2 在 $\triangle ABC$ 中,$a\geqslant b\geqslant c$,P 为 $\triangle ABC$ 内部或边上的动点,那么 $\prod PA \leqslant \frac{\sqrt[4]{3}}{6}(ab)^{\frac{3}{2}}$,取等时 $a^2:b^2:c^2=4:3:3$,且 P 为 BC 边中点.

推论3 $\triangle ABC$ 中,$a\geqslant b\geqslant c$,P 为 $\triangle ABC$ 内部或边上的动点,那么 $\prod PA \leqslant \frac{\sqrt{3}}{8}a^{\alpha}b^{3-\alpha}$,$\alpha\geqslant\frac{5}{3}$. 取等时 $a=b=c$,且 P 为三边中点. 显然此不等式加强了推论5.

再留几个问题供大家研究.

问题5 将问题4中的三角形改为 N 维单形,结论如何呢?

问题6 将问题4中的三角形改为圆内接多边形呢? 特别是推论6应是怎样的?

问题7 在 $\triangle ABC$ 中,$a\geqslant b\geqslant c$,P 为 $\triangle ABC$ 内部或边上的动点,常数 $\alpha\in(0,+\infty)$,则满足 $\sum(PA\cdot PB)^{\alpha}\leqslant k_{\alpha}(ab)^{\alpha}$,且仅与 α 有关的绝对常数 k_{α} 的最小值是多少?

前面已经得到最佳值 $k_{\alpha}=1$,$\alpha\geqslant 2$;最佳值 $k_1=\frac{1+2\sqrt{3}}{4}\approx 1.116\ 025$(当 P 为等边 $\triangle ABC$ 三边的中点时取等号). 刘健老师在《不等式研究通讯》第61期(2009年第16卷第1期)中已经证明了 $k_1\leqslant\frac{9}{8}=1.125$,$k_2\leqslant 2$.

通过推论5和推论6,我们不难有以下想法.

问题8 在 $\triangle ABC$ 中,$a\geqslant b\geqslant c$,P 为 $\triangle ABC$ 内部或边上的动点,那么满足不等式 $\prod PA=PA\cdot PB\cdot PC\leqslant k_{\alpha}a^{\alpha}b^{3-\alpha}(\alpha\geqslant 0)$,且与边无关的常数 k_{α} 的最佳值是多少?

前面的讨论已经得到最佳值 $k_0=\frac{2\sqrt{3}}{9}$,$k_1=\frac{1}{4}$,$k_{1.5}=\frac{\sqrt[4]{3}}{6}$,$k_{\alpha}=\frac{\sqrt{3}}{8}\left(\alpha\geqslant\frac{5}{3}\right)$;$k_{\alpha}=\frac{1}{2^{\alpha}}\sqrt{\frac{(2-\alpha)^{2-\alpha}}{(3-\alpha)^{3-\alpha}}}(0\leqslant\alpha\leqslant$

$\frac{5}{3})$;$k_\alpha=\frac{2\sqrt{3}}{9}\left(\frac{3}{8}\right)^{\frac{\alpha}{2}}(\alpha<0)$.

注 文中凡是涉及 $\lambda=1$ 的情形,均按极限意义来理解.

参考文献

[1]G. 波利亚,G. 舍贵. 数学分析中的问题和定理[M]. 上海:上海科学技术出版社, 1985.

对一道解析几何题的探讨

郑小彬[1]，孙世宝[2]，杨学枝[3]

（1. 佰数教育　福建　泉州　362000　2. 丹阳中学　安徽　马鞍山　243121；
3. 福州第二十四中学　福建　福州　350009）

2021 年全国高考甲卷数学(理)试题 20，即以下：

问题 1　抛物线 C 的顶点为坐标原点 O，焦点在 x 轴上，直线 $l:x=1$ 交 C 于 P,Q 两点，且 $OP\perp OQ$. 已知点 $M(2,0)$，且圆 M 与 l 相切.

(1)求 C 和圆 M 的方程；

(2)设 A_1,A_2,A_3 是 C 上的三个点，直线 A_1A_2,A_1A_3 均与圆 M 相切. 判断直线 A_2A_3 与圆 M 的位置关系，并说明理由.

《数学通报》2020 年第 3 期问题 2534，即以下：

问题 2　已知抛物线 $\Gamma:y=ax^2+bx+c(a\neq 0)$，圆 $O:x^2+y^2=r^2(r>0)$. 在抛物线 Γ 上任取三点 A,B,C，若直线 AB,AC 均与圆 O 相切，则直线 BC 也与圆 O 相切的充要条件是

$$\left(ar+\frac{c}{r}\right)^2=b^2+1$$

2021 年 10 月 05 日，河南的程相甫老师根据这道高考数学题改编，征求解答，即以下：

问题 3　已知椭圆 $C:\frac{x^2}{9}+\frac{4y^2}{9}=1$，圆 $O:x^2+y^2=1$. 设点 P 为 C 上任意一点，过点 P 作圆 O 的两条切线分别与椭圆 C 交于 A,B 两点，试证直线 AB 与圆 O 相切.

以上三个问题很类似，但问题 3 难度较大，引起了笔者的兴趣，因此对其进行了深入探讨.

先从特殊方法入手进行探究.

先取椭圆上的特殊点 $P(0,b)$，则过点 P 的圆 O 的两条切线方程为

$$(b^2-r^2)x^2-r^2(y-b)^2=0$$

即

$$x=\pm\frac{r(y-b)}{\sqrt{b^2-r^2}}\quad(\text{注意到 } b>r)$$

将上式代入椭圆 C 的方程，经整理得到

$$[a^2b^2+(b^2-a^2)r^2]y^2-2b^3r^2y+b^2[(a^2+b^2)r^2-a^2b^2]=0$$

即

$$(y-b)\{[a^2b^2-(a^2-b^2)r^2]y-b[(a^2+b^2)r^2-a^2b^2]\}=0$$

因此，求得椭圆上 A,B 两点的纵坐标为

$$y=-\frac{b[a^2b^2-(a^2+b^2)r^2]}{a^2b^2-(a^2-b^2)r^2}$$

另外，易知 A,B 两点的纵坐标为 $-r$，同时注意到 A,B 两点都应在 x 轴的下方，因此有

$$\begin{cases}\dfrac{b[a^2b^2-(a^2+b^2)r^2]}{a^2b^2-(a^2-b^2)r^2}=r\\ b>r\end{cases}\tag{1}$$

再取椭圆上的特殊点 $P(a,0)$,则过点 P 的圆 O 的两条切线方程为

$$(a^2-r^2)y^2-r^2(x-a)^2=0$$

即

$$y=\pm\frac{r(x-a)}{\sqrt{a^2-r^2}}\quad(\text{注意到 } a>r)$$

将上式代入椭圆 C 的方程,经整理得到

$$[a^2b^2+(a^2-b^2)r^2]x^2-2a^3r^2x+a^2[(a^2+b^2)r^2-a^2b^2]=0$$

即

$$(x-a)\{[a^2b^2+(a^2-b^2)r^2]x-a[(a^2+b^2)r^2-a^2b^2]\}=0$$

因此,求得椭圆上 A,B 两点的横坐标为

$$x=-\frac{a[a^2b^2-(a^2+b^2)r^2]}{a^2b^2+(a^2-b^2)r^2}$$

另外,易知 A,B 两点的纵坐标为 $-r$,同时注意到 A,B 两点都应在 x 轴的下方,因此有

$$\begin{cases}\dfrac{a[a^2b^2-(a^2+b^2)r^2]}{a^2b^2+(a^2-b^2)r^2}=r\\ b>r\end{cases}\tag{2}$$

由以上式(1)(2)得到

$$\frac{1}{a}+\frac{1}{b}=\frac{1}{r}\tag{3}$$

由此,我们猜想当直线 AB 与圆 O 相切时,a,b,r 应满足的充要条件是 $\frac{1}{a}+\frac{1}{b}=\frac{1}{r}$.

下面我们将进一步来探求过椭圆上任意一点 P 作圆 O 的两条切线分别与椭圆 C 交于 A,B 两点,使得直线 AB 与圆 O 相切时 a,b,r 应满足的充要条件.

下面对于问题 3 提供了三种证法,供读者参考.

证法 1(杨学枝) 设 $P(a\cos\alpha,b\sin\alpha)$ 为椭圆 C 上任意一点,则过点 P 作圆 O 的两条切线,两条切线分别与椭圆 C 交于 $A(a\cos\beta,b\sin\beta)$,$B(a\cos\gamma,b\sin\gamma)$ 两点(A,B 不重合),则直线 PA 的方程为

$$l_{PA}:b(\sin\alpha-\sin\beta)x-a(\cos\alpha-\cos\beta)y-ab(\sin\alpha\cos\beta-\cos\alpha\sin\beta)=0$$

即

$$l_{PA}:b\cos\frac{\alpha+\beta}{2}x+a\sin\frac{\alpha+\beta}{2}y-ab\cos\frac{\alpha-\beta}{2}=0$$

同理得到直线 PB,AB 的方程分别为

$$l_{PB}:b\cos\frac{\alpha+\gamma}{2}x+a\sin\frac{\alpha+\gamma}{2}y-ab\cos\frac{\alpha-\gamma}{2}=0$$

$$l_{AB}:b\cos\frac{\beta+\gamma}{2}x+a\sin\frac{\beta+\gamma}{2}y-ab\cos\frac{\beta-\gamma}{2}=0$$

于是,直线 PA,PB,AB 都与圆 O 即 $\phi(x,y):x^2+y^2-r^2=0$ 相切的充要条件是

$$\begin{cases}\dfrac{ab\left|\cos\dfrac{\alpha-\beta}{2}\right|}{\left(b\cos\dfrac{\alpha+\beta}{2}\right)^2+\left(a\sin\dfrac{\alpha+\beta}{2}\right)^2}=r\\ \dfrac{ab\left|\cos\dfrac{\alpha-\gamma}{2}\right|}{\sqrt{\left(b\cos\dfrac{\alpha+\gamma}{2}\right)^2+\left(a\sin\dfrac{\alpha+\gamma}{2}\right)^2}}=r\\ \dfrac{ab\left|\cos\dfrac{\beta-\gamma}{2}\right|}{\sqrt{\left(b\cos\dfrac{\beta+\gamma}{2}\right)^2+\left(a\sin\dfrac{\beta+\gamma}{2}\right)^2}}=r\end{cases}\tag{4}$$

即

$$\begin{cases}\dfrac{r^2}{a^2}\cos\dfrac{\alpha+\beta}{2}+\dfrac{r^2}{b^2}\sin^2\dfrac{\alpha+\beta}{2}=\cos^2\dfrac{\alpha-\beta}{2} & (5)\\ \dfrac{r^2}{a^2}\cos^2\dfrac{\gamma+\alpha}{2}+\dfrac{r^2}{b^2}\sin^2\dfrac{\gamma+\alpha}{2}=\cos^2\dfrac{\gamma-\alpha}{2} & (6)\\ \dfrac{r^2}{a^2}\cos^2\dfrac{\beta+\gamma}{2}+\dfrac{r^2}{b^2}\sin^2\dfrac{\beta+\gamma}{2}=\cos^2\dfrac{\beta-\gamma}{2} & (7)\end{cases}$$

我们的目的是探求在上面三个式子中,由式(5)和式(6)可以推导得到式(7)时,a,b,r 应满足的充要条件. 下面我们就来解决这个问题.

由直线 PA 与圆 $O:x^2+y^2=r^2$ 相切,即由式(5)有

$$\frac{r^2}{a^2}\cos^2\frac{\alpha+\beta}{2}+\frac{r^2}{b^2}\sin^2\frac{\alpha+\beta}{2}=\cos^2\frac{\alpha-\beta}{2}$$

$$\Leftrightarrow\frac{r^2}{a^2}[1+\cos(\alpha+\beta)]+\frac{r^2}{b^2}[1-\cos(\alpha+\beta)]=1+\cos(\alpha-\beta)$$

$$\Leftrightarrow\left(\frac{r^2}{a^2}-\frac{r^2}{b^2}\right)\cos(\alpha+\beta)-\cos(\alpha-\beta)$$

$$=-\frac{r^2}{b^2}-\frac{r^2}{a^2}+1$$

$$\Leftrightarrow\left(\frac{r^2}{a^2}-\frac{r^2}{b^2}\right)(\cos\alpha\cos\beta-\sin\alpha\sin\beta)-(\cos\alpha\cos\beta+\sin\alpha\sin\beta)$$

$$=-\frac{r^2}{b^2}-\frac{r^2}{a^2}+1$$

$$\Leftrightarrow\left(\frac{r^2}{a^2}-\frac{r^2}{b^2}-1\right)\cos\beta\cos\alpha-\left(\frac{r^2}{a^2}-\frac{r^2}{b^2}+1\right)\sin\beta\sin\alpha$$

$$=-\frac{r^2}{b^2}-\frac{r^2}{a^2}+1\tag{8}$$

同理由直线 PB 与圆 $O:x^2+y^2=r^2$ 相切,即式(6)可得

$$\left(\frac{r^2}{a^2}-\frac{r^2}{b^2}-1\right)\cos\gamma\cos\alpha-\left(\frac{r^2}{a^2}-\frac{r^2}{b^2}+1\right)\sin\gamma\sin\alpha=-\frac{r^2}{b^2}-\frac{r^2}{a^2}+1\tag{9}$$

由式(8)和式(9)可求得

$$\begin{cases}\cos\alpha=-\dfrac{-\dfrac{r^2}{a^2}-\dfrac{r^2}{b^2}+1}{-\dfrac{r^2}{a^2}+\dfrac{r^2}{b^2}+1}\cdot\dfrac{\cos\dfrac{\beta+\gamma}{2}}{\cos\dfrac{\beta-\gamma}{2}}\\ \sin\alpha=-\dfrac{-\dfrac{r^2}{a^2}-\dfrac{r^2}{b^2}+1}{\dfrac{r^2}{a^2}-\dfrac{r^2}{b^2}+1}\cdot\dfrac{\sin\dfrac{\beta+\gamma}{2}}{\cos\dfrac{\beta-\gamma}{2}}\end{cases}$$

由三角等式 $\cos^2\alpha+\sin^2\alpha=1$，得

$$\left(\frac{-\dfrac{r^2}{a^2}-\dfrac{r^2}{b^2}+1}{-\dfrac{r^2}{a^2}+\dfrac{r^2}{b^2}+1}\cdot\frac{\cos\dfrac{\beta+\gamma}{2}}{\cos\dfrac{\beta-\gamma}{2}}\right)^2+\left(\frac{-\dfrac{r^2}{a^2}-\dfrac{r^2}{b^2}+1}{\dfrac{r^2}{a^2}-\dfrac{r^2}{b^2}+1}\cdot\frac{\sin\dfrac{\beta+\gamma}{2}}{\cos\dfrac{\beta-\gamma}{2}}\right)^2=1$$

即

$$\frac{4\left(\dfrac{r^2}{a^2}-\dfrac{r^2}{b^2}\right)\left(-\dfrac{r^2}{a^2}-\dfrac{r^2}{b^2}+1\right)^2}{\left(-\dfrac{r^2}{a^2}+\dfrac{r^2}{b^2}+1\right)^2\left(\dfrac{r^2}{a^2}-\dfrac{r^2}{b^2}+1\right)^2}\cos^2\frac{\beta+\gamma}{2}+\left(\frac{-\dfrac{r^2}{a^2}-\dfrac{r^2}{b^2}+1}{\dfrac{r^2}{a^2}-\dfrac{r^2}{b^2}+1}\right)^2$$

$$=\cos^2\frac{\beta-\gamma}{2}\tag{10}$$

另外，若直线 AB 与圆 $O:x^2+y^2=r^2$ 相切，则由式(7)，即以下

$$\frac{r^2}{a^2}\cos^2\frac{\beta+\gamma}{2}+\frac{r^2}{b^2}\sin^2\frac{\beta+\gamma}{2}=\cos^2\frac{\beta-\gamma}{2}$$

得到

$$\left(\frac{r^2}{a^2}-\frac{r^2}{b^2}\right)\cos^2\frac{\beta+\gamma}{2}+\frac{r^2}{b^2}=\cos^2\frac{\beta-\gamma}{2}\tag{11}$$

由式(10)和式(11)相比较，得到

$$\begin{cases}\dfrac{4\left(\dfrac{r^2}{a^2}-\dfrac{r^2}{b^2}\right)\left(-\dfrac{r^2}{a^2}-\dfrac{r^2}{b^2}+1\right)^2}{\left(-\dfrac{r^2}{a^2}+\dfrac{r^2}{b^2}+1\right)^2\left(\dfrac{r^2}{a^2}-\dfrac{r^2}{b^2}+1\right)^2}=\dfrac{r^2}{a^2}-\dfrac{r^2}{b^2}\\ \left(\dfrac{-\dfrac{r^2}{a^2}-\dfrac{r^2}{b^2}+1}{\dfrac{r^2}{a^2}-\dfrac{r^2}{b^2}+1}\right)^2=\dfrac{r^2}{b^2}\end{cases}$$

即

$$\begin{cases}4\left(-\dfrac{r^2}{a^2}-\dfrac{r^2}{b^2}+1\right)^2=\left(-\dfrac{r^2}{a^2}+\dfrac{r^2}{b^2}+1\right)^2\left(\dfrac{r^2}{a^2}-\dfrac{r^2}{b^2}+1\right)^2\\ \left(\dfrac{-\dfrac{r^2}{a^2}-\dfrac{r^2}{b^2}+1}{\dfrac{r^2}{a^2}-\dfrac{r^2}{b^2}+1}\right)^2=\dfrac{r^2}{b^2}\end{cases}$$

若 $Q(x,y)$ 是椭圆 $C:\dfrac{x^2}{9}+\dfrac{4y^2}{9}=1$ 上任意一点，可知总有 $r^2<x^2,y^2$，因此有

$$\frac{r^2}{a^2}+\frac{r^2}{b^2}<\frac{x^2}{a^2}+\frac{y^2}{b^2}=1$$

于是,得到

$$\begin{cases}2\left(-\frac{r^2}{a^2}-\frac{r^2}{b^2}+1\right)=\left(-\frac{r^2}{a^2}+\frac{r^2}{b^2}+1\right)\left(\frac{r^2}{a^2}-\frac{r^2}{b^2}+1\right)\\ \dfrac{-\frac{r^2}{a^2}-\frac{r^2}{b^2}+1}{\frac{r^2}{a^2}-\frac{r^2}{b^2}+1}=\frac{r}{b}\end{cases}$$

$$\Leftrightarrow\begin{cases}2\left(-\frac{r^2}{a^2}-\frac{r^2}{b^2}+1\right)=\left(-\frac{r^2}{a^2}+\frac{r^2}{b^2}+1\right)\left(\frac{r^2}{a^2}-\frac{r^2}{b^2}+1\right)\\ 2\left(-\frac{r^2}{a^2}-\frac{r^2}{b^2}+1\right)=\left(-\frac{r^2}{a^2}+\frac{r^2}{b^2}+1\right)\dfrac{\left(-\frac{r^2}{a^2}-\frac{r^2}{b^2}+1\right)}{\frac{r}{b}}\end{cases}$$

即

$$\begin{cases}2\left(-\frac{r^2}{a^2}-\frac{r^2}{b^2}+1\right)=\left(-\frac{r^2}{a^2}+\frac{r^2}{b^2}+1\right)\left(\frac{r^2}{a^2}-\frac{r^2}{b^2}+1\right) & (12)\\ \frac{2r}{b}=-\frac{r^2}{a^2}+\frac{r^2}{b^2}+1 & (13)\end{cases}$$

由式(12)得到

$$2\left(-\frac{r^2}{a^2}-\frac{r^2}{b^2}+1\right)=\left(-\frac{r^2}{a^2}+\frac{r^2}{b^2}+1\right)\left(\frac{r^2}{a^2}-\frac{r^2}{b^2}+1\right)$$

$$\Leftrightarrow\left(-\frac{r^2}{a^2}-\frac{r^2}{b^2}+1\right)^2=\frac{4r^4}{a^2b^2}$$

$$\Leftrightarrow-\frac{r^2}{a^2}-\frac{r^2}{b^2}+1=\frac{2r^2}{ab}$$

由此得到

$$\frac{1}{a}+\frac{1}{b}=\frac{1}{r}$$

另外,由式(13)得到

$$\frac{2r}{b}=-\frac{r^2}{a^2}+\frac{r^2}{b^2}+1$$

同样也得到

$$\frac{1}{a}+\frac{1}{b}=\frac{1}{r}$$

综上可知,所求 a,b,r 应满足的充要条件是$\frac{1}{a}+\frac{1}{b}=\frac{1}{r}$.

证法2(孙世宝) 先给出以下引理:已知 α,β,γ 是任给的两两不等的三个实数,且 $\alpha,\beta,\gamma\in[0,2\pi)$,参数 μ,v 满足

$$\cos(\alpha-\beta)=\mu\cos(\alpha+\beta)+v,\cos(\beta-\gamma)=\mu\cos(\beta+\gamma)+v$$
$$\cos(\gamma-\alpha)=\mu\cos(\gamma+\alpha)+v$$

试消去上述二式中的变量 α,β,γ,给出 μ,v 应满足的关系等式.

解:记 $t_1=\tan\dfrac{\alpha}{2},t_2=\tan\dfrac{\beta}{2},t_3=\tan\dfrac{\gamma}{2},p=\sum t_1,q=\sum t_1t_2,r=\prod t_1,\tau=\dfrac{1+\mu}{1-\mu}$.

将前两个方程式相减,和差化积得到

$$-2\sin\frac{\alpha-\gamma}{2}\sin\left(\frac{\alpha+\gamma}{2}-\beta\right)=-2\mu\sin\frac{\alpha-\gamma}{2}\sin\left(\frac{\alpha+\gamma}{2}+\beta\right)$$

$$\sin\left(\frac{\alpha+\gamma}{2}-\beta\right)=\mu\sin\left(\frac{\alpha+\gamma}{2}+\beta\right)$$

整理为

$$\tan\frac{\alpha+\gamma}{2}=\tau\tan\gamma,\frac{t_1+t_3}{1-t_1t_3}=\frac{2\tau t_2}{1-t_2^2}$$

即为

$$(t_1+t_3)(1-t_2^2)=2\tau t_2(1-t_1t_3) \tag{14}$$

轮换地有

$$(t_2+t_1)(1-t_3^2)=2\tau t_3(1-t_2t_1) \tag{15}$$

式(14)和式(15)两式相减得到

$$2\tau=\frac{(t_1+t_3)(1-t_2^2)-(t_2+t_1)(1-t_3^2)}{t_2-t_3}=-1-\sum t_1t_2=-1-q$$

即

$$q=\frac{\mu+3}{\mu-1} \tag{16}$$

换一种方式重新计算 q:由原方程

$$\cos(\alpha-\beta)=\mu\cos(\alpha+\beta)+v$$

变形得

$$2\cos^2\frac{\alpha-\beta}{2}=\mu\left(\cos^2\frac{\alpha+\beta}{2}-\sin^2\frac{\alpha+\beta}{2}\right)+(1+v)\left(\cos^2\frac{\alpha+\beta}{2}+\sin^2\frac{\alpha+\beta}{2}\right)$$

即

$$2\cos^2\frac{\alpha-\beta}{2}=(\mu+v+1)\cos^2\frac{\alpha+\beta}{2}+(1+v-u)\sin^2\frac{\alpha+\beta}{2}$$

利用

$$\cos^2\frac{\alpha-\beta}{2}=\frac{1}{1+\tan^2\dfrac{\alpha-\beta}{2}}=\frac{(1+t_1t_2)^2}{(1+t_1^2)(1+t_2^2)}$$

类似地有

$$\cos^2\frac{\alpha+\beta}{2}=\frac{(1-t_1t_2)^2}{(1+t_1^2)(1+t_2^2)}$$

$$\sin^2\frac{\alpha+\beta}{2}=\frac{\tan^2\dfrac{\alpha+\beta}{2}}{1+\tan^2\dfrac{\alpha+\beta}{2}}=\frac{(t_1+t_2)^2}{(1+t_1^2)(1+t_2^2)}$$

$$2(1+t_1t_2)^2=(\mu+v+1)(1-t_1t_2)^2+(1+v-\mu)(t_1+t_2)^2$$

轮换地有

$$2(1+t_2t_3)^2=(\mu+v+1)(1-t_2t_3)^2+(1+v-\mu)(t_2+t_3)^2$$

将以上二式子相减得到

$$2(t_1-t_3)t_2(2+t_1t_2+t_2t_3)$$
$$=-(\mu+v+1)(t_1-t_3)t_2(2-t_1t_2-t_2t_3)+(1+v-\mu)(t_1-t_3)(2t_2+t_1+t_3)$$
$$2t_2[2+t_2(p-t_2)]=-(\mu+v+1)t_2[2-t_2(p-t_2)]+(1+v-\mu)(t_2+p)$$
$$(\mu+v+1)t_2^3-(\mu+v+1)pt_2^2+(3\mu+v+5)t_2+(\mu-v-1)p=0$$

由此可见 t_1,t_2,t_3 为方程

$$(\mu+v-1)t^3-(\mu+v-1)pt^2+(3\mu+v+5)t+(\mu-v-1)p=0$$

的三根,由韦达定理有

$$q=\sum t_1t_2=\frac{3\mu+v+5}{\mu+v-1},r=-\frac{\mu-v-1}{\mu+v-1}p$$

比较式(16)得到 u 和 v 的关系式

$$\frac{\mu+3}{\mu-1}=\frac{3\mu+v+5}{\mu+v-1}$$

即 $\mu^2=2v+1$.

下面我们应用引理来完成问题3的证法2.

设 $A(a\cos\alpha,b\sin\alpha)$,$B(a\cos\beta,b\sin\beta)$,$C(a\cos\gamma,b\sin\gamma)$,则不难得到直线 AB 的方程

$$\frac{\cos\frac{\alpha+\beta}{2}}{a}x+\frac{\sin\frac{\alpha+\beta}{2}}{b}y+\cos\frac{\alpha-\beta}{2}=0$$

由它与圆 O 相切得到

$$\cos^2\frac{\alpha-\beta}{2}=\frac{r^2}{a^2}\cos^2\frac{\alpha+\beta}{2}+\frac{r^2}{b^2}\sin^2\frac{\alpha+\beta}{2}$$

即得到

$$\cos(\alpha-\beta)=\mu\cos(\alpha+\beta)+v,\mu=\frac{r^2}{a^2}-\frac{r^2}{b^2},v=\frac{r^2}{a^2}+\frac{r^2}{b^2}-1$$

同理有

$$\cos(\alpha-\beta)=\mu\cos(\alpha+\beta)+v,\cos(\beta-\gamma)=\mu\cos(\beta+\gamma)+v$$

利用引理的结论有

$$\left(\frac{r^2}{a^2}-\frac{r^2}{b^2}\right)^2=2\left(\frac{r^2}{a^2}+\frac{r^2}{b^2}\right)-1$$

经化简得到

$$\left(-\frac{r^2}{a^2}-\frac{r^2}{b^2}+1\right)^2=\frac{4r^4}{a^2b^2}$$

注意到 $-\frac{r^2}{a^2}-\frac{r^2}{b^2}+1>0$,因此有

$$\left(-\frac{r^2}{a^2}-\frac{r^2}{b^2}+1\right)^2=\frac{4r^4}{a^2b^2}$$

即

$$\frac{1}{a}+\frac{1}{b}=\frac{1}{r}$$

证法3(郑小彬) 当 P 为椭圆 C 的端点时,有 $\frac{1}{a}+\frac{1}{b}=\frac{1}{r}$;

当 P 不是椭圆 C 的端点时,设 $P(a\cos 2\alpha,b\sin 2\alpha)$,$A(a\cos 2\beta,b\sin 2\beta)$,$B(a\cos 2\gamma,b\sin 2\gamma)$,则

有直线 PA 的方程为

$$y=\frac{b}{a}\cdot\frac{\sin 2\alpha-\sin 2\beta}{\cos 2\alpha-\cos 2\beta}x+\frac{b(\sin 2\beta\cos 2\alpha-\cos 2\alpha\cos 2\beta)}{\cos 2\alpha-2\cos 2\beta}$$

即

$$y=\frac{b}{a}\cdot\frac{\sin 2\alpha-\sin 2\beta}{\cos 2\alpha-\cos 2\beta}x+\frac{b\sin(2\beta-2\alpha)}{\cos 2\alpha-\cos 2\beta}$$

转化为用正切表示,得到

$$y=\frac{b}{a}\cdot\frac{\tan\alpha\tan\beta-1}{\tan\alpha+\tan\beta}x+\frac{b(\tan\alpha\tan\beta+1)}{\tan\alpha+\tan\beta}$$

同理可得直线 PB 的方程为

$$y=\frac{b}{a}\cdot\frac{\tan\alpha\tan\gamma-1}{\tan\alpha+\tan\gamma}x+\frac{b(\tan\alpha\tan\gamma+1)}{\tan\alpha+\tan\gamma}$$

依题意,由 PA 与圆 O 相切,可知

$$r=\frac{ab|\tan\alpha\tan\beta+1|}{\sqrt{a^2(\tan\alpha+\tan\beta)^2+b^2(\tan\alpha\tan\beta-1)^2}}$$

即

$$[a^2r^2+b^2(r^2-a^2)\tan^2\alpha]\tan^2\beta+2(c^2r^2-a^2b^2)\tan\alpha\tan\beta+a^2r^2\tan^2\alpha+b^2(r^2-a^2)=0$$

同理有

$$[a^2r^2+b^2(r^2-a^2)\tan^2\alpha]\tan^2\gamma+2(c^2r^2-a^2b^2)\tan\alpha\tan\gamma+a^2r^2\tan^2\alpha+b^2(r^2-a^2)=0$$

由此可知 $\tan\beta,\tan\gamma$ 是方程

$$[a^2r^2+b^2(r^2-a^2)\tan^2\alpha]x^2+2(c^2r^2-a^2b^2)x\tan\alpha+a^2r^2\tan^2\alpha+b^2(r^2-a^2)=0$$

的两个根.

于是,由韦达定理得到

$$\begin{cases}\tan\beta+\tan\gamma=\dfrac{2(a^2b^2-c^2r^2)\tan\alpha}{a^2r^2+b^2(r^2-a^2)\tan^2\alpha}\\ \tan\beta\tan\gamma=\dfrac{a^2r^2\tan^2\alpha+b^2(r^2-a^2)}{a^2r^2+b^2(r^2-a^2)\tan^2\alpha}\end{cases}\tag{17}$$

另外,直线 AB 的方程为

$$y=\frac{b}{a}\cdot\frac{\tan\beta\tan\gamma-1}{\tan\beta+\tan\gamma}x+\frac{b(\tan\beta\tan\gamma+1)}{\tan\beta+\tan\gamma}$$

为使得直线 AB 与圆 O 相切,只需

$$r=\frac{ab|\tan\gamma\tan\beta+1|}{\sqrt{a^2(\tan\gamma+\tan\beta)^2+b^2(\tan\gamma\tan\beta-1)^2}}$$

由式(17)可得到

$$\tan\beta\tan\gamma+1=\frac{[(a^2+b^2)r^2-a^2b^2](1+\tan^2\alpha)}{a^2r^2+b^2(r^2-a^2)\tan^2\alpha}$$

$$\tan\beta\tan\gamma-1=\frac{(c^2r^2+a^2b^2)(\tan^2\alpha-1)}{a^2r^2+b^2(r^2-a^2)\tan^2\alpha}$$

由此则只需

$$r=\frac{ab|(a^2+b^2)r^2-a^2b^2|(1+\tan^2\alpha)}{\sqrt{a^2(a^2b^2-c^2r^2)^2\cdot 4\tan^2\alpha+b^2(c^2r^2+a^2b^2)^2(\tan^2\alpha-1)^2}}$$

由 α 的任意性,结合 $4\tan^2\alpha+(\tan^2\alpha-1)^2=(1+\tan^2\alpha)^2$,可知有

$$a(a^2b^2-c^2r^2)=b(c^2r^2+a^2b^2)$$

因此得到$\frac{1}{a}+\frac{1}{b}=\frac{1}{r}$,经检验符合题意.

综上可知,所求 a,b,r 应满足的充要条件是$\frac{1}{a}+\frac{1}{b}=\frac{1}{r}$.

基于培养高中生数学学习“幸福感”的研究

吴德帅

(徐州市第三十五中学　江苏　徐州　221010)

摘　要:在高中数学的教学过程中,我们要以学生的发展为本,立德树人,提升学生的数学素养.同时,我们要提升学生数学学习的幸福感,在实际的教育教学中,要以学生为本,体现学生主体地位,给予学生正向反馈,构建幸福课堂,让学生在学习中感受数学的魅力.

关键词:正向反馈;主体地位;幸福课堂;肯定;赏识

一、现状分析

笔者在市级个人课题“构建高中数学幸福课堂的研究”中编制了“中学生数学课堂幸福指数问卷”.问卷调查对象为在校中学生,本次共发放问卷 1 100 份,收回有效问卷 1 100 份(问卷结果见表 1).

表 1

感受 人数	幸福	比较幸福	一般	不幸福
高一学生 380 人	76 人 20%	114 人 30%	133 人 35%	57 人 15%
高二学生 370 人	59 人 15.9%	66 人 17.8%	122 人 32.9%	123 人 33.2%
高三学生 350 人	35 人 10%	52 人 14.8%	104 人 29.7%	159 人 45.4%

通过调查可以发现:总体情况是学生学习数学的幸福感水平较低,并且随着年级的增长学生学习数学的幸福感逐渐降低! 学生对高中数学的直观感知就是:难、繁、无用、可怕、恐怖、可恶;而且有时感觉无论如何努力都学不好,同时在数学上花的时间最多,效果却是最差的! 学生的数学学习幸福感堪忧!

二、对策研究

1. 知识角度——学考一致,获得正向反馈

有研究表明:学生学习数学的最大的动力在于通过自己的努力学习取得一个好的成绩,进而获取幸福感,而产生厌学最主要的一个原因是:自己付出了很多时间、投入很大的精力和心血,成绩却始终不尽如人意,无法达到期望值! 进而产生挫败感,丧失学习数学的兴趣,甚至厌学!

这一点在高一学生身上体现的比较明显,初中的数学知识总体特点是“浅、少、易”,而高中的数学知识特点是“起点高、难度大、容量多”,学生学起来比较费劲.我们的教材设置上比较合理,课本上的题目也是层次分明,体现了“低起点、小坡度、高标准、严要求”,但我们有相当一部分教师在讲授新课

时感觉课本上的题目较简单,直接放弃课本上的题目,找一些教辅上的题目取代课本题目.而这些题目通常是一些高考题、质检题,虽然题目质量很好,但不适合刚刚学习了课本知识的学生,学生的感受是课本一听就会,题目一做就错!进而给学生带来挫败感,特别是刚刚进入到高中学习的高一学生,第一次的数学考试往往和自己的期望值相去甚远,感觉自己的努力没有的得到回报!当多次考试都获得不了预期的成绩时,便会对整个数学学习丧失了信心,转入极端的自卑中,从而进入"希望——失望——自卑——畏惧——厌恶"的恶性循环中,由厌恶还可能发展到"厌恶——逃避——回避——抵抗"的不良阶段(斯金纳的厌恶理论)[1]比如我们在学习《集合》这一章时,我们只需要让学生明确集合的概念,知道集合之间的几种关系即可,而我们在学习这一章时,往往引入了过量的参数讨论和一些复杂的不等式的运算,造成不必要的障碍,学生往往望而生畏,丧失学习的信心.

因此,在我们教学过程中特别是讲授较难理解的内容时一定要注意起点要低,帮学生竖好"梯子",让学生有所成,听得懂,做得对!给予学生积极的正向反馈!特别是高一的第一次考试一定要紧扣平时所学,让学生学得会,做得对,考得好,进而形成"希望——成功——自信——热爱——幸福"的良性循环!

2. 学生角度——突出学生主体地位,了解学生真正需求

《中国大百科全书·教育》认为:"教学是师生双方的共同活动.教师是教学的领导者和组织者……教学是在可控制的过程中进行的,教师在教学中起到主导作用.学生是教学的对象和接受教育的客体,同时又是学习和自我教育的主体."[2]这就是我们常说的"以教师为主导,以学生为主体"的教学观点.因此我们在教学的过程中要真正体现学生的主体地位,这也是广大数学教师的共识,但是在具体的操作中往往还存在很多问题.第一,学生的"主体地位"没有真正体现出来,往往是被设计的"主体",学生在教师的指令下完成很多的活动,课堂气氛很热闹,师生、生生之间的活动很频繁,但一节课下来,学生没有主动思考,不知道活动的目的,全是按照老师的指令行事,结果往往是看似热闹,实则学生没有参与到真正有价值的思维中.第二,数学知识是一个有机的整体,而数学的学习是由大量的单节课学习内容组成,但我们课堂教学的过程中学生往往不能将新知识嵌入到已有的知识结构中.譬如,我们在讲授《弧度制》这节课的时候,我们通常讲什么是角度制,什么是弧度制,如何规定的?然后进入到角度制和弧度制的转换,最后讲一讲弧长公式和面积公式.一节课下来,学生积极参与老师指定的各种活动,感觉好像体现了学生的主体地位!但很多学生不能理解已经有了角度制,为什么还要引入弧度制?引入弧度制相对于角度制有什么优越性?这是很多学生对这节课真正的需求所在,其实我们的课本上已经给出了一个充分的理由,"角的概念推广以后,在弧度制下,角的集合与弧度数的集合之间建立起一一对应关系,即角的集合与实数集 $\mathbf{R}$ 之间建立起一一对应关系:每一个角都对应唯一的一个实数;反过来,每一个实数都对应唯一的一个角"[3],也就是说,引入弧度制是为以后学习三角函数奠定基础的.这样就把三角函数知识嵌入到函数的学习中,不仅如此,弧度制的引入还简化了三角运算.

所以,我们在课堂活动中要真正体现出学生的主体地位,引导学生参与问题的提出、过程的探究、规律的发现,让学生体会到提出有价值问题的快乐,感受到自己的知识体系建构过程的愉悦,这样的收获才是真正意义上的幸福感!

3. 教师的角度——肯定与赏识,保护学生的求知欲与自信心

根据斯腾伯格的成功智力理论,成功智力发展中的最大障碍是权威人物的负面期望.而来自教师的及时的肯定与赏识恰恰是保护学生求知欲和自信心最好的保障.

笔者讲授《等差数列的前 n 项和》一节课中的一个例题:

在等差数列$\{a_n\}$中，已知$d=\frac{1}{2}$，$a_n=\frac{3}{2}$，$S_n=-\frac{15}{2}$，求a_1及n.

笔者在讲解的时候用的是常规方法，列出方程组$\begin{cases}\dfrac{a_1+\frac{3}{2}}{2}\times n=-\dfrac{15}{2}\\ a_1+(n-1)\times\dfrac{1}{2}=\dfrac{3}{2}\end{cases}$进行求解，同时还向学生强调要注意运算过程. 刚讲完，这时候就有一位同学说：“老师，可不可以把a_n看作等差数列的第一项，那么公差就变成了$-d=-\frac{1}{2}$，就可以得到$-\frac{15}{2}=n\times\frac{3}{2}+\frac{n\times(n-1)}{2}\times\left(-\frac{1}{2}\right)$，直接就可以解出来了！”我及时的给予了肯定，并表示“你的思维非常棒，老师都没有想到”，让全班同学为他鼓掌，可以从学生的眼神中看出他非常的兴奋！在以后的数学课堂中学生明显的更专注、更有自信心！

因此，教师要学会通过赏识学生的劳动来激发学生的学习热情，对学生给予及时的肯定与鼓励，要相信学生蕴藏着巨大的学习潜力！让学生在学习数学的过程中收获成功的喜悦，感受数学的魅力，体会学习数学的幸福！

三、结束语

总之，在数学的教育教学过程中，我们不仅仅要让学生学习数学知识，更重要的是要提升学生的数学素养，感受数学的魅力，认识自我，增强自信，要让学生在学习数学的过程中感受数学课的探索之美，让学生感到学习数学不是枯燥的、乏味的，而是一件幸福的事情！

参考文献

[1]李善良.论数学学习中自信心的形成[J].数学教育学报，2000(8)：47.

[2]中国大百科全书出版社编辑部.中国大百科全书·教育[M].北京：中国大百科全书出版社，1985.

[3]苏教版高中数学教材编写组.普通高中教科书数学必修一[M].南京：江苏凤凰教育出版社，2020.

作者简介

吴德帅，男，1982年出生，山东兖州人，本科学历，中学一级教师，现就职于江苏省徐州市第三十五中学，研究方向为高中数学教学. 国家奥林匹克数学竞赛二级教练员，省级重点规划课题“中学数学教学与中学生数学素养的形成”课题组核心成员. 个人市级课题“培养高中生对数学错题进行有效反思的研究”等多项课题已经结题，多篇论文发表，多篇文章获得徐州市一等奖.

出其不意的生成　意料之外的收获
——谈"勾股定理"之变

李明[1],胡松[2]

(1.贵州师范大学附属中学　贵州　贵阳　550001;2.贵州师范大学附属中学　贵州　贵阳　550001)

摘　要:以勾股定理的代数形式 $a^2+b^2=c^2$ 为背景,将此公式中幂指数2变为任意实数 α,"="变为"≠"(>或<),边变为角.由此探究三角形的存在性及形状的变化,并给出证明.其中命题5和命题6,考虑到篇幅的关系,没有给出证明,即以猜想的形式给出,希望同仁提出高见或参与研究.

《数学情境与提出问题》教学实验系中国教育学会"十五""十一五"规划重点课题;贵州省优秀科技教育人才省长专项基金项目.该课题采用"创设数学情境——提出数学问题——解决数学问题——注重数学应用"的数学教学基本模式;以启发式为中心的灵活多样的教学方法;以探究式为中心的自主与合作学习方式[1].我校承担了其子课题的研究任务,本文乃作者在课题研究中的亲身体验:以勾股定理的代数形式为背景,希望学生从勾股定理的演变中得到启发,提出一些有价值的数学问题.果不其然,在学生提出的众多问题中,不乏较高价值的数学问题,并且很多生成问题是我们教师事前未曾预料到的,可以说是意料之外的收获.现就其中的部分问题梳理如下,并予以证明.

关键词:勾股定理;三角形;锐角;直角;钝角;最大角;公共部分

一、边之间的关系

命题1　若△ABC 的三边长 a,b,c 满足 $a^\alpha+b^\alpha=c^\alpha(\alpha\neq0)$[2],则:

(1)当 $\alpha<0$ 时,△ABC 既可以是锐角三角形,又可以是直角三角形或钝角三角形;

(2)当 $0<\alpha\leqslant1$ 时,则这样的三角形不存在;

(3)当 $1<\alpha<2$ 时,△ABC 是钝角三角形;

(4)当 $\alpha=2$ 时,△ABC 是直角三角形;

(5)当 $\alpha>2$ 时,△ABC 是锐角三角形.

证明　(1)当 $\alpha<0$ 时,由 $a^\alpha+b^\alpha=c^\alpha$,得 $0<a^\alpha<c^\alpha,0<b^\alpha<c^\alpha\Rightarrow c<a,c<b$.

当 $a=b$ 时,显然△ABC 为锐角三角形.

当 $a\neq b$ 时,不妨设 $c<b<a$,则最大角为 A.由 $\begin{cases}b+c>a\\a^\alpha+b^\alpha=c^\alpha\end{cases}$,得 $\begin{cases}\dfrac{b}{a}+\dfrac{c}{a}>1\\\left(\dfrac{c}{a}\right)^\alpha-\left(\dfrac{b}{a}\right)^\alpha=1\end{cases}$.

令 $x=\dfrac{c}{a},y=\dfrac{b}{a}$,则 $0<x<1,0<y<1$.画出满足条件 $\begin{cases}x+y>1\\x^\alpha-y^\alpha=1\\0<x<1\\0<y<1\end{cases}$ 的图形(图1),发现曲线 $x^\alpha-y^\alpha=1$ 在区域 $\begin{cases}x+y>1\\0<x<1\\0<y<1\end{cases}$ 内的部分与 $x^2+y^2>1$,

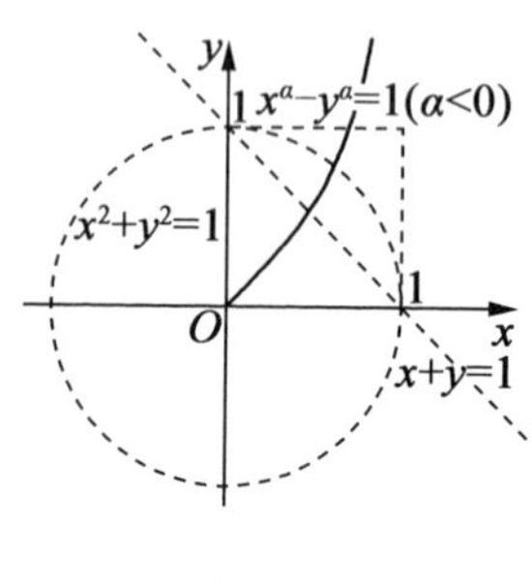

图1

$x^2+y^2=1$，$x^2+y^2<1$ 的图形有公共部分，即 $a^2+b^2>c^2$，$a^2+b^2=c^2$，$a^2+b^2<c^2$ 均有可能. 故满足条件 $a^\alpha+b^\alpha=c^\alpha(\alpha<0)$ 的 $\triangle ABC$ 既可以是锐角三角形，又可以是直角三角形或钝角三角形.

(2)当 $0<\alpha\leqslant1$ 时，由 $a^\alpha+b^\alpha=c^\alpha$，得 $0<a^\alpha<c^\alpha$，$0<b^\alpha<c^\alpha\Rightarrow a<c$，$b<c\Rightarrow0<\dfrac{a}{c}<1$，$0<\dfrac{b}{c}<1$. 所以 $\dfrac{a}{c}+\dfrac{b}{c}\leqslant\left(\dfrac{a}{c}\right)^\alpha+\left(\dfrac{b}{c}\right)^\alpha=1\Rightarrow a+b\leqslant c$. 这与 a,b,c 是 $\triangle ABC$ 的三边长矛盾. 故满足题设的 $\triangle ABC$ 不存在.

(3)当 $1<\alpha<2$ 时，由 $a^\alpha+b^\alpha=c^\alpha$，得 $0<a<c$，$0<b<c\Rightarrow0<c^{\alpha-2}<a^{\alpha-2}$，$0<c^{\alpha-2}<b^{\alpha-2}$，且 C 为最大角. 令 $x=\dfrac{a}{c}$，$y=\dfrac{b}{c}$，所以 $x^\alpha+y^\alpha=1$，$x+y>1$，$0<x<1$，$0<y<1$. 画出满足条件 $\begin{cases}x+y>1\\x^\alpha+y^\alpha=1\\0<x<1\\0<y<1\end{cases}$ 的图形（图 2）发现曲线 $x^\alpha+y^\alpha=1$ 在区域 $\begin{cases}x+y>1\\0<x<1\\0<y<1\end{cases}$ 内的部分与 $x^2+y^2<1$ 的图形有公共部分，而与 $x^2+y^2=1$，$x^2+y^2>1$ 的图形无公共部分. 即只有 $a^2+b^2<c^2$ 成立.

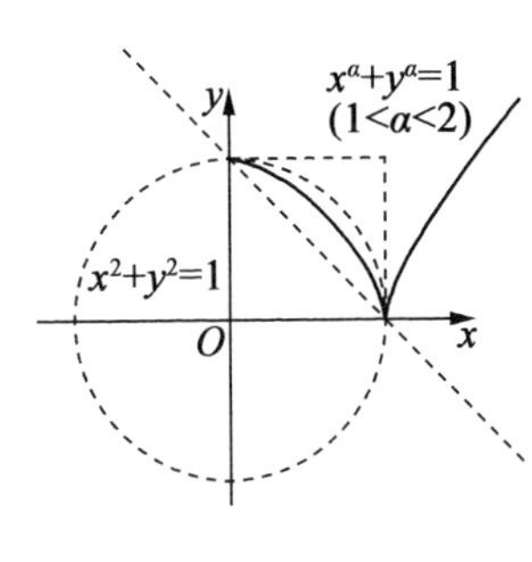

图 2

故满足条件 $a^\alpha+b^\alpha=c^\alpha(1<\alpha<2)$ 的 $\triangle ABC$ 为钝角三角形.

(4)当 $\alpha=2$ 时，由勾股定理逆定理知 $\triangle ABC$ 是直角三角形.

(5)当 $\alpha>2$ 时，由 $a^\alpha+b^\alpha=c^\alpha$，得 $0<a<c$，$0<b<c\Rightarrow0<a^{\alpha-2}<c^{\alpha-2}$，$0<b^{\alpha-2}<c^{\alpha-2}$，且 C 为最大角. 令 $x=\dfrac{a}{c}$，$y=\dfrac{b}{c}$，所以 $x^\alpha+y^\alpha=1$，$x+y>1$，$0<x<1$，$0<y<1$.

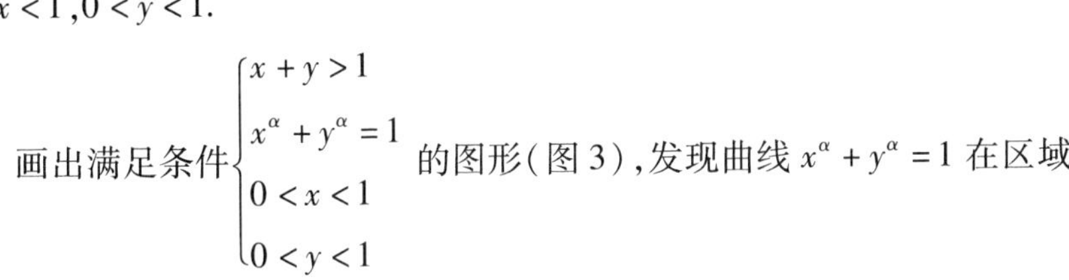

画出满足条件 $\begin{cases}x+y>1\\x^\alpha+y^\alpha=1\\0<x<1\\0<y<1\end{cases}$ 的图形（图 3），发现曲线 $x^\alpha+y^\alpha=1$ 在区域 $\begin{cases}x+y>1\\0<x<1\\0<y<1\end{cases}$ 内的部分与 $x^2+y^2>1$ 的图形有公共部分，而与 $x^2+y^2=1$，$x^2+y^2<1$ 的图形无公共部分. 即只有 $a^2+b^2>c^2$ 成立.

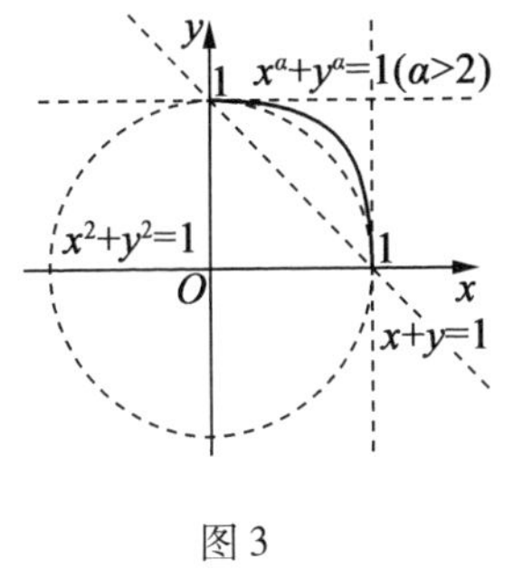

图 3

故满足条件 $a^\alpha+b^\alpha=c^\alpha(\alpha>2)$ 的 $\triangle ABC$ 为锐角三角形.

命题 2　若 $\triangle ABC$ 的三边长 a,b,c 满足 $a^\alpha+b^\alpha<c^\alpha(\alpha\neq0)$，则：

(1)当 $\alpha<0$ 时，$\triangle ABC$ 既可以是锐角三角形，又可以是直角三角形或钝角三角形；

(2)当 $0<\alpha\leqslant1$ 时，这样的 $\triangle ABC$ 不存在；

(3)当 $1<\alpha<2$ 时，$\triangle ABC$ 是钝角三角形；

(4)当 $\alpha=2$ 时，$\triangle ABC$ 是钝角三角形；

(5)当 $\alpha>2$ 时，$\triangle ABC$ 既可以是锐角三角形，又可以是直角三角形或钝角三角形.

证明　(1)当 $\alpha<0$ 时，由 $a^\alpha+b^\alpha<c^\alpha$，得 $0<a^\alpha<c^\alpha$，$0<b^\alpha<c^\alpha\Rightarrow a>c$，$b>c$. 当 $a=b$ 时，显然

$\triangle ABC$ 为锐角三角形. 当 $a\neq b$ 时,不妨设 $c<b<a$,则最大角为 A. 令 $x=\dfrac{c}{a}$,$y=\dfrac{b}{a}$,所以 $x^{\alpha}-y^{\alpha}>1$. 又 $b+c>a$,所以 $x+y>1$. 画出满足条件 $\begin{cases}x+y>1\\x^{\alpha}-y^{\alpha}>1\\0<x<1\\0<y<1\end{cases}$ 的图形(图4):此图形与 $x^2+y^2>1$,$x^2+y^2=1$,$x^2+y^2<1$ 的图形有公共部分,即 $b^2+c^2>a^2$,$b^2+c^2=a^2$,$b^2+c^2<a^2$ 均有可能. 故满足条件 $a^{\alpha}+b^{\alpha}<c^{\alpha}(\alpha<0)$ 的$\triangle ABC$ 既可以是锐角三角形,又可以是直角三角形或钝角三角形.

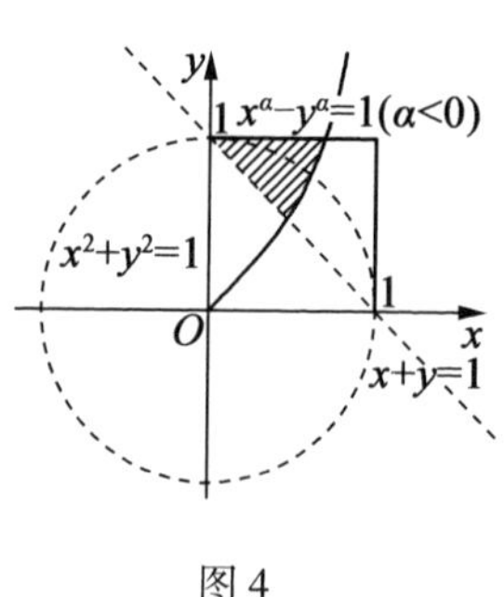

图4

(2)当 $0<\alpha\leqslant 1$ 时,由 $a^{\alpha}+b^{\alpha}<c^{\alpha}$,得 $0<a^{\alpha}<c^{\alpha}$,$0<b^{\alpha}<c^{\alpha}\Rightarrow a<c$,$b<c$,所以 C 为最大角. 令 $x=\dfrac{a}{c}$,$y=\dfrac{b}{c}$,则 $x^{\alpha}+y^{\alpha}<1$. 又 $a+b>c\Rightarrow\dfrac{a}{c}+\dfrac{b}{c}>1\Rightarrow x+y>1$.

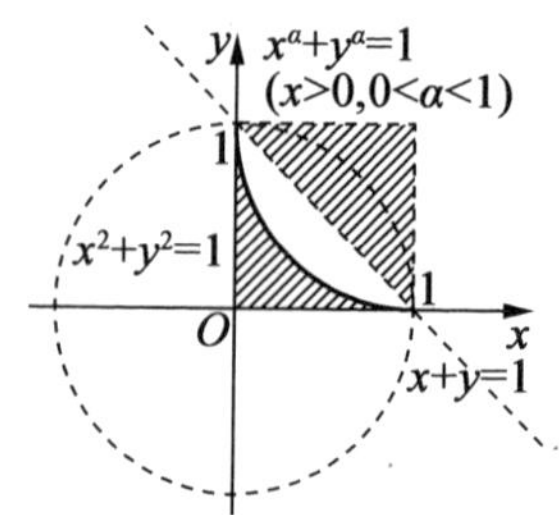

图5

从 $x+y>1$ 的图形与 $x^{\alpha}+y^{\alpha}<1$ 的图形得知,它们在 $0<x<1$,$0<y<1$ 内没有公共部分(图5).

故满足条件 $a^{\alpha}+b^{\alpha}<c^{\alpha}(0<\alpha\leqslant 1)$ 的三角形不存在.

(3)当 $1<\alpha<2$ 时,由 $a^{\alpha}+b^{\alpha}<c^{\alpha}$,得 $0<a^{\alpha}<c^{\alpha}$,$0<b^{\alpha}<c^{\alpha}\Rightarrow a<c$,$b<c$,且 C 为最大角. 令 $x=\dfrac{a}{c}$,$y=\dfrac{b}{c}$,所以 $x^{\alpha}+y^{\alpha}<1$,$x+y>1$,$0<x<1$,$0<y<1$.

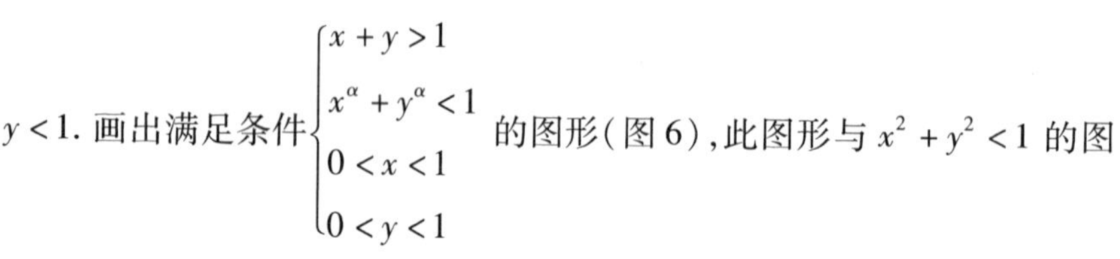
画出满足条件 $\begin{cases}x+y>1\\x^{\alpha}+y^{\alpha}<1\\0<x<1\\0<y<1\end{cases}$ 的图形(图6),此图形与 $x^2+y^2<1$ 的图形有公共部分,而与 $x^2+y^2=1$,$x^2+y^2>1$ 的图形无公共部分. 即只有 $a^2+b^2<c^2$ 成立. 故$\triangle ABC$ 为钝角三角形.

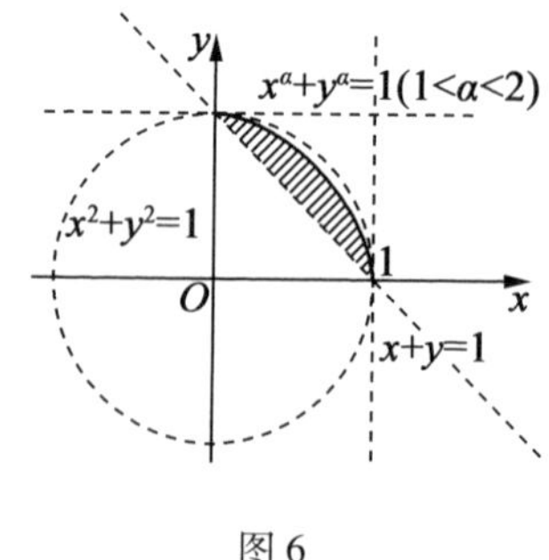

图6

(4)当 $\alpha=2$ 时,显然,$\triangle ABC$ 是钝角三角形.

(5)当 $\alpha>2$ 时,由 $a^{\alpha}+b^{\alpha}<c^{\alpha}$,得 $0<a^{\alpha}<c^{\alpha}$,$0<b^{\alpha}<c^{\alpha}\Rightarrow a<c$,$b<c$,且 C 为最大角. 令 $x=\dfrac{a}{c}$,$y=\dfrac{b}{c}$,所以 $x^{\alpha}+y^{\alpha}<1$,画出满足条件 $\begin{cases}x+y>1\\x^{\alpha}+y^{\alpha}<1\\0<x<1\\0<y<1\end{cases}$ 的图形(图7),此图形与 $x^2+y^2>1$,$x^2+y^2=1$,$x^2+y^2<1$ 的图形有公共部分. 即 $a^2+b^2>c^2$,$a^2+b^2=c^2$,$a^2+b^2<c^2$ 均有可能.

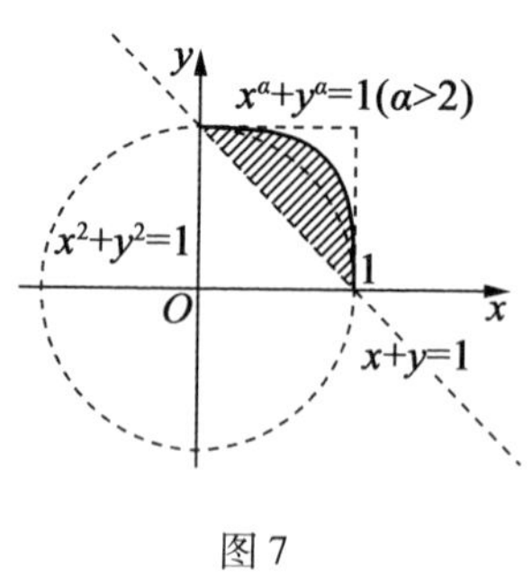

图7

故满足条件 $a^{\alpha}+b^{\alpha}<c^{\alpha}(\alpha>2)$ 的$\triangle ABC$ 既可以是锐角三角形,又可以是直角三角形或钝角三角形.

命题3 若$\triangle ABC$ 的三边长 a,b,c 满足 $a^{\alpha}+b^{\alpha}>c^{\alpha}(\alpha\neq 0)$,则:

(1)当 $\alpha<0$ 时,$\triangle ABC$ 既可以是锐角三角形,又可以是直角三角形或钝角三角形;

(2)当 $0<\alpha\leqslant 1$ 时,$\triangle ABC$ 既可以是锐角三角形,又可以是直角三角形或钝角三角形;

(3)当 $1<\alpha<2$ 时,$\triangle ABC$ 既可以是锐角三角形,又可以是直角三角形或钝角三角形;

(4)当 $\alpha \geqslant 2$ 时，$\triangle ABC$ 既可以是锐角三角形，又可以是直角三角形或钝角三角形.

证明　(1)当 $\alpha<0$ 时，由 $a^{\alpha}+b^{\alpha}>c^{\alpha}$，得 c 可以是 a,b,c 中的最大值，c 也可以不是 a,b,c 中的最大值.

①若 c 是 a,b,c 中的最大值时，即 $a \leqslant c, b \leqslant c$.

令 $x=\dfrac{a}{c}, y=\dfrac{b}{c}$，所以 $x^{\alpha}+y^{\alpha}>1, x+y>1, 0<x<1, 0<y<1$.

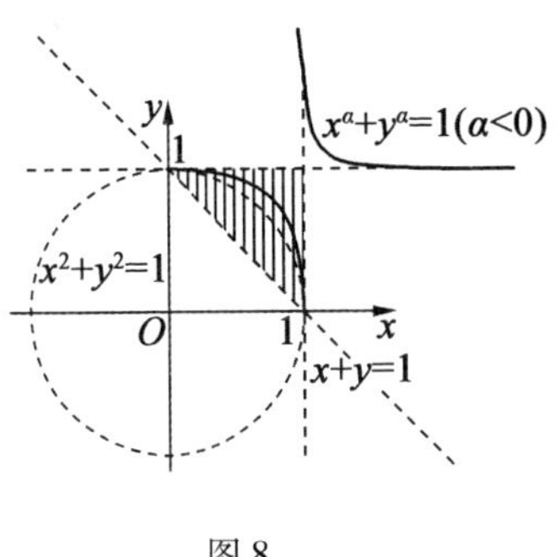

图 8

画出满足条件 $\begin{cases}x+y>1\\x^{\alpha}+y^{\alpha}>1\\0<x<1\\0<y<1\end{cases}$ 的图形(图 8)：此图形与 $x^2+y^2>1$，$x^2+y^2=1, x^2+y^2<1$ 的图形有公共部分，故此时的 $\triangle ABC$ 既可以是锐角三角形，又可以是直角三角形或钝角三角形.

②若 a,b,c 中 c 不是最大值时，不妨设 a 是最大值，即 $b \leqslant a, c \leqslant a$. 令 $x=\dfrac{c}{a}, y=\dfrac{b}{a}$，由 $a^{\alpha}+b^{\alpha}>c^{\alpha}, b+c>a \Rightarrow x^{\alpha}-y^{\alpha}<1, x+y>1, 0<x \leqslant 1, 0<y \leqslant 1$.

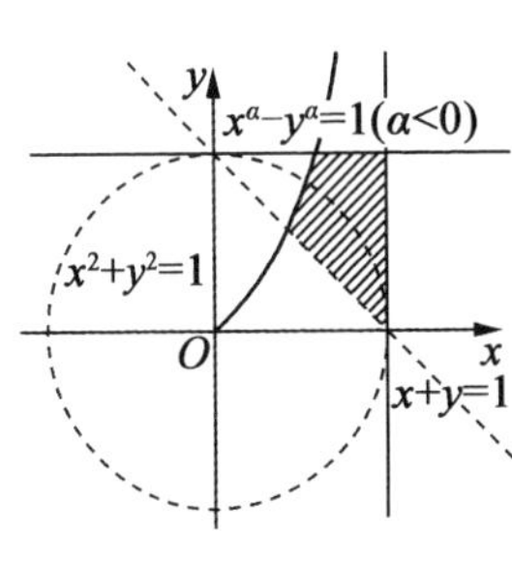

图 9

画出满足条件 $\begin{cases}x+y>1\\x^{\alpha}-y^{\alpha}<1\\0<x \leqslant 1\\0<y \leqslant 1\end{cases}$ 的图形(图 9)，此图形与 $x^2+y^2>1, x^2+y^2=1, x^2+y^2<1$ 的图形均有公共部分，即满足条件的三角形 $\triangle ABC$ 既可以是锐角三角形，又可以是直角三角形或钝角三角形.

(2)当 $0<\alpha \leqslant 1$ 时：

①若 c 是 a,b,c 中的最大值时，即 $a \leqslant c, b \leqslant c$. 令 $x=\dfrac{a}{c}, y=\dfrac{b}{c}$，所以 $x^{\alpha}+y^{\alpha}>1, x+y>1, 0<x<1, 0<y<1$. 画出满足条件 $\begin{cases}x+y>1\\x^{\alpha}+y^{\alpha}>1\\0<x<1\\0<y<1\end{cases}$ 的图形(图 10)，此图形与 $x^2+y^2>1, x^2+y^2=1, x^2+y^2<1$ 的图形均有公共部分，即满足条件的三角形 $\triangle ABC$ 既可以是锐角三角形，又可以是直角三角形或钝角三角形.

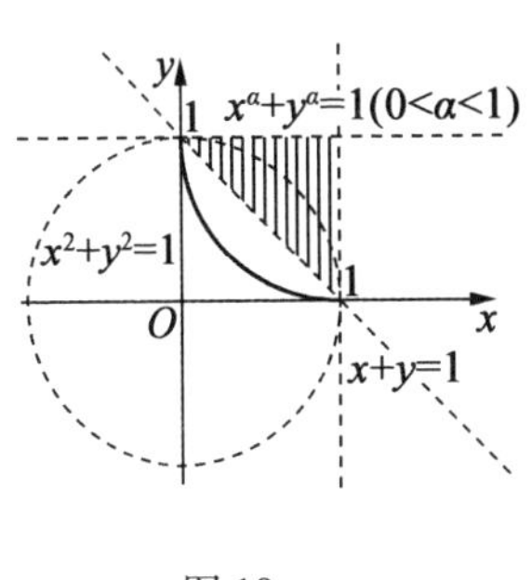

图 10

②若 a,b,c 中 c 不是最大值时，不妨设 a 是最大值，即 $b \leqslant a, c \leqslant a$.

令 $x=\dfrac{c}{a}, y=\dfrac{b}{a}$，由 $a^{\alpha}+b^{\alpha}>c^{\alpha}$，则 $b+c>a \Rightarrow x^{\alpha}-y^{\alpha}<1, x+y>1, 0<x \leqslant 1, 0<y \leqslant 1$.

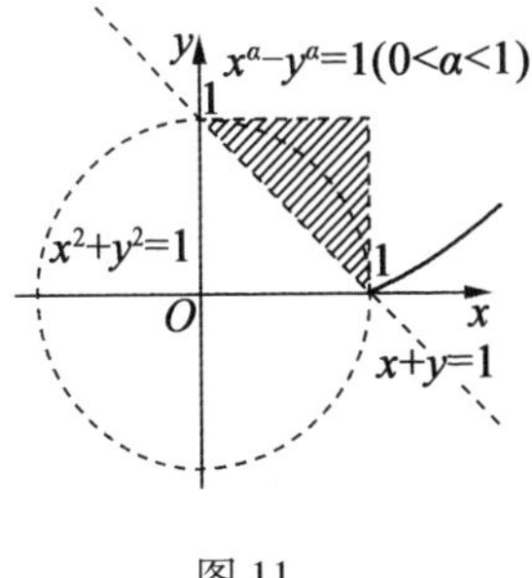

图 11

画出满足条件 $\begin{cases}x+y>1\\x^{\alpha}-y^{\alpha}<1\\0<x \leqslant 1\\0<y \leqslant 1\end{cases}$ 的图形(图 11)，此图形与 $x^2+y^2>1, x^2+y^2=1, x^2+y^2<1$ 的图形均有公共部分，即满足条件的三角形 $\triangle ABC$ 既可以

是锐角三角形,又可以是直角三角形或钝角三角形.

(3)当 $1<\alpha<2$ 时:

①若 c 是 a,b,c 中的最大值时,即 $a\leqslant c,b\leqslant c$. 令 $x=\dfrac{a}{c},y=\dfrac{b}{c}$,所以 $x^{\alpha}+y^{\alpha}>1,x+y>1,0<x<1,0<y<1$. 此图形与 $x^2+y^2>1,x^2+y^2=1,x^2+y^2<1$ 的图形均有公共部分(图12),即满足条件的三角形△ABC 既可以是锐角三角形,又可以是直角三角形或钝角三角形.

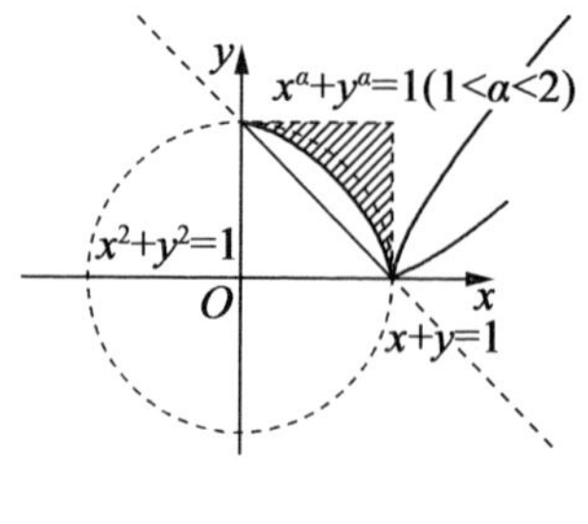

图12

②若 a,b,c 中 c 不是最大值时,不妨设 a 是最大值,即 $b\leqslant a,c\leqslant a$.

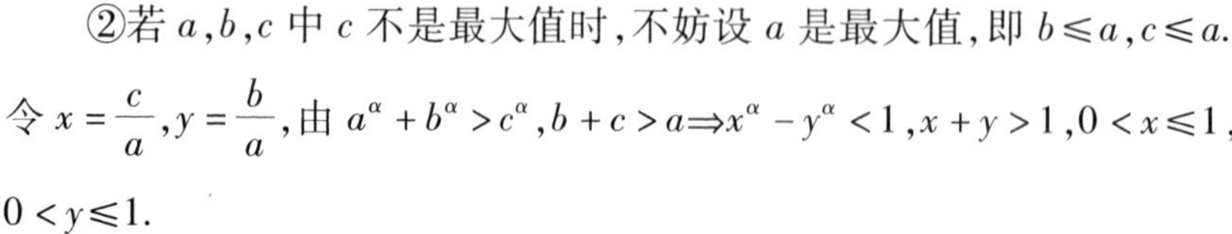

令 $x=\dfrac{c}{a},y=\dfrac{b}{a}$,由 $a^{\alpha}+b^{\alpha}>c^{\alpha},b+c>a\Rightarrow x^{\alpha}-y^{\alpha}<1,x+y>1,0<x\leqslant1,0<y\leqslant1$.

画出满足条件 $\begin{cases}x+y>1\\x^{\alpha}-y^{\alpha}<1\\0<x\leqslant1\\0<y\leqslant1\end{cases}$ 的图形(图13),此图形与 $x^2+y^2>1,x^2+y^2=1,x^2+y^2<1$ 的图形均有公共部分,即满足条件的三角形△ABC 既可以是锐角三角形,又可以是直角三角形或钝角三角形.

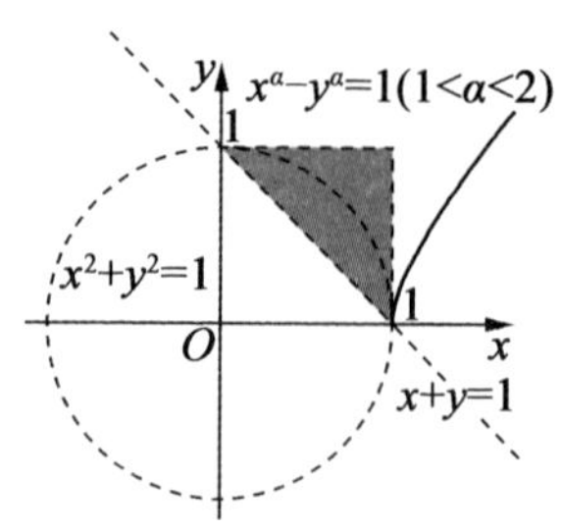

图13

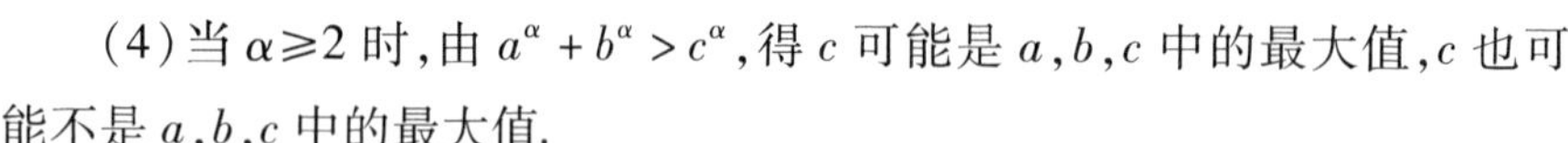

(4)当 $\alpha\geqslant2$ 时,由 $a^{\alpha}+b^{\alpha}>c^{\alpha}$,得 c 可能是 a,b,c 中的最大值,c 也可能不是 a,b,c 中的最大值.

①若 c 是 a,b,c 中的最大值时,即 $a\leqslant c,b\leqslant c$. 令 $x=\dfrac{a}{c},y=\dfrac{b}{c}$,所以 $x^{\alpha}+y^{\alpha}>1$. $x+y>1,0<x<1,0<y<1$.

画出满足条件 $\begin{cases}x+y>1\\x^{\alpha}+y^{\alpha}>1\\0<x<1\\0<y<1\end{cases}$ 的图形(图14),此图形与 $x^2+y^2>1$ 的图形有公共部分,而与 $x^2+y^2=1,x^2+y^2<1$ 的图形无公共部分. 故此时的△ABC 为锐角三角形.

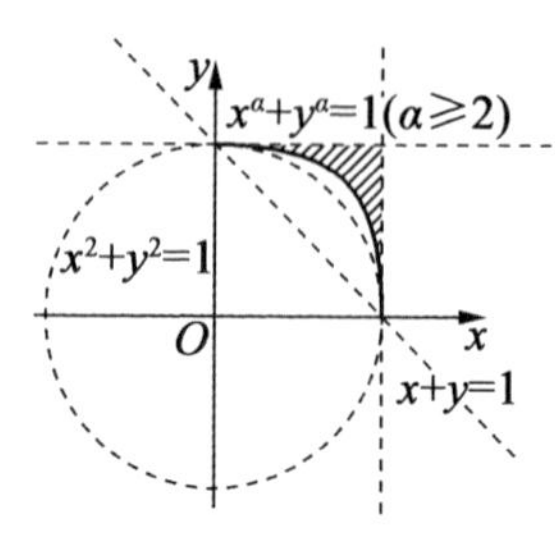

图14

②若 a,b,c 中 c 不是最大值时,不妨设 a 是最大值,即 $b\leqslant a,c\leqslant a$. 令 $x=\dfrac{c}{a},y=\dfrac{b}{a}$,由 $a^{\alpha}+b^{\alpha}>c^{\alpha},b+c>a\Rightarrow x^{\alpha}-y^{\alpha}<1,x+y>1,0<x\leqslant1,0<y\leqslant1$.

画出满足条件 $\begin{cases}x+y>1\\x^{\alpha}-y^{\alpha}<1\\0<x\leqslant1\\0<y\leqslant1\end{cases}$ 的图形(图15),此图形与 $x^2+y^2>1,x^2+y^2=1,x^2+y^2<1$ 的图形均有公共部分,

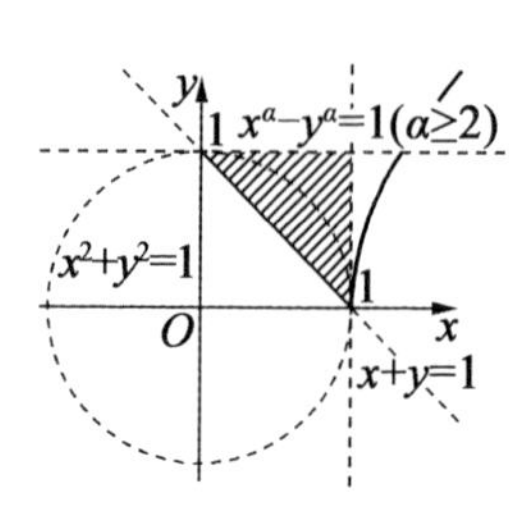

图15

即满足条件的三角形△ABC 既可以是锐角三角形,又可以是直角三角形或钝角三角形.

二、角之间的关系

命题 4　若△ABC 满足：$A^{\alpha}+B^{\alpha}=C^{\alpha}(\alpha\neq 0)$，则：

(1)当 $\alpha<0$ 时，△ABC 既可以是锐角三角形，又可以是直角三角形或钝角三角形；

(2)当 $0<\alpha<1$ 时，△ABC 是钝角三角形；

(3)当 $\alpha=1$ 时，△ABC 是直角三角形；

(4)当 $\alpha>1$ 时，△ABC 是锐角三角形.

证明　(1)当 $\alpha<0$ 时，由 $A^{\alpha}+B^{\alpha}=C^{\alpha}$，得 $A^{\alpha}<C^{\alpha},B^{\alpha}<C^{\alpha}\Rightarrow A>C,B>C$. 当 $A=B$ 时，显然△ABC 为锐角三角形.

当 $A\neq B$ 时，不妨设 $A>B>C$.

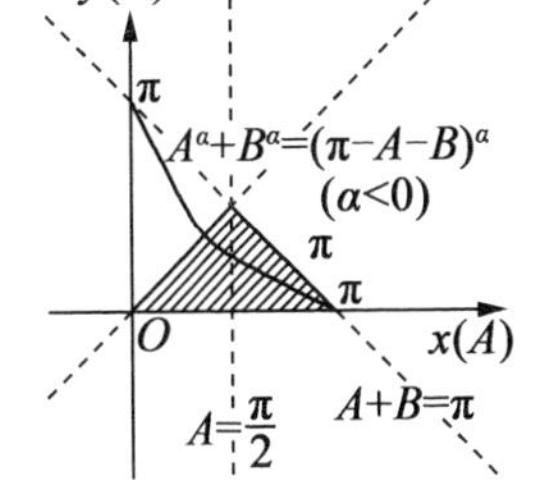

图 16

因为$\begin{cases}A^{\alpha}+B^{\alpha}=C^{\alpha}\\A+B+C=\pi\\A>0\\B>0\\C>0\end{cases}\Leftrightarrow\begin{cases}A^{\alpha}+B^{\alpha}=(\pi-A-B)^{\alpha}\\A+B<\pi\\0<B<A<\pi\end{cases}$

画出满足条件$\begin{cases}A^{\alpha}+B^{\alpha}=(\pi-A-B)^{\alpha}\\A+B<\pi\\0<B<A<\pi\end{cases}$的图形(图 16)，发现曲线 $A^{\alpha}+B^{\alpha}=(\pi-A-B)^{\alpha}$ 在区域$\begin{cases}A+B<\pi,\\0<B<A<\pi\end{cases}$内的部分既有 $0<A<\frac{\pi}{2}$，又有 $A=\frac{\pi}{2}$ 及 $\frac{\pi}{2}<A<\pi$ 的情况，即满足条件的△ABC 既可以是锐角三角形，又可以是直角三角形或钝角三角形.

(2)当 $0<\alpha<1$ 时，由 $A^{\alpha}+B^{\alpha}=C^{\alpha}$，得 $A^{\alpha}<C^{\alpha},B^{\alpha}<C^{\alpha}\Rightarrow A<C,B<C$. 所以 $C^{\alpha}=A^{\alpha}+B^{\alpha}=A\cdot A^{\alpha-1}+B\cdot B^{\alpha-1}>A\cdot C^{\alpha-1}+B\cdot C^{\alpha-1}\Rightarrow C>A+B\Rightarrow C>\frac{\pi}{2}$. 故△$ABC$ 为钝角三角形.

(3)当 $\alpha=1$ 时，显然△ABC 是直角三角形.

(4)当 $\alpha>1$ 时，由 $A^{\alpha}+B^{\alpha}=C^{\alpha}$，得 $A^{\alpha}<C^{\alpha},B^{\alpha}<C^{\alpha}\Rightarrow A<C,B<C$. 所以 $C^{\alpha}=A^{\alpha}+B^{\alpha}=A\cdot A^{\alpha-1}+B\cdot B^{\alpha-1}<A\cdot C^{\alpha-1}+B\cdot C^{\alpha-1}\Rightarrow C<A+B\Rightarrow C<\frac{\pi}{2}$. 故△$ABC$ 为锐角三角形.

三、猜想

命题 5　若△ABC 满足 $A^{\alpha}+B^{\alpha}<C^{\alpha}(\alpha\neq 0)$，则：

(1)当 $\alpha<0$ 时，△ABC 既可以是锐角三角形，又可以是直角三角形或钝角三角形；

(2)当 $0<\alpha\leqslant 1$ 时，△ABC 是钝角三角形；

(3)当 $\alpha>1$ 时，△ABC 既可以是锐角三角形，又可以是直角三角形或钝角三角形.

命题 6　若△ABC 满足：$A^{\alpha}+B^{\alpha}>C^{\alpha}(\alpha\neq 0)$，则：

(1)当 $\alpha<0$ 时，△ABC 既可以是锐角三角形，又可以是直角三角形或钝角三角形；

(2)当 $\alpha>0$ 时，△ABC 既可以是锐角三角形，又可以是直角三角形或钝角三角形.

参考文献

[1]吕传汉,汪秉彝.中小学数学情境与提出问题教学研究[M].贵阳:贵州人民出版社,2005,10.

[2]王芝平,王坤.数学解题勿忘自然、简单的原则[J].数学通报,2014,1:59-60.

作者简介

李明,毕业于江苏师范大学数学教育专业,现为贵州师范大学附属中学高级教师,教研处副主任,曾参与研究课题《新课程背景下课堂有效教学研究》《高中数学试题设计与评价研究》,获"教育部课题先进工作者(核心成员)"奖,"贵州省优秀教育科研成果三等奖""贵州师范大学优秀教师""贵阳市优秀班主任""贵阳市高中数学说题比赛二等奖",有多篇论文获省级一、二等奖,多次受邀到各市、县开展高考复习讲座或优质课展示.

胡松,贵州师范大学附属中学高级教师,贵州师范大学数学教育专业和贵州大学计算机应用专业双学位,贵州省高考评卷专题组长以及高考评卷优秀教师,贵州省学业水平考试命题组成员,贵州省高考适应性考试命题组成员,贵阳市高考适应性考试命题组成员,第二批贵阳市中小学"百名学科带头人培养对象",贵州师范大学优秀教师,贵州师范大学附属中学优秀党员,贵州省"石小康名师工作室"成员,贵阳市教育系统网络安全和信息化专家库成员,公开刊物发表或所著教学论文和教学设计多次获得贵州省和贵阳市一、二、三等奖30余篇.应邀多次在贵州省各地市开展主题研修讲座等活动,所辅导的学生在全国高中数学联赛和希望杯数学邀请赛等比赛中多次获二、三等奖和银奖,参与完成教育部课题2个,省级课题2个.

圆锥曲线中的动直线过定点的一个问题

程相甫[1]，岂振华[2]

（1.左权中学　山西　晋中　032600;2.左权中学　山西　晋中　032600）

关于圆维曲线 C 与受限动直线 L 的位置关系的类型题中，有些是求相交弦的最值或与相交弦有关的多边形的面积最值；有些是证明动直线的斜率为定值或与相交弦有关的三角形面积为定值；有些是证明动直线过定点．这些“最值”“定值”“定点”问题，彰显了圆锥曲线的形态美和其性质的奥秘．其中难度较大的题型是过曲线 C 上定点 P，作斜率分别为 k_1,k_2 的两直线且分别与圆锥曲线 C 另交于 A,B 两点，我们已经见过在条件 $k_1+k_2=-1$ 或 $k_1k_2=-1$ 制约下，证明直线 AB 过定点问题，但能否将两斜率和（或积）拓展为任意给定实数 λ，就这个问题本文给出以下论述：

定理1（程相甫）　已知椭圆 $C:\frac{x^2}{a^2}+\frac{y^2}{b^2}=1(a>b>0)$ 上点 $P(p,q)$，过点 P 作斜率分别为 k_1,k_2 的两条直线，分别交椭圆 C 于 A,B 两点．

（1）若 $k_1+k_2=\lambda(\lambda\neq0)$，则直线 AB 过定点；

（2）若 $k_1k_2=u(u\neq\frac{b^2}{a^2})$，则直线 AB 过定点．

证明　设过点 $P(p,q)$ 斜率分别为 k_1,k_2 的直线分别交椭圆 C 于另一点 $A(x_1,y_1)$，$B(x_2,y_2)$．

过点 $P(p,q)$ 斜率为 k_1 的直线方程为

$$y=k_1(x-p)+q$$

代入椭圆方程，并整理得到

$$(a^2k_1^2+b^2)x^2-2a^2k_1(pk_1-q)x+(a^2p^2k_1^2-2a^2pqk_1+a^2q^2-a^2b^2)=0$$

由于 $P(p,q)$ 在椭圆 $C:\frac{x^2}{a^2}+\frac{y^2}{b^2}=1$ 上，因此有 $a^2b^2=b^2p^2+a^2q^2$，代入上式，经化简得到

$$(a^2k_1^2+b^2)x^2-2a^2k_1(pk_1-q)x+p(a^2pk_1^2-2a^2qk_1-b^2p)=0$$

即

$$(x-p)[(a^2k_1^2+b^2)x-(a^2pk_1^2-2a^2qk_1-b^2p)]=0$$

由此得到

$$x_1=\frac{a^2pk_1^2-2a^2qk_1-b^2p}{a^2k_1^2+b^2}=p-\frac{2(a^2qk_1+b^2p)}{a^2k_1^2+b^2}$$

$$\begin{aligned}y_1&=k_1[p-\frac{2(a^2qk_1+b^2p)}{a^2k_1^2+b^2}-p]+q\\&=q-\frac{2k_1(a^2qk_1+b^2p)}{a^2k_1^2+b^2}\end{aligned}$$

即得到 $A(p-\frac{2(a^2qk_1+b^2p)}{a^2k_1^2+b^2},q-\frac{2k_1(a^2qk_1+b^2p)}{a^2k_1^2+b^2})$．

同理，可得到 $B(p-\frac{2(a^2qk_2+b^2p)}{a^2k_2^2+b^2},q-\frac{2k_2(a^2qk_2+b^2p)}{a^2k_2^2+b^2})$．

于是,直线 AB 的方程为

$$-\left[\frac{2k_1(a^2qk_1+b^2p)}{a^2k_1^2+b^2}-\frac{2k_2(a^2qk_2+b^2p)}{a^2k_2^2+b^2}\right]x+$$

$$\left[\frac{2(a^2qk_1+b^2p)}{a^2k_1^2+b^2}-\frac{2(a^2qk_2+b^2p)}{a^2k_2^2+b^2}\right]y+$$

$$p\left[\frac{2k_1(a^2qk_1+b^2p)}{a^2k_1^2+b^2}-\frac{2k_2(a^2qk_2+b^2p)}{a^2k_2^2+b^2}\right]-$$

$$q\left[\frac{2(a^2qk_1+b^2p)}{a^2k_1^2+b^2}-\frac{2(a^2qk_2+b^2p)}{a^2k_2^2+b^2}\right]-$$

$$\frac{4(a^2qk_1+b^2p)(a^2qk_2+b^2p)(k_1-k_2)}{(a^2k_1^2+b^2)(a^2k_2^2+b^2)}=0$$

记 $k_1+k_2=\lambda,k_1k_2=u$,注意到 $k_1\neq k_2$,经整理得到

$$-b^2(x-p)(a^2q\lambda-a^2pu+b^2p)-a^2(y-q)(b^2p\lambda+a^2qu-b^2q)-$$
$$2(a^2b^2pq\lambda+a^4q^2u+b^4p^2)=0$$

即

$$-a^2b^2(qx+py)\lambda+a^2(b^2px-a^2qy-a^2q^2-b^2p^2)u$$
$$-b^2(b^2px-a^2qy+a^2q^2+b^2p^2)=0$$

注意到 $a^2b^2=b^2p^2+a^2q^2$,于是得到

$$-a^2b^2(qx+py)\lambda+a^2(b^2px-a^2qy-a^2b^2)u-$$
$$b^2(b^2px-a^2qy+a^2b^2)=0$$

(1)当 $k_1+k_2=\lambda(\lambda\neq 0)$为已知时,令

$$\begin{cases}b^2px-a^2qy-a^2b^2=0\\(a^2q\lambda+b^2p)x+(a^2q\lambda-a^2q)y+a^2b^2=0\end{cases}$$

解得

$$\begin{cases}x=p-\dfrac{2q}{\lambda}\\y=-q-\dfrac{2b^2p}{a^2\lambda}\end{cases}$$

这时,直线 AB 过定点$\left(p-\dfrac{2q}{\lambda},-q-\dfrac{2b^2p}{a^2\lambda}\right)$.

(2)当 $k_1k_2=u\left(u\neq\dfrac{b^2}{a^2}\right)$为已知时,令

$$\begin{cases}qx+py=0\\a^2(b^2px-a^2qy-a^2b^2)u-b^2(b^2px-a^2qy+a^2b^2)=0\end{cases}$$

即

$$\begin{cases}qx+py=0\\(a^2u-b^2)(b^2px-a^2qy)-a^2b^2(a^2u+b^2)=0\end{cases}$$

解上述关于 x,y 的一元二次方程组,并注意到 $b^2p^2+a^2q^2=a^2b^2$,得到

$$\begin{cases} x = \dfrac{p(a^2u + b^2)}{a^2u - b^2} \\ y = -\dfrac{q(a^2u + b^2)}{a^2u - b^2} \end{cases}$$

这时,直线 AB 过定点$\left(\dfrac{p(a^2u + b^2)}{a^2u - b^2}, -\dfrac{q(a^2u + b^2)}{a^2u - b^2}\right)$.

定理的证明过程深刻体现了“数形结合”的重要作用,全面体现了常规解题方法的广泛性和难点突破的奥妙,充分体现了数学的现实性与趣味性!

新高考背景下解析几何问题的处理策略

曾庆国

（晋江市毓英中学　福建　晋江　362251）

摘　要：解析几何是中学数学的重要内容，它涉及的基础面大、技巧多、运算繁、交汇多，是学习数学的重点和难点，也是历年高考数学的热点. 解析几何的学科思想是用代数方法解决几何问题. 解决解析几何问题首先要分析几何对象的几何特征，再对几何对象的几何特征进行代数化得到相对应的代数性质，之后进行代数运算，从代数运算的结论中分析出几何的特征，得出几何的结论. 解析几何这一高中数学的重要内容，其基本思想是利用代数的方法研究几何问题，体现了数形结合的思想. 我们在解析几何教学时，除了要着眼于几何属性，还应以坐标为桥梁，关注与向量、解三角形、函数、导数等知识的交汇，注重探究、综合与创新. 冰冻三尺，非一日之寒，只要平时重视，必能事半功倍，切实有效地提高解析几何问题的理解水平和数学素养.

关键词：新高考；解析几何；坐标法；几何性质

解析几何问题是高考的重要考点，全国卷对这部分内容的考查一般是两小题一大题，解答题基本上都是压轴题，常常不给出图形或不给出坐标系，考查解析几何的基本思想方法. 解析几何的基本思想方法是用代数的方法研究几何问题. 解析几何问题的研究对象是几何图形，研究的方法主要是代数法. 用坐标法研究平面图形，就要建立适当的平面直角坐标系，用方程表示曲线，使得研究位置关系、几何性质等问题通过研究点的坐标与曲线的方程得以实现. 在平面解析几何教学时，我们应重视圆、椭圆、双曲线、抛物线等曲线方程、直线方程、点的坐标以及图形的几何性质. 2021 年福建省实行新高考，数学不分文理卷. 面对新高考，本人结合近年来全国高考卷中解析几何题，谈谈新高考背景下解析几何问题的处理策略.

一、应着重把握坐标法这一基本思想方法

解析几何的基本方法是“坐标法”. 坐标法也称解析法，它是通过平面直角坐标系的建立把几何问题代数化，经代数运算获得相关的代数结果，再通过坐标系转化为几何结论，坐标法使解决几何问题变得具有一定的程序可遵循. 在曲线方程中，曲线上点的坐标满足该曲线方程，坐标满足曲线方程的点一定落在该曲线上. 通过联立方程组，得到解的个数，可判断直线与圆锥曲线交点的个数；当直线与圆锥曲线相交时，联立方程组后，解方程组，可求得交点坐标.

（2016 年高考全国卷 · 文 20）　在直角坐标系 xOy 中，直线 $l:y=t(t\neq 0)$ 交 y 轴于点 M，交抛物线 $C:y^2=2px(p>0)$ 于点 P，M 关于点 P 的对称点为 N，联结 ON 并延长交 C 于点 H.

（1）求 $\frac{|OH|}{|ON|}$；

（2）除 H 以外，直线 MH 与 C 是否有其他公共点？说明理由.

分析　（1）依次求出点 P,N,H 的坐标.（2）直线方程与抛物线方程联立，消去 x 后，可解出方程的根，便可得到交点坐标.

解析　(1)合理巧设参变量,先确定 $N\left(\frac{t^2}{p},t\right)$,直线 ON 的方程为 $y=\frac{p}{t}x$,代入 $y^2=2px$ 整理得 $px^2-2t^2x=0$,解得 $x_1=0,x_2=\frac{2t^2}{p}$,得 $H\left(\frac{2t^2}{p},2t\right)$,由此可得 N 为 OH 的中点,即 $\frac{|OH|}{|ON|}=2$.

(2)直线 MH 与 C 除 H 以外没有其他公共点.理由如下:直线 MH 的方程为 $y-t=\frac{p}{2t}x$,即 $x=\frac{2t}{p}(y-t)$.代入 $y^2=2px$ 得 $y^2-4ty+4t^2=0$,解得 $y_1=y_2=2t$,即直线 MH 与 C 只有一个公共点,所以除 H 以外直线 MH 与 C 没有其他公共点.

(2012 年高考全国卷·理 20)　设抛物线 $C:x^2=2py(p>0)$ 的焦点为 F,准线为 l,$A\in C$,已知以 F 为圆心,FA 为半径的圆 F 交 l 于 B,D 两点.

(1)若 $\angle BFD=90°$,$\triangle ABD$ 的面积为 $4\sqrt{2}$,求 p 的值及圆 F 的方程;

(2)若 A,B,F 三点在同一直线 m 上,直线 n 与 m 平行,且 n 与 C 只有一个公共点,求坐标原点到 m,n 距离的比值.

分析　(1)关键点为点 A,再利用抛物线定义及三角形面积公式,点 A 到准线 l 的距离 $d=|FA|=|FB|=\sqrt{2}p$,$S_{\triangle ABD}=4\sqrt{2}\Leftrightarrow\frac{1}{2}\times|BD|\times d=4\sqrt{2}\Leftrightarrow p=2$,圆 F 的方程为 $x^2+(y-1)^2=8$.

(2)由题意可求直线 $m:y=\dfrac{\frac{3p}{2}-\frac{p}{2}}{\sqrt{3}p}x+\frac{p}{2}\Leftrightarrow y=\frac{\sqrt{3}x}{3}+\frac{p}{2}$,则可设直线 $n:y=\frac{\sqrt{3}x}{3}+q$,由直线 n 与 c 只有一个公共点,即 $\Delta=0$ 可解出 $q=-\frac{p}{6}$.故坐标原点到 m,n 距离的比值为 3.

(2014 年高考全国卷·理 20)　设 F_1,F_2 分别是椭圆 $C:\frac{x^2}{a^2}+\frac{y^2}{b^2}=1(a>b>0)$ 的左右焦点,M 是 C 上一点且 MF_2 与 x 轴垂直,直线 MF_1 与 C 的另一个交点为 N.若直线 MN 在 y 轴上的截距为 2,且 $|MN|=5|F_1N|$,求 a,b.

分析　依题意,可得直线 MN 的方程:$x=\frac{cy}{2}-c$,再结合 $|MN|=5|F_1N|$,可得 $M(c,4)$,$N\left(-\frac{3}{2}c,-1\right)$,最后根据点 M,N 均在椭圆 C 上,构造两个方程,可解得 $a=7,b=2\sqrt{7}$.利用"点在椭圆上"列方程是解此题的关键,体现了坐标法的基本思想.

二、应着眼于平面几何性质

平面解析几何是用坐标法来研究平面图形的一门数学学科,一味强调解析几何中的代数运算有时会导致烦琐的运算过程,必要时要综合考虑几何因素,要深入分析图形的几何性质.充分利用好图形本身所具有的平面几何性质,有效挖掘图形内在的几何性质,常可得到简捷而优美的解法.

(2016 年高考全国卷·理 10)　以抛物线 C 的顶点为圆心的圆交 C 于 A,B 两点,交 C 的准线于 D,E 两点.已知 $|AB|=4\sqrt{2}$,$|DE|=2\sqrt{5}$,则 C 的焦点到准线的距离为(　　).

A. 2　　　　B. 4　　　　C. 6　　　　D. 8

分析　先求出点 A,D 坐标,再利用勾股定理可求.

解析　如图 1,设抛物线方程为 $y^2=2px$,AB,DE 分别交 x 轴于点 C,F,可求点 A 坐标为 $\left(\frac{4}{p},2\sqrt{2}\right)$,点 D 坐标为 $\left(-\frac{p}{2},\sqrt{5}\right)$,由勾股定理知 $DF^2+OF^2=DO^2=r^2$,$AC^2+OC^2=AO^2=r^2$,即 $(\sqrt{5})^2+$

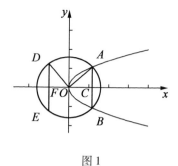

$\left(\frac{p}{2}\right)^2=(2\sqrt{2})^2+\left(\frac{4}{p}\right)^2$,解得 $p=4$,即 C 的焦点到准线的距离为4,故选B. 此题由点在曲线上可设点坐标,再由平面几何性质构造方程,进而求出未知参数,体现数形结合以及列方程的思想.

图1

(2015年高考全国卷·理20) 已知椭圆 $C:9x^2+y^2=m^2(m>0)$,直线 l 不过原点 O 且不平行于坐标轴,l 与 C 有两个交点 A,B,线段 AB 的中点为 M.

(1)证明:直线 OM 的斜率与 l 的斜率的乘积为定值;(2)若 l 过点 $\left(\frac{m}{3},m\right)$,延长线段 OM 与 C 交于点 P,四边形 $OAPB$ 能否为平行四边形?若能,求此时 l 的斜率,若不能,说明理由.

分析 (2)假设四边形 $OAPB$ 能为平行四边形,根据(1)中结论,设直线 OM 的方程,并与椭圆方程联立,可求得点 P 的横坐标. 由线段 AB 的中点为 M 以及直线 l 过点 $\left(\frac{m}{3},m\right)$,可求得点 M 的横坐标. 利用四边形 $OAPB$ 为平行四边形时,平行四边形对角线互相平分,可得 $x_P=2x_M$,求 k 的值. 此问关键是先求出 P,M 两点横坐标后,利用平面几何性质把问题化繁为简,得到解答.

(2015年高考全国卷·理11) 已知 A,B 为双曲线 E 的左、右顶点,点 M 在 E 上,$\triangle ABM$ 为等腰三角形,且顶角为120°,则 E 的离心率为( ).

A. $\sqrt{5}$ B. 2 C. $\sqrt{3}$ D. $\sqrt{2}$

分析 本题重点考查双曲线的标准方程和简单几何性质等基本知识与方法. 正确表示点 M 的坐标,利用“点在双曲线上”列方程是解此题的关键.

解析 设双曲线方程为 $\frac{x^2}{a^2}-\frac{y^2}{b^2}=1(a>0,b>0)$,如图2所示,$|AB|=|BM|$,$\angle ABM=120°$,过点 M 作 $MN\perp x$ 轴,垂足为 N,在 $\mathrm{Rt}\triangle BMN$ 中,$|BN|=a$,$|MN|=\sqrt{3}a$,故点 M 的坐标为 $M(2a,\sqrt{3}a)$,代入双曲线方程得 $a^2=b^2=c^2-a^2$,即 $c^2=2a^2$,所以 $e=\sqrt{2}$,故选D. 因此,充分利用几何属性得到点的坐标,以及由点在曲线上,可构造方程,进而求出未知参数,实现从几何中来,到几何中去的考查. 此类问题还有2014年高考全国卷·理16;2013年高考全国卷·理11;2012年高考全国卷·理8;2011年高考全国卷·理7;2014年高考全国卷·理20等.

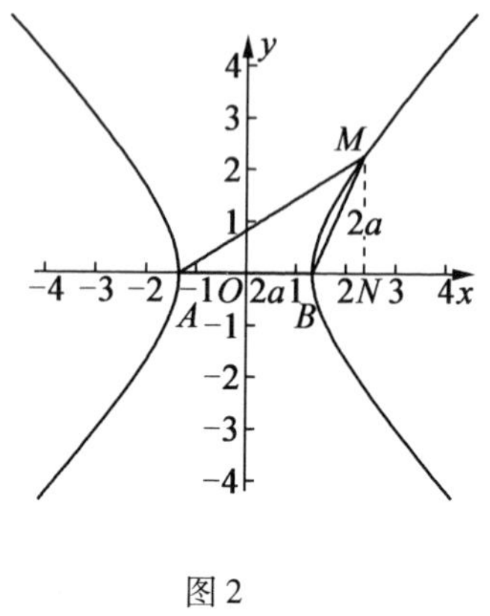

图2

毕竟解析几何的研究对象是平面几何,因此在解析几何教学中,我们尤其应加强建立几何直观,重视图形在数学学习中的作用,鼓励学生借助直观进行思考,进而揭示研究对象的性质和关系.

三、寻求一题多解,注重知识间的交汇

在处理解析几何时,我们应通过敏锐的观察,深入的思考,并对带有规律性的问题进行总结归纳,注意寻求一题多解,注重知识间的交汇,这样有利于避免“题海”战术,减负增效,拓展思维想象,激发创造活力,提高思维的灵活性和实效性.

(2013年高考全国卷·理20) 平面直角坐标系 xOy 中,过椭圆 $M:\frac{x^2}{a^2}+\frac{y^2}{b^2}=1(a>b>0)$ 右焦点

的直线 $x+y-\sqrt{3}=0$ 交 M 于 A,B 两点，P 为 AB 的中点，且 OP 的斜率为$\frac{1}{2}$. 求 M 的方程.

解析 在涉及弦长中点时，可采用解法一：联立方程，利用韦达定理；也可采用解法二：点差法. 此题可考虑采用点差法较为简便. 设 $A(x_1,y_1)$，$B(x_2,y_2)$则

$$\frac{x_1^2}{a^2}+\frac{y_1^2}{b^2}=1 \tag{1}$$

$$\frac{x_2^2}{a^2}+\frac{y_2^2}{b^2}=1 \tag{2}$$

式(1)－(2)得

$$\frac{(x_1-x_2)(x_1+x_2)}{a^2}+\frac{(y_1-y_2)(y_1+y_2)}{b^2}=0$$

因为$\frac{y_1-y_2}{x_1-x_2}=-1$，设 $P(x_0,y_0)$，因为 P 为 AB 的中点，且 OP 的斜率为$\frac{1}{2}$，所以 $y_0=\frac{x_0}{2}$，即

$$(y_1+y_2)=\frac{1}{2}(x_1+x_2)$$

所以可以解得 $a^2=2b^2$，即 $a^2=2(a^2-c^2)$，即 $a^2=2c^2$. 又因为 $c=\sqrt{3}$，所以 $a^2=6$，所以 M 的方程为$\frac{x^2}{6}+\frac{y^2}{3}=1$.

本题正是借用高考试题这个平台，提炼“好题”，在挖掘内涵的同时，提供了观测视角和思维方向，这将引起老师们和学生们的思考，尝试从不同角度寻找解题的办法，从而达到深化知识、锻炼思维、培养能力的目的.

类型题 1(2013 年高考全国卷·理 10) 已知椭圆：$E:\frac{x^2}{a^2}+\frac{y^2}{b^2}=1(a>b>0)$的右焦点为 $F(3,0)$，过点 F 的直线交椭圆 E 于 A,B 两点. 若 AB 的中点坐标为$(1,-1)$，则 E 的方程为(　　).

A. $\frac{x^2}{45}+\frac{y^2}{36}=1$　　B. $\frac{x^2}{36}+\frac{y^2}{27}=1$　　C. $\frac{x^2}{27}+\frac{y^2}{18}=1$　　D. $\frac{x^2}{18}+\frac{y^2}{9}=1$

解析几何问题往往以坐标为桥梁，与向量、函数等知识交汇，应值得关注. 比如(2014 年高考全国卷·文 20)已知点 $P(2,2)$，圆 $C:x^2+y^2-8y=0$，过点 P 的动直线 l 与圆 C 交于 A,B 两点，线段 AB 的中点为 M，O 为坐标原点. 求 M 的轨迹方程.

分析 此问可用向量方法研究解析几何问题，求 M 的轨迹方程. 可设 $M(x,y)$，则$\overrightarrow{CM}=(x,y-4)$，$\overrightarrow{MP}=(2-x,2-y)$，再由垂径定理可得，$\overrightarrow{CM}\perp\overrightarrow{MP}$，即$\overrightarrow{CM}\cdot\overrightarrow{MP}=0$，故 $x(2-x)+(y-4)(2-y)=0$，即$(x-1)^2+(y-3)^2=2$. 此题正是利用了向量数量积性质而得到简便处理的.

类型题 2(2015 年高考福建卷·理 18) 已知椭圆 $E:\frac{x^2}{a^2}+\frac{y^2}{b^2}=1(a>b>0)$过点$(0,\sqrt{2})$，且离心率为$\frac{\sqrt{2}}{2}$. (1)求椭圆 E 的方程；(2)设直线 $x=my-1(m\in\mathbf{R})$交椭圆 E 于 A,B 两点，判断点 $G\left(-\frac{9}{4},0\right)$与以线段 AB 为直径的圆的位置关系，并说明理由.

分析 此题(2)问考查判断点 G 与以线段 AB 为直径的圆的位置关系. 具体可构造向量，通过判断数量积的正负来确定点和圆的位置关系：$\overrightarrow{GA}\cdot\overrightarrow{GB}<0\Leftrightarrow$点 G 在圆内；$\overrightarrow{GA}\cdot\overrightarrow{GB}>0\Leftrightarrow$点 G 在圆外；

$\overrightarrow{GA}\cdot\overrightarrow{GB}=0\Leftrightarrow$点 G 在圆上. 此类问题在高考中曾多次考查,应引起我们的重视. 只要大家平时多观察、多联想、多积累、多总结,就可以发现解题的多面性,特别是知识间的交汇,从中感受解题的乐趣.

总之,解析几何这一高中数学的重要内容,其基本思想是利用代数的方法研究几何问题,体现了数形结合的思想. 我们在解析几何教学时,除了要着眼于几何属性,还应以坐标为桥梁,关注与向量、解三角形、函数、导数等知识的交汇,注重探究、综合与创新. 冰冻三尺,非一日之寒,只要平时重视,必能事半功倍,切实有效地提高解析几何问题的理解水平和数学素养.

作者简介

曾庆国,晋江市毓英中学一级教师,泉州市骨干教师、泉州市教坛新秀、晋江市高中数学姚立宏名师孵化工作室核心成员,主持或参与研究多个省市级立项课题,荣获福建省教师网络空间创建活动二等奖、泉州市命题比赛二等奖等. 其先后在《福建中学数学》《数学学习与研究》等刊物发表 CN 论文十余篇.

2020年高考全国Ⅰ卷数学试题评析和2021年备考建议

罗文军

（秦安县第二中学　甘肃　天水　741600）

摘　要：2020年高考全国Ⅰ卷数学试题，以《中国高考评价体系》为指导、以2019年《高考数学考试大纲》为依据，以课程学习情境、探索创新情境和生活实践情境为载体，着力考查了考生的逻辑推理能力、运算求解能力、空间想象能力、数学建模能力和创新能力等关键能力，旨在考查理性思维、数学应用、数学探索和数学文化的数学学科素养，落实了《中国高考评价体系》的主要内容“一核四层四翼”的考查，有利于高校选拔创新型的优秀人才，对高中教育教学中落实素质教育具有积极的导向作用.

关键词：评析；备考；建议

一、整体分析

1. 大稳定

2020年全国Ⅰ卷高考数学文理科试卷，在整体结构上，各有12道单项选择题、4道填空题、5道必考解答题和2道选考解答题. 在分值分布上，选择题60分、填空题20分、解答题70分（包括10分选考内容），与前两年保持一致. 2020年全国Ⅰ卷文科和理科数学试卷延续了2019高考未考查三视图的特色.

（1）高考立足基础，突出主干知识，强调学科本质的特征保持相对稳定.

2020年全国Ⅰ卷在考点分布上，延续了近几年高考真题注重对高中数学主干内容函数与导数、三角函数、解析几何、统计与概率、数列、立体几何等知识的考查，与2019年高考的分值分布大体上一致（表1）.

表1　2020年全国Ⅰ卷主干知识考查的分值分布表

内容	三角函数	函数与导数	数列	立体几何	解析几何	统计与概率
文科分值	17	22	10	22	22	22
理科分值	10	22	12	27	22	22

（2）考查的数学思想方法和数学学科五大能力相对稳定.

2020年全国Ⅰ卷依旧注重对数学思想方法和数学学科高考五大能力的考查（表2、表3）.

表2　2020年全国Ⅰ卷数学思想方法考查与题号对应表

数学思想	函数与方程	化归与转化	数形结合	分类讨论
文科题号	3、5、6、7、8、10、11、12、13、14、15、16、18、21、22、23	4、5、6、18、19、20、21、22	3、4、6、11、12、13、21	13、16、20
理科题号	3、4、5、6、9、10、11、13、15、17、18、20、21	4、5、7、11、16、20、21	3、4、10、11、13、15、18、20、22、23	20、21

表3　2020年高考全国Ⅰ卷数学关键能力考查与题号对应表

关键能力	逻辑推理能力	运算求解能力	空间想象能力	数学建模能力	创新能力
文科题号	3、12、16、20、21	1~23	3、12、19	3、5	3
理科题号	3、12、16、20、21	1~23	3、10、16、18	3、5	3

(3)注重考查的高考数学学科素养相对稳定(表4).

表4　2020年高考全国Ⅰ卷高考数学学科素养考查与题号对应表

高考数学学科素养	理性思维	数学应用	数学探索	数学文化
文科题号	1、2、3、5、7、8、10、11、12、14、15、16、18、19、20、23	3、5、17	3、4、5、6、7、9、11、12、13、19、20、21、22	3
理科题号	1、2、3、5、6、7、8、9、10、11、12、14、15、17、18、21、22、23	3、5、19	3、4、5、10、11、13、15、16、18、20	3

理科第12题主要考查函数与方程的综合应用,涉及构造函数,利用函数的单调性比较大小,考查了函数与方程思想和化归与转化思想,旨在考查理性思维的高考学科素养. 文科第12题主要考查三角形的外接圆、正弦定理及球的表面积公式,考查了空间想象能力和运算求解能力,考查了数形结合思想,旨在考查理性思维和数学探索的高考学科素养. 理科第16题考查了利用余弦定理解三角形,考查了运算求解能力、推理论证能力和空间想象能力,旨在考查数学探索的高考学科素养. 文科第16题考查累加法求通项公式、分组求和法,旨在考查理性思维和数学探索的高考数学学科素养. 理科第17题考查了等比数列通项公式基本量的计算、等差中项的性质,以及错位相减法求和,考查了运算求解能力、方程思想,旨在考查理性思维的高考数学学科素养. 文科第17题以生活实践情境为载体,考查了样本频率的计算、样本的平均值和用样本估计总体的思想,旨在考查数学应用的高考数学学科素养. 文科第20题主要考查了椭圆的简单性质及方程思想,考查了运算求解能力和化归与转化思想、推理论证能力、方程思想,旨在考查理性思维和数学探索的高考数学学科素养. 理科第21题考查了利用导数求函数的单调区间和分离变量法,考查了分类讨论思想、函数与方程思想和数形结合思想,旨在考查理性思维的高考数学学科素养.

(4)从高考试题源头看,源自课本和历年高考真题的题目数量保持稳定.

文科第1、7、8、9、10、13、14、15、17题第(1)问、18题第(1)问、22题第(1)问、23题第(1)问,理科第1、2、4、6、7、8、9、13、14、17题第(1)问、19题、22题第(1)问和23题第(1)问都源自教材. 文科第16题源自2012年全国新课标Ⅱ卷理科第16题,文科第12题(理科第10题)源自2018年高考全国Ⅲ卷理科第10题,文科第21题(理科第20题)源自2011年江苏高考试题第18题.

2. 破套路

(1)试题结构和顺序的变动.

2020年高考全国Ⅰ卷数学打破常规的地方:理科没有考查程序框图,文科小题中比2019年多了一道数列题. 在解答题的考点上也有局部调整,文科解答题中有解三角形题而没有数列题,理科解答题中有数列题而没有解三角形题. 理科必考题目在顺序上也有了调整,理科第17题为数列、第18题为立体几何、第 19 题为概率与统计、第 20 题为圆锥曲线、第 21 题为函数与导数，而 2019 年理科第 17 题为解三角形、第 18 题为立体几何、第 19 题为圆锥曲线、第 20 题为函数与导数，第 21 题为概率与统计. 与 2019 年相比，理科解答题调整了圆锥曲线、函数与导数、概率与统计等题目的顺序.

(2)个别解答题背景新颖.

文科第 19 题和理科第 18 题以很少出现的圆锥为背景. 理科第 18 题主要考查线面垂直的证明以及利用向量求二面角的大小，考查考生的空间想象能力、数学运算能力、方程思想，旨在考查直观想象和数学运算的核心素养.

(3)选择题和解答题中都有部分题目解法多样.

以文科为例，文科第 7 题、10 题、11 题、13 题、16 题、21 题常见的解法有 2 种，文科第 8 题的解法有 6 种之多.

二、部分试题评析

题 1(全国Ⅰ卷 · 文理 3)　埃及胡夫金字塔是古代世界建筑奇迹之一(图 1)，它的形状可视为一个正四棱锥，以该四棱锥的高为边长的正方形面积等于该四棱锥一个侧面三角形的面积，则其侧面三角形底边上的高与底面正方形的边长的比值为(　　).

图 1

A. $\frac{\sqrt{5}-1}{4}$　　B. $\frac{\sqrt{5}-1}{2}$

C. $\frac{\sqrt{5}+1}{4}$　　D. $\frac{\sqrt{5}+1}{2}$

解析　如图 2，设 $CD=a$，$PE=b$，则 $PO=\sqrt{PE^2-OE^2}=\sqrt{b^2-\frac{a^2}{4}}$，由题意 $PO^2=\frac{1}{2}ab$，即 $b^2-\frac{a^2}{4}=\frac{1}{2}ab$，化简得 $4\left(\frac{b}{a}\right)^2-\frac{b}{a}-1=0$，解得 $\frac{b}{a}=\frac{1+\sqrt{5}}{4}$(负值舍去). 故选 C.

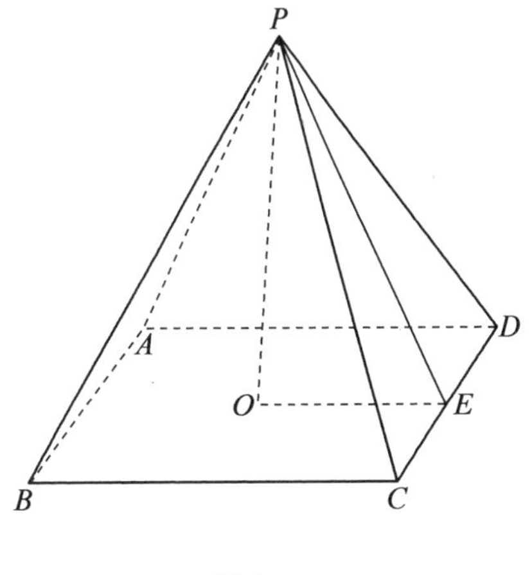

图 2

评析　本题以古埃及胡夫金字塔为背景，体现了世界古文化的古建筑之美，也体现胡夫金字塔设计师的独具匠心和古埃及劳动人民的聪明和勤劳，体现了以探索创新情境为载体. 本题主要考查了正四棱锥的概念和性质，考查考生的运算求解能力、空间想象能力、实践能力和阅读理解能力，考查了考生的应用意识、探究意识和创意意识，旨在考查数学文化、数学应用、数学探索和理性思维的高考数学学科素养，本题将美育和劳育渗透进了试题.

题 2(全国Ⅰ卷 · 文理 5)　某校一个课外学习小组为研究某作物种子的发芽率 y 和温度 x(单位:℃)的关系，在 20 个不同的温度条件下进行种子发芽实验，由实验数据 (x_i,y_i) $(i=1,2,\cdots,20)$ 得到下面的散点图(图 3)：由此散点图，在 10℃ 至 40℃ 之间，下面四个回归方程类型中最适宜作为发芽率 y 和温度 x 的回归方程类型的是(　　).

A. $y=a+bx$　　B. $y=a+bx^2$　　C. $y=a+be^x$　　D. $y=a+b\ln x$

解析　由散点图分布可知，散点图分布在一个对数函数的图像附近，因此，最适合作为发芽率 y 和温度 x 的回归方程类型的是 $y=a+b\ln x$. 故选 D.

评析 本题以某校课外小组探究某作物种子发芽率与温度的关系为背景,取材于生活真实情境,体现了以生活实践情境为载体,主要考查根据散点图选择回归方程类型,考查了函数与方程的思想,考查了探究意识和创新意识,旨在考查数学应用、数学探索和理性思维的高考数学学科素养,做到了将劳育渗透进了高考数学试题.

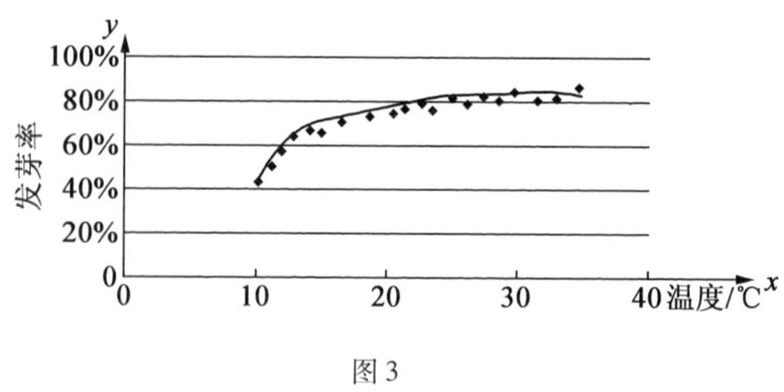

图3

题3(全国Ⅰ卷·理19) 甲、乙、丙三位同学进行羽毛球比赛,约定赛制如下:累计负两场者被淘汰;比赛前抽签决定首先比赛的两人,另一人轮空;每场比赛的胜者与轮空者进行下一场比赛,负者下一场轮空,直至有一人被淘汰;当一人被淘汰后,剩余的两人继续比赛,直至其中一人被淘汰,另一人最终获胜,比赛结束. 经抽签,甲、乙首先比赛,丙轮空. 设每场比赛双方获胜的概率都为$\frac{1}{2}$.

(1)求甲连胜四场的概率;

(2)求需要进行第五场比赛的概率;

(3)求丙最终获胜的概率.

解析 (1)记事件M:甲连胜四场,则$P(M)=\left(\frac{1}{2}\right)^4=\frac{1}{16}$;

(2)记事件A为甲输,事件B为乙输,事件C为丙输,则四局内结束比赛的概率为

$$P'=P(ABAB)+P(ACAC)+P(BCBC)+P(BABA)=4\times\left(\frac{1}{2}\right)^4=\frac{1}{4}$$

所以,需要进行第五场比赛的概率为$P=1-P'=\frac{3}{4}$;

(3)记事件A为甲输,事件B为乙输,事件C为丙输,事件M为甲赢,事件N为丙赢,则甲赢的基本事件包括:$BCBC$,$ABCBC$,$ACBCB$,$BABCC$,$BACBC$,$BCACB$,$BCABC$,$BCBAC$,所以,甲赢的概率为

$$P(M)=\left(\frac{1}{2}\right)^4+7\times\left(\frac{1}{2}\right)^5=\frac{9}{32}$$

由对称性可知,乙赢的概率和甲赢的概率相等,所以丙赢的概率为

$$P(N)=1-2\times\frac{9}{32}=\frac{7}{16}$$

评析 羽毛球运动是一项受我国广大人民喜爱的体育运动,本题以羽毛球比赛为依托,体现了以体育课程学习情境为载体,考查了相互独立事件的概率的乘法公式、对立事件的概率公式和列举法的应用,考查运算求解能力、数据处理能力、综合思维能力、实践能力、阅读理解能力和创新意识,旨在考查数学应用和理性思维的高考数学学科素养,真正做到了将体育融入了试题.

三、2021年高考备考建议

1. 时间安排

第一轮复习(2020年8月—2021年2月)

第二轮复习(2021年3月—2021年4月中旬)

第三轮复习(2021年4月中旬—2021年5月中旬)

2. 第一轮复习注意事项

第一轮复习要过好课本关，积极引导学生对课本中相关公式进行重新推导，比如对点到直线距离公式的推导，通过推导让学生体会到推导过程中蕴含的思想方法，通过推导圆锥曲线的弦长公式，使他们认识到两点间距离公式与弦长公式的联系，体会“设而不求”的思想；在数列复习中，通过推导等差和等比数列的通项公式，分别引导学生掌握求数列通项公式的不完全归纳法、叠加法和叠乘法，推导等差数列和等比数列前 n 项和公式，分别使学生体会其中的倒序求和法和错位相减法. 要对课本中的练习题做到归类总结，对其中的经典习题进行多解探究和变式探究. 同时要引导学生重新阅读散布在教材阅读材料中的祖暅原理、割圆术、斐波那契数列和海伦—秦九韶公式等数学文化知识，在此基础上，教师要适当选取一定数量的相关数学文化题目供学生练习使用. 在回归课本的基础上，做到对考点知识全面覆盖基础上的学科体系构建，绝不能主观臆断的认为那些冷门考点可能不考而在复习中跳过，从而留下了复习盲点.

教师要在研究《中国高考评价体系》和《2019 年高考数学考试大纲》的基础上，引导学生做近三年全国卷高考真题，通过做真题，体会考纲要求在高考试题中的呈现，从而把握好复习难度，做到对哪些知识不易钻的太深和对哪些知识又不易复习的太浅，做到心中有数. 教师要采撷一些一轮复习资料书中的好的数学文化试题，引导学生耐心阅读完比较长的题目，从题目提取有利于破解题目问题的关键信息，培养学生好的阅读理解能力、分析问题和解决问题的能力.

教师可以在高三一轮复习和二轮复习阶段，每两周安排一次数学周考练，题目个数和高考一样多，在周考练的试题命制中，要以考查近段时间复习过的知识为主，做到以课本为依据，选择题和填空题中可以设置 1 到 2 道数学文化试题，也要结合自己学校的实际学情，把握好试题难度.

3. 第二轮复习注意事项

第二轮复习中，主要是强化框架性问题的梳理和专题综合训练，提升学生知识迁移，学以致用的能力. 教师可以根据高中数学主干知识，分成三角函数、函数与导数、数列、立体几何、解析几何和概率与统计这六个专题进行复习，把坐标系与参数方程归到解析几何专题中，不等式选讲归到函数与导数专题. 在专题题目的选取上，要关注知识的交汇，例如选取一些解析几何与不等式知识的交汇题目、概率与统计和函数交汇题目、数列和不等式的交汇题目等. 在每一个专题中要设置一定数量的数学文化题目，例如在数列专题和立体几何专题中可以设置一些取材于中国经典古名著《九章算术》中的问题的题目. 二轮复习中，要注重培养学生的逻辑思维能力、运算求解能力、空间想象能力和推理论证能力.

4. 三轮复习

三轮复习，就是套题训练阶段，每周训练两套数学模拟题. 在命制试题时，首先要做一个数学三轮模拟训练命题双向细目表，便于做到同一套题中的考点不重复，四周的套题训练要覆盖到近三年全国Ⅱ卷考到的所有考点，也要适当设置一些冷门考点试题. 有意地在每套题的小题中，设置 1 到 2 道题干比较长的数学文化题或者新定义题目. 教师在试题的讲评中要精心挑选，切忌从头到尾讲完整套试题，引导学生把自己模拟训练中做错的题目整理到纠错本中，引导学生要认真分析和思考出错的原因，到底是知识点掌握不熟练还是运算能力不过关.

5. 注意点

在高三复习备考中，要开好高三备课组会议，每次安排一位老师作为中心发言人，把后段时间要讲解的教辅书上的习题按难度进行评估，初步挑选出那些繁难偏旧的超纲的题目，再由其他备课组成员进行补充发言，要充分发挥集体智慧，将这些超纲的题目在课堂教学中删除. 备课组成员还可以通过集体讨论对经典习题进行多解探究,再结合自己所带班级的学情选取适当解法提供给学生学习使用.

参考文献

[1]任子朝,赵轩.基于高考评价体系的数学科考试内容改革实施路径[J].中国考试:2019(12):27-32.

[2]中华人民共和国教育部.普通高中数学课程标准(2017年版)[M].北京:人民教育出版社,2018.

作者简介

罗文军,男,生于1986年1月,甘肃省天水市秦安县人,本科学历,中学二级教师,主要研究高中数学一题多解和高中数学文化.2015年2月被聘为首批华中师范大学考试研究院特聘研究员,2016年3月加入甘肃省数学教育研究会,2016年9月被陕西师范大学聘为国家学术期刊《中学数学教学参考》特约编辑,2017年加入甘肃省数学学会,2021年被《数理化解题研究》编辑部聘为特约通讯员,2015年以来担任第一批学术期刊《中学数学》编委.曾在《高中数学教与学》(人民大学主办)、《中学数学》《数学通讯》《数学教学》《中学数学杂志》《中学数学教学》《数理化学习》《教育实践与研究》等中学期刊发表论文130多篇.其中发表在《江苏教育》2017年第10期的论文《近年高考数学文化试题的综述》被中国人民大学报刊复印资料《高中数学教与学》全文转载于2018年第2期,发表在《中学数学杂志》2019年第9期的论文《2019年高考全国Ⅱ卷数学试题评析和2020年备考建议》的精彩片段被中国人民大学报刊复印资料《高中数学教与学》2019年12月观点摘编转载.在北大核心期刊《数学通报》数学问题解答栏目发表多个优美问题.参编了2017版光明日报社出版的《衡水中学状元笔记(高中数学必读)》,主编了2017年版《启东作业本课时作业(数学选修1-1人教A版)》,参编了天智达策划的2018版《白皮小题:小题狂练》.他曾为华冠公司写作高质量原创题两套,为天一文化公司写作高质量原创题两套.2015年以来他多次参与华中师范大学考试研究院主办的高考真题研究与高考命题趋势预测主题征文,多次获得一等奖和二等奖.主持市级课题一项,参与市级课题和省级课题各一项,并顺利结题.2017年参与天水市高效课堂征文活动并获得二等奖.所带学生在2014年高考中数学成绩平均分名列全校平行班第一,2014年被评为校级优秀教师.

150 个新的互余型三角条件恒等式猜测

孙文彩

(华中师范大学龙岗附属中学　广东　深圳　518172)

摘　要:本文提出 150 个新的互余型三角条件恒等式猜测.

关键词:新的;互余;三角;条件恒等式;猜测

本文提出的猜测或许完全成立,或许部分成立,但均需给出严格的逻辑证明或反例否定,仅供爱好者研探.

猜测 1　若对任意 $m\in\mathbf{R},n\in\mathbf{R},\alpha,\beta\in\left(0,\frac{\pi}{2}\right)$有

$$\frac{\cos^{n+4}\alpha}{\sin^{n}\beta}+2\frac{\cos^{m+2}\alpha\sin^{m+2}\alpha}{\sin^{m}\beta\cos^{m}\beta}+\frac{\sin^{n+4}\alpha}{\cos^{n}\beta}=1$$

恒成立,求证:$\alpha+\beta=\frac{\pi}{2}$.

猜测 2　若对任意的 $m\in\mathbf{R},\alpha,\beta\in\left(0,\frac{\pi}{2}\right)$有

$$\frac{2\cos^{6}\alpha}{\cos^{2}\alpha+\sin^{2}\beta}+2\frac{\cos^{m+2}\alpha\sin^{m+2}\alpha}{\sin^{m}\beta\cos^{m}\beta}+\frac{2\sin^{6}\alpha}{\sin^{2}\alpha+\cos^{2}\beta}=1$$

恒成立,求证:$\alpha+\beta=\frac{\pi}{2}$.

猜测 3　若对任意的 $m\in\mathbf{R},\alpha,\beta\in\left(0,\frac{\pi}{2}\right)$有

$$\frac{\cos^{m+4}\alpha}{\sin^{m}\beta}+2\frac{\cos^{3}\alpha\sin^{3}\alpha}{\sin\beta\cos\beta}+\frac{\sin^{m+4}\alpha}{\cos^{m}\beta}=1$$

恒成立,求证:$\alpha+\beta=\frac{\pi}{2}$.

猜测 4　若对任意 $m\in\mathbf{R},n\in\mathbf{R},t\in\mathbf{R},\alpha,\beta\in\left(0,\frac{\pi}{2}\right)$有

$$\left(\frac{\cos^{n+4}\alpha}{\sin^{n}\beta}+2\frac{\cos^{m+2}\alpha\sin^{m+2}\alpha}{\sin^{m}\beta\cos^{m}\beta}+\frac{\sin^{n+4}\alpha}{\cos^{n}\beta}\right)\left(\frac{\sec^{t+2}\alpha}{\csc^{t}\beta}-\frac{\tan^{t+2}\alpha}{\cot^{t}\beta}\right)=1$$

恒成立,求证:$\alpha+\beta=\frac{\pi}{2}$.

猜测 5　若对任意的 $m\in\mathbf{R},n\in\mathbf{R},\alpha,\beta\in\left(0,\frac{\pi}{2}\right)$有

$$\left(\frac{2\cos^{6}\alpha}{\cos^{2}\alpha+\sin^{2}\beta}+2\frac{\cos^{m+2}\alpha\sin^{m+2}\alpha}{\sin^{m}\beta\cos^{m}\beta}+\frac{2\sin^{6}\alpha}{\sin^{2}\alpha+\cos^{2}\beta}\right)\left(\frac{\sec^{n+2}\alpha}{\csc^{n}\beta}-\frac{\tan^{n+2}\alpha}{\cot^{n}\beta}\right)=1$$

恒成立,求证:$\alpha+\beta=\frac{\pi}{2}$.

猜测 6 若对任意的 $m\in\mathbf{R},n\in\mathbf{R},\alpha,\beta\in\left(0,\frac{\pi}{2}\right)$有

$$\left(\frac{\cos^{m+4}\alpha}{\sin^{m}\beta}+2\frac{\cos^{3}\alpha\sin^{3}\alpha}{\sin\beta\cos\beta}+\frac{\sin^{m+4}\alpha}{\cos^{m}\beta}\right)\left(\frac{\sec^{n+2}\alpha}{\csc^{n}\beta}-\frac{\tan^{n+2}\alpha}{\cot^{n}\beta}\right)=1$$

恒成立,求证:$\alpha+\beta=\frac{\pi}{2}$.

猜测 7 若对任意 $m\in\mathbf{R},n\in\mathbf{R},t\in\mathbf{R},\alpha,\beta\in\left(0,\frac{\pi}{2}\right)$有

$$\frac{\cos^{n+4}\alpha}{\sin^{n}\beta}+2\frac{\cos^{m+2}\alpha\sin^{m+2}\alpha}{\sin^{m}\beta\cos^{m}\beta}+\frac{\sin^{n+4}\alpha}{\cos^{n}\beta}=\frac{\sec^{t+2}\alpha}{\csc^{t}\beta}-\frac{\tan^{t+2}\alpha}{\cot^{t}\beta}$$

恒成立,求证:$\alpha+\beta=\frac{\pi}{2}$.

猜测 8 若对任意的 $m\in\mathbf{R},n\in\mathbf{R},\alpha,\beta\in\left(0,\frac{\pi}{2}\right)$有

$$\frac{2\cos^{6}\alpha}{\cos^{2}\alpha+\sin^{2}\beta}+2\frac{\cos^{m+2}\alpha\sin^{m+2}\alpha}{\sin^{m}\beta\cos^{m}\beta}+\frac{2\sin^{6}\alpha}{\sin^{2}\alpha+\cos^{2}\beta}=\frac{\sec^{n+2}\alpha}{\csc^{n}\beta}-\frac{\tan^{n+2}\alpha}{\cot^{n}\beta}$$

恒成立,求证:$\alpha+\beta=\frac{\pi}{2}$.

猜测 9 若对任意的 $m\in\mathbf{R},n\in\mathbf{R},\alpha,\beta\in\left(0,\frac{\pi}{2}\right)$有

$$\frac{\cos^{m+4}\alpha}{\sin^{m}\beta}+2\frac{\cos^{3}\alpha\sin^{3}\alpha}{\sin\beta\cos\beta}+\frac{\sin^{m+4}\alpha}{\cos^{m}\beta}=\frac{\sec^{n+2}\alpha}{\csc^{n}\beta}-\frac{\tan^{n+2}\alpha}{\cot^{n}\beta}$$

恒成立,求证:$\alpha+\beta=\frac{\pi}{2}$.

猜测 10 若对任意的 $m\in\mathbf{R},n\in\mathbf{R},t\in\mathbf{R},\alpha,\beta\in\left(0,\frac{\pi}{2}\right)$有

$$\frac{\cos^{n+4}\alpha}{\sin^{n}\beta\left(\frac{\sec^{t+2}\alpha}{\csc^{t}\beta}-\frac{\tan^{t+2}}{\cot^{t}\beta}\right)}+2\frac{\cos^{m+2}\alpha\sin^{m+2}\alpha}{\sin^{m}\beta\cos^{m}\beta}+\frac{\sin^{n+4}\alpha}{\cos^{n}\beta}=1$$

恒成立,求证:$\alpha+\beta=\frac{\pi}{2}$.

猜测 11 若对任意的 $m\in\mathbf{R},n\in\mathbf{R},\alpha,\beta\in\left(0,\frac{\pi}{2}\right)$有

$$\frac{2\cos^{6}\alpha}{(\cos^{2}\alpha+\sin^{2}\beta)\left(\frac{\sec^{n+2}\alpha}{\csc^{n}\beta}-\frac{\tan^{n+2}\alpha}{\cot^{n}\beta}\right)}+2\frac{\cos^{m+2}\alpha\sin^{m+2}\alpha}{\sin^{m}\beta\cos^{m}\beta}+\frac{2\sin^{6}\alpha}{\sin^{2}\alpha+\cos^{2}\beta}=1$$

恒成立,求证:$\alpha+\beta=\frac{\pi}{2}$.

猜测 12 若对任意的 $m\in\mathbf{R},n\in\mathbf{R},\alpha,\beta\in\left(0,\frac{\pi}{2}\right)$有

$$\frac{\cos^{m+4}\alpha}{\sin^{m}\beta\left(\frac{\sec^{n+2}\alpha}{\csc^{n}\beta}-\frac{\tan^{n+2}\alpha}{\cot^{n}\beta}\right)}+2\frac{\cos^{3}\alpha\sin^{3}\alpha}{\sin\beta\cos\beta}+\frac{\sin^{m+4}\alpha}{\cos^{m}\beta}=1$$

恒成立,求证:$\alpha+\beta=\frac{\pi}{2}$.

猜测 13 若对任意的 $m\in\mathbf{R},n\in\mathbf{R},t\in\mathbf{R},\alpha,\beta\in\left(0,\frac{\pi}{2}\right)$有

$$\frac{\cos^{n+4}\alpha}{\sin^{n}\beta}+2\frac{\cos^{m+2}\alpha\sin^{m+2}\alpha}{\sin^{m}\beta\cos^{m}\beta}+\frac{\sin^{n+4}\alpha}{\cos^{n}\beta}=\frac{\csc^{t+2}\alpha}{\sec^{t}\beta}-\frac{\cot^{t+2}\alpha}{\tan^{t}\beta}$$

恒成立,求证:$\alpha+\beta=\frac{\pi}{2}$.

猜测 14 若对任意的 $m\in\mathbf{R},n\in\mathbf{R},\alpha,\beta\in\left(0,\frac{\pi}{2}\right)$有

$$\frac{2\cos^{6}\alpha}{\cos^{2}\alpha+\sin^{2}\beta}+2\frac{\cos^{m+2}\alpha\sin^{m+2}\alpha}{\sin^{m}\beta\cos^{m}\beta}+\frac{2\sin^{6}\alpha}{\sin^{2}\alpha+\cos^{2}\beta}=\frac{\csc^{n+2}\alpha}{\sec^{n}\beta}-\frac{\cot^{n+2}\alpha}{\tan^{n}\beta}$$

恒成立,求证:$\alpha+\beta=\frac{\pi}{2}$.

猜测 15 若对任意的 $m\in\mathbf{R},n\in\mathbf{R},\alpha,\beta\in\left(0,\frac{\pi}{2}\right)$有

$$\frac{\cos^{m+4}\alpha}{\sin^{m}\beta}+2\frac{\cos^{3}\alpha\sin^{3}\alpha}{\sin\beta\cos\beta}+\frac{\sin^{m+4}\alpha}{\cos^{m}\beta}=\frac{\csc^{n+2}\alpha}{\sec^{n}\beta}-\frac{\cot^{n+2}\alpha}{\tan^{n}\beta}$$

恒成立,求证:$\alpha+\beta=\frac{\pi}{2}$.

猜测 16 若对任意的 $m\in\mathbf{R},n\in\mathbf{R},t\in\mathbf{R},\alpha,\beta\in\left(0,\frac{\pi}{2}\right)$有

$$\left(\frac{\cos^{n+4}\alpha}{\sin^{n}\beta}+2\frac{\cos^{m+2}\alpha\sin^{m+2}\alpha}{\sin^{m}\beta\cos^{m}\beta}+\frac{\sin^{n+4}\alpha}{\cos^{n}\beta}\right)\left(\frac{\csc^{t+2}\alpha}{\sec^{t}\beta}-\frac{\cot^{t+2}\alpha}{\tan^{t}\beta}\right)=1$$

恒成立,求证:$\alpha+\beta=\frac{\pi}{2}$.

猜测 17 若对任意的 $m\in\mathbf{R},n\in\mathbf{R},\alpha,\beta\in\left(0,\frac{\pi}{2}\right)$有

$$\frac{2\cos^{6}\alpha}{\cos^{2}\alpha+\sin^{2}\beta}+2\frac{\cos^{m+2}\alpha\sin^{m+2}\alpha}{\sin^{m}\beta\cos^{m}\beta}+\frac{2\sin^{6}\alpha}{\sin^{2}\alpha+\cos^{2}\beta}=\frac{\csc^{n+2}\alpha}{\sec^{n}\beta}-\frac{\cot^{n+2}\alpha}{\tan^{n}\beta}$$

恒成立,求证:$\alpha+\beta=\frac{\pi}{2}$.

猜测 18 若对任意的 $m\in\mathbf{R},n\in\mathbf{R},\alpha,\beta\in\left(0,\frac{\pi}{2}\right)$有

$$\left(\frac{\cos^{m+4}\alpha}{\sin^{m}\beta}+2\frac{\cos^{3}\alpha\sin^{3}\alpha}{\sin\beta\cos\beta}+\frac{\sin^{m+4}\alpha}{\cos^{m}\beta}\right)\left(\frac{\csc^{n+2}\alpha}{\sec^{n}\beta}-\frac{\cot^{n+2}\alpha}{\tan^{n}\beta}\right)=1$$

恒成立,求证:$\alpha+\beta=\frac{\pi}{2}$.

猜测 19 若对任意的 $m\in\mathbf{R},n\in\mathbf{R},t\in\mathbf{R},\alpha,\beta\in\left(0,\frac{\pi}{2}\right)$有

$$\frac{\cos^{n+4}\alpha}{\sin^{n}\beta}+2\frac{\cos^{m+2}\alpha\sin^{m+2}\alpha}{\sin^{m}\beta\cos^{m}\beta}+\frac{\sin^{n+4}\alpha}{\cos^{n}\beta\left(\frac{\csc^{t+2}\alpha}{\sec^{t}\beta}-\frac{\cot^{t+2}\alpha}{\tan^{t}\beta}\right)}=1$$

恒成立,求证:$\alpha+\beta=\frac{\pi}{2}$.

猜测 20 若对任意的 $m\in\mathbf{R},n\in\mathbf{R},\alpha,\beta\in\left(0,\frac{\pi}{2}\right)$有

$$\frac{2\cos^6\alpha}{(\cos^2\alpha+\sin^2\beta)\left(\frac{\csc^{n+2}\alpha}{\sec^n\beta}-\frac{\cot^{n+2}\alpha}{\tan^n\beta}\right)}+2\frac{\cos^{m+2}\alpha\sin^{m+2}\alpha}{\sin^m\beta\cos^m\beta}+\frac{2\sin^6\alpha}{\sin^2\alpha+\cos^2\beta}=1$$

恒成立,求证:$\alpha+\beta=\frac{\pi}{2}$.

猜测 21 若对任意的 $m\in\mathbf{R},n\in\mathbf{R},\alpha,\beta\in\left(0,\frac{\pi}{2}\right)$有

$$\frac{\cos^{m+4}\alpha}{\sin^m\beta\left(\frac{\csc^{n+2}\alpha}{\sec^n\beta}-\frac{\cot^{n+2}\alpha}{\tan^n\beta}\right)}+2\frac{\cos^3\alpha\sin^3\alpha}{\sin\beta\cos\beta}+\frac{\sin^{m+4}\alpha}{\cos^m\beta}=1$$

恒成立,求证:$\alpha+\beta=\frac{\pi}{2}$.

猜测 22 若对任意的 $m\in\mathbf{R},n\in\mathbf{R},t\in\mathbf{R},\alpha,\beta\in\left(0,\frac{\pi}{2}\right)$有

$$\frac{\cos^{n+4}\alpha}{\sin^n\beta}+2\frac{\cos^{m+2}\alpha\sin^{m+2}\alpha}{\sin^m\beta\cos^m\beta}+\frac{\sin^{n+4}\alpha}{\cos^n\beta}=\left(\frac{\cos\alpha}{2\sin\beta}+\frac{\cos\beta}{2\sin\alpha}\right)^t$$

恒成立,求证:$\alpha+\beta=\frac{\pi}{2}$.

猜测 23 若对任意的 $m\in\mathbf{R},t\in\mathbf{R},\alpha,\beta\in\left(0,\frac{\pi}{2}\right)$有

$$\frac{2\cos^6\alpha}{\cos^2\alpha+\sin^2\beta}+2\frac{\cos^{m+2}\alpha\sin^{m+2}\alpha}{\sin^m\beta\cos^m\beta}+\frac{2\sin^6\alpha}{\sin^2\alpha+\cos^2\beta}=\left(\frac{\cos\alpha}{2\sin\beta}+\frac{\cos\beta}{2\sin\alpha}\right)^t$$

恒成立,求证:$\alpha+\beta=\frac{\pi}{2}$.

猜测 24 若对任意的 $m\in\mathbf{R},t\in\mathbf{R},\alpha,\beta\in\left(0,\frac{\pi}{2}\right)$有

$$\frac{\cos^{m+4}\alpha}{\sin^m\beta}+2\frac{\cos^3\alpha\sin^3\alpha}{\sin\beta\cos\beta}+\frac{\sin^{m+4}\alpha}{\cos^m\beta}=\left(\frac{\cos\alpha}{2\sin\beta}+\frac{\cos\beta}{2\sin\alpha}\right)^t$$

恒成立,求证:$\alpha+\beta=\frac{\pi}{2}$.

猜测 25 若对任意的 $m\in\mathbf{R},n\in\mathbf{R},t\in\mathbf{R},\alpha,\beta\in\left(0,\frac{\pi}{2}\right)$有

$$\left(\frac{\cos^{n+4}\alpha}{\sin^n\beta}+2\frac{\cos^{m+2}\alpha\sin^{m+2}\alpha}{\sin^m\beta\cos^m\beta}+\frac{\sin^{n+4}\alpha}{\cos^n\beta}\right)\left(\frac{\cos\alpha}{2\sin\beta}+\frac{\cos\beta}{2\sin\alpha}\right)^t=1$$

恒成立,求证:$\alpha+\beta=\frac{\pi}{2}$.

猜测 26 若对任意的 $m\in\mathbf{R},t\in\mathbf{R},\alpha,\beta\in\left(0,\frac{\pi}{2}\right)$有

$$\left(\frac{2\cos^6\alpha}{\cos^2\alpha+\sin^2\beta}+2\frac{\cos^{m+2}\alpha\sin^{m+2}\alpha}{\sin^m\beta\cos^m\beta}+\frac{2\sin^6\alpha}{\sin^2\alpha+\cos^2\beta}\right)\left(\frac{\cos\alpha}{2\sin\beta}+\frac{\cos\beta}{2\sin\alpha}\right)^t=1$$

恒成立,求证:$\alpha+\beta=\frac{\pi}{2}$.

猜测 27 若对任意的 $m\in\mathbf{R},t\in\mathbf{R},\alpha,\beta\in\left(0,\frac{\pi}{2}\right)$有

$$\left(\frac{\cos^{m+4}\alpha}{\sin^m\beta}+2\frac{\cos^3\alpha\sin^3\alpha}{\sin\beta\cos\beta}+\frac{\sin^{m+4}\alpha}{\cos^m\beta}\right)\left(\frac{\cos\alpha}{2\sin\beta}+\frac{\cos\beta}{2\sin\alpha}\right)^t=1$$

恒成立，求证：$\alpha+\beta=\frac{\pi}{2}$.

猜测 28 若对任意的 $m\in\mathbf{R},n\in\mathbf{R},t\in\mathbf{R},\alpha,\beta\in\left(0,\frac{\pi}{2}\right)$有

$$\frac{\cos^{n+4}\alpha}{\sin^{n}\beta\left(\frac{\cos\alpha}{2\sin\beta}+\frac{\cos\beta}{2\sin\alpha}\right)^{t}}+2\frac{\cos^{m+2}\alpha\sin^{m+2}\alpha}{\sin^{m}\beta\cos^{m}\beta}+\frac{\sin^{n+4}\alpha}{\cos^{n}\beta}=1$$

恒成立，求证：$\alpha+\beta=\frac{\pi}{2}$.

猜测 29 若对任意的 $m\in\mathbf{R},t\in\mathbf{R},\alpha,\beta\in\left(0,\frac{\pi}{2}\right)$有

$$\frac{2\cos^{6}\alpha}{\cos^{2}\alpha+\sin^{2}\beta}+2\frac{\cos^{m+2}\alpha\sin^{m+2}\alpha}{\sin^{m}\beta\cos^{m}\beta}+\frac{2\sin^{6}\alpha}{(\sin^{2}\alpha+\cos^{2}\beta)\left(\frac{\cos\alpha}{2\sin\beta}+\frac{\cos\beta}{2\sin\alpha}\right)^{t}}=1$$

恒成立，求证：$\alpha+\beta=\frac{\pi}{2}$.

猜测 30 若对任意的 $m\in\mathbf{R},t\in\mathbf{R},\alpha,\beta\in\left(0,\frac{\pi}{2}\right)$有

$$\frac{\cos^{m+4}\alpha}{\sin^{m}\beta\left(\frac{\cos\alpha}{2\sin\beta}+\frac{\cos\beta}{2\sin\alpha}\right)^{t}}+2\frac{\cos^{3}\alpha\sin^{3}\alpha}{\sin\beta\cos\beta}+\frac{\sin^{m+4}\alpha}{\cos^{m}\beta}=1$$

恒成立，求证：$\alpha+\beta=\frac{\pi}{2}$.

猜测 31 若对任意的 $m\in\mathbf{R},n\in\mathbf{R},t\in\mathbf{R},\alpha,\beta\in\left(0,\frac{\pi}{2}\right)$有

$$\frac{\cos^{n+4}\alpha}{\sin^{n}\beta}+2\frac{\cos^{m+2}\alpha\sin^{m+2}\alpha}{\sin^{m}\beta\cos^{m}\beta\left(\frac{\cos\alpha}{2\sin\beta}+\frac{\cos\beta}{2\sin\alpha}\right)^{t}}+\frac{\sin^{n+4}\alpha}{\cos^{n}\beta}=1$$

恒成立，求证：$\alpha+\beta=\frac{\pi}{2}$.

猜测 32 若对任意的 $m\in\mathbf{R},t\in\mathbf{R},\alpha,\beta\in\left(0,\frac{\pi}{2}\right)$有

$$\frac{2\cos^{6}\alpha}{\cos^{2}\alpha+\sin^{2}\beta}+2\frac{\cos^{m+2}\alpha\sin^{m+2}\alpha}{\sin^{m}\beta\cos^{m}\beta\left(\frac{\cos\alpha}{2\sin\beta}+\frac{\cos\beta}{2\sin\alpha}\right)^{t}}+\frac{2\sin^{6}\alpha}{\sin^{2}\alpha+\cos^{2}\beta}=1$$

恒成立，求证：$\alpha+\beta=\frac{\pi}{2}$.

猜测 33 若对任意的 $m\in\mathbf{R},t\in\mathbf{R},\alpha,\beta\in\left(0,\frac{\pi}{2}\right)$有

$$\frac{\cos^{m+4}\alpha}{\sin^{m}\beta}+2\frac{\cos^{3}\alpha\sin^{3}\alpha}{\sin\beta\cos\beta\left(\frac{\cos\alpha}{2\sin\beta}+\frac{\cos\beta}{2\sin\alpha}\right)^{t}}+\frac{\sin^{m+4}\alpha}{\cos^{m}\beta}=1$$

恒成立，求证：$\alpha+\beta=\frac{\pi}{2}$.

猜测 34 若对任意的 $m\in\mathbf{R},n\in\mathbf{R},t\in\mathbf{R},\alpha,\beta\in\left(0,\frac{\pi}{2}\right)$有

$$\frac{\cos^{n+4}\alpha}{\sin^{n}\beta}+2\frac{\cos^{m+2}\alpha\sin^{m+2}\alpha}{\sin^{m}\beta\cos^{m}\beta}+\frac{\sin^{n+4}\alpha}{\cos^{n}\beta}=\sqrt[t]{\sin(\alpha+\beta)}$$

恒成立,求证:$\alpha+\beta=\frac{\pi}{2}$.

猜测35 若对任意的$m\in\mathbf{R},t\in\mathbf{R},\alpha,\beta\in\left(0,\frac{\pi}{2}\right)$有

$$\frac{2\cos^{6}\alpha}{\cos^{2}\alpha+\sin^{2}\beta}+2\frac{\cos^{m+2}\alpha\sin^{m+2}\alpha}{\sin^{m}\beta\cos^{m}\beta}+\frac{2\sin^{6}\alpha}{\cos^{2}\beta+\sin^{2}\alpha}=\sqrt[t]{\sin(\alpha+\beta)}$$

恒成立,求证:$\alpha+\beta=\frac{\pi}{2}$.

猜测36 若对任意的$m\in\mathbf{R},t\in\mathbf{R},\alpha,\beta\in\left(0,\frac{\pi}{2}\right)$有

$$\frac{\cos^{m+4}\alpha}{\sin^{m}\beta}+2\frac{\cos^{3}\alpha\sin^{3}\alpha}{\sin\beta\cos\beta}+\frac{\sin^{m+4}\alpha}{\cos^{m}\beta}=\sqrt[t]{\sin(\alpha+\beta)}$$

恒成立,求证:$\alpha+\beta=\frac{\pi}{2}$.

猜测37 若对任意的$m\in\mathbf{R},n\in\mathbf{R},t\in\mathbf{R},\alpha,\beta\in\left(0,\frac{\pi}{2}\right)$有

$$\frac{\cos^{n+4}\alpha}{\sin^{n}\beta}\sqrt[t]{\sin(\alpha+\beta)}+2\frac{\cos^{m+2}\alpha\sin^{m+2}\alpha}{\sin^{m}\beta\cos^{m}\beta}+\frac{\sin^{n+4}\alpha}{\cos^{n}\beta}=1$$

恒成立,求证:$\alpha+\beta=\frac{\pi}{2}$.

猜测38 若对任意的$m\in\mathbf{R},t\in\mathbf{R},\alpha,\beta\in\left(0,\frac{\pi}{2}\right)$有

$$\frac{2\cos^{6}\alpha}{\cos^{2}\alpha+\sin^{2}\beta}\sqrt[t]{\sin(\alpha+\beta)}+2\frac{\cos^{m+2}\alpha\sin^{m+2}\alpha}{\sin^{m}\beta\cos^{m}\beta}+\frac{\sin^{6}\alpha}{\sin^{2}\alpha+\cos^{2}\beta}=1$$

恒成立,求证:$\alpha+\beta=\frac{\pi}{2}$.

猜测39 若对任意的$m\in\mathbf{R},n\in\mathbf{R},\alpha,\beta\in\left(0,\frac{\pi}{2}\right)$有

$$\frac{\cos^{m+4}\alpha}{\sin^{m}\beta}+2\frac{\cos^{3}\alpha\sin^{3}\alpha}{\sin\beta\cos\beta}+\frac{\sin^{m+4}\alpha}{\cos^{m}\beta}\sqrt[t]{\sin(\alpha+\beta)}=1$$

恒成立,求证:$\alpha+\beta=\frac{\pi}{2}$.

猜测40 若对任意的$m\in\mathbf{R},n\in\mathbf{R},t\in\mathbf{R},\alpha,\beta\in\left(0,\frac{\pi}{2}\right)$有

$$\frac{\cos^{n+4}\alpha}{\sin^{n}\beta}+2\frac{\cos^{m+2}\alpha\sin^{m+2}\alpha}{\sin^{m}\beta\cos^{m}\beta}\sqrt[t]{\sin(\alpha+\beta)}+\frac{\sin^{n+4}\alpha}{\cos^{n}\beta}=1$$

恒成立,求证:$\alpha+\beta=\frac{\pi}{2}$.

猜测41 若对任意的$m\in\mathbf{R},t\in\mathbf{R},\alpha,\beta\in\left(0,\frac{\pi}{2}\right)$有

$$\frac{2\cos^{6}\alpha}{\cos^{2}\alpha+\sin^{2}\beta}+2\frac{\cos^{m+2}\alpha\sin^{m+2}\alpha}{\sin^{m}\beta\cos^{m}\beta}\sqrt[t]{\sin(\alpha+\beta)}+\frac{2\sin^{6}\alpha}{\sin^{2}\alpha+\cos^{2}\beta}=1$$

恒成立,求证:$\alpha+\beta=\dfrac{\pi}{2}$.

猜测 42 若对任意的 $m\in\mathbf{R},t\in\mathbf{R},\alpha,\beta\in\left(0,\dfrac{\pi}{2}\right)$有

$$\frac{\cos^{m+4}\alpha}{\sin^{m}\beta}+2\frac{\cos^{3}\alpha\sin^{3}\alpha}{\sin\beta\cos\beta}\sqrt[t]{\sin(\alpha+\beta)}+\frac{\sin^{m+4}\alpha}{\cos^{m}\beta}=1$$

恒成立,求证:$\alpha+\beta=\dfrac{\pi}{2}$.

猜测 43 若对任意的 $m\in\mathbf{R},t\in\mathbf{R},\alpha,\beta\in\left(0,\dfrac{\pi}{2}\right)$有

$$\left(\frac{\cos^{n+4}\alpha}{\sin^{n}\beta}+2\frac{\cos^{m+2}\alpha\sin^{m+2}\alpha}{\sin^{m}\beta\cos^{m}\beta}+\frac{\sin^{n+4}\alpha}{\cos^{n}\beta}\right)\sqrt[t]{\sin(\alpha+\beta)}=1$$

恒成立,求证:$\alpha+\beta=\dfrac{\pi}{2}$.

猜测 44 若对任意的 $m\in\mathbf{R},t\in\mathbf{R},\alpha,\beta\in\left(0,\dfrac{\pi}{2}\right)$有

$$\left(\frac{2\cos^{6}\alpha}{\cos^{2}\alpha+\sin^{2}\beta}+2\frac{\cos^{m+2}\alpha\sin^{m+2}\alpha}{\sin^{m}\beta\cos^{m}\beta}+\frac{2\sin^{6}\alpha}{\sin^{2}\alpha+\cos^{2}\beta}\right)\sqrt[t]{\sin(\alpha+\beta)}=1$$

恒成立,求证:$\alpha+\beta=\dfrac{\pi}{2}$.

猜测 45 若对任意的 $m\in\mathbf{R},t\in\mathbf{R},\alpha,\beta\in\left(0,\dfrac{\pi}{2}\right)$有

$$\left(\frac{\cos^{m+4}\alpha}{\sin^{m}\beta}+2\frac{\cos^{3}\alpha\sin^{3}\alpha}{\sin\beta\cos\beta}+\frac{\sin^{m+4}\alpha}{\cos^{m}\beta}\right)\sqrt[t]{\sin(\alpha+\beta)}=1$$

恒成立,求证:$\alpha+\beta=\dfrac{\pi}{2}$.

猜测 46 若对任意的 $m\in\mathbf{R},n\in\mathbf{R},t\in\mathbf{R},\alpha,\beta\in\left(0,\dfrac{\pi}{2}\right)$有

$$\frac{\cos^{n+4}\alpha}{\sin^{n}\beta\sqrt[t]{\sin(\alpha+\beta)}}+2\frac{\cos^{m+2}\alpha\sin^{m+2}\alpha}{\sin^{m}\beta\cos^{m}\beta}+\frac{\sin^{n+4}\alpha}{\cos^{n}\beta}=1$$

恒成立,求证:$\alpha+\beta=\dfrac{\pi}{2}$.

猜测 47 若对任意的 $m\in\mathbf{R},t\in\mathbf{R},\alpha,\beta\in\left(0,\dfrac{\pi}{2}\right)$有

$$\frac{2\cos^{6}\alpha}{\cos^{2}\alpha+\sin^{2}\beta}+2\frac{\cos^{m+2}\alpha\sin^{m+2}\alpha}{\sin^{m}\beta\cos^{m}\beta}+\frac{2\sin^{6}\alpha}{(\sin^{2}\alpha+\cos^{2}\beta)\sqrt[t]{\sin(\alpha+\beta)}}=1$$

恒成立,求证:$\alpha+\beta=\dfrac{\pi}{2}$.

猜测 48 若对任意的 $m\in\mathbf{R},t\in\mathbf{R},\alpha,\beta\in\left(0,\dfrac{\pi}{2}\right)$有

$$\frac{\cos^{m+4}\alpha}{\sin^{m}\beta\sqrt[t]{\sin(\alpha+\beta)}}+2\frac{\cos^{3}\alpha\sin^{3}\alpha}{\sin\beta\cos\beta}+\frac{\sin^{m+4}\alpha}{\cos^{m}\beta}=1$$

恒成立,求证:$\alpha+\beta=\dfrac{\pi}{2}$.

猜测 49 若对任意的 $m\in\mathbf{R},n\in\mathbf{R},t\in\mathbf{R},\alpha,\beta\in\left(0,\frac{\pi}{2}\right)$有

$$\frac{\cos^{n+4}\alpha}{\sin^n\beta}+2\frac{\cos^{m+2}\alpha\sin^{m+2}\alpha}{\sin^m\beta\cos^m\beta\sqrt[t]{\sin(\alpha+\beta)}}+\frac{\sin^{n+4}\alpha}{\cos^n\beta}=1$$

恒成立,求证:$\alpha+\beta=\frac{\pi}{2}$.

猜测 50 若对任意的 $m\in\mathbf{R},t\in\mathbf{R},\alpha,\beta\in\left(0,\frac{\pi}{2}\right)$有

$$\frac{2\cos^6\alpha}{\cos^2\alpha+\sin^2\beta}+2\frac{\cos^{m+2}\alpha\sin^{m+2}\alpha}{\sin^m\beta\cos^m\beta\sqrt[t]{\sin(\alpha+\beta)}}+\frac{2\sin^6\alpha}{\sin^2\alpha+\cos^2\beta}=1$$

恒成立,求证:$\alpha+\beta=\frac{\pi}{2}$.

猜测 51 若对任意的 $m\in\mathbf{R},t\in\mathbf{R},\alpha,\beta\in\left(0,\frac{\pi}{2}\right)$有

$$\frac{\cos^{m+4}\alpha}{\sin^m\beta}+2\frac{\cos^3\alpha\sin^3\alpha}{\sin\beta\cos\beta\sqrt[t]{\sin(\alpha+\beta)}}+\frac{\sin^{m+4}\alpha}{\cos^m\beta}=1$$

恒成立,求证:$\alpha+\beta=\frac{\pi}{2}$.

猜测 52 若对任意的 $m\in\mathbf{R},n\in\mathbf{R},t\in\mathbf{R},\alpha,\beta\in\left(0,\frac{\pi}{2}\right)$有

$$\frac{\cos^{n+4}\alpha}{\sin^n\beta}+2\frac{\cos^{m+2}\alpha\sin^{m+2}\alpha}{\sin^m\beta\cos^m\beta}+\frac{\sin^{n+4}\alpha}{\cos^n\beta}=\sqrt[t]{\sin^2\alpha+\sin^2\beta}$$

恒成立,求证:$\alpha+\beta=\frac{\pi}{2}$.

猜测 53 若对任意的 $m\in\mathbf{R},t\in\mathbf{R},\alpha,\beta\in\left(0,\frac{\pi}{2}\right)$有

$$\frac{\cos^6\alpha}{\sin^2\beta}+2\frac{\cos^{m+2}\alpha\sin^{m+2}\alpha}{\sin^m\beta\cos^m\beta}+\frac{\sin^6\alpha}{\cos^2\beta}=\sqrt[t]{\sin^2\alpha+\sin^2\beta}$$

恒成立,求证:$\alpha+\beta=\frac{\pi}{2}$.

猜测 54 若对任意的 $m\in\mathbf{R},t\in\mathbf{R},\alpha,\beta\in\left(0,\frac{\pi}{2}\right)$有

$$\frac{\cos^{m+4}\alpha}{\sin^m\beta}+2\frac{\cos^3\alpha\sin^3\alpha}{\sin\beta\cos\beta}+\frac{\sin^{m+4}\alpha}{\cos^m\beta}=\sqrt[t]{\sin^2\alpha+\sin^2\beta}$$

恒成立,求证:$\alpha+\beta=\frac{\pi}{2}$.

猜测 55 若对任意的 $m\in\mathbf{R},n\in\mathbf{R},t\in\mathbf{R},\alpha,\beta\in\left(0,\frac{\pi}{2}\right)$有

$$\frac{\cos^{n+4}\alpha}{\sin^n\beta}\sqrt[t]{\sin^2\alpha+\sin^2\beta}+2\frac{\cos^{m+2}\alpha\sin^{m+2}\alpha}{\sin^m\beta\cos^m\beta}+\frac{\sin^{n+4}\alpha}{\cos^n\beta}=1$$

恒成立,求证:$\alpha+\beta=\frac{\pi}{2}$.

猜测 56 若对任意的 $m\in\mathbf{R},t\in\mathbf{R},\alpha,\beta\in\left(0,\frac{\pi}{2}\right)$有

$$\frac{\cos^6\alpha}{\sin^2\beta}\sqrt[t]{\sin^2\alpha+\sin^2\beta}+2\frac{\cos^{m+2}\alpha\sin^{m+2}\alpha}{\sin^m\beta\cos^m\beta}+\frac{\sin^6\alpha}{\cos^2\beta}=1$$

恒成立,求证:$\alpha+\beta=\frac{\pi}{2}$.

猜测 57 若对任意的 $m\in\mathbf{R},t\in\mathbf{R},\alpha,\beta\in\left(0,\frac{\pi}{2}\right)$有

$$\frac{\cos^{m+4}\alpha}{\sin^m\beta}+2\frac{\cos^3\alpha\sin^3\alpha}{\sin\beta\cos\beta}+\frac{\sin^{m+4}\alpha}{\cos^m\beta}\sqrt[t]{\sin^2\alpha+\sin^2\beta}=1$$

恒成立,求证:$\alpha+\beta=\frac{\pi}{2}$.

猜测 58 若对任意的 $m\in\mathbf{R},n\in\mathbf{R},t\in\mathbf{R},\alpha,\beta\in\left(0,\frac{\pi}{2}\right)$有

$$\frac{\cos^{n+4}\alpha}{\sin^n\beta}+2\frac{\cos^{m+2}\alpha\sin^{m+2}\alpha}{\sin^m\beta\cos^m\beta}\sqrt[t]{\sin^2\alpha+\sin^2\beta}+\frac{\sin^{n+4}\alpha}{\cos^n\beta}=1$$

恒成立,求证:$\alpha+\beta=\frac{\pi}{2}$.

猜测 59 若对任意的 $m\in\mathbf{R},t\in\mathbf{R},\alpha,\beta\in\left(0,\frac{\pi}{2}\right)$有

$$\frac{\cos^6\alpha}{\sin^2\beta}+2\frac{\cos^{m+2}\alpha\sin^{m+2}\alpha}{\sin^m\beta\cos^m\beta}\sqrt[t]{\sin^2\alpha+\sin^2\beta}+\frac{\sin^6\alpha}{\cos^2\beta}=1$$

恒成立,求证:$\alpha+\beta=\frac{\pi}{2}$.

猜测 60 若对任意的 $m\in\mathbf{R},t\in\mathbf{R},\alpha,\beta\in\left(0,\frac{\pi}{2}\right)$有

$$\frac{\cos^{m+4}\alpha}{\sin^m\beta}+2\frac{\cos^3\alpha\sin^3\alpha}{\sin\beta\cos\beta}\sqrt[t]{\sin^2\alpha+\sin^2\beta}+\frac{\sin^{m+4}\alpha}{\cos^m\beta}=1$$

恒成立,求证:$\alpha+\beta=\frac{\pi}{2}$.

猜测 61 若对任意的 $m\in\mathbf{R},n\in\mathbf{R},t\in\mathbf{R},\alpha,\beta\in\left(0,\frac{\pi}{2}\right)$有

$$\left(\frac{\cos^{n+4}\alpha}{\sin^n\beta}+2\frac{\cos^{m+2}\alpha\sin^{m+2}\alpha}{\sin^m\beta\cos^m\beta}+\frac{\sin^{n+4}\alpha}{\cos^n\beta}\right)\sqrt[t]{\sin^2\alpha+\sin^2\beta}=1$$

恒成立,求证:$\alpha+\beta=\frac{\pi}{2}$.

猜测 62 若对任意的 $m\in\mathbf{R},t\in\mathbf{R},\alpha,\beta\in\left(0,\frac{\pi}{2}\right)$有

$$\left(\frac{\cos^6\alpha}{\sin^2\beta}+2\frac{\cos^{m+2}\alpha\sin^{m+2}\alpha}{\sin^m\beta\cos^m\beta}+\frac{\sin^6\alpha}{\cos^2\beta}\right)\sqrt[t]{\sin^2\alpha+\sin^2\beta}=1$$

恒成立,求证:$\alpha+\beta=\frac{\pi}{2}$.

猜测 63 若对任意的 $m\in\mathbf{R},t\in\mathbf{R},\alpha,\beta\in\left(0,\frac{\pi}{2}\right)$有

$$\left(\frac{\cos^{m+4}\alpha}{\sin^m\beta}+2\frac{\cos^3\alpha\sin^3\alpha}{\sin\beta\cos\beta}+\frac{\sin^{m+4}\alpha}{\cos^m\beta}\right)\sqrt[t]{\sin^2\alpha+\sin^2\beta}=1$$

恒成立,求证:$\alpha+\beta=\frac{\pi}{2}$.

猜测 64 若对任意的 $m\in\mathbf{R},n\in\mathbf{R},t\in\mathbf{R},\alpha,\beta\in\left(0,\frac{\pi}{2}\right)$有

$$\frac{\cos^{n+4}\alpha}{\sin^{n}\beta\sqrt[t]{\sin^{2}\alpha+\sin^{2}\beta}}+2\frac{\cos^{m+2}\alpha\sin^{m+2}\alpha}{\sin^{m}\beta\cos^{m}\beta}+\frac{\sin^{n+4}\alpha}{\cos^{n}\beta}=1$$

恒成立,求证:$\alpha+\beta=\frac{\pi}{2}$.

猜测 65 若对任意的 $m\in\mathbf{R},t\in\mathbf{R},\alpha,\beta\in\left(0,\frac{\pi}{2}\right)$有

$$\frac{\cos^{6}\alpha}{\sin^{2}\beta}+2\frac{\cos^{m+2}\alpha\sin^{m+2}\alpha}{\sin^{m}\beta\cos^{m}\beta}+\frac{\sin^{6}\alpha}{\cos^{2}\beta\sqrt[t]{\sin^{2}\alpha+\sin^{2}\beta}}=1$$

恒成立,求证:$\alpha+\beta=\frac{\pi}{2}$.

猜测 66 若对任意的 $m\in\mathbf{R},t\in\mathbf{R},\alpha,\beta\in\left(0,\frac{\pi}{2}\right)$有

$$\frac{\cos^{m+4}\alpha}{\sin^{m}\beta\sqrt[t]{\sin^{2}\alpha+\sin^{2}\beta}}+2\frac{\cos^{3}\alpha\sin^{3}\alpha}{\sin\beta\cos\beta}+\frac{\sin^{m+4}\alpha}{\cos^{m}\beta}=1$$

恒成立,求证:$\alpha+\beta=\frac{\pi}{2}$.

猜测 67 若对任意的 $m\in\mathbf{R},n\in\mathbf{R},t\in\mathbf{R},\alpha,\beta\in\left(0,\frac{\pi}{2}\right)$有

$$\frac{\cos^{n+4}\alpha}{\sin^{n}\beta}+2\frac{\cos^{m+2}\alpha\sin^{m+2}\alpha}{\sin^{m}\beta\cos^{m}\beta\sqrt[t]{\sin^{2}\alpha+\sin^{2}\beta}}+\frac{\sin^{n+4}\alpha}{\cos^{n}\beta}=1$$

恒成立,求证:$\alpha+\beta=\frac{\pi}{2}$.

猜测 68 若对任意的 $m\in\mathbf{R},t\in\mathbf{R},\alpha,\beta\in\left(0,\frac{\pi}{2}\right)$有

$$\frac{\cos^{6}\alpha}{\sin^{2}\beta}+2\frac{\cos^{m+2}\alpha\sin^{m+2}\alpha}{\sin^{m}\beta\cos^{m}\beta\sqrt[t]{\sin^{2}\alpha+\sin^{2}\beta}}+\frac{\sin^{6}\alpha}{\cos^{2}\beta}=1$$

恒成立,求证:$\alpha+\beta=\frac{\pi}{2}$.

猜测 69 若对任意的 $m\in\mathbf{R},t\in\mathbf{R},\alpha,\beta\in\left(0,\frac{\pi}{2}\right)$有

$$\frac{\cos^{m+4}\alpha}{\sin^{m}\beta}+2\frac{\cos^{3}\alpha\sin^{3}\alpha}{\sin\beta\cos\beta\sqrt[t]{\sin^{2}\alpha+\sin^{2}\beta}}+\frac{\sin^{m+4}\alpha}{\cos^{m}\beta}=1$$

恒成立,求证:$\alpha+\beta=\frac{\pi}{2}$.

猜测 70 若对任意的 $m\in\mathbf{R},n\in\mathbf{R},t\in\mathbf{R},\alpha,\beta\in\left(0,\frac{\pi}{2}\right)$有

$$\frac{\cos^{n+4}\alpha}{\sin^{n}\beta}+2\frac{\cos^{m+2}\alpha\sin^{m+2}\alpha}{\sin^{m}\beta\cos^{m}\beta\sqrt[t]{\sin^{2}\alpha+\sin^{2}\beta}}+\frac{\sin^{n+2}\alpha}{\cos^{n}\beta}=\sqrt[t]{\sin(\alpha+\beta)}$$

恒成立,求证:$\alpha+\beta=\frac{\pi}{2}$.

猜测 71 若对任意的 $m\in\mathbf{R},t\in\mathbf{R},\alpha,\beta\in\left(0,\frac{\pi}{2}\right)$有

$$\frac{\cos^6\alpha}{\sin^2\beta}+2\frac{\cos^{m+2}\alpha\sin^{m+2}\alpha}{\sin^m\beta\cos^m\beta\sqrt[t]{\sin^2\alpha+\sin^2\beta}}+\frac{\sin^6\alpha}{\cos^2\beta}=\sqrt[t]{\sin(\alpha+\beta)}$$

恒成立,求证:$\alpha+\beta=\frac{\pi}{2}$.

猜测 72 若对任意的 $m\in\mathbf{R},t\in\mathbf{R},\alpha,\beta\in\left(0,\frac{\pi}{2}\right)$有

$$\frac{\cos^{m+4}\alpha}{\sin^m\beta}+2\frac{\cos^3\alpha\sin^3\alpha}{\sin\beta\cos\beta\sqrt[t]{\sin^2\alpha+\sin^2\beta}}+\frac{\sin^{m+4}\alpha}{\cos^m\beta}=\sqrt[t]{\sin(\alpha+\beta)}$$

恒成立,求证:$\alpha+\beta=\frac{\pi}{2}$.

猜测 73 若对任意的 $m\in\mathbf{R},n\in\mathbf{R},t\in\mathbf{R},\alpha,\beta\in\left(0,\frac{\pi}{2}\right)$有

$$\frac{\cos^{n+4}\alpha}{\sin^n\beta\sqrt[t]{\sin^2\alpha+\sin^2\beta}}+2\frac{\cos^{m+2}\alpha\sin^{m+2}\alpha}{\sin^m\beta\cos^m\beta}+\frac{\sin^{n+4}\alpha}{\cos^n\beta}=\sqrt[t]{\sin(\alpha+\beta)}$$

恒成立,求证:$\alpha+\beta=\frac{\pi}{2}$.

猜测 74 若对任意的 $m\in\mathbf{R},t\in\mathbf{R},\alpha,\beta\in\left(0,\frac{\pi}{2}\right)$有

$$\frac{\cos^6\alpha}{\sin^2\beta\sqrt[t]{\sin^2\alpha+\sin^2\beta}}+2\frac{\cos^{m+2}\alpha\sin^{m+2}\alpha}{\sin^m\beta\cos^m\beta}+\frac{\sin^6\alpha}{\cos^2\beta}=\sqrt[t]{\sin(\alpha+\beta)}$$

恒成立,求证:$\alpha+\beta=\frac{\pi}{2}$.

猜测 75 若对任意的 $m\in\mathbf{R},t\in\mathbf{R},\alpha,\beta\in\left(0,\frac{\pi}{2}\right)$有

$$\frac{\cos^{m+4}\alpha}{\sin^m\beta\sqrt[t]{\sin^2\alpha+\sin^2\beta}}+2\frac{\cos^3\alpha\sin^3\alpha}{\sin\beta\cos\beta}+\frac{\sin^{m+4}\alpha}{\cos^m\beta}=\sqrt[t]{\sin(\alpha+\beta)}$$

恒成立,求证:$\alpha+\beta=\frac{\pi}{2}$.

猜测 76 若对任意的 $m\in\mathbf{R},n\in\mathbf{R},t\in\mathbf{R},\alpha,\beta\in\left(0,\frac{\pi}{2}\right)$有

$$\left(\frac{\cos^{n+4}\alpha}{\sin^n\beta}+2\frac{\cos^{m+2}\alpha\sin^{m+2}\alpha}{\sin^m\beta\cos^m\beta\sqrt[t]{\sin^2\alpha+\sin^2\beta}}+\frac{\sin^{n+4}\alpha}{\cos^n\beta}\right)\sqrt[t]{\sin(\alpha+\beta)}=1$$

恒成立,求证:$\alpha+\beta=\frac{\pi}{2}$.

猜测 77 若对任意的 $m\in\mathbf{R},t\in\mathbf{R},\alpha,\beta\in\left(0,\frac{\pi}{2}\right)$有

$$\left(\frac{\cos^6\alpha}{\sin^2\beta}+2\frac{\cos^{m+2}\alpha\sin^{m+2}\alpha}{\sin^m\beta\cos^m\beta\sqrt[t]{\sin^2\alpha+\sin^2\beta}}+\frac{\sin^6\alpha}{\cos^2\beta}\right)\sqrt[t]{\sin(\alpha+\beta)}=1$$

恒成立,求证:$\alpha+\beta=\frac{\pi}{2}$.

猜测 78 若对任意的 $m\in\mathbf{R},t\in\mathbf{R},\alpha,\beta\in\left(0,\frac{\pi}{2}\right)$有

$$\left(\frac{\cos^{m+4}\alpha}{\sin^m\beta}+2\frac{\cos^3\alpha\sin^3\alpha}{\sin\beta\cos\beta\sqrt[t]{\sin^2\alpha+\sin^2\beta}}+\frac{\sin^{m+4}\alpha}{\cos^m\beta}\right)\sqrt[t]{\sin(\alpha+\beta)}=1$$

恒成立,求证:$\alpha+\beta=\frac{\pi}{2}$.

猜测 79 若对任意的 $m\in\mathbf{R},n\in\mathbf{R},t\in\mathbf{R},\alpha,\beta\in\left(0,\frac{\pi}{2}\right)$有

$$\frac{\cos^{n+4}\alpha}{\sin^n\beta}+2\frac{\cos^{m+2}\alpha\sin^{m+2}\alpha}{\sin^m\beta\cos^m\beta\sqrt[t]{\sin^2\alpha+\sin^2\beta}}+\frac{\sin^{n+4}\alpha}{\cos^n\beta}\sqrt[t]{\sin(\alpha+\beta)}=1$$

恒成立,求证:$\alpha+\beta=\frac{\pi}{2}$.

猜测 80 若对任意的 $m\in\mathbf{R},t\in\mathbf{R},\alpha,\beta\in\left(0,\frac{\pi}{2}\right)$有

$$\frac{\cos^6\alpha}{\sin^2\beta}+2\frac{\cos^{m+2}\alpha\sin^{m+2}\alpha}{\sin^m\beta\cos^m\beta\sqrt[t]{\sin^2\alpha+\sin^2\beta}}+\frac{\sin^6\alpha}{\cos^2\beta}\sqrt[t]{\sin(\alpha+\beta)}=1$$

恒成立,求证:$\alpha+\beta=\frac{\pi}{2}$.

猜测 81 若对任意的 $m\in\mathbf{R},t\in\mathbf{R},\alpha,\beta\in\left(0,\frac{\pi}{2}\right)$有

$$\frac{\cos^{m+4}\alpha}{\sin^m\beta}+2\frac{\cos^3\alpha\sin^3\alpha}{\sin\beta\cos\beta\sqrt[t]{\sin^2\alpha+\sin^2\beta}}+\frac{\sin^{m+4}\alpha}{\cos^m\beta}\sqrt[t]{\sin(\alpha+\beta)}=1$$

恒成立,求证:$\alpha+\beta=\frac{\pi}{2}$.

猜测 82 若对任意的 $m\in\mathbf{R},n\in\mathbf{R},t\in\mathbf{R},\alpha,\beta\in\left(0,\frac{\pi}{2}\right)$有

$$\frac{\cos^{n+4}\alpha\sqrt[t]{\sin^2\alpha+\sin^2\beta}}{\sin^n\beta}+2\frac{\cos^{m+2}\alpha\sin^{m+2}\alpha}{\sin^m\beta\cos^m\beta\sqrt[t]{\sin(\alpha+\beta)}}+\frac{\sin^{n+4}\alpha}{\cos^n\beta}=1$$

恒成立,求证:$\alpha+\beta=\frac{\pi}{2}$.

猜测 83 若对任意的 $m\in\mathbf{R},t\in\mathbf{R},\alpha,\beta\in\left(0,\frac{\pi}{2}\right)$有

$$\frac{\cos^6\alpha\sqrt[t]{\sin^2\alpha+\sin^2\beta}}{\sin^2\beta}+2\frac{\cos^{m+2}\alpha\sin^{m+2}\alpha}{\sin^m\beta\cos^m\beta\sqrt[t]{\sin(\alpha+\beta)}}+\frac{\sin^6\alpha}{\cos^2\beta}=1$$

恒成立,求证:$\alpha+\beta=\frac{\pi}{2}$.

猜测 84 若对任意的 $m\in\mathbf{R},t\in\mathbf{R},\alpha,\beta\in\left(0,\frac{\pi}{2}\right)$有

$$\frac{\cos^{m+4}\alpha\sqrt[t]{\sin^2\alpha+\sin^2\beta}}{\sin^m\beta}+2\frac{\cos^3\alpha\sin^3\alpha}{\sin\beta\cos\beta\sqrt[t]{\sin(\alpha+\beta)}}+\frac{\sin^{m+4}\alpha}{\cos^m\beta}=1$$

恒成立,求证:$\alpha+\beta=\frac{\pi}{2}$.

猜测 85 若对任意的 $m\in\mathbf{R},n\in\mathbf{R},t\in\mathbf{R},\alpha,\beta\in\left(0,\frac{\pi}{2}\right)$有

$$\left(\frac{\cos^{n+4}\alpha}{\sin^n\beta}+2\frac{\cos^{m+2}\alpha\sin^{m+2}\alpha}{\sin^m\beta\cos^m\beta\sqrt[t]{\sin(\alpha+\beta)}}+\frac{\sin^{n+4}\alpha}{\cos^n\beta}\right)\sqrt[t]{\sin^2\alpha+\sin^2\beta}=1$$

恒成立,求证:$\alpha+\beta=\frac{\pi}{2}$.

猜测 86 若对任意的 $m\in\mathbf{R},t\in\mathbf{R},\alpha,\beta\in\left(0,\frac{\pi}{2}\right)$有

$$\left(\frac{\cos^6\alpha}{\sin^2\beta}+2\frac{\cos^{m+2}\alpha\sin^{m+2}\alpha}{\sin^m\beta\cos^m\beta\sqrt[t]{\sin(\alpha+\beta)}}+\frac{\sin^6\alpha}{\cos^2\beta}\right)\sqrt[t]{\sin^2\alpha+\sin^2\beta}=1$$

恒成立,求证:$\alpha+\beta=\frac{\pi}{2}$.

猜测 87 若对任意的 $m\in\mathbf{R},t\in\mathbf{R},\alpha,\beta\in\left(0,\frac{\pi}{2}\right)$有

$$\left(\frac{\cos^{m+4}\alpha}{\sin^m\beta}+2\frac{\cos^3\alpha\sin^3\alpha}{\sin\beta\cos\beta\sqrt[t]{\sin(\alpha+\beta)}}+\frac{\sin^{m+4}\alpha}{\cos^m\beta}\right)\sqrt[t]{\sin^2\alpha+\sin^2\beta}=1$$

恒成立,求证:$\alpha+\beta=\frac{\pi}{2}$.

猜测 88 若对任意的 $m\in\mathbf{R},n\in\mathbf{R},t\in\mathbf{R},\alpha,\beta\in\left(0,\frac{\pi}{2}\right)$有

$$\frac{\cos^{n+4}\alpha}{\sin^n\beta\sqrt[t]{\sin^2\alpha+\sin^2\beta}}+2\frac{\cos^{m+2}\alpha\sin^{m+2}\alpha}{\sin^m\beta\cos^m\beta\sqrt[t]{\sin(\alpha+\beta)}}+\frac{\sin^{n+4}\alpha}{\cos^n\beta}=\sqrt[t]{\sin(\alpha+\beta)}$$

恒成立,求证:$\alpha+\beta=\frac{\pi}{2}$.

猜测 89 若对任意的 $m\in\mathbf{R},t\in\mathbf{R},\alpha,\beta\in\left(0,\frac{\pi}{2}\right)$有

$$\frac{\cos^6\alpha}{\sin^2\beta\sqrt[t]{\sin^2\alpha+\sin^2\beta}}+2\frac{\cos^{m+2}\alpha\sin^{m+2}\alpha}{\sin^m\beta\cos^m\beta\sqrt[t]{\sin(\alpha+\beta)}}+\frac{\sin^6\alpha}{\cos^2\beta}=\sqrt[t]{\sin(\alpha+\beta)}$$

恒成立,求证:$\alpha+\beta=\frac{\pi}{2}$.

猜测 90 若对任意的 $m\in\mathbf{R},t\in\mathbf{R},\alpha,\beta\in\left(0,\frac{\pi}{2}\right)$有

$$\frac{\cos^{m+4}\alpha}{\sin^m\beta\sqrt[t]{\sin^2\alpha+\sin^2\beta}}+2\frac{\cos^3\alpha\sin^3\alpha}{\sin\beta\cos\beta\sqrt[t]{\sin(\alpha+\beta)}}+\frac{\sin^{m+4}\alpha}{\cos^m\beta}=\sqrt[t]{\sin(\alpha+\beta)}$$

恒成立,求证:$\alpha+\beta=\frac{\pi}{2}$.

猜测 91 若对任意的 $m\in\mathbf{R},n\in\mathbf{R},t\in\mathbf{R},\alpha,\beta\in\left(0,\frac{\pi}{2}\right)$有

$$\left(\frac{\cos^{n+4}\alpha}{\sin^n\beta\sqrt[t]{\sin^2\alpha+\sin^2\beta}}+2\frac{\cos^{m+2}\alpha\sin^{m+2}\alpha}{\sin^m\beta\cos^m\beta\sqrt[t]{\sin(\alpha+\beta)}}+\frac{\sin^{n+4}\alpha}{\cos^n\beta}\right)\sqrt[t]{\sin(\alpha+\beta)}=1$$

恒成立,求证:$\alpha+\beta=\frac{\pi}{2}$.

猜测 92 若对任意的 $m\in\mathbf{R},t\in\mathbf{R},\alpha,\beta\in\left(0,\frac{\pi}{2}\right)$有

$$\left(\frac{\cos^6\alpha}{\sin^2\beta\sqrt[t]{\sin^2\alpha+\sin^2\beta}}+2\frac{\cos^{m+2}\alpha\sin^{m+2}\alpha}{\sin^m\beta\cos^m\beta\sqrt[t]{\sin(\alpha+\beta)}}+\frac{\sin^6\alpha}{\cos^2\beta}\right)\sqrt[t]{\sin(\alpha+\beta)}=1$$

恒成立,求证:$\alpha+\beta=\frac{\pi}{2}$.

猜测 93 若对任意的 $m\in\mathbf{R},t\in\mathbf{R},\alpha,\beta\in\left(0,\frac{\pi}{2}\right)$有

$$\left(\frac{\cos^{m+4}\alpha}{\sin^{m}\beta\sqrt[t]{\sin^{2}\alpha+\sin^{2}\beta}}+2\frac{\cos^{3}\alpha\sin^{3}\alpha}{\sin\beta\cos\beta\sqrt[t]{\sin(\alpha+\beta)}}+\frac{\sin^{m+4}\alpha}{\cos^{m}\beta}\right)\sqrt[t]{\sin(\alpha+\beta)}=1$$

恒成立,求证:$\alpha+\beta=\frac{\pi}{2}$.

猜测 94 若对任意的 $m\in\mathbf{R},n\in\mathbf{R},t\in\mathbf{R},\alpha,\beta\in\left(0,\frac{\pi}{2}\right)$有

$$\frac{\cos^{n+4}\alpha\sqrt[t]{\sin^{2}\alpha+\sin^{2}\beta}}{\sin^{n}\beta}+2\frac{\cos^{m+2}\alpha\sin^{m+2}\alpha}{\sin^{m}\beta\cos^{m}\beta\sqrt[t]{\sin(\alpha+\beta)}}+\frac{\sin^{n+4}\alpha}{\cos^{n}\beta}=\sqrt[t]{\sin(\alpha+\beta)}$$

恒成立,求证:$\alpha+\beta=\frac{\pi}{2}$.

猜测 95 若对任意的 $m\in\mathbf{R},t\in\mathbf{R},\alpha,\beta\in\left(0,\frac{\pi}{2}\right)$有

$$\frac{\cos^{6}\alpha\sqrt[t]{\sin^{2}\alpha+\sin^{2}\beta}}{\sin^{2}\beta}+2\frac{\cos^{m+2}\alpha\sin^{m+2}\alpha}{\sin^{m}\beta\cos^{m}\beta\sqrt[t]{\sin(\alpha+\beta)}}+\frac{\sin^{6}\alpha}{\cos^{2}\beta}=\sqrt[t]{\sin(\alpha+\beta)}$$

恒成立,求证:$\alpha+\beta=\frac{\pi}{2}$.

猜测 96 若对任意的 $m\in\mathbf{R},t\in\mathbf{R},\alpha,\beta\in\left(0,\frac{\pi}{2}\right)$有

$$\frac{\cos^{m+4}\alpha\sqrt[t]{\sin^{2}\alpha+\sin^{2}\beta}}{\sin^{m}\beta}+2\frac{\cos^{3}\alpha\sin^{3}\alpha}{\sin\beta\cos\beta\sqrt[t]{\sin(\alpha+\beta)}}+\frac{\sin^{m+4}\alpha}{\cos^{m}\beta}=\sqrt[t]{\sin(\alpha+\beta)}$$

恒成立,求证:$\alpha+\beta=\frac{\pi}{2}$.

猜测 97 若对任意的 $m\in\mathbf{R},n\in\mathbf{R},t\in\mathbf{R},\alpha,\beta\in\left(0,\frac{\pi}{2}\right)$有

$$\frac{\cos^{n+4}\alpha}{\sin^{n}\beta\sqrt[t]{\sin^{2}\alpha+\sin^{2}\beta}}+2\frac{\cos^{m+2}\alpha\sin^{m+2}\alpha}{\sin^{m}\beta\cos^{m}\beta\sqrt[t]{\sin(\alpha+\beta)}}+\frac{\sin^{n+4}\alpha}{\cos^{n}\beta}=\frac{\sqrt[t]{\sin(\alpha+\beta)}}{\sqrt[t]{\sin^{2}\alpha+\sin^{2}\beta}}$$

恒成立,求证:$\alpha+\beta=\frac{\pi}{2}$.

猜测 98 若对任意的 $m\in\mathbf{R},t\in\mathbf{R},\alpha,\beta\in\left(0,\frac{\pi}{2}\right)$有

$$\frac{\cos^{6}\alpha}{\sin^{2}\beta\sqrt[t]{\sin^{2}\alpha+\sin^{2}\beta}}+2\frac{\cos^{m+2}\alpha\sin^{m+2}\alpha}{\sin^{m}\beta\cos^{m}\beta\sqrt[t]{\sin(\alpha+\beta)}}+\frac{\sin^{6}\alpha}{\cos^{2}\beta}=\frac{\sqrt[t]{\sin(\alpha+\beta)}}{\sqrt[t]{\sin^{2}\alpha+\sin^{2}\beta}}$$

恒成立,求证:$\alpha+\beta=\frac{\pi}{2}$.

猜测 99 若对任意的 $m\in\mathbf{R},t\in\mathbf{R},\alpha,\beta\in\left(0,\frac{\pi}{2}\right)$有

$$\frac{\cos^{m+4}\alpha}{\sin^{m}\beta\sqrt[t]{\sin^{2}\alpha+\sin^{2}\beta}}+2\frac{\cos^{3}\alpha\sin^{3}\alpha}{\sin\beta\cos\beta\sqrt[t]{\sin(\alpha+\beta)}}+\frac{\sin^{m+4}\alpha}{\cos^{m}\beta}=\frac{\sqrt[t]{\sin(\alpha+\beta)}}{\sqrt[t]{\sin^{2}\alpha+\sin^{2}\beta}}$$

恒成立,求证:$\alpha+\beta=\frac{\pi}{2}$.

猜测 100 若对任意的 $m\in\mathbf{R},n\in\mathbf{R},t\in\mathbf{R},\alpha,\beta\in\left(0,\frac{\pi}{2}\right)$有

$$\left(\frac{\cos^{n+4}\alpha}{\sin^{n}\beta}+2\frac{\cos^{m+2}\alpha\sin^{m+2}\alpha}{\sin^{m}\beta\cos^{m}\beta\sqrt{\sin^{t}(\alpha+\beta)}}+\frac{\sin^{n+4}\alpha}{\cos^{n}\beta}\right)\frac{\sqrt[t]{\sin(\alpha+\beta)}}{\sqrt[t]{\sin^{2}\alpha+\sin^{2}\beta}}=1$$

恒成立,求证:$\alpha+\beta=\frac{\pi}{2}$.

猜测 101 若对任意的 $m\in\mathbf{R},t\in\mathbf{R},\alpha,\beta\in\left(0,\frac{\pi}{2}\right)$有

$$\left(\frac{\cos^{6}\alpha}{\sin^{2}\beta}+2\frac{\cos^{m+2}\alpha\sin^{m+2}\alpha}{\sin^{m}\beta\cos^{m}\beta\sqrt{\sin^{t}(\alpha+\beta)}}+\frac{\sin^{6}\alpha}{\cos^{2}\beta}\right)\frac{\sqrt[t]{\sin(\alpha+\beta)}}{\sqrt[t]{\sin^{2}\alpha+\sin^{2}\beta}}=1$$

恒成立,求证:$\alpha+\beta=\frac{\pi}{2}$.

猜测 102 若对任意的 $m\in\mathbf{R},t\in\mathbf{R},\alpha,\beta\in\left(0,\frac{\pi}{2}\right)$有

$$\left(\frac{\cos^{m+4}\alpha}{\sin^{m}\beta}+2\frac{\cos^{3}\alpha\sin^{3}\alpha}{\sin\beta\cos\beta\sqrt{\sin^{2}(\alpha+\beta)}}+\frac{\sin^{m+4}\alpha}{\cos^{m}\beta}\right)\frac{\sqrt[t]{\sin(\alpha+\beta)}}{\sqrt[t]{\sin^{2}\alpha+\sin^{2}\beta}}=1$$

恒成立,求证:$\alpha+\beta=\frac{\pi}{2}$.

猜测 103 若对任意的 $m\in\mathbf{R},n\in\mathbf{R},t\in\mathbf{R},\alpha,\beta\in\left(0,\frac{\pi}{2}\right)$有

$$\frac{\cos^{n+4}\alpha}{\sin^{n}\beta}+2\frac{\cos^{m+2}\alpha\sin^{m+2}\alpha}{\sin^{m}\beta\cos^{m}\beta}+\frac{\sin^{n+4}\alpha}{\cos^{n}\beta\frac{\sqrt[t]{\sin(\alpha+\beta)}}{\sqrt[t]{\sin^{2}\alpha+\sin^{2}\beta}}}=1$$

恒成立,求证:$\alpha+\beta=\frac{\pi}{2}$.

猜测 104 若对任意的 $m\in\mathbf{R},t\in\mathbf{R},\alpha,\beta\in\left(0,\frac{\pi}{2}\right)$有

$$\frac{\cos^{6}\alpha}{\sin^{2}\beta}+2\frac{\cos^{m+2}\alpha\sin^{m+2}\alpha}{\sin^{m}\beta\cos^{m}\beta}+\frac{\sin^{6}\alpha}{\cos^{2}\beta\frac{\sqrt[t]{\sin(\alpha+\beta)}}{\sqrt[t]{\sin^{2}\alpha+\sin^{2}\beta}}}=1$$

恒成立,求证:$\alpha+\beta=\frac{\pi}{2}$.

猜测 105 若对任意的 $m\in\mathbf{R},t\in\mathbf{R},\alpha,\beta\in\left(0,\frac{\pi}{2}\right)$有

$$\frac{\cos^{m+4}\alpha}{\sin^{m}\beta}+2\frac{\cos^{3}\alpha\sin^{3}\alpha}{\sin\beta\cos\beta}+\frac{\sin^{m+4}\alpha}{\cos^{m}\beta\frac{\sqrt[t]{\sin(\alpha+\beta)}}{\sqrt[t]{\sin^{2}\alpha+\sin^{2}\beta}}}=1$$

恒成立,求证:$\alpha+\beta=\frac{\pi}{2}$.

猜测 106 若对任意的 $m\in\mathbf{R},n\in\mathbf{R},t\in\mathbf{R},\alpha,\beta\in\left(0,\frac{\pi}{2}\right)$有

$$\frac{\cos^{n+4}\alpha}{\sin^{n}\beta}+2\frac{\cos^{m+2}\alpha\sin^{m+2}\alpha}{\sin^{m}\beta\cos^{m}\beta}\frac{\sqrt[t]{\sin(\alpha+\beta)}}{\sqrt[t]{\sin^{2}\alpha+\sin^{2}\beta}}+\frac{\sin^{n+4}\alpha}{\cos^{n}\beta}=1$$

恒成立,求证:$\alpha+\beta=\frac{\pi}{2}$.

猜测107 若对任意的$m\in\mathbf{R},t\in\mathbf{R},\alpha,\beta\in\left(0,\frac{\pi}{2}\right)$有

$$\frac{\cos^6\alpha}{\sin^2\beta}+2\frac{\cos^{m+2}\alpha\sin^{m+2}\alpha}{\sin^m\beta\cos^m\beta}\frac{\sqrt[t]{\sin(\alpha+\beta)}}{\sqrt[t]{\sin^2\alpha+\sin^2\beta}}+\frac{\sin^6\alpha}{\cos^2\beta}=1$$

恒成立,求证:$\alpha+\beta=\frac{\pi}{2}$.

猜测108 若对任意的$m\in\mathbf{R},t\in\mathbf{R},\alpha,\beta\in\left(0,\frac{\pi}{2}\right)$有

$$\frac{\cos^{m+4}\alpha}{\sin^m\beta}+2\frac{\cos^3\alpha\sin^3\alpha}{\sin\beta\cos\beta}\frac{\sqrt[t]{\sin(\alpha+\beta)}}{\sqrt[t]{\sin^2\alpha+\sin^2\beta}}+\frac{\sin^{m+4}\alpha}{\cos^m\beta}=1$$

恒成立,求证:$\alpha+\beta=\frac{\pi}{2}$.

猜测109 若对任意的$m\in\mathbf{R},n\in\mathbf{R},t\in\mathbf{R},\alpha,\beta\in\left(0,\frac{\pi}{2}\right)$有

$$\frac{\cos^{n+4}\alpha}{\sin^n\beta}+2\frac{\cos^{m+2}\alpha\sin^{m+2}\alpha}{\sin^m\beta\cos^m\beta}\frac{\sqrt[t]{\sin(\alpha+\beta)}}{\sqrt[t]{\sin^2\alpha+\sin^2\beta}}+\frac{\sin^{n+4}\alpha}{\cos^n\beta}=\sqrt[t]{\sin^2\alpha+\sin^2\beta}$$

恒成立,求证:$\alpha+\beta=\frac{\pi}{2}$.

猜测110 若对任意的$m\in\mathbf{R},t\in\mathbf{R},\alpha,\beta\in\left(0,\frac{\pi}{2}\right)$有

$$\frac{\cos^6\alpha}{\sin^2\beta}+2\frac{\cos^{m+2}\alpha\sin^{m+2}}{\sin^m\beta\cos^m\beta}\frac{\sqrt[t]{\sin(\alpha+\beta)}}{\sqrt[t]{\sin^2\alpha+\sin^2\beta}}+\frac{\sin^6\alpha}{\cos^2\beta}=\sqrt[t]{\sin^2\alpha+\sin^2\beta}$$

恒成立,求证:$\alpha+\beta=\frac{\pi}{2}$.

猜测111 若对任意的$m\in\mathbf{R},t\in\mathbf{R},\alpha,\beta\in\left(0,\frac{\pi}{2}\right)$有

$$\frac{\cos^{m+4}\alpha}{\sin^m\beta}+2\frac{\cos^3\alpha\sin^3\alpha}{\sin\beta\cos\beta}\frac{\sqrt[t]{\sin(\alpha+\beta)}}{\sqrt[t]{\sin^2\alpha+\sin^2\beta}}+\frac{\sin^{m+4}\alpha}{\cos^m\beta}=\sqrt[t]{\sin^2\alpha+\sin^2\beta}$$

恒成立,求证:$\alpha+\beta=\frac{\pi}{2}$.

猜测112 若对任意的$m\in\mathbf{R},n\in\mathbf{R},t\in\mathbf{R},\alpha,\beta\in\left(0,\frac{\pi}{2}\right)$有

$$\frac{\cos^{n+4}\alpha}{\sin^n\beta\frac{\sqrt[t]{\sin^2\alpha+\sin^2\beta}}{\sqrt[t]{\sin(\alpha+\beta)}}}+2\frac{\cos^{m+2}\alpha\sin^{m+2}\alpha}{\sin^m\beta\cos^m\beta}+\frac{\sin^{n+4}\alpha}{\cos^n\beta}=\sqrt[t]{\sin^2\alpha+\sin^2\beta}$$

恒成立,求证:$\alpha+\beta=\frac{\pi}{2}$.

猜测113 若对任意的$m\in\mathbf{R},t\in\mathbf{R},\alpha,\beta\in\left(0,\frac{\pi}{2}\right)$有

$$\frac{\cos^6\alpha}{\sin^2\beta\frac{\sqrt[t]{\sin^2\alpha+\sin^2\beta}}{\sqrt[t]{\sin(\alpha+\beta)}}}+2\frac{\cos^{m+2}\alpha\sin^{m+2}\alpha}{\sin^m\beta\cos^m\beta}+\frac{\sin^6\alpha}{\cos^2\beta}=\sqrt[t]{\sin^2\alpha+\sin^2\beta}$$

恒成立,求证:$\alpha+\beta=\frac{\pi}{2}$.

猜测 114 若对任意的 $m\in\mathbf{R},t\in\mathbf{R},\alpha,\beta\in\left(0,\frac{\pi}{2}\right)$有

$$\frac{\cos^{m+4}\alpha}{\sin^{m}\beta\frac{\sqrt[t]{\sin^{2}\alpha+\sin^{2}\beta}}{\sqrt[t]{\sin(\alpha+\beta)}}}+2\frac{\cos^{3}\alpha\sin^{3}\alpha}{\sin\beta\cos\beta}+\frac{\sin^{m+4}\alpha}{\cos^{m}\beta}=\sqrt[t]{\sin^{2}\alpha+\sin^{2}\beta}$$

恒成立,求证:$\alpha+\beta=\frac{\pi}{2}$.

猜测 115 若对任意的 $m\in\mathbf{R},n\in\mathbf{R},t\in\mathbf{R},\alpha,\beta\in\left(0,\frac{\pi}{2}\right)$有

$$\frac{\cos^{n+4}\alpha}{\sin^{n}\beta\frac{\sqrt[t]{\sin^{2}\alpha+\sin^{2}\beta}}{\sqrt[t]{\sin(\alpha+\beta)}}}+2\frac{\cos^{m+2}\alpha\sin^{m+2}\alpha}{\sin^{m}\beta\cos^{m}\beta}+\frac{\sin^{n+4}\alpha}{\cos^{n}\beta}\sqrt[t]{\sin^{2}\alpha+\sin^{2}\beta}=1$$

恒成立,求证:$\alpha+\beta=\frac{\pi}{2}$.

猜测 116 若对任意的 $m\in\mathbf{R},t\in\mathbf{R},\alpha,\beta\in\left(0,\frac{\pi}{2}\right)$有

$$\frac{\cos^{6}\alpha}{\sin^{2}\beta\frac{\sqrt[t]{\sin^{2}\alpha+\sin^{2}\beta}}{\sqrt[t]{\sin(\alpha+\beta)}}}+2\frac{\cos^{m+2}\alpha\sin^{m+2}\alpha}{\sin^{m}\beta\cos^{m}\beta}+\frac{\sin^{6}\alpha}{\cos^{2}\beta}\sqrt[t]{\sin^{2}\alpha+\sin^{2}\beta}=1$$

恒成立,求证:$\alpha+\beta=\frac{\pi}{2}$.

猜测 117 若对任意的 $m\in\mathbf{R},t\in\mathbf{R},\alpha,\beta\in\left(0,\frac{\pi}{2}\right)$有

$$\frac{\cos^{m+4}\alpha}{\sin^{m}\beta\frac{\sqrt[t]{\sin^{2}\alpha+\sin^{2}\beta}}{\sqrt[t]{\sin(\alpha+\beta)}}}+2\frac{\cos^{3}\alpha\sin^{3}\alpha}{\sin\beta\cos\beta}+\frac{\sin^{m+4}\alpha}{\cos^{m}\beta}\sqrt[t]{\sin^{2}\alpha+\sin^{2}\beta}=1$$

恒成立,求证:$\alpha+\beta=\frac{\pi}{2}$.

猜测 118 若对任意的 $m\in\mathbf{R},n\in\mathbf{R},t\in\mathbf{R},\alpha,\beta\in\left(0,\frac{\pi}{2}\right)$有

$$\frac{\cos^{n+4}\alpha}{\sin^{n}\beta}+2\frac{\cos^{m+2}\alpha\sin^{m+2}\alpha}{\sin^{m}\beta\cos^{m}\beta\frac{\sqrt[t]{\sin^{2}\alpha+\sin^{2}\beta}}{\sqrt[t]{\sin(\alpha+\beta)}}}+\frac{\sin^{n+4}\alpha}{\cos^{n}\beta}\sqrt[t]{\sin^{2}\alpha+\sin^{2}\beta}=1$$

恒成立,求证:$\alpha+\beta=\frac{\pi}{2}$.

猜测 119 若对任意的 $m\in\mathbf{R},t\in\mathbf{R},\alpha,\beta\in\left(0,\frac{\pi}{2}\right)$有

$$\frac{\cos^{6}\alpha}{\sin^{2}\beta}+2\frac{\cos^{m+2}\alpha\sin^{m+2}\alpha}{\sin^{m}\beta\cos^{m}\beta\frac{\sqrt[t]{\sin^{2}\alpha+\sin^{2}\beta}}{\sqrt[t]{\sin(\alpha+\beta)}}}+\frac{\sin^{6}\alpha}{\cos^{2}\beta}\sqrt[t]{\sin^{2}\alpha+\sin^{2}\beta}=1$$

恒成立,求证:$\alpha+\beta=\frac{\pi}{2}$.

猜测 120 若对任意的 $m\in\mathbf{R},t\in\mathbf{R},\alpha,\beta\in\left(0,\frac{\pi}{2}\right)$有

$$\frac{\cos^{m+4}\alpha}{\sin^{m}\beta}+2\frac{\cos^{3}\alpha\sin^{3}\alpha}{\sin\beta\cos\beta\frac{\sqrt[t]{\sin^{2}\alpha+\sin^{2}\beta}}{\sqrt[t]{\sin(\alpha+\beta)}}}+\frac{\sin^{m+4}\alpha}{\cos^{m}\beta}\sqrt[t]{\sin^{2}\alpha+\sin^{2}\beta}=1$$

恒成立,求证:$\alpha+\beta=\frac{\pi}{2}$.

猜测 121 若对任意的 $m\in\mathbf{R},n\in\mathbf{R},t\in\mathbf{R},\alpha,\beta\in\left(0,\frac{\pi}{2}\right)$有

$$\frac{\cos^{n+4}\alpha}{\sin^{n}\beta}\sin^{t}(\alpha+\beta)+2\frac{\cos^{m+2}\alpha\sin^{m+2}\alpha}{\sin^{m}\beta\cos^{m}\beta\frac{\sqrt[t]{\sin^{2}\alpha+\sin^{2}\beta}}{\sqrt[t]{\sin(\alpha+\beta)}}}+\frac{\sin^{n+4}\alpha}{\cos^{n}\beta}\sqrt[t]{\sin^{2}\alpha+\sin^{2}\beta}=1$$

恒成立,求证:$\alpha+\beta=\frac{\pi}{2}$.

猜测 122 若对任意的 $m\in\mathbf{R},t\in\mathbf{R},\alpha,\beta\in\left(0,\frac{\pi}{2}\right)$有

$$\frac{\cos^{6}\alpha}{\sin^{2}\beta}\sin^{t}(\alpha+\beta)+2\frac{\cos^{m+2}\alpha\sin^{m+2}\alpha}{\sin^{m}\beta\cos^{m}\beta\frac{\sqrt[t]{\sin^{2}\alpha+\sin^{2}\beta}}{\sqrt[t]{\sin(\alpha+\beta)}}}+\frac{\sin^{6}\alpha}{\cos^{2}\beta}\sqrt[t]{\sin^{2}\alpha+\sin^{2}\beta}=1$$

恒成立,求证:$\alpha+\beta=\frac{\pi}{2}$.

猜测 123 若对任意的 $m\in\mathbf{R},t\in\mathbf{R},\alpha,\beta\in\left(0,\frac{\pi}{2}\right)$有

$$\frac{\cos^{m+4}\alpha}{\sin^{m}\beta}\sin^{t}(\alpha+\beta)+2\frac{\cos^{3}\alpha\sin^{3}\alpha}{\sin\beta\cos\beta\frac{\sqrt[t]{\sin^{2}\alpha+\sin^{2}\beta}}{\sqrt[t]{\sin(\alpha+\beta)}}}+\frac{\sin^{m+4}\alpha}{\cos^{m}\beta}\sqrt[t]{\sin^{2}\alpha+\sin^{2}\beta}=1$$

恒成立,求证:$\alpha+\beta=\frac{\pi}{2}$.

猜测 124 若对任意的 $m\in\mathbf{R},n\in\mathbf{R},t\in\mathbf{R},\alpha,\beta\in\left(0,\frac{\pi}{2}\right)$有

$$\frac{\cos^{n+4}\alpha}{\sin^{n}\beta}\sin^{t}(\alpha+\beta)+2\frac{\cos^{m+2}\alpha\sin^{m+2}\alpha}{\sin^{m}\beta\cos^{m}\beta\frac{\sqrt[t]{\sin^{2}\alpha+\sin^{2}\beta}}{\sqrt[t]{\sin(\alpha+\beta)}}}+\frac{\sin^{n+4}\alpha}{\cos^{n}\beta}=\sqrt[t]{\sin^{2}\alpha+\sin^{2}\beta}\sqrt{\sin^{t}(\alpha+\beta)}$$

恒成立,求证:$\alpha+\beta=\frac{\pi}{2}$.

猜测 125 若对任意的 $m\in\mathbf{R},t\in\mathbf{R},\alpha,\beta\in\left(0,\frac{\pi}{2}\right)$有

$$\frac{\cos^{6}\alpha}{\sin^{2}\beta}\sin^{t}(\alpha+\beta)+2\frac{\cos^{m+2}\alpha\sin^{m+2}\alpha}{\sin^{m}\beta\cos^{m}\beta\frac{\sqrt[t]{\sin^{2}\alpha+\sin^{2}\beta}}{\sqrt[t]{\sin(\alpha+\beta)}}}+\frac{\sin^{6}\alpha}{\cos^{2}\beta}=\sqrt[t]{\sin^{2}\alpha+\sin^{2}\beta}\sqrt{\sin^{t}(\alpha+\beta)}$$

恒成立,求证:$\alpha+\beta=\frac{\pi}{2}$.

猜测 126 若对任意的 $m\in\mathbf{R},t\in\mathbf{R},\alpha,\beta\in\left(0,\frac{\pi}{2}\right)$有

$$\frac{\cos^{m+4}\alpha}{\sin^m\beta}\sin^t(\alpha+\beta)+2\frac{\cos^3\alpha\sin^3\alpha}{\sin\beta\cos\beta\frac{\sqrt[t]{\sin^2\alpha+\sin^2\beta}}{\sqrt[t]{\sin(\alpha+\beta)}}}+\frac{\sin^{m+4}\alpha}{\cos^m\beta}=\sqrt[t]{\sin^2\alpha+\sin^2\beta}\sqrt{\sin^t(\alpha+\beta)}$$

恒成立,求证:$\alpha+\beta=\frac{\pi}{2}$.

猜测 127 若对任意的 $m\in\mathbf{R},n\in\mathbf{R},t\in\mathbf{R},\alpha,\beta\in\left(0,\frac{\pi}{2}\right)$有

$$\frac{\cos^{n+4}\alpha}{\sin^n\beta}\sin^t(\alpha+\beta)+2\frac{\cos^{m+2}\alpha\sin^{m+2}\alpha}{\sin^m\beta\cos^m\beta\frac{\sqrt[t]{\sin^2\alpha+\sin^2\beta}}{\sqrt[t]{\sin(\alpha+\beta)}}}+\frac{\sin^{n+4}\alpha}{\cos^n\beta\sqrt{\sin^t(\alpha+\beta)}}=\sqrt[t]{\sin^2\alpha+\sin^2\beta}$$

恒成立,求证:$\alpha+\beta=\frac{\pi}{2}$.

猜测 128 若对任意的 $m\in\mathbf{R},t\in\mathbf{R},\alpha,\beta\in\left(0,\frac{\pi}{2}\right)$有

$$\frac{\cos^6\alpha}{\sin^2\beta}\sin^t(\alpha+\beta)+2\frac{\cos^{m+2}\alpha\sin^{m+2}\alpha}{\sin^m\beta\cos^m\beta\frac{\sqrt[t]{\sin^2\alpha+\sin^2\beta}}{\sqrt[t]{\sin(\alpha+\beta)}}}+\frac{\sin^6\alpha}{\cos^2\beta\sqrt{\sin^t(\alpha+\beta)}}=\sqrt[t]{\sin^2\alpha+\sin^2\beta}$$

恒成立,求证:$\alpha+\beta=\frac{\pi}{2}$.

猜测 129 若对任意的 $m\in\mathbf{R},t\in\mathbf{R},\alpha,\beta\in\left(0,\frac{\pi}{2}\right)$有

$$\frac{\cos^{m+4}\alpha}{\sin^m\beta}\left(\frac{\cos\alpha}{2\sin\beta}+\frac{\cos\beta}{2\sin\alpha}\right)^t+\frac{2\cos^3\alpha\sin^3\alpha}{\sin\beta\cos\beta\frac{\sqrt[t]{\sin^2\alpha+\sin^2\beta}}{\sqrt[t]{\sin(\alpha+\beta)}}}+\frac{\sin^{m+4}\alpha}{\cos^m\beta\sqrt{\sin^t(\alpha+\beta)}}=\sqrt[t]{\sin^2\alpha+\sin^2\beta}$$

恒成立,求证:$\alpha+\beta=\frac{\pi}{2}$.

猜测 130 若对任意的 $m\in\mathbf{R},n\in\mathbf{R},t\in\mathbf{R},\alpha,\beta\in\left(0,\frac{\pi}{2}\right)$有

$$\frac{\cos^{n+4}\alpha}{\sin^n\beta}\left(\frac{\cos\alpha}{2\sin\beta}+\frac{\cos\beta}{2\sin\alpha}\right)^t+\frac{2\cos^{m+2}\alpha\sin^{m+2}\alpha}{\sin^m\beta\cos^m\beta\frac{\sqrt[t]{\sin^2\alpha+\sin^2\beta}}{\sqrt[t]{\sin(\alpha+\beta)}}}+\frac{\sin^{n+4}\alpha}{\cos^n\beta\sqrt{\sin^t(\alpha+\beta)}}=(\sin^2\alpha+\sin^2\beta)^t$$

恒成立,求证:$\alpha+\beta=\frac{\pi}{2}$.

猜测 131 若对任意的 $m\in\mathbf{R},n\in\mathbf{R},t\in\mathbf{R},\alpha,\beta\in\left(0,\frac{\pi}{2}\right)$有

$$\left(\frac{\cos^{n+4}\alpha}{\sin^n\beta\sqrt[t]{\sin^2\alpha+\sin^2\beta}}+2\frac{\cos^{m+2}\alpha\sin^{m+2}\alpha}{\sin^m\beta\cos^m\beta}+\frac{\sin^{n+4}\alpha}{\cos^n\beta}\right)\left(\frac{\sec^{t+2}\alpha}{\csc^t\beta}-\frac{\tan^{t+2}\alpha}{\cot^t\beta}\right)=\sqrt[t]{\sin(\alpha+\beta)}$$

恒成立,求证:$\alpha+\beta=\frac{\pi}{2}$.

猜测 132 若对任意的 $m\in\mathbf{R},n\in\mathbf{R},t\in\mathbf{R},\alpha,\beta\in\left(0,\frac{\pi}{2}\right)$有

$$\left(\frac{2\cos^6\alpha}{(\cos^2\alpha+\sin^2\beta)\sqrt[t]{\sin^2\alpha+\sin^2\beta}}+2\frac{\cos^{m+2}\alpha\sin^{m+2}\alpha}{\sin^m\beta\cos^m\beta}+\frac{2\sin^6\alpha}{\sin^2\alpha+\cos^2\beta}\right)\left(\frac{\sec^{n+2}\alpha}{\csc^n\beta}-\frac{\tan^{n+2}\alpha}{\cot^n\beta}\right)=\sqrt[t]{\sin(\alpha+\beta)}$$

恒成立,求证:$\alpha+\beta=\frac{\pi}{2}$.

猜测133 若对任意的$m\in\mathbf{R},n\in\mathbf{R},t\in\mathbf{R},\alpha,\beta\in\left(0,\frac{\pi}{2}\right)$有

$$\left(\frac{\cos^{m+4}\alpha}{\sin^{m}\beta\sqrt[t]{\sin^{2}\alpha+\sin^{2}\beta}}+2\frac{\cos^{3}\alpha\sin^{3}\alpha}{\sin\beta\cos\beta}+\frac{\sin^{m+4}\alpha}{\cos^{m}\beta}\right)\left(\frac{\sec^{n+2}\alpha}{\csc^{n}\beta}-\frac{\tan^{n+2}\alpha}{\cot^{n}\beta}\right)=\sqrt[t]{\sin(\alpha+\beta)}$$

恒成立,求证:$\alpha+\beta=\frac{\pi}{2}$.

猜测134 若对任意的$m\in\mathbf{R},n\in\mathbf{R},t\in\mathbf{R},\alpha,\beta\in\left(0,\frac{\pi}{2}\right)$有

$$\left(\frac{\cos^{n+4}\alpha}{\sin^{n}\beta\sqrt[t]{\sin^{2}\alpha+\sin^{2}\beta}}+2\frac{\cos^{m+2}\alpha\sin^{m+2}\alpha}{\sin^{m}\beta\cos^{m}\beta}+\frac{\sin^{n+4}\alpha}{\cos^{n}\beta}\right)\sqrt[t]{\sin(\alpha+\beta)}=\frac{\sec^{t+2}\alpha}{\csc^{t}\beta}-\frac{\tan^{t+2}\alpha}{\cot^{t}\beta}$$

恒成立,求证:$\alpha+\beta=\frac{\pi}{2}$.

猜测135 若对任意的$m\in\mathbf{R},n\in\mathbf{R},t\in\mathbf{R},\alpha,\beta\in\left(0,\frac{\pi}{2}\right)$有

$$\left(\frac{2\cos^{6}\alpha}{(\cos^{2}\alpha+\sin^{2}\beta)\sqrt[t]{\sin^{2}\alpha+\sin^{2}\beta}}+2\frac{\cos^{m+2}\alpha\sin^{m+2}\alpha}{\sin^{m}\beta\cos^{m}\beta}+\frac{2\sin^{6}\alpha}{\sin^{2}\alpha+\cos^{2}\beta}\right)\sqrt[t]{\sin(\alpha+\beta)}=\frac{\sec^{n+2}\alpha}{\csc^{n}\beta}-\frac{\tan^{n+2}\alpha}{\cot^{n}\beta}$$

恒成立,求证:$\alpha+\beta=\frac{\pi}{2}$.

猜测136 若对任意的$m\in\mathbf{R},n\in\mathbf{R},t\in\mathbf{R},\alpha,\beta\in\left(0,\frac{\pi}{2}\right)$有

$$\left(\frac{\cos^{m+4}\alpha}{\sin^{m}\beta\sqrt[t]{\sin^{2}\alpha+\sin^{2}\beta}}+2\frac{\cos^{3}\alpha\sin^{3}\alpha}{\sin\beta\cos\beta}+\frac{\sin^{m+4}\alpha}{\cos^{m}\beta}\right)\sqrt[t]{\sin(\alpha+\beta)}=\frac{\sec^{n+2}\alpha}{\csc^{n}\beta}-\frac{\tan^{n+2}\alpha}{\cot^{n}\beta}$$

恒成立,求证:$\alpha+\beta=\frac{\pi}{2}$.

猜测137 若对任意的$m\in\mathbf{R},n\in\mathbf{R},t\in\mathbf{R},\alpha,\beta\in\left(0,\frac{\pi}{2}\right)$有

$$\left(\frac{\cos^{n+4}\alpha}{\sin^{n}\beta\sqrt[t]{\sin^{2}\alpha+\sin^{2}\beta}}+2\frac{\cos^{m+2}\alpha\sin^{m+2}\alpha}{\sin^{m}\beta\cos^{m}\beta}+\frac{\sin^{n+4}\alpha}{\cos^{n}\beta}\right)\sqrt[t]{\sin(\alpha+\beta)}=\frac{\csc^{t+2}\alpha}{\sec^{t}\beta}-\frac{\cot^{t+2}\alpha}{\tan^{t}\beta}$$

恒成立,求证:$\alpha+\beta=\frac{\pi}{2}$.

猜测138 若对任意的$m\in\mathbf{R},n\in\mathbf{R},t\in\mathbf{R},\alpha,\beta\in\left(0,\frac{\pi}{2}\right)$有

$$\left(\frac{2\cos^{6}\alpha}{(\cos^{2}\alpha+\sin^{2}\beta)\sqrt[t]{\sin^{2}\alpha+\sin^{2}\beta}}+2\frac{\cos^{m+2}\alpha\sin^{m+2}\alpha}{\sin^{m}\beta\cos^{m}\beta}+\frac{2\sin^{6}\alpha}{\sin^{2}\alpha+\cos^{2}\beta}\right)\sqrt[t]{\sin(\alpha+\beta)}=\frac{\csc^{n+2}\alpha}{\sec^{n}\beta}-\frac{\cot^{n+2}\alpha}{\tan^{n}\beta}$$

恒成立,求证:$\alpha+\beta=\frac{\pi}{2}$.

猜测139 若对任意的$m\in\mathbf{R},n\in\mathbf{R},t\in\mathbf{R},\alpha,\beta\in\left(0,\frac{\pi}{2}\right)$有

$$\left(\frac{\cos^{m+4}\alpha}{\sin^{m}\beta\sqrt[t]{\sin^{2}\alpha+\sin^{2}\beta}}+2\frac{\cos^{3}\alpha\sin^{3}\alpha}{\sin\beta\cos\beta}+\frac{\sin^{m+4}\alpha}{\cos^{m}\beta}\right)\sqrt[t]{\sin(\alpha+\beta)}=\frac{\csc^{n+2}\alpha}{\sec^{n}\beta}-\frac{\cot^{n+2}\alpha}{\tan^{n}\beta}$$

恒成立,求证:$\alpha+\beta=\frac{\pi}{2}$.

猜测 140 若对任意的 $m\in\mathbf{R},n\in\mathbf{R},t\in\mathbf{R},\alpha,\beta\in\left(0,\frac{\pi}{2}\right)$有

$$\left(\frac{\cos^{n+4}\alpha}{\sin^n\beta\sqrt[t]{\sin^2\alpha+\sin^2\beta}}+2\frac{\cos^{m+2}\alpha\sin^{m+2}\alpha}{\sin^m\beta\cos^m\beta}+\frac{\sin^{n+4}\alpha}{\cos^n\beta}\right)\left(\frac{\csc^{t+2}\alpha}{\sec^t\beta}-\frac{\cot^{t+2}\alpha}{\tan^t\beta}\right)=\sqrt[t]{\sin(\alpha+\beta)}$$

恒成立,求证:$\alpha+\beta=\frac{\pi}{2}$.

猜测 141 若对任意的 $m\in\mathbf{R},n\in\mathbf{R},t\in\mathbf{R},\alpha,\beta\in\left(0,\frac{\pi}{2}\right)$有

$$\left(\frac{2\cos^6\alpha}{(\cos^2\alpha+\sin^2\beta)\sqrt[t]{\sin^2\alpha+\sin^2\beta}}+2\frac{\cos^{m+2}\alpha\sin^{m+2}\alpha}{\sin^m\beta\cos^m\beta}+\frac{2\sin^6\alpha}{\sin^2\alpha+\cos^2\beta}\right)\left(\frac{\csc^{n+2}\alpha}{\sec^n\beta}-\frac{\cot^{n+2}\alpha}{\tan^n\beta}\right)=\sqrt[t]{\sin(\alpha+\beta)}$$

恒成立,求证:$\alpha+\beta=\frac{\pi}{2}$.

猜测 142 若对任意的 $m\in\mathbf{R},n\in\mathbf{R},t\in\mathbf{R},\alpha,\beta\in\left(0,\frac{\pi}{2}\right)$有

$$\left(\frac{\cos^{m+4}\alpha}{\sin^m\beta\sqrt[t]{\sin^2\alpha+\sin^2\beta}}+2\frac{\cos^3\alpha\sin^3\alpha}{\sin\beta\cos\beta}+\frac{\sin^{m+4}\alpha}{\cos\beta}\right)\left(\frac{\csc^{n+2}\alpha}{\sec^n\beta}-\frac{\cot^{n+2}\alpha}{\tan^n\beta}\right)=\sqrt[t]{\sin(\alpha+\beta)}$$

恒成立,求证:$\alpha+\beta=\frac{\pi}{2}$.

猜测 143 若对任意的 $m\in\mathbf{R},n\in\mathbf{R},t\in\mathbf{R},\alpha,\beta\in\left(0,\frac{\pi}{2}\right)$有

$$\left(\frac{\cos^{n+4}\alpha}{\sin^n\beta\left(\frac{\cos\alpha}{2\sin\beta}+\frac{\cos\beta}{2\sin\alpha}\right)^t}+2\frac{\cos^{m+2}\alpha\sin^{m+2}\alpha}{\sin^m\beta\cos^m\beta}+\frac{\sin^{n+4}\alpha}{\cos^n\beta}\right)\sqrt[t]{\sin(\alpha+\beta)}=\frac{\csc^{t+2}\alpha}{\sec^t\beta}-\frac{\cot^{t+2}\alpha}{\tan^t\beta}$$

恒成立,求证:$\alpha+\beta=\frac{\pi}{2}$.

猜测 144 若对任意的 $m\in\mathbf{R},n\in\mathbf{R},t\in\mathbf{R},\alpha,\beta\in\left(0,\frac{\pi}{2}\right)$有

$$\left(\frac{2\cos^6\alpha}{(\cos^2\alpha+\sin^2\beta)\left(\frac{\cos\alpha}{2\sin\beta}+\frac{\cos\beta}{2\sin\alpha}\right)^t}+2\frac{\cos^{m+2}\alpha\sin^{m+2}\alpha}{\sin^m\beta\cos^m\beta}+\frac{2\sin^6\alpha}{\sin^2\alpha+\cos^2\beta}\right)\sqrt[t]{\sin(\alpha+\beta)}=\frac{\csc^{n+2}\alpha}{\sec^n\beta}-\frac{\cot^{n+2}\alpha}{\tan^n\beta}$$

恒成立,求证:$\alpha+\beta=\frac{\pi}{2}$.

猜测 145 若对任意的 $m\in\mathbf{R},n\in\mathbf{R},t\in\mathbf{R},\alpha,\beta\in\left(0,\frac{\pi}{2}\right)$有

$$\left(\frac{\cos^{m+4}\alpha}{\sin^m\beta\left(\frac{\cos\alpha}{2\sin\beta}+\frac{\cos\beta}{2\sin\alpha}\right)^t}+2\frac{\cos^3\alpha\sin^3\alpha}{\sin\beta\cos\beta}+\frac{\sin^{m+4}\alpha}{\cos^m\beta}\right)\sqrt[t]{\sin(\alpha+\beta)}=\frac{\csc^{n+2}\alpha}{\sec^n\beta}-\frac{\cot^{n+2}\alpha}{\tan^n\beta}$$

恒成立,求证:$\alpha+\beta=\frac{\pi}{2}$.

猜测 146 若对任意的 $m\in\mathbf{R},n\in\mathbf{R},t\in\mathbf{R},\alpha,\beta\in\left(0,\frac{\pi}{2}\right)$有

$$\left(\frac{\cos^{n+4}\alpha}{\sin^n\beta\left(\frac{\cos\alpha}{2\sin\beta}+\frac{\cos\beta}{2\sin\alpha}\right)^t}+2\frac{\cos^{m+2}\alpha\sin^{m+2}\alpha}{\sin^m\beta\cos^m\beta}+\frac{\sin^{n+4}\alpha}{\cos^n\beta}\right)\sqrt[t]{\sin(\alpha+\beta)}=\frac{\sec^{t+2}\alpha}{\csc^t\beta}-\frac{\tan^{t+2}\alpha}{\cot^t\beta}$$

恒成立,求证:$\alpha+\beta=\frac{\pi}{2}$.

猜测 147 若对任意的 $m\in\mathbf{R},n\in\mathbf{R},t\in\mathbf{R},\alpha,\beta\in\left(0,\frac{\pi}{2}\right)$有

$$\left(\frac{2\cos^6\alpha}{(\cos^2\alpha+\sin^2\beta)\left(\frac{\cos\alpha}{2\sin\beta}+\frac{\cos\beta}{2\sin\alpha}\right)^t}+2\frac{\cos^{m+2}\alpha\sin^{m+2}\alpha}{\sin^m\beta\cos^m\beta}+\frac{2\sin^6\alpha}{\sin^2\alpha+\cos^2\beta}\right)\sqrt[t]{\sin(\alpha+\beta)}=\frac{\sec^{n+2}\alpha}{\csc^n\beta}-\frac{\tan^{n+2}\alpha}{\cot^n\beta}$$

恒成立,求证:$\alpha+\beta=\frac{\pi}{2}$.

猜测 148 若对任意的 $m\in\mathbf{R},n\in\mathbf{R},t\in\mathbf{R},\alpha,\beta\in\left(0,\frac{\pi}{2}\right)$有

$$\left(\frac{\cos^{m+4}\alpha}{\sin^m\beta\left(\frac{\cos\alpha}{2\sin\beta}+\frac{\cos\beta}{2\sin\alpha}\right)^t}+2\frac{\cos^3\alpha\sin^3\alpha}{\sin\beta\cos\beta}+\frac{\sin^{m+4}\alpha}{\cos^m\beta}\right)\sqrt[t]{\sin(\alpha+\beta)}=\frac{\sec^{n+2}\alpha}{\csc^n\beta}-\frac{\tan^{n+2}\alpha}{\cot^n\beta}$$

恒成立,求证:$\alpha+\beta=\frac{\pi}{2}$.

猜测 149 若对任意的 $m\in\mathbf{R},n\in\mathbf{R},t\in\mathbf{R},\alpha,\beta\in\left(0,\frac{\pi}{2}\right)$有

$$\left(\frac{\cos^{n+4}\alpha}{\sin^n\beta\left(\frac{\csc^{t+2}\alpha}{\sec^t\beta}-\frac{\cot^{t+2}\alpha}{\tan^t\beta}\right)}+2\frac{\cos^{m+2}\alpha\sin^{m+2}\alpha}{\sin^m\beta\cos^m\beta}+\frac{\sin^{n+4}\alpha}{\cos^n\beta}\right)\sqrt[t]{\sin(\alpha+\beta)}=\frac{\sec^{t+2}\alpha}{\csc^t\beta}-\frac{\tan^{t+2}\alpha}{\cot^t\beta}$$

恒成立,求证:$\alpha+\beta=\frac{\pi}{2}$.

猜测 150 若对任意的 $m\in\mathbf{R},n\in\mathbf{R},t\in\mathbf{R},\alpha,\beta\in\left(0,\frac{\pi}{2}\right)$有

$$\left(\frac{2\cos^6\alpha}{(\cos^2\alpha+\sin^2\beta)\left(\frac{\csc^{t+2}\alpha}{\sec^t\beta}-\frac{\cot^{t+2}\alpha}{\tan^t\beta}\right)}+2\frac{\cos^{m+2}\alpha\sin^{m+2}\alpha}{\sin^m\beta\cos^m\beta}+\frac{2\sin^6\alpha}{\sin^2\alpha+\cos^2\beta}\right)\sqrt[t]{\sin(\alpha+\beta)}=\frac{\sec^{n+2}\alpha}{\csc^n\beta}-\frac{\tan^{n+2}\alpha}{\cot^n\beta}$$

恒成立,求证:$\alpha+\beta=\frac{\pi}{2}$.

参 考 文 献

[1]唐秀颖.数学题解辞典[M].上海:上海辞书出版社出版,1985:103.

[2]孙文彩.数学问题360再探[J].华南师范大学学报(自然科学版),2014,46.

[3]黄量生,孙建斌.巧用配方法解三角题[J].中学数学月刊,2004(9):23.

[4]孙文彩.数学问题360[J].中学数学研究,2011.(12).

[5]周顺钿.以三角函数为载体,培养直觉思维能力[J].数学通讯,1997(5):2.

[6]孙文彩,昌海军.一道三角题的新证与推广[J].数学教学研究,1998(1):29-30.

[7]董立俊.例说用解几知识解三角题[J].中学数学,2001(4):15.

[8]孙文彩.一个著名三角条件恒等式证明的研究综述[J].华南师范大学学报(自然科学版),2014,46.

[9]李介明.运用拉格朗日恒等式简解三角题[J].数学通讯,2003(7):26-27.

[10]付伦传,金铨.利用向量解代数三角问题[J].中学数学教学,2003(5):37.

[11]林明成.向量在三角解题中的创新应用[J].中学数学研究,2009(12):30.

[12]马传开.运用构造思想解三角问题初探[J].中学数学研究,2009(5):38.

[13]苏昌盛,孙建斌.数学好玩:构造"数字式"解题艺术欣赏[J].中学数学研究,2007(11):44.

[14]邱进南,孙建斌.一个代数不等式在三角上的应用[J].中学数学月刊,2007(4):26.

[15]孙文彩. 有奖擂题[J]. 中学数学教学,2014(1).

[16]张荣萍. 两角互余的几个等价条件[J]. 数学通讯,2002(11):17-18.

[17]倪仁兴. 一两角互余等价性猜想的肯定解决及其推广[C]//全国第六届初等数学研究学术交流会论文集. 武汉,2006. 8:271.

[18]孙文彩. 一道三角恒等式猜想的新证及其他[M]//杨学枝. 中国初等数学研究. 哈尔滨:哈尔滨工业大学出版社,2010:164-166.

[19]孙文彩. 100 个新的三角条件恒等式猜测[M]//杨学枝,刘培杰. 初等数学研究在中国(第 3 辑). 哈尔滨:哈尔滨工业大学出版社,2021:123-135.

涉及三角形中线元的若干猜想不等式

尹华焱

（湖南　湘潭　411202）

一、符号约定

对△ABC 而言，约定如下符号

a,b,c——边长

s——半周长

R——外接圆半径

r——内切圆半径

△——面积

m_a,m_b,m_c——中线

w_a,w_b,w_c——角平分线

k_a,k_b,k_c——类似中线

r_a,r_b,r_c——旁切圆半径

$\sum$——循环和

$\prod$——循环积

二、猜想

猜想 1
$$\left(\sum m_a-r\right)^2\geqslant 4s^2-28Rr+12r^2 \tag{1}$$

猜想 2
$$\sum m_a\geqslant\frac{4\sqrt{\sum b^2c^2}}{\sum a}+r\cdot\frac{\sum a^2}{\sum bc} \tag{2}$$

猜想 3
$$\sum m_a\geqslant\frac{4\sqrt{\sum b^2c^2}}{\sum a}+r\cdot\frac{\sum m_a}{\sum w_a} \tag{3}$$

猜想 4
$$\sum m_a\geqslant\frac{4s^2-16Rr+5r^2}{2s+(9-6\sqrt{3})r} \tag{4}$$

猜想 5
$$\left(\sum k_a-r\right)^2\geqslant s^2+5Rr+27r^2 \tag{5}$$

猜想 6
$$\left(\sum k_a\right)^2\geqslant s^2+\frac{176Rr}{25}+\frac{998r^2}{25} \tag{6}$$

猜想 7
$$\sum k_a\geqslant\frac{5s^2+16Rr+13r^2}{5s+(20-15\sqrt{3})r} \tag{7}$$

猜想 8
$$\left(\sum w_a-2r\right)^2\leqslant s^2+\frac{112Rr}{9}-\frac{26r^2}{9} \tag{8}$$

猜想 9
$$\sum w_a\geqslant\frac{s^3}{\sqrt{\sum b^2c^2}-\triangle} \tag{9}$$

猜想 10

$$\frac{2\sum am_a}{\sum m_a} \geqslant \left(1+\frac{4r^2}{3R^2}\right)\cdot s \tag{10}$$

猜想 11

$$\frac{\sum a\sum bc}{\sum a^2}-\frac{9\prod a\sum bc}{(\sum a)^2\sum a^2}$$

$$\geqslant \frac{2\sum am_a}{\sum m_a} \geqslant \frac{\sum a\sum bc}{\sum a^2}-\frac{9\prod a\sum a^2}{(\sum a)^2\sum bc} \tag{11}$$

猜想 12

$$2s^2+4Rr-8r^2 \geqslant \sum m_a\sum\frac{bc}{m_b+m_c} \geqslant 2s^2 \tag{12}$$

猜想 13

$$s^2+16Rr-5r^2 \geqslant \sum w_a\sum\frac{bc}{m_b+m_c} \geqslant s^2+27r^2 \tag{13}$$

猜想 14

$$\frac{\sum r_am_a}{\sum m_a} \geqslant \frac{s}{3}+(3-\sqrt{3})r \tag{14}$$

猜想 15

$$\frac{\sum r_aw_a}{\sum w_a} \geqslant \frac{6Rr}{s}+\left(3-\frac{4\sqrt{3}}{3}\right)r \tag{15}$$

猜想 16

$$\frac{(\sum a^2)^2}{4\triangle\sqrt{\sum b^2c^2}} \geqslant \sum\frac{m_a}{r_a} \geqslant \frac{\sqrt{\sum b^2c^2}}{\triangle}+\frac{\sum a^2}{\sum bc}-2 \tag{16}$$

注　以上猜想不等式均在$\triangle ABC$为正三角形时取等号.

作 者 简 介

尹华焱,男,1943 年 3 月出生,原湖南省湘潭锰矿退休干部,研究方向为几何不等式.

一道征解问题的探究

邹峰

（武汉职业技术学院商学院　湖北　武汉　430074）

问题 1　设 a_n 为三边长都是正整数、最大边长为 n 的三角形的种数，求 $a_{2\,019}$.

解　这是一道数学通讯 2020 年第 7 期征解问题 453，为笔者提供，此问题值得探究，供大家欣赏与学习. 先证明有一个递推关系式：$a_n=n+a_{n-2}$，$n=2,3,4,\cdots$.

首先，最大边长不止一条为 n 的三角形有 $(n,n,1)$，$(n,n,2)$，…，(n,n,n)，共 n 种.

其次，最大边长只有一条为 n 的三角形，与最大边长为 $n-2$ 的三角形一一对应：

设最大边长只有一条为 n 的三角形是 (n,p,q)（其中 $n>p\geqslant q$），它必定可以对应一个最大边长为 $n-2$ 的三角形 $(n-2,p-1,q-1)$，原三角形中有 $n>p\geqslant q$，所以对应的三角形中有 $n-2\geqslant p-1\geqslant q-1$. 原三角形中两小边之和大于最大边，有 $p+q>n$，对应的三角形中仍有两小边之和大于最大边 $p-1+q-1>n-2$.

反之，设最大边长为 $n-2$ 的三角形是 $(n-2,r,s)$（其中 $n-2\geqslant r\geqslant s$），它必定可以对应一个最大边长只有一条为 n 的三角形 $(n,r+1,s+1)$. 原三角形中有 $n-2\geqslant r\geqslant s$，所以对应的三角形中有 $n>r+1\geqslant s+1$. 原三角形中两小边之和大于最大边，有 $r+s>n-2$，对应的三角形中仍有两小边之和大于最大边 $r+1+s+1>n$.

因为两者一一对应，所以这两者的种数一样多. 因此有递推关系式：$a_n=n+a_{n-2}$.

下面用数学归纳法证明，有公式：$a_n=\left\lfloor\frac{(n+1)^2}{4}\right\rfloor$，$n=0,1,2,3,\cdots$.

（1）当 $n=0$ 时，没有这样的三角形，$a_0=\left\lfloor\frac{(0+1)^2}{4}\right\rfloor=\left\lfloor\frac{1}{4}\right\rfloor=0$. 当 $n=1$ 时，这样的三角形只有一个，即 $(1,1,1)$，$a_0=\left\lfloor\frac{(1+1)^2}{4}\right\rfloor=\left\lfloor\frac{4}{4}\right\rfloor=1$. 可见这时公式都成立.

（2）设已知对某个给定的非负整数 $n-2$，公式成立，下面看取 n 时的情形

$$a_n=n+a_{n-2}=n+\left\lfloor\frac{(n-1)^2}{4}\right\rfloor=\left\lfloor n+\frac{n^2-2n+1}{4}\right\rfloor=\left\lfloor\frac{n^2+2n+1}{4}\right\rfloor=\left\lfloor\frac{(n+1)^2}{4}\right\rfloor$$

可见，当取 n 时，公式也成立.

（3）对任何非负整数 n，公式都成立. 所以当 $n=2\,019$ 时

$$a_{2\,019}=\left|\frac{(2\,019+1)^2}{4}\right|=1\,020\,100$$

问题 2　设 a_n 为三边长不相等且都是正整数、最大边长为 n 的三角形的种数.

（1）求 $a_{2\,020}$；

（2）在 1，2，…，100 中任取三个不同的整数，求它们可以是一个三角形的三条边长的概率.

解　设中间边长为 k，则 k 的取值为 $\left(\frac{n}{2},n\right)$ 内的所有正整数，而当中间边长确定为 k 时，对应的最小边长为 $(n-k,n)$ 内的所有正整数，因此

$$a_n=\sum_{\frac{n}{2}<k<n,k\in\mathbf{Z}}(2k-n-1)=\begin{cases}2+4+\cdots+(n-3),n\text{ 为奇数}\\1+3+\cdots+(n-3),n\text{ 为偶数}\end{cases}$$

$$=\begin{cases}\dfrac{(n-1)(n-3)}{4},n\text{ 为奇数}\\\dfrac{(n-2)^2}{4},n\text{ 为偶数}\end{cases}=\begin{cases}\dfrac{1}{4}n^2-n+\dfrac{3}{4},n\text{ 为奇数}\\\dfrac{1}{4}n^2-n+1,n\text{ 为偶数}\end{cases}$$

当 $n=2\ 020$ 时,则 $a_{2\ 020}=\dfrac{(2\ 020-2)^2}{4}=1\ 018\ 081$.

(2)根据第(1)小问的结果,所求概率

$$\frac{\sum\limits_{k=1}^{100}a_k}{C_{100}^3}=\frac{\sum\limits_{k=1}^{100}\dfrac{(k-2)^2}{4}-\dfrac{1}{4}\times 50}{C_{100}^3}=\frac{\dfrac{1}{4}\sum\limits_{k=1}^{98}k^2-\dfrac{1}{4}\times 49}{C_{100}^3}=\frac{98\times 99\times 197-49}{4\times\dfrac{100\times 99\times 98}{6}}=\frac{65}{132}$$

问题3 设 a_n 为三边长都是正整数、最大边长为 n 的锐角三角形的种数,求 $a_{2\ 019}$.

(2)在1,2,…,100中任取三个不同的整数,求它们可以是一个钝角三角形的三条边长的概率.

问题4 设 a_n 为三边长都是正整数、最大边长为 n 的钝角三角形的种数.

(1)求 $a_{2\ 019}$;

(2)在1,2,…,100中任取三个不同的整数,求它们可以是一个钝角三角形的三条边长的概率.

问题5 设 a_n 为三边长不相等且都是正整数、最大边长为 n 的锐角三角形的种数,(1)求 $a_{2\ 019}$.

问题6 设 a_n 为三边长不相等且都是正整数、最大边长为 n 的锐角三角形的种数,求 $a_{2\ 019}$.

作 者 简 介

邹峰,1982年9月15出生,副教授,现任教于湖北省武汉职业技术学院商学院,教授高职数学,在《数学教学》《数学通讯》《中学数学研究》(广州版)、《中学数学研究》(江西版)、《中学生数学》《数理天地》《中学数学教学》等杂志上发表数学专业论文80余篇,主要研究不等式、数列、数论,微分几何等.

关于 M. Becnze 的一个公开问题

姜卫东

（威海职业学院艺术学院　山东　威海　264210）

设$\triangle ABC$的外接圆半径和内切圆半径分别为R,r半周长为s. 罗马尼亚的 M. Bencze 在文[1]中提出一个公开问题如下：

OQ5300　在$\triangle ABC$中，求最佳的参数c_1,c_2，使得如下不等式成立

$$\frac{c_1(2R-r)}{R}\leqslant\frac{(4R+r)^2}{s^2}\leqslant\frac{c_2R+r}{r} \tag{1}$$

本文将给出式(1)的解答，过程如下：

定理 1　在$\triangle ABC$中，使得如下不等式

$$\frac{c_1(2R-r)}{R}\leqslant\frac{(4R+r)^2}{s^2}\leqslant\frac{c_2R+r}{r} \tag{2}$$

成立的最佳参数为$c_1=2,c_2=1$.

为证明定理，我们需要如下的引理：

引理 1[2]　设s,R,r是$\triangle ABC$的"三个基本量"（即半周长、外接圆、内切圆半径），则形如

$$s\geqslant f(R,r)\quad(\text{或 } s\leqslant f(R,r))$$

的齐次不等式对任意$\triangle ABC$成立的充要条件是它经过代换

$$R=1,r=2t(1-t),s=2(1+t)\sqrt{1-t^2}$$

后所得不等式对$t\in\left[\frac{1}{2},1\right)\left(\text{或 } t\in\left(0,\frac{1}{2}\right]\right)$成立.

下面证明定理.

先求使

$$\frac{c_1(2R-r)}{R}\leqslant\frac{(4R+r)^2}{s^2} \tag{3}$$

成立的最佳参数.

易知式(3)等价于

$$s^2\leqslant\frac{R(4R+r)^2}{c_1(2R-r)} \tag{4}$$

由引理 1 可知，不等式(4)可化为

$$4(1+t)^2(1-t^2)\leqslant\frac{(4+2t(1-t))^2}{c_1(2-2t(1-t))} \tag{5}$$

等价于

$$c_1\leqslant\frac{(4+2t(1-t))^2}{4(1+t)^2(1-t^2)(2-2t(1-t))}=\frac{(t-2)^2}{2(1-t+t^2)(1-t)^2} \tag{6}$$

令

$$f(t)=\frac{(t-2)^2}{2(1-t+t^2)(1-t^2)}\quad\left(\text{其中 } t\in\left(0,\frac{1}{2}\right]\right)$$

对$f(t)$求导,可得

$$f'(t)=\frac{t(t-2)(2t-1)(t^2-4t+3)}{2(1-t+t^2)^2(1-t^2)^2}$$

令

$$f'(t)=0$$

解得

$$t=0,\frac{1}{2},2-\sqrt{3},2,2+\sqrt{3}$$

由于

$$t\in\left(0,\frac{1}{2}\right]$$

故只需考虑如下两个区间

$$(0,2-\sqrt{3}),\left(2-\sqrt{3},\frac{1}{2}\right]$$

容易验证,$t\in(0,2-\sqrt{3})$时,$f'(t)>0$;$t\in\left(2-\sqrt{3},\frac{1}{2}\right]$时,$f'(t)<0$

从而$f(t)$在$t\in(0,2-\sqrt{3})$上单调递增,在$\left(2-\sqrt{3},\frac{1}{2}\right]$上单调递减,从而$t=2-\sqrt{3}$为极大值点,当$t=\frac{1}{2}$时取最小值,此时

$$t_{\min}=f\left(\frac{1}{2}\right)=2$$

从而

$$c_1\leqslant 2$$

接下来求使

$$\frac{(4R+r)^2}{s^2}\leqslant\frac{c_2R+r}{r}\tag{7}$$

成立的最佳参数c_2.

式(7)等价于

$$s^2\geqslant\frac{r(4R+r)^2}{c_2R+r}\tag{8}$$

由引理可知,式(8)可化为

$$4(1+t)^2(1-t)^2\geqslant\frac{2t(1-t)(4+2t(1-t))^2}{c_2+2t(1-t)}$$

即

$$c_2\geqslant\frac{2t(1-t)(4+2t(1-t))^2}{4(1+t)^2(1-t^2)}-2t(1-t)\tag{9}$$

化简得

$$c_2\geqslant\frac{2t(2t^2-4t+3)}{1+t}$$

令

$$g(t)=\frac{2t(2t^2-4t+3)}{1+t}\quad\left(t\in\left[\frac{1}{2},1\right)\right)$$

对 $g(t)$ 求导,可得

$$g'(t)=\frac{2(4t^3+2t^2-8t+3)}{(1+t)^2}=\frac{2(2t-1)(2t^2+2t-3)}{(1+t)^2}$$

令

$$g'(t)=0$$

解得

$$t=\frac{1}{2},\frac{\sqrt{7}}{2}-\frac{1}{2}$$

容易验证

$$t\in\left(\frac{1}{2},\frac{\sqrt{7}}{2}-\frac{1}{2}\right),g'(t)<0;t\in\left(\frac{\sqrt{7}}{2}-\frac{1}{2},1\right),g'(t)>0$$

故 $g(t)$ 在 $t\in\left(\frac{1}{2},\frac{\sqrt{7}}{2}-\frac{1}{2}\right)$ 时单调递减,在 $t\in\left(\frac{\sqrt{7}}{2}-\frac{1}{2},1\right)$ 时单调递增,故 $\frac{\sqrt{7}}{2}-\frac{1}{2}$ 为极小值点.从而 $g(t)$ 最大值为

$$g_{\max}=g\left(\frac{1}{2}\right)=1$$

从而 $c_2=1$.

注 当 $c_1=2$ 时

$$s^2\leqslant\frac{R(4R+r)^2}{2(2R-r)}$$

为 O. Kooi 不等式[3],当 $c_2=1$ 时

$$s^2\geqslant\frac{r(4R+r)^2}{R+r}=16Rr-5r^2-\frac{3r^2(R-2r)}{R+r}$$

弱于 Gerretsen 不等式

$$s^2\geqslant16Rr-5r^2$$

参考文献

[1] M BENCZE. Open questions, Octogon Mathematical Magazine[J]. 2018,26(2):1 164.

[2] 陈胜利. 证明一类不等式的新方法——等量替换法[J]. 福建中学数学,1993,3.

[3] O BOTTEMA. 几何不等式[M]. 单墫,译. 北京:北京大学出版社,1991.

关于杨学校一个三角不等式猜想的证明

翟德玉

(繁昌县健林运输有限公司　安徽　芜湖　241000)

摘要:对杨学校提出的一个三角不等式猜想征解给出了手工证明.

杨学校老师于2021年10月15日提出一个关于三角形中线的猜想,有一定的难度,引起了本人的兴趣,今予以解答,供参考.

猜想　已知$\triangle ABC$三边为a,b,c,其对应边上的中线分别为m_a,m_b,m_c,则

$$\sum(b+c-a)m_a\leqslant\frac{(a^2+b^2+c^2)^2}{2\sqrt{a^2b^2+b^2c^2+c^2a^2}}$$

当且仅当$\triangle ABC$为正三角形,或退化三角形(一边为零,其他两边相等;两边和等于第三边)时取等号.

证明　原不等式等价于

$$\sum(b+c-a)\sqrt{2b^2+2c^2-a^2}\leqslant\frac{(a^2+b^2+c^2)^2}{\sqrt{a^2b^2+b^2c^2+c^2a^2}}$$

两边平方,等价于

$$\sum(b+c-a)^2(2b^2+2c^2-a^2)+2\sum(c+a-b)(a+b-c)\cdot$$
$$\sqrt{(2a^2+2b^2-c^2)(2a^2+2c^2-b^2)}$$
$$\leqslant\frac{(a^2+b^2+c^2)^4}{a^2b^2+b^2c^2+c^2a^2}$$

另外,由于

$$\sqrt{(2a^2+2c^2-b^2)(2a^2+2b^2-c^2)}=2a^2+bc-\frac{2(b-c)^2(b+c+a)(b+c-a)}{\sqrt{(2a^2+2c^2-b^2)(2a^2+2b^2-c^2)}+2a^2+bc}$$

由此得到

$$\sqrt{(2a^2+2c^2-b^2)(2a^2+2b^2-c^2)}\leqslant2a^2+bc$$

从而有

$$\sqrt{(2a^2+2c^2-b^2)(2a^2+2b^2-c^2)}$$
$$\leqslant2a^2+bc-\frac{2(b-c)^2(b+c+a)(b+c-a)}{2a^2+bc+2a^2+bc}$$
$$=2a^2+bc-\frac{(b-c)^2(b+c+a)(b+c-a)}{2a^2+bc}$$

由此可知,只要证明

$$\sum(b+c-a)^2(2b^2+2c^2-a^2)+2\sum(c+a-b)(a+b-c)\cdot$$

$$\left(2a^2+bc-\frac{(b-c)^2(b+c+a)(b+c-a)}{2a^2+bc}\right)$$

$$\leqslant \frac{(a^2+b^2+c^2)^4}{a^2b^2+b^2c^2+c^2a^2}$$

$$\Leftrightarrow 7\sum a^4+2\sum a^2b^2-\frac{(a^2+b^2+c^2)^4}{a^2b^2+b^2c^2+c^2a^2}$$

$$\leqslant 2(a+b+c)(b+c-a)(c+a-b)(a+b-c)\sum \frac{(b-c)^2}{2a^2+bc}$$

另外,由于

$$7\sum a^4+2\sum a^2b^2-\frac{(a^2+b^2+c^2)^4}{a^2b^2+b^2c^2+c^2a^2}$$

$$=\frac{7\sum a^4\cdot\sum a^2b^2+2(\sum a^2b^2)^2-(\sum a^4+2\sum a^2b^2)^2}{\sum a^2b^2}$$

$$=\frac{3\sum a^4\cdot\sum a^2b^2-(\sum a^4)^2-2(\sum a^2b^2)^2}{\sum a^2b^2}$$

$$=\frac{(\sum a^4-\sum a^2b^2)(2\sum a^2b^2-\sum a^4)}{a^2b^2+b^2c^2+c^2a^2}$$

$$=\frac{(\sum a^4-\sum a^2b^2)(a+b+c)(b+c-a)(c+a-b)(a+b-c)}{a^2b^2+b^2c^2+c^2a^2}$$

于是,又只需证明

$$\frac{a^4+b^4+c^4-a^2b^2-b^2c^2-c^2a^2}{a^2b^2+b^2c^2+c^2a^2}\leqslant 2\sum \frac{(b-c)^2}{2a^2+bc}$$

$$\Leftrightarrow \frac{\sum (b^2-c^2)^2}{2(a^2b^2+b^2c^2+c^2a^2)}\leqslant 2\sum \frac{(b-c)^2}{2a^2+bc}$$

$$\Leftrightarrow \sum \left(\frac{2}{2a^2+bc}-\frac{(b+c)^2}{2(a^2b^2+b^2c^2+c^2a^2)}\right)(b-c)^2\geqslant 0$$

$$\Leftrightarrow \sum S_a(b-c)^2\geqslant 0$$

其中

$$S_a=\frac{2}{2a^2+bc}-\frac{(b+c)^2}{2(a^2b^2+b^2c^2+c^2a^2)}$$

$$S_b=\frac{2}{2b^2+ca}-\frac{(c+a)^2}{2(a^2b^2+b^2c^2+c^2a^2)}$$

$$S_c=\frac{2}{2c^2+ab}-\frac{(a+b)^2}{2(a^2b^2+b^2c^2+c^2a^2)}$$

不妨设 $a\geqslant b\geqslant c$,则有

$$\begin{aligned}S_a&=\frac{2}{2a^2+bc}-\frac{(b+c)^2}{2(a^2b^2+b^2c^2+c^2a^2)}\\&=\frac{1}{2}\cdot\frac{(b-c)^2(2a^2-bc)}{(2a^2+bc)(a^2b^2+b^2c^2+c^2a^2)}\\&\geqslant 0\end{aligned}$$

$$S_b=\frac{1}{2}\cdot\frac{(a-c)^2(2b^2-ca)}{2(2b^2+ca)(b^2c^2+c^2a^2+a^2b^2)}$$

$$=\frac{1}{2}\cdot\frac{(a-c)^2((2b+c)(b-c)+c(b+c-a))}{(2b^2+ca)(b^2c^2+c^2a^2+a^2b^2)}$$

$$\geqslant 0$$

于是,有

$$\sum S_a(b-c)^2+S_b(c-a)^2+S_c(a-b)^2$$
$$\geqslant S_b(a-b)^2+S_c(a-b)^2$$
$$=(S_b+S_c)(a-b)^2$$

(注意到$(a-c)^2\geqslant(a-b)^2$).

由此只要证明

$$S_b+S_c\geqslant 0$$
$$\Leftrightarrow\frac{1}{2}\cdot\frac{(a-c)^2(2b^2-ca)}{(2b^2+ca)(b^2c^2+c^2a^2+a^2b^2)}$$
$$\geqslant\frac{1}{2}\frac{(a-b)^2(ab-2c^2)}{(2c^2+ab)(b^2c^2+c^2a^2+a^2b^2)}$$
$$\Leftrightarrow\frac{(a-c)^2(2b^2-ca)}{2b^2+ca}\geqslant\frac{(a-b)^2(ab-2c^2)}{2c^2+ab}\tag{1}$$

由于

$$(2b^2+ca)-\frac{b}{c}(2c^2+ab)=-\frac{(b-c)(ab+ca-2bc)}{c}\leqslant 0$$

即有

$$2b^2+ca\leqslant\frac{b}{c}(2c^2+ab)$$

因此,有

$$\frac{(a-c)^2(2b^2-ca)}{2b^2+ca}\geqslant\frac{(a-c)^2(2b^2-ca)}{\frac{b}{c}(2c^2+ab)}$$

于是要证明式(1),只需证明

$$\frac{(a-c)^2(2b^2-ca)}{\frac{b}{c}(2c^2+ab)}\geqslant\frac{(a-b)^2(ab-2c^2)}{2c^2+ab}$$
$$\Leftrightarrow c(a-c)^2(2b^2-ca)\geqslant b(a-b)^2(ab-2c^2)$$
$$\Leftrightarrow(c^2+b^2)(b+c-a)(a-b)(a-c)+bc(3a-b-c)(b-c)^2$$
$$\geqslant 0$$

上式显然成立,故式(1)获证. 从而证明了“杨学枝猜想”.

作者简介

翟德玉,业余数学爱好者,“不等式天堂”QQ群群主,从事代数不等式研究多年. 近年来主要研究三角不等式的证明,并用自己总结和创新的手段,成功地证明了国外 mathlinks 论坛及国内尹华焱、刘保乾先生等人提出的一系列难度较大、长年悬而未决的三角不等式.

项目式学习下的初中数学中考压轴题赏析

董永春

（四川师范大学附属第一实验学校　四川　成都　610103）

一、问题的提出

近年来，各地中考压轴题考察以反比例函数、二次函数、三角形相似、图形面积及动点等考点交汇的考题频繁出现.波利亚指出："数学教师的首要责任是尽其一切可能来发展学生的解决问题的能力[1]".数学教学离不开解题教学，解题教学走向高效的一个途径就是认真选取典型问题，精讲精练，老师下题海，学生荡轻舟，教会学生如何思考.本文以一道考题为例来赏析研究，以供研讨.

二、有关问题的解决

例1（2014・成都25）　如图1，在平面直角坐标系 xOy 中，直线 $y=\frac{3}{2}x$ 与双曲线 $y=\frac{6}{x}$ 相交于 A，B 两点，C 是第一象限内双曲线上一点，联结 CA 并延长交 y 轴于点 P，联结 BP，BC.若 $\triangle PBC$ 的面积是20，则点 C 的坐标为________.

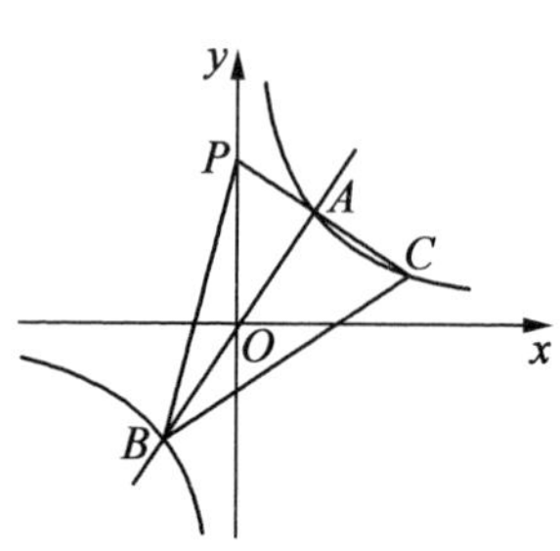

图1

解法一　利用面积转换和相似结合.

如图2，联结 OC，过 A 作 $AD\perp OP$ 于点 D，过点 C 作 $CH\perp OP$ 于点 H，易知 $A(2,3)$，$OA=OB$，所以

$$S_{\triangle BPO}=S_{\triangle APO},S_{\triangle BCO}=S_{\triangle ACO}$$

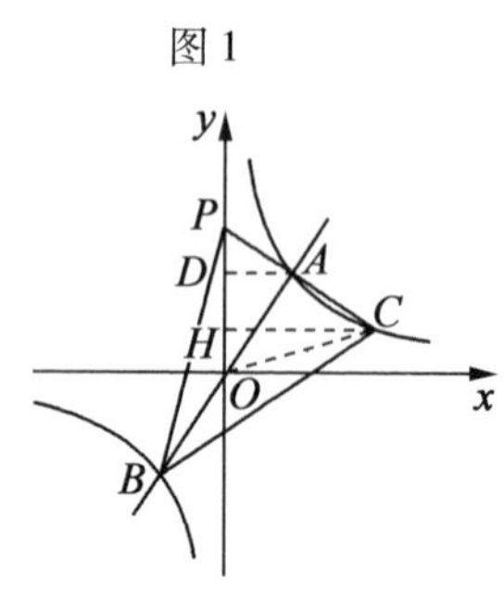

图2

故

$$S_{\triangle POC}=\frac{1}{2}S_{\triangle BPC}=\frac{1}{2}\times 20=10$$

因为

$$AD\perp OP,CH\perp OP$$

所以

$$\triangle ADP\backsim\triangle CHP$$

因为

$$AD=2,DO=3,OH=\frac{6}{CH}$$

所以

$$\frac{AD}{CH}=\frac{PD}{PH}$$

可得方程组

$$\begin{cases}\dfrac{2}{CH}=\dfrac{OP-3}{OP-\dfrac{6}{CH}} & (1)\\ \dfrac{1}{2}OP\cdot CH=10 & (2)\end{cases}$$

整理式(1)得

$$\frac{2}{CH}=\frac{OP\cdot CH-3CH}{OP\cdot CH-6}=\frac{20-3CH}{20-6}$$

所以

$$3CH^2-20CH+28=0,(3CH-14)(CH-2)=0$$

所以

$$CH=\frac{14}{3}\text{或}2\quad(\text{舍去})$$

所以 $C\left(\frac{14}{3},\frac{9}{7}\right)$.

方法总结 部分学生想到添加平行线,领会与反比例函数有关的面积问题一般时候关键问题是借助平行线转化为相似图形,借助点坐标,将坐标转化为线段,借助等底或等高将边的比转化为面积比,借助等面积转换列出比例关系解决问题,将已知条件不断扩大发散,充分体现了转化的思想. 通法、“套路”是数学解题的一种有效手段. 教学中要让学生对常见方法理解并会运用. 题目是做不完的,学生要善于掌握一类问题的解决模式,归纳类比是数学思维的一种重要方法,通过问题的某些相似性的联想,得到解决一类问题的方法,以有限的数学模型表现出来.

解法二 利用面积转换和解析法结合.

如图3,延长 AC 交 x 轴于 D,联结 BD,易得 $A(2,3)$,由反比例函数性质可知$AP=CD$,所以

$$S_{\triangle PBC}=S_{\triangle BAD}=20$$

又因为 $OA=OB$,所以 $S_{\triangle OAD}=10$,即

$$\frac{1}{2}\times3\times OD=10$$

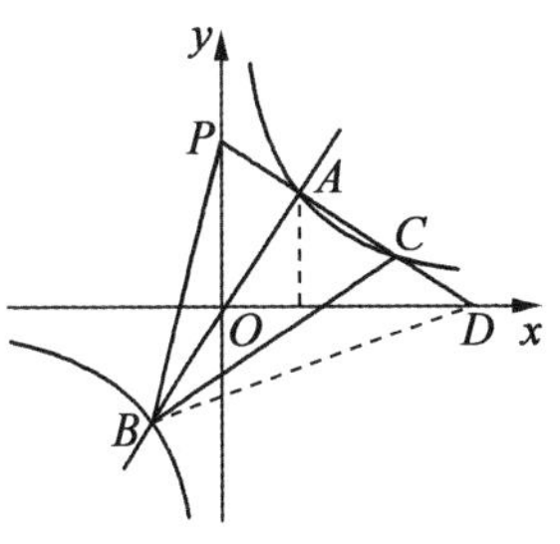

图3

所以 $OD=\frac{20}{3}$,所以 $D\left(\frac{20}{3},0\right)$. 又 $A(2,3)$,所以 AD 的解析式为

$$y=-\frac{9}{14}x+\frac{30}{7}$$

联立方程组

$$\begin{cases}y=-\dfrac{9}{14}x+\dfrac{30}{7}\\ y=\dfrac{6}{x}\end{cases}$$

解得

$$\begin{cases}x_1=\dfrac{14}{3}\\ y_1=\dfrac{9}{7}\end{cases}\text{或}\begin{cases}x_2=2\\ y_2=3\end{cases}\quad(\text{舍去})$$

所以 $C\left(\frac{14}{3},\frac{9}{7}\right)$.

方法总结 压轴题的难点是信息量大,学生可以尝试从“两头做”,即综合法和分析法结合,把已知条件不断地转换,把结论倒推,让已知和结论产生联系是解决问题的常用方式.培养学生的解题能力不是做很多的题,而是让学生会分析问题,用联系的观点处理关键条件,寻找问题解决的突破口,教会学生“破题”,从“会做一个题到会做一类题”.

解法三 利用解析法.

如图4,BC 交 y 轴于点 D,设点 C 的坐标为$\left(a,\dfrac{6}{a}\right)$,解方程组

$$\begin{cases} y=\dfrac{3}{2}x \\ y=\dfrac{6}{x} \end{cases}$$

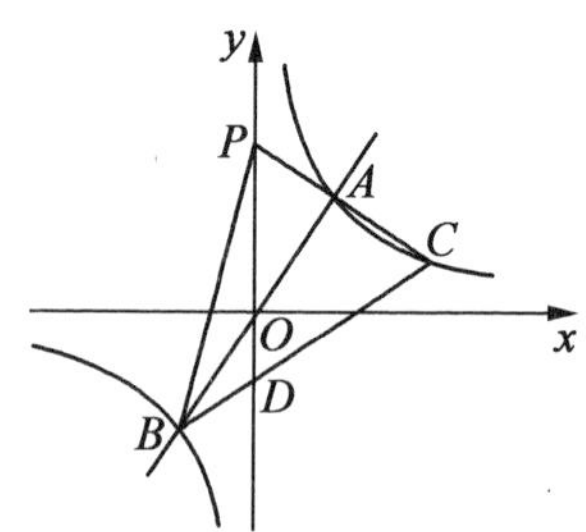

图4

得

$$\begin{cases} x_1=2 \\ y_1=3 \end{cases} \text{或} \begin{cases} x_2=-2 \\ y_2=-3 \end{cases}$$

所以点 A 的坐标为$(2,3)$,点 B 的坐标为$(-2,-3)$.设直线 BC 的解析式为 $y=kx+b$,把 $B(-2,-3)$,$C\left(a,\dfrac{6}{a}\right)$代入得

$$\begin{cases} -2k+b=-3 \\ ak+b=\dfrac{6}{a} \end{cases}$$

解得

$$\begin{cases} k=\dfrac{3}{a} \\ b=\dfrac{6}{a}-3 \end{cases}$$

所以直线 BC 的解析式为 $y=\dfrac{3}{a}x+\dfrac{6}{a}-3$,当 $x=0$ 时

$$y=\frac{3}{a}x+\frac{6}{a}-3=\frac{6}{a}-3$$

所以点 D 坐标为$\left(0,\dfrac{6}{a}-3\right)$.设直线 AC 的解析式为 $y=mx+n$,把 $A(2,3)$,$C\left(a,\dfrac{6}{a}\right)$代入得

$$\begin{cases} 2m+n=3 \\ am+n=\dfrac{6}{a} \end{cases}$$

解得

$$\begin{cases} m=-\dfrac{3}{a} \\ n=\dfrac{6}{a}+3 \end{cases}$$

所以直线 AC 的解析式为 $y=-\dfrac{3}{a}x+\dfrac{6}{a}+3$,当 $x=0$ 时

$$y=\frac{3}{a}x+\frac{6}{a}+3=\frac{6}{a}+3$$

所以点 P 坐标为$\left(0,\dfrac{6}{a}+3\right)$,因为 $S_{\triangle PBC}=S_{\triangle PBD}+S_{\triangle CPD}$,所以

$$\frac{1}{2}\times 2\times 6+\frac{1}{2}\times a\times 6=20$$

解得 $a=\frac{14}{3}$,所以点 C 坐标为 $\left(\frac{14}{3},\frac{9}{7}\right)$.

方法总结 解析法在此处感觉是最复杂的,比较耗时,对计算要求高.解题一般首选“通性通法”.学生上高中以后,遇到函数有关问题更多的是解析法来处理,从发展和长远的角度看,此法也是很有必要的,解析法可以很好地将代数与几何联系起来,用代数的方法解决几何问题是学生必须具备的关键能力.

在初中教学中,解法一难度大,涉及相似,大部分学生比较怕.解法二是相对最简单,学生也最容易想到的,关键是学生要熟知一些反比例函数的结论.解法三计算量大,同时很多初中学生用的较少,教师讲的也少,这也是近年来一些命题老师说的“坐标系搭台,几何唱戏”,没有达到初高中衔接持续发展的初衷.

三、结束语

在《教育部关于全面深化课程改革,落实立德树人根本任务》中提到了核心素养,要把提升学科核心素养贯穿始终.教师要认真做题,反思自己的做题过程,是怎样思考的,做题过程中会遇到哪些障碍,学生思考过程中遇到哪些障碍,怎样讲才会使学生更容易接受.课堂教学归根结底还是应该落实在自己课堂教学中,教师都应眼中有学生,以发展的眼光看待学生,看待教学,培养学生的解题能力,学“活的”数学.

参 考 文 献

[1]波利亚.怎样解题[M].北京:科学出版社,1982.

[2]王义雄,董永春.以问题串为导向,预设对话促生成[J].数学通讯,2020,4:1-3.

《初等数学研究在中国》征稿通告

《初等数学研究在中国》(以书代刊)主编杨学校、刘培杰,由哈尔滨工业大学出版社出版,林群院士为创刊号题词,林群院士和张景中院士为创刊号撰文,创刊号已于2019年3月正式刊发.本刊旨在汇聚中小学数学教育学和初等数学研究最新成果,提供学习与交流的平台,促进中小学教育教学和初等数学研究水平提高.

一、征稿对象

全国大、中、小学数学教师;初等数学研究工作者、爱好者;各教研和科研单位与个人.

二、栏目分类

(1)初数研究;(2)数学教育教学;(3)中高考数学;(4)数学文化;(5)数学思想与方法;(6)数学竞赛研究;(7)数学问题与解答.

三、来稿须知

1. 文章格式要求

(1)论文一律需要提供电子文稿,电子文中英文皆可,中文必须使用Word录入,字体为宋体;

(2)文章大标题用三号黑字体,并居中,大标题下面空一行,在居中处用小四号录上作者姓名,下面再空一行,在居中处用小四号黑宋体录上作者单位,并填在小括号内;

(3)文中分大段的标题用小四黑字体且居中,正文(含标题)一律用五号字体,标题文字使用黑体小三号字,正文及其他文字使用宋体五号字,正文打字(除标题外)一律不用黑体,需特别强调的字句可以用黑体;

(4)图形一律排放在右半面,也可以几个图形排成一行,但必须注明图号,图形必须应用几何画板作图;

(5)所有数学式子全要用Word公式编辑器录入(五号字体),要一次录一行,不要成段录入;文章第一段开头要空两格,未成段的句子换行时一律要顶格,不能空格,较长数学式子要单独占一行,且居中,若数学式子或公式需断开用两行或多行表示时,要紧靠"$=,+,-,\times\div\pm,\mp,\cdot,/$等"后面断开,而在下一行开头不能重复上述记号;注意标点符号要准确,句号要用"."不用"。";

(6)选择题选项支一律用"A,B,C,D",提头要空两格,A,B,C,D之间各空两格,若一行录不下,可以换一行,换行提头也要空两格;填空题不用"( )",一律用"________";

(7)变量如x,y,z,变动附标如"$\sum x,a_i$中的x,i",函数符号如"f,g",点的标记,如点"A,B",线段标记,如线段"AB,CD",一律用斜体;

(8)分数线标记,用"$\frac{*}{*}$",如"$\frac{8}{9}$""$\frac{a+b}{c+d}$";

(9)分级标题:"一、""二、""三、"等(注意用"、");"(一)""(二)""(三)"等(小括号后不用"、"或","等符号;"1.""2.""3."等(数字后用)".";"(1)""(2)""(3)"等(小括号后不用"、"或","等符号);"①""②""③"等(圆圈后不用"、"或","等符号);

(10)版面请选用A4纸张,左右边距2.2cm,上下边距2.5cm,多倍行距1.25,一律通栏排版;

(11)文稿中如有引文,请务必注明出处和参考文献;

(12)请提供内容摘要,文末请附上作者简介.

2. 来稿文责自负. 如有抄袭现象我们将公开批评,作者应负相关责任.

3. 请在文末写明投稿日期,投稿人联系电话(手机)、邮箱,以便联系.

4. 本刊不收审稿费和版面费,但为减轻出版社负担,本刊不赠送样刊,凡被刊出的每一篇文章的作者请向出版社购买至少1本当期刊物. 请广大作者能予以理解和支持.

5. 本刊不受理世界性数学难题或已被确认为不可能的数学问题.

6. 切勿将来稿再投他刊. 若在半年之内未接到录用通知,所投稿件作者可另行处理,并请告知.

7. 对录用的稿件,我们将通过作者邮箱通过.

以上解释权归《初等数学研究在中国》编辑部.

四、投稿邮箱

投稿邮箱:cdsxy jzzg@163. com.

编辑部地址:哈尔滨市南岗区复华四道街10号,哈尔滨工业大学出版社,邮编15006.

联系电话(杨老师):13609557381.

《初等数学研究在中国》编辑部

2022年3月

刘培杰数学工作室

已出版(即将出版)图书目录——初等数学

书　　名	出版时间	定　价	编号
新编中学数学解题方法全书(高中版)上卷(第2版)	2018－08	58.00	951
新编中学数学解题方法全书(高中版)中卷(第2版)	2018－08	68.00	952
新编中学数学解题方法全书(高中版)下卷(一)(第2版)	2018－08	58.00	953
新编中学数学解题方法全书(高中版)下卷(二)(第2版)	2018－08	58.00	954
新编中学数学解题方法全书(高中版)下卷(三)(第2版)	2018－08	68.00	955
新编中学数学解题方法全书(初中版)上卷	2008－01	28.00	29
新编中学数学解题方法全书(初中版)中卷	2010－07	38.00	75
新编中学数学解题方法全书(高考复习卷)	2010－01	48.00	67
新编中学数学解题方法全书(高考真题卷)	2010－01	38.00	62
新编中学数学解题方法全书(高考精华卷)	2011－03	68.00	118
新编平面解析几何解题方法全书(专题讲座卷)	2010－01	18.00	61
新编中学数学解题方法全书(自主招生卷)	2013－08	88.00	261
数学奥林匹克与数学文化(第一辑)	2006－05	48.00	4
数学奥林匹克与数学文化(第二辑)(竞赛卷)	2008－01	48.00	19
数学奥林匹克与数学文化(第二辑)(文化卷)	2008－07	58.00	36
数学奥林匹克与数学文化(第三辑)(竞赛卷)	2010－01	48.00	59
数学奥林匹克与数学文化(第四辑)(竞赛卷)	2011－08	58.00	87
数学奥林匹克与数学文化(第五辑)	2015－06	98.00	370
世界著名平面几何经典著作钩沉——几何作图专题卷(共3卷)	2022－01	198.00	1460
世界著名平面几何经典著作钩沉(民国平面几何老课本)	2011－03	38.00	113
世界著名平面几何经典著作钩沉(建国初期平面三角老课本)	2015－08	38.00	507
世界著名解析几何经典著作钩沉——平面解析几何卷	2014－01	38.00	264
世界著名数论经典著作钩沉(算术卷)	2012－01	28.00	125
世界著名数学经典著作钩沉——立体几何卷	2011－02	28.00	88
世界著名三角学经典著作钩沉(平面三角卷Ⅰ)	2010－06	28.00	69
世界著名三角学经典著作钩沉(平面三角卷Ⅱ)	2011－01	38.00	78
世界著名初等数论经典著作钩沉(理论和实用算术卷)	2011－07	38.00	126
发展你的空间想象力(第3版)	2021－01	98.00	1464
空间想象力进阶	2019－05	68.00	1062
走向国际数学奥林匹克的平面几何试题诠释. 第1卷	2019－07	88.00	1043
走向国际数学奥林匹克的平面几何试题诠释. 第2卷	2019－09	78.00	1044
走向国际数学奥林匹克的平面几何试题诠释. 第3卷	2019－03	78.00	1045
走向国际数学奥林匹克的平面几何试题诠释. 第4卷	2019－09	98.00	1046
平面几何证明方法全书	2007－08	35.00	1
平面几何证明方法全书习题解答(第2版)	2006－12	18.00	10
平面几何天天练上卷・基础篇(直线型)	2013－01	58.00	208
平面几何天天练中卷・基础篇(涉及圆)	2013－01	28.00	234
平面几何天天练下卷・提高篇	2013－01	58.00	237
平面几何专题研究	2013－07	98.00	258
平面几何解题之道. 第1卷	2022－05	38.00	1494
几何学习题集	2020－10	48.00	1217
通过解题学习代数几何	2021－04	88.00	1301

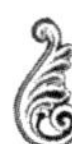

刘培杰数学工作室
已出版(即将出版)图书目录——初等数学

书　　名	出版时间	定　价	编号
最新世界各国数学奥林匹克中的平面几何试题	2007－09	38.00	14
数学竞赛平面几何典型题及新颖解	2010－07	48.00	74
初等数学复习及研究(平面几何)	2008－09	68.00	38
初等数学复习及研究(立体几何)	2010－06	38.00	71
初等数学复习及研究(平面几何)习题解答	2009－01	58.00	42
几何学教程(平面几何卷)	2011－03	68.00	90
几何学教程(立体几何卷)	2011－07	68.00	130
几何变换与几何证题	2010－06	88.00	70
计算方法与几何证题	2011－06	28.00	129
立体几何技巧与方法	2014－04	88.00	293
几何瑰宝——平面几何 500 名题暨 1500 条定理(上、下)	2021－07	168.00	1358
三角形的解法与应用	2012－07	18.00	183
近代的三角形几何学	2012－07	48.00	184
一般折线几何学	2015－08	48.00	503
三角形的五心	2009－06	28.00	51
三角形的六心及其应用	2015－10	68.00	542
三角形趣谈	2012－08	28.00	212
解三角形	2014－01	28.00	265
探秘三角形:一次数学旅行	2021－10	68.00	1387
三角学专门教程	2014－09	28.00	387
图天下几何新题试卷.初中(第 2 版)	2017－11	58.00	855
圆锥曲线习题集(上册)	2013－06	68.00	255
圆锥曲线习题集(中册)	2015－01	78.00	434
圆锥曲线习题集(下册·第 1 卷)	2016－10	78.00	683
圆锥曲线习题集(下册·第 2 卷)	2018－01	98.00	853
圆锥曲线习题集(下册·第 3 卷)	2019－10	128.00	1113
圆锥曲线的思想方法	2021－08	48.00	1379
圆锥曲线的八个主要问题	2021－10	48.00	1415
论九点圆	2015－05	88.00	645
近代欧氏几何学	2012－03	48.00	162
罗巴切夫斯基几何学及几何基础概要	2012－07	28.00	188
罗巴切夫斯基几何学初步	2015－06	28.00	474
用三角、解析几何、复数、向量计算解数学竞赛几何题	2015－03	48.00	455
用解析法研究圆锥曲线的几何理论	2022－05	48.00	1495
美国中学几何教程	2015－04	88.00	458
三线坐标与三角形特征点	2015－04	98.00	460
坐标几何学基础.第 1 卷,笛卡儿坐标	2021－08	48.00	1398
坐标几何学基础.第 2 卷,三线坐标	2021－09	28.00	1399
平面解析几何方法与研究(第 1 卷)	2015－05	18.00	471
平面解析几何方法与研究(第 2 卷)	2015－06	18.00	472
平面解析几何方法与研究(第 3 卷)	2015－07	18.00	473
解析几何研究	2015－01	38.00	425
解析几何学教程.上	2016－01	38.00	574
解析几何学教程.下	2016－01	38.00	575
几何学基础	2016－01	58.00	581
初等几何研究	2015－02	58.00	444
十九和二十世纪欧氏几何学中的片段	2017－01	58.00	696
平面几何中考.高考.奥数一本通	2017－07	28.00	820
几何学简史	2017－08	28.00	833
四面体	2018－01	48.00	880
平面几何证明方法思路	2018－12	68.00	913

刘培杰数学工作室
已出版(即将出版)图书目录——初等数学

书名	出版时间	定价	编号
平面几何图形特性新析.上篇	2019－01	68.00	911
平面几何图形特性新析.下篇	2018－06	88.00	912
平面几何范例多解探究.上篇	2018－04	48.00	910
平面几何范例多解探究.下篇	2018－12	68.00	914
从分析解题过程学解题:竞赛中的几何问题研究	2018－07	68.00	946
从分析解题过程学解题:竞赛中的向量几何与不等式研究(全2册)	2019－06	138.00	1090
从分析解题过程学解题:竞赛中的不等式问题	2021－01	48.00	1249
二维、三维欧氏几何的对偶原理	2018－12	38.00	990
星形大观及闭折线论	2019－03	68.00	1020
立体几何的问题和方法	2019－11	58.00	1127
三角代换论	2021－05	58.00	1313
俄罗斯平面几何问题集	2009－08	88.00	55
俄罗斯立体几何问题集	2014－03	58.00	283
俄罗斯几何大师——沙雷金论数学及其他	2014－01	48.00	271
来自俄罗斯的5000道几何习题及解答	2011－03	58.00	89
俄罗斯初等数学问题集	2012－05	38.00	177
俄罗斯函数问题集	2011－03	38.00	103
俄罗斯组合分析问题集	2011－01	48.00	79
俄罗斯初等数学万题选——三角卷	2012－11	38.00	222
俄罗斯初等数学万题选——代数卷	2013－08	68.00	225
俄罗斯初等数学万题选——几何卷	2014－01	68.00	226
俄罗斯《量子》杂志数学征解问题100题选	2018－08	48.00	969
俄罗斯《量子》杂志数学征解问题又100题选	2018－08	48.00	970
俄罗斯《量子》杂志数学征解问题	2020－05	48.00	1138
463个俄罗斯几何老问题	2012－01	28.00	152
《量子》数学短文精粹	2018－09	38.00	972
用三角、解析几何等计算解来自俄罗斯的几何题	2019－11	88.00	1119
基谢廖夫平面几何	2022－01	48.00	1461
数学:代数、数学分析和几何(10－11年级)	2021－01	48.00	1250
立体几何.10—11年级	2022－01	58.00	1472
直观几何学:5—6年级	2022－04	58.00	1508

书名	出版时间	定价	编号
谈谈素数	2011－03	18.00	91
平方和	2011－03	18.00	92
整数论	2011－05	38.00	120
从整数谈起	2015－10	28.00	538
数与多项式	2016－01	38.00	558
谈谈不定方程	2011－05	28.00	119

书名	出版时间	定价	编号
解析不等式新论	2009－06	68.00	48
建立不等式的方法	2011－03	98.00	104
数学奥林匹克不等式研究(第2版)	2020－07	68.00	1181
不等式研究(第二辑)	2012－02	68.00	153
不等式的秘密(第一卷)(第2版)	2014－02	38.00	286
不等式的秘密(第二卷)	2014－01	38.00	268
初等不等式的证明方法	2010－06	38.00	123
初等不等式的证明方法(第二版)	2014－11	38.00	407
不等式·理论·方法(基础卷)	2015－07	38.00	496
不等式·理论·方法(经典不等式卷)	2015－07	38.00	497
不等式·理论·方法(特殊类型不等式卷)	2015－07	48.00	498
不等式探究	2016－03	38.00	582
不等式探秘	2017－01	88.00	689
四面体不等式	2017－01	68.00	715
数学奥林匹克中常见重要不等式	2017－09	38.00	845

刘培杰数学工作室

已出版(即将出版)图书目录——初等数学

书　　名	出版时间	定　价	编号
三正弦不等式	2018－09	98.00	974
函数方程与不等式:解法与稳定性结果	2019－04	68.00	1058
数学不等式.第1卷,对称多项式不等式	2022－05	78.00	1455
数学不等式.第2卷,对称有理不等式与对称无理不等式	2022－05	88.00	1456
数学不等式.第3卷,循环不等式与非循环不等式	2022－05	88.00	1457
数学不等式.第4卷,Jensen不等式的扩展与加细	2022－05	88.00	1458
数学不等式.第5卷,创建不等式与解不等式的其他方法	2022－05	88.00	1459
同余理论	2012－05	38.00	163
[x]与{x}	2015－04	48.00	476
极值与最值.上卷	2015－06	28.00	486
极值与最值.中卷	2015－06	38.00	487
极值与最值.下卷	2015－06	28.00	488
整数的性质	2012－11	38.00	192
完全平方数及其应用	2015－08	78.00	506
多项式理论	2015－10	88.00	541
奇数、偶数、奇偶分析法	2018－01	98.00	876
不定方程及其应用.上	2018－12	58.00	992
不定方程及其应用.中	2019－01	78.00	993
不定方程及其应用.下	2019－02	98.00	994
历届美国中学生数学竞赛试题及解答(第一卷)1950－1954	2014－07	18.00	277
历届美国中学生数学竞赛试题及解答(第二卷)1955－1959	2014－04	18.00	278
历届美国中学生数学竞赛试题及解答(第三卷)1960－1964	2014－06	18.00	279
历届美国中学生数学竞赛试题及解答(第四卷)1965－1969	2014－04	28.00	280
历届美国中学生数学竞赛试题及解答(第五卷)1970－1972	2014－06	18.00	281
历届美国中学生数学竞赛试题及解答(第六卷)1973－1980	2017－07	18.00	768
历届美国中学生数学竞赛试题及解答(第七卷)1981－1986	2015－01	18.00	424
历届美国中学生数学竞赛试题及解答(第八卷)1987－1990	2017－05	18.00	769
历届中国数学奥林匹克试题集(第3版)	2021－10	58.00	1440
历届加拿大数学奥林匹克试题集	2012－08	38.00	215
历届美国数学奥林匹克试题集:1972～2019	2020－04	88.00	1135
历届波兰数学竞赛试题集.第1卷,1949～1963	2015－03	18.00	453
历届波兰数学竞赛试题集.第2卷,1964～1976	2015－03	18.00	454
历届巴尔干数学奥林匹克试题集	2015－05	38.00	466
保加利亚数学奥林匹克	2014－10	38.00	393
圣彼得堡数学奥林匹克试题集	2015－01	38.00	429
匈牙利奥林匹克数学竞赛题解.第1卷	2016－05	28.00	593
匈牙利奥林匹克数学竞赛题解.第2卷	2016－05	28.00	594
历届美国数学邀请赛试题集(第2版)	2017－10	78.00	851
普林斯顿大学数学竞赛	2016－06	38.00	669
亚太地区数学奥林匹克竞赛题	2015－07	18.00	492
日本历届(初级)广中杯数学竞赛试题及解答.第1卷(2000～2007)	2016－05	28.00	641
日本历届(初级)广中杯数学竞赛试题及解答.第2卷(2008～2015)	2016－05	38.00	642
越南数学奥林匹克题选:1962－2009	2021－07	48.00	1370
360个数学竞赛问题	2016－08	58.00	677
奥数最佳实战题.上卷	2017－06	38.00	760
奥数最佳实战题.下卷	2017－05	58.00	761
哈尔滨市早期中学数学竞赛试题汇编	2016－07	28.00	672
全国高中数学联赛试题及解答:1981—2019(第4版)	2020－07	138.00	1176
2021年全国高中数学联合竞赛模拟题集	2021－04	30.00	1302
20世纪50年代全国部分城市数学竞赛试题汇编	2017－07	28.00	797

刘培杰数学工作室
已出版(即将出版)图书目录——初等数学

书名	出版时间	定价	编号
国内外数学竞赛题及精解:2018～2019	2020－08	45.00	1192
国内外数学竞赛题及精解:2019～2020	2021－11	58.00	1439
许康华竞赛优学精选集.第一辑	2018－08	68.00	949
天问叶班数学问题征解 100 题.Ⅰ,2016－2018	2019－05	88.00	1075
天问叶班数学问题征解 100 题.Ⅱ,2017－2019	2020－07	98.00	1177
美国初中数学竞赛:AMC8 准备(共 6 卷)	2019－07	138.00	1089
美国高中数学竞赛:AMC10 准备(共 6 卷)	2019－08	158.00	1105
王连笑教你怎样学数学:高考选择题解题策略与客观题实用训练	2014－01	48.00	262
王连笑教你怎样学数学:高考数学高层次讲座	2015－02	48.00	432
高考数学的理论与实践	2009－08	38.00	53
高考数学核心题型解题方法与技巧	2010－01	28.00	86
高考思维新平台	2014－03	38.00	259
高考数学压轴题解题诀窍(上)(第 2 版)	2018－01	58.00	874
高考数学压轴题解题诀窍(下)(第 2 版)	2018－01	48.00	875
北京市五区文科数学三年高考模拟题详解:2013～2015	2015－08	48.00	500
北京市五区理科数学三年高考模拟题详解:2013～2015	2015－09	68.00	505
向量法巧解数学高考题	2009－08	28.00	54
高中数学课堂教学的实践与反思	2021－11	48.00	791
数学高考参考	2016－01	78.00	589
新课程标准高考数学解答题各种题型解法指导	2020－08	78.00	1196
全国及各省市高考数学试题审题要津与解法研究	2015－02	48.00	450
高中数学章节起始课的教学研究与案例设计	2019－05	28.00	1064
新课标高考数学——五年试题分章详解(2007～2011)(上、下)	2011－10	78.00	140,141
全国中考数学压轴题审题要津与解法研究	2013－04	78.00	248
新编全国及各省市中考数学压轴题审题要津与解法研究	2014－05	58.00	342
全国及各省市 5 年中考数学压轴题审题要津与解法研究(2015 版)	2015－04	58.00	462
中考数学专题总复习	2007－04	28.00	6
中考数学较难题常考题型解题方法与技巧	2016－09	48.00	681
中考数学难题常考题型解题方法与技巧	2016－09	48.00	682
中考数学中档题常考题型解题方法与技巧	2017－08	68.00	835
中考数学选择填空压轴好题妙解 365	2017－05	38.00	759
中考数学:三类重点考题的解法例析与习题	2020－04	48.00	1140
中小学数学的历史文化	2019－11	48.00	1124
初中平面几何百题多思创新解	2020－01	58.00	1125
初中数学中考备考	2020－01	58.00	1126
高考数学之九章演义	2019－08	68.00	1044
化学可以这样学:高中化学知识方法智慧感悟疑难辨析	2019－07	58.00	1103
如何成为学习高手	2019－09	58.00	1107
高考数学:经典真题分类解析	2020－04	78.00	1134
高考数学解答题破解策略	2020－11	58.00	1221
从分析解题过程学解题:高考压轴题与竞赛题之关系探究	2020－08	88.00	1179
教学新思考:单元整体视角下的初中数学教学设计	2021－03	58.00	1278
思维再拓展:2020 年经典几何题的多解探究与思考	即将出版		1279
中考数学小压轴汇编初讲	2017－07	48.00	788
中考数学大压轴专题微言	2017－09	48.00	846
怎么解中考平面几何探索题	2019－06	48.00	1093
北京中考数学压轴题解题方法突破(第 7 版)	2021－11	68.00	1442
助你高考成功的数学解题智慧:知识是智慧的基础	2016－01	58.00	596
助你高考成功的数学解题智慧:错误是智慧的试金石	2016－04	58.00	643
助你高考成功的数学解题智慧:方法是智慧的推手	2016－04	68.00	657
高考数学奇思妙解	2016－04	38.00	610
高考数学解题策略	2016－05	48.00	670
数学解题泄天机(第 2 版)	2017－10	48.00	850

刘培杰数学工作室

已出版(即将出版)图书目录——初等数学

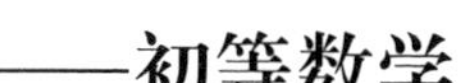

书　　名	出版时间	定　价	编号
高考物理压轴题全解	2017－04	58.00	746
高中物理经典问题 25 讲	2017－05	28.00	764
高中物理教学讲义	2018－01	48.00	871
高中物理教学讲义:全模块	2022－03	98.00	1492
高中物理答疑解惑 65 篇	2021－11	48.00	1462
中学物理基础问题解析	2020－08	48.00	1183
2016 年高考文科数学真题研究	2017－04	58.00	754
2016 年高考理科数学真题研究	2017－04	78.00	755
2017 年高考理科数学真题研究	2018－01	58.00	867
2017 年高考文科数学真题研究	2018－01	48.00	868
初中数学、高中数学脱节知识补缺教材	2017－06	48.00	766
高考数学小题抢分必练	2017－10	48.00	834
高考数学核心素养解读	2017－09	38.00	839
高考数学客观题解题方法和技巧	2017－10	38.00	847
十年高考数学精品试题审题要津与解法研究	2021－10	98.00	1427
中国历届高考数学试题及解答.1949－1979	2018－01	38.00	877
历届中国高考数学试题及解答.第二卷,1980—1989	2018－10	28.00	975
历届中国高考数学试题及解答.第三卷,1990—1999	2018－10	48.00	976
数学文化与高考研究	2018－03	48.00	882
跟我学解高中数学题	2018－07	58.00	926
中学数学研究的方法及案例	2018－05	58.00	869
高考数学抢分技能	2018－07	68.00	934
高一新生常用数学方法和重要数学思想提升教材	2018－06	38.00	921
2018 年高考数学真题研究	2019－01	68.00	1000
2019 年高考数学真题研究	2020－05	88.00	1137
高考数学全国卷六道解答题常考题型解题诀窍:理科(全 2 册)	2019－07	78.00	1101
高考数学全国卷 16 道选择、填空题常考题型解题诀窍.理科	2018－09	88.00	971
高考数学全国卷 16 道选择、填空题常考题型解题诀窍.文科	2020－01	88.00	1123
新课程标准高中数学各种题型解法大全.必修一分册	2021－06	58.00	1315
高中数学一题多解	2019－06	58.00	1087
历届中国高考数学试题及解答:1917－1999	2021－08	98.00	1371
2000～2003 年全国及各省市高考数学试题及解答	2022－05	88.00	1499
突破高原:高中数学解题思维探究	2021－08	48.00	1375
高考数学中的"取值范围"	2021－10	48.00	1429
新课程标准高中数学各种题型解法大全.必修二分册	2022－01	68.00	1471
新编 640 个世界著名数学智力趣题	2014－01	88.00	242
500 个最新世界著名数学智力趣题	2008－06	48.00	3
400 个最新世界著名数学最值问题	2008－09	48.00	36
500 个世界著名数学征解问题	2009－06	48.00	52
400 个中国最佳初等数学征解老问题	2010－01	48.00	60
500 个俄罗斯数学经典老题	2011－01	28.00	81
1000 个国外中学物理好题	2012－04	48.00	174
300 个日本高考数学题	2012－05	38.00	142
700 个早期日本高考数学试题	2017－02	88.00	752
500 个前苏联早期高考数学试题及解答	2012－05	28.00	185
546 个早期俄罗斯大学生数学竞赛题	2014－03	38.00	285
548 个来自美苏的数学好问题	2014－11	28.00	396
20 所苏联著名大学早期入学试题	2015－02	18.00	452
161 道德国工科大学生必做的微分方程习题	2015－05	28.00	469
500 个德国工科大学生必做的高数习题	2015－06	28.00	478
360 个数学竞赛问题	2016－08	58.00	677
200 个趣味数学故事	2018－02	48.00	857
470 个数学奥林匹克中的最值问题	2018－10	88.00	985
德国讲义日本考题.微积分卷	2015－04	48.00	456
德国讲义日本考题.微分方程卷	2015－04	38.00	457
二十世纪中叶中、英、美、日、法、俄高考数学试题精选	2017－06	38.00	783

刘培杰数学工作室

已出版(即将出版)图书目录——初等数学

书　　名	出版时间	定　价	编号
中国初等数学研究　2009 卷(第 1 辑)	2009－05	20.00	45
中国初等数学研究　2010 卷(第 2 辑)	2010－05	30.00	68
中国初等数学研究　2011 卷(第 3 辑)	2011－07	60.00	127
中国初等数学研究　2012 卷(第 4 辑)	2012－07	48.00	190
中国初等数学研究　2014 卷(第 5 辑)	2014－02	48.00	288
中国初等数学研究　2015 卷(第 6 辑)	2015－06	68.00	493
中国初等数学研究　2016 卷(第 7 辑)	2016－04	68.00	609
中国初等数学研究　2017 卷(第 8 辑)	2017－01	98.00	712
初等数学研究在中国. 第 1 辑	2019－03	158.00	1024
初等数学研究在中国. 第 2 辑	2019－10	158.00	1116
初等数学研究在中国. 第 3 辑	2021－05	158.00	1306
初等数学研究在中国. 第 4 辑	2022－06	158.00	1520
几何变换(Ⅰ)	2014－07	28.00	353
几何变换(Ⅱ)	2015－06	28.00	354
几何变换(Ⅲ)	2015－01	38.00	355
几何变换(Ⅳ)	2015－12	38.00	356
初等数论难题集(第一卷)	2009－05	68.00	44
初等数论难题集(第二卷)(上、下)	2011－02	128.00	82,83
数论概貌	2011－03	18.00	93
代数数论(第二版)	2013－08	58.00	94
代数多项式	2014－06	38.00	289
初等数论的知识与问题	2011－02	28.00	95
超越数论基础	2011－03	28.00	96
数论初等教程	2011－03	28.00	97
数论基础	2011－03	18.00	98
数论基础与维诺格拉多夫	2014－03	18.00	292
解析数论基础	2012－08	28.00	216
解析数论基础(第二版)	2014－01	48.00	287
解析数论问题集(第二版)(原版引进)	2014－05	88.00	343
解析数论问题集(第二版)(中译本)	2016－04	88.00	607
解析数论基础(潘承洞,潘承彪著)	2016－07	98.00	673
解析数论导引	2016－07	58.00	674
数论入门	2011－03	38.00	99
代数数论入门	2015－03	38.00	448
数论开篇	2012－07	28.00	194
解析数论引论	2011－03	48.00	100
Barban Davenport Halberstam 均值和	2009－01	40.00	33
基础数论	2011－03	28.00	101
初等数论 100 例	2011－05	18.00	122
初等数论经典例题	2012－07	18.00	204
最新世界各国数学奥林匹克中的初等数论试题(上、下)	2012－01	138.00	144,145
初等数论(Ⅰ)	2012－01	18.00	156
初等数论(Ⅱ)	2012－01	18.00	157
初等数论(Ⅲ)	2012－01	28.00	158

刘培杰数学工作室
已出版(即将出版)图书目录——初等数学

书　　名	出版时间	定　价	编号
平面几何与数论中未解决的新老问题	2013－01	68.00	229
代数数论简史	2014－11	28.00	408
代数数论	2015－09	88.00	532
代数、数论及分析习题集	2016－11	98.00	695
数论导引提要及习题解答	2016－01	48.00	559
素数定理的初等证明.第2版	2016－09	48.00	686
数论中的模函数与狄利克雷级数(第二版)	2017－11	78.00	837
数论:数学导引	2018－01	68.00	849
范氏大代数	2019－02	98.00	1016
解析数学讲义.第一卷,导来式及微分、积分、级数	2019－04	88.00	1021
解析数学讲义.第二卷,关于几何的应用	2019－04	68.00	1022
解析数学讲义.第三卷,解析函数论	2019－04	78.00	1023
分析·组合·数论纵横谈	2019－04	58.00	1039
Hall代数:民国时期的中学数学课本:英文	2019－08	88.00	1106
数学精神巡礼	2019－01	58.00	731
数学眼光透视(第2版)	2017－06	78.00	732
数学思想领悟(第2版)	2018－01	68.00	733
数学方法溯源(第2版)	2018－08	68.00	734
数学解题引论	2017－05	58.00	735
数学史话览胜(第2版)	2017－01	48.00	736
数学应用展观(第2版)	2017－08	68.00	737
数学建模尝试	2018－04	48.00	738
数学竞赛采风	2018－01	68.00	739
数学测评探营	2019－05	58.00	740
数学技能操握	2018－03	48.00	741
数学欣赏拾趣	2018－02	48.00	742
从毕达哥拉斯到怀尔斯	2007－10	48.00	9
从迪利克雷到维斯卡尔迪	2008－01	48.00	21
从哥德巴赫到陈景润	2008－05	98.00	35
从庞加莱到佩雷尔曼	2011－08	138.00	136
博弈论精粹	2008－03	58.00	30
博弈论精粹.第二版(精装)	2015－01	88.00	461
数学 我爱你	2008－01	28.00	20
精神的圣徒　别样的人生——60位中国数学家成长的历程	2008－09	48.00	39
数学史概论	2009－06	78.00	50
数学史概论(精装)	2013－03	158.00	272
数学史选讲	2016－01	48.00	544
斐波那契数列	2010－02	28.00	65
数学拼盘和斐波那契魔方	2010－07	38.00	72
斐波那契数列欣赏(第2版)	2018－08	58.00	948
Fibonacci数列中的明珠	2018－06	58.00	928
数学的创造	2011－02	48.00	85
数学美与创造力	2016－01	48.00	595
数海拾贝	2016－01	48.00	590
数学中的美(第2版)	2019－04	68.00	1057
数论中的美学	2014－12	38.00	351

刘培杰数学工作室

已出版(即将出版)图书目录——初等数学

书　　名	出版时间	定　价	编号
数学王者　科学巨人——高斯	2015－01	28.00	428
振兴祖国数学的圆梦之旅:中国初等数学研究史话	2015－06	98.00	490
二十世纪中国数学史料研究	2015－10	48.00	536
数字谜、数阵图与棋盘覆盖	2016－01	58.00	298
时间的形状	2016－01	38.00	556
数学发现的艺术:数学探索中的合情推理	2016－07	58.00	671
活跃在数学中的参数	2016－07	48.00	675
数海趣史	2021－05	98.00	1314
数学解题——靠数学思想给力(上)	2011－07	38.00	131
数学解题——靠数学思想给力(中)	2011－07	48.00	132
数学解题——靠数学思想给力(下)	2011－07	38.00	133
我怎样解题	2013－01	48.00	227
数学解题中的物理方法	2011－06	28.00	114
数学解题的特殊方法	2011－06	48.00	115
中学数学计算技巧(第2版)	2020－10	48.00	1220
中学数学证明方法	2012－01	58.00	117
数学趣题巧解	2012－03	28.00	128
高中数学教学通鉴	2015－05	58.00	479
和高中生漫谈:数学与哲学的故事	2014－08	28.00	369
算术问题集	2017－03	38.00	789
张教授讲数学	2018－07	38.00	933
陈永明实话实说数学教学	2020－04	68.00	1132
中学数学学科知识与教学能力	2020－06	58.00	1155
怎样把课讲好:大罕数学教学随笔	2022－03	58.00	1484
中国高考评价体系下高考数学探秘	2022－03	48.00	1487
自主招生考试中的参数方程问题	2015－01	28.00	435
自主招生考试中的极坐标问题	2015－04	28.00	463
近年全国重点大学自主招生数学试题全解及研究.华约卷	2015－02	38.00	441
近年全国重点大学自主招生数学试题全解及研究.北约卷	2016－05	38.00	619
自主招生数学解证宝典	2015－09	48.00	535
中国科学技术大学创新班数学真题解析	2022－03	48.00	1488
中国科学技术大学创新班物理真题解析	2022－03	58.00	1489
格点和面积	2012－07	18.00	191
射影几何趣谈	2012－04	28.00	175
斯潘纳尔引理——从一道加拿大数学奥林匹克试题谈起	2014－01	28.00	228
李普希兹条件——从几道近年高考数学试题谈起	2012－10	18.00	221
拉格朗日中值定理——从一道北京高考试题的解法谈起	2015－10	18.00	197
闵科夫斯基定理——从一道清华大学自主招生试题谈起	2014－01	28.00	198
哈尔测度——从一道冬令营试题的背景谈起	2012－08	28.00	202
切比雪夫逼近问题——从一道中国台北数学奥林匹克试题谈起	2013－04	38.00	238
伯恩斯坦多项式与贝齐尔曲面——从一道全国高中数学联赛试题谈起	2013－03	38.00	236
卡塔兰猜想——从一道普特南竞赛试题谈起	2013－06	18.00	256
麦卡锡函数和阿克曼函数——从一道前南斯拉夫数学奥林匹克试题谈起	2012－08	18.00	201
贝蒂定理与拉姆贝克莫斯尔定理——从一个拣石子游戏谈起	2012－08	18.00	217
皮亚诺曲线和豪斯道夫分球定理——从无限集谈起	2012－08	18.00	211
平面凸图形与凸多面体	2012－10	28.00	218
斯坦因豪斯问题——从一道二十五省市自治区中学数学竞赛试题谈起	2012－07	18.00	196

刘培杰数学工作室

已出版(即将出版)图书目录——初等数学

书　　名	出版时间	定　价	编号
纽结理论中的亚历山大多项式与琼斯多项式——从一道北京市高一数学竞赛试题谈起	2012—07	28.00	195
原则与策略——从波利亚"解题表"谈起	2013—04	38.00	244
转化与化归——从三大尺规作图不能问题谈起	2012—08	28.00	214
代数几何中的贝祖定理(第一版)——从一道 IMO 试题的解法谈起	2013—08	18.00	193
成功连贯理论与约当块理论——从一道比利时数学竞赛试题谈起	2012—04	18.00	180
素数判定与大数分解	2014—08	18.00	199
置换多项式及其应用	2012—10	18.00	220
椭圆函数与模函数——从一道美国加州大学洛杉矶分校(UCLA)博士资格考题谈起	2012—10	28.00	219
差分方程的拉格朗日方法——从一道 2011 年全国高考理科试题的解法谈起	2012—08	28.00	200
力学在几何中的一些应用	2013—01	38.00	240
从根式解到伽罗华理论	2020—01	48.00	1121
康托洛维奇不等式——从一道全国高中联赛试题谈起	2013—03	28.00	337
西格尔引理——从一道第 18 届 IMO 试题的解法谈起	即将出版		
罗斯定理——从一道前苏联数学竞赛试题谈起	即将出版		
拉克斯定理和阿廷定理——从一道 IMO 试题的解法谈起	2014—01	58.00	246
毕卡大定理——从一道美国大学数学竞赛试题谈起	2014—07	18.00	350
贝齐尔曲线——从一道全国高中联赛试题谈起	即将出版		
拉格朗日乘子定理——从一道 2005 年全国高中联赛试题的高等数学解法谈起	2015—05	28.00	480
雅可比定理——从一道日本数学奥林匹克试题谈起	2013—04	48.00	249
李天岩－约克定理——从一道波兰数学竞赛试题谈起	2014—06	28.00	349
整系数多项式因式分解的一般方法——从克朗耐克算法谈起	即将出版		
布劳维不动点定理——从一道前苏联数学奥林匹克试题谈起	2014—01	38.00	273
伯恩赛德定理——从一道英国数学奥林匹克试题谈起	即将出版		
布查特－莫斯特定理——从一道上海市初中竞赛试题谈起	即将出版		
数论中的同余数问题——从一道普特南竞赛试题谈起	即将出版		
范·德蒙行列式——从一道美国数学奥林匹克试题谈起	即将出版		
中国剩余定理:总数法构建中国历史年表	2015—01	28.00	430
牛顿程序与方程求根——从一道全国高考试题解法谈起	即将出版		
库默尔定理——从一道 IMO 预选试题谈起	即将出版		
卢丁定理——从一道冬令营试题的解法谈起	即将出版		
沃斯滕霍姆定理——从一道 IMO 预选试题谈起	即将出版		
卡尔松不等式——从一道莫斯科数学奥林匹克试题谈起	即将出版		
信息论中的香农熵——从一道近年高考压轴题谈起	即将出版		
约当不等式——从一道希望杯竞赛试题谈起	即将出版		
拉比诺维奇定理	即将出版		
刘维尔定理——从一道《美国数学月刊》征解问题的解法谈起	即将出版		
卡塔兰恒等式与级数求和——从一道 IMO 试题的解法谈起	即将出版		
勒让德猜想与素数分布——从一道爱尔兰竞赛试题谈起	即将出版		
天平称重与信息论——从一道基辅市数学奥林匹克试题谈起	即将出版		
哈密尔顿－凯莱定理:从一道高中数学联赛试题的解法谈起	2014—09	18.00	376
艾思特曼定理——从一道 CMO 试题的解法谈起	即将出版		

刘培杰数学工作室
已出版(即将出版)图书目录——初等数学

书　　名	出版时间	定　价	编号
阿贝尔恒等式与经典不等式及应用	2018－06	98.00	923
迪利克雷除数问题	2018－07	48.00	930
幻方、幻立方与拉丁方	2019－08	48.00	1092
帕斯卡三角形	2014－03	18.00	294
蒲丰投针问题——从 2009 年清华大学的一道自主招生试题谈起	2014－01	38.00	295
斯图姆定理——从一道"华约"自主招生试题的解法谈起	2014－01	18.00	296
许瓦兹引理——从一道加利福尼亚大学伯克利分校数学系博士生试题谈起	2014－08	18.00	297
拉姆塞定理——从王诗宬院士的一个问题谈起	2016－04	48.00	299
坐标法	2013－12	28.00	332
数论三角形	2014－04	38.00	341
毕克定理	2014－07	18.00	352
数林掠影	2014－09	48.00	389
我们周围的概率	2014－10	38.00	390
凸函数最值定理:从一道华约自主招生题的解法谈起	2014－10	28.00	391
易学与数学奥林匹克	2014－10	38.00	392
生物数学趣谈	2015－01	18.00	409
反演	2015－01	28.00	420
因式分解与圆锥曲线	2015－01	18.00	426
轨迹	2015－01	28.00	427
面积原理:从常庚哲命的一道 CMO 试题的积分解法谈起	2015－01	48.00	431
形形色色的不动点定理:从一道 28 届 IMO 试题谈起	2015－01	38.00	439
柯西函数方程:从一道上海交大自主招生的试题谈起	2015－02	28.00	440
三角恒等式	2015－02	28.00	442
无理性判定:从一道 2014 年"北约"自主招生试题谈起	2015－01	38.00	443
数学归纳法	2015－03	18.00	451
极端原理与解题	2015－04	28.00	464
法雷级数	2014－08	18.00	367
摆线族	2015－01	38.00	438
函数方程及其解法	2015－05	38.00	470
含参数的方程和不等式	2012－09	28.00	213
希尔伯特第十问题	2016－01	38.00	543
无穷小量的求和	2016－01	28.00	545
切比雪夫多项式:从一道清华大学金秋营试题谈起	2016－01	38.00	583
泽肯多夫定理	2016－03	38.00	599
代数等式证题法	2016－01	28.00	600
三角等式证题法	2016－01	28.00	601
吴大任教授藏书中的一个因式分解公式:从一道美国数学邀请赛试题的解法谈起	2016－06	28.00	656
易卦——类万物的数学模型	2017－08	68.00	838
"不可思议"的数与数系可持续发展	2018－01	38.00	878
最短线	2018－01	38.00	879
幻方和魔方(第一卷)	2012－05	68.00	173
尘封的经典——初等数学经典文献选读(第一卷)	2012－07	48.00	205
尘封的经典——初等数学经典文献选读(第二卷)	2012－07	38.00	206
初级方程式论	2011－03	28.00	106
初等数学研究(Ⅰ)	2008－09	68.00	37
初等数学研究(Ⅱ)(上、下)	2009－05	118.00	46,47

刘培杰数学工作室

已出版(即将出版)图书目录——初等数学

书　　名	出版时间	定　价	编号
趣味初等方程妙题集锦	2014—09	48.00	388
趣味初等数论选美与欣赏	2015—02	48.00	445
耕读笔记(上卷):一位农民数学爱好者的初数探索	2015—04	28.00	459
耕读笔记(中卷):一位农民数学爱好者的初数探索	2015—05	28.00	483
耕读笔记(下卷):一位农民数学爱好者的初数探索	2015—05	28.00	484
几何不等式研究与欣赏.上卷	2016—01	88.00	547
几何不等式研究与欣赏.下卷	2016—01	48.00	552
初等数列研究与欣赏·上	2016—01	48.00	570
初等数列研究与欣赏·下	2016—01	48.00	571
趣味初等函数研究与欣赏.上	2016—09	48.00	684
趣味初等函数研究与欣赏.下	2018—09	48.00	685
三角不等式研究与欣赏	2020—10	68.00	1197
新编平面解析几何解题方法研究与欣赏	2021—10	78.00	1426
火柴游戏(第2版)	2022—05	38.00	1493
智力解谜.第1卷	2017—07	38.00	613
智力解谜.第2卷	2017—07	38.00	614
故事智力	2016—07	48.00	615
名人们喜欢的智力问题	2020—01	48.00	616
数学大师的发现、创造与失误	2018—01	48.00	617
异曲同工	2018—09	48.00	618
数学的味道	2018—01	58.00	798
数学千字文	2018—10	68.00	977
数贝偶拾——高考数学题研究	2014—04	28.00	274
数贝偶拾——初等数学研究	2014—04	38.00	275
数贝偶拾——奥数题研究	2014—04	48.00	276
钱昌本教你快乐学数学(上)	2011—12	48.00	155
钱昌本教你快乐学数学(下)	2012—03	58.00	171
集合、函数与方程	2014—01	28.00	300
数列与不等式	2014—01	38.00	301
三角与平面向量	2014—01	28.00	302
平面解析几何	2014—01	38.00	303
立体几何与组合	2014—01	28.00	304
极限与导数、数学归纳法	2014—01	38.00	305
趣味数学	2014—03	28.00	306
教材教法	2014—04	68.00	307
自主招生	2014—05	58.00	308
高考压轴题(上)	2015—01	48.00	309
高考压轴题(下)	2014—10	68.00	310
从费马到怀尔斯——费马大定理的历史	2013—10	198.00	Ⅰ
从庞加莱到佩雷尔曼——庞加莱猜想的历史	2013—10	298.00	Ⅱ
从切比雪夫到爱尔特希(上)——素数定理的初等证明	2013—07	48.00	Ⅲ
从切比雪夫到爱尔特希(下)——素数定理100年	2012—12	98.00	Ⅲ
从高斯到盖尔方特——二次域的高斯猜想	2013—10	198.00	Ⅳ
从库默尔到朗兰兹——朗兰兹猜想的历史	2014—01	98.00	Ⅴ
从比勃巴赫到德布朗斯——比勃巴赫猜想的历史	2014—02	298.00	Ⅵ
从麦比乌斯到陈省身——麦比乌斯变换与麦比乌斯带	2014—02	298.00	Ⅶ
从布尔到豪斯道夫——布尔方程与格论漫谈	2013—10	198.00	Ⅷ
从开普勒到阿诺德——三体问题的历史	2014—05	298.00	Ⅸ
从华林到华罗庚——华林问题的历史	2013—10	298.00	Ⅹ

刘培杰数学工作室

已出版(即将出版)图书目录——初等数学

书　名	出版时间	定　价	编号
美国高中数学竞赛五十讲.第1卷(英文)	2014－08	28.00	357
美国高中数学竞赛五十讲.第2卷(英文)	2014－08	28.00	358
美国高中数学竞赛五十讲.第3卷(英文)	2014－09	28.00	359
美国高中数学竞赛五十讲.第4卷(英文)	2014－09	28.00	360
美国高中数学竞赛五十讲.第5卷(英文)	2014－10	28.00	361
美国高中数学竞赛五十讲.第6卷(英文)	2014－11	28.00	362
美国高中数学竞赛五十讲.第7卷(英文)	2014－12	28.00	363
美国高中数学竞赛五十讲.第8卷(英文)	2015－01	28.00	364
美国高中数学竞赛五十讲.第9卷(英文)	2015－01	28.00	365
美国高中数学竞赛五十讲.第10卷(英文)	2015－02	38.00	366
三角函数(第2版)	2017－04	38.00	626
不等式	2014－01	38.00	312
数列	2014－01	38.00	313
方程(第2版)	2017－04	38.00	624
排列和组合	2014－01	28.00	315
极限与导数(第2版)	2016－04	38.00	635
向量(第2版)	2018－08	58.00	627
复数及其应用	2014－08	28.00	318
函数	2014－01	38.00	319
集合	2020－01	48.00	320
直线与平面	2014－01	28.00	321
立体几何(第2版)	2016－04	38.00	629
解三角形	即将出版		323
直线与圆(第2版)	2016－11	38.00	631
圆锥曲线(第2版)	2016－09	48.00	632
解题通法(一)	2014－07	38.00	326
解题通法(二)	2014－07	38.00	327
解题通法(三)	2014－05	38.00	328
概率与统计	2014－01	28.00	329
信息迁移与算法	即将出版		330
IMO 50年.第1卷(1959－1963)	2014－11	28.00	377
IMO 50年.第2卷(1964－1968)	2014－11	28.00	378
IMO 50年.第3卷(1969－1973)	2014－09	28.00	379
IMO 50年.第4卷(1974－1978)	2016－04	38.00	380
IMO 50年.第5卷(1979－1984)	2015－04	38.00	381
IMO 50年.第6卷(1985－1989)	2015－04	58.00	382
IMO 50年.第7卷(1990－1994)	2016－01	48.00	383
IMO 50年.第8卷(1995－1999)	2016－06	38.00	384
IMO 50年.第9卷(2000－2004)	2015－04	58.00	385
IMO 50年.第10卷(2005－2009)	2016－01	48.00	386
IMO 50年.第11卷(2010－2015)	2017－03	48.00	646

刘培杰数学工作室
已出版(即将出版)图书目录——初等数学

书　　名	出版时间	定　价	编号
数学反思(2006—2007)	2020—09	88.00	915
数学反思(2008—2009)	2019—01	68.00	917
数学反思(2010—2011)	2018—05	58.00	916
数学反思(2012—2013)	2019—01	58.00	918
数学反思(2014—2015)	2019—03	78.00	919
数学反思(2016—2017)	2021—03	58.00	1286
历届美国大学生数学竞赛试题集.第一卷(1938—1949)	2015—01	28.00	397
历届美国大学生数学竞赛试题集.第二卷(1950—1959)	2015—01	28.00	398
历届美国大学生数学竞赛试题集.第三卷(1960—1969)	2015—01	28.00	399
历届美国大学生数学竞赛试题集.第四卷(1970—1979)	2015—01	18.00	400
历届美国大学生数学竞赛试题集.第五卷(1980—1989)	2015—01	28.00	401
历届美国大学生数学竞赛试题集.第六卷(1990—1999)	2015—01	28.00	402
历届美国大学生数学竞赛试题集.第七卷(2000—2009)	2015—08	18.00	403
历届美国大学生数学竞赛试题集.第八卷(2010—2012)	2015—01	18.00	404
新课标高考数学创新题解题诀窍:总论	2014—09	28.00	372
新课标高考数学创新题解题诀窍:必修 1～5 分册	2014—08	38.00	373
新课标高考数学创新题解题诀窍:选修 2－1,2－2,1－1,1－2分册	2014—09	38.00	374
新课标高考数学创新题解题诀窍:选修 2－3,4－4,4－5 分册	2014—09	18.00	375
全国重点大学自主招生英文数学试题全攻略:词汇卷	2015—07	48.00	410
全国重点大学自主招生英文数学试题全攻略:概念卷	2015—01	28.00	411
全国重点大学自主招生英文数学试题全攻略:文章选读卷(上)	2016—09	38.00	412
全国重点大学自主招生英文数学试题全攻略:文章选读卷(下)	2017—01	58.00	413
全国重点大学自主招生英文数学试题全攻略:试题卷	2015—07	38.00	414
全国重点大学自主招生英文数学试题全攻略:名著欣赏卷	2017—03	48.00	415
劳埃德数学趣题大全.题目卷.1:英文	2016—01	18.00	516
劳埃德数学趣题大全.题目卷.2:英文	2016—01	18.00	517
劳埃德数学趣题大全.题目卷.3:英文	2016—01	18.00	518
劳埃德数学趣题大全.题目卷.4:英文	2016—01	18.00	519
劳埃德数学趣题大全.题目卷.5:英文	2016—01	18.00	520
劳埃德数学趣题大全.答案卷:英文	2016—01	18.00	521
李成章教练奥数笔记.第 1 卷	2016—01	48.00	522
李成章教练奥数笔记.第 2 卷	2016—01	48.00	523
李成章教练奥数笔记.第 3 卷	2016—01	38.00	524
李成章教练奥数笔记.第 4 卷	2016—01	38.00	525
李成章教练奥数笔记.第 5 卷	2016—01	38.00	526
李成章教练奥数笔记.第 6 卷	2016—01	38.00	527
李成章教练奥数笔记.第 7 卷	2016—01	38.00	528
李成章教练奥数笔记.第 8 卷	2016—01	48.00	529
李成章教练奥数笔记.第 9 卷	2016—01	28.00	530

刘培杰数学工作室

已出版(即将出版)图书目录——初等数学

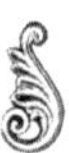

书　名	出版时间	定　价	编号
第19～23届“希望杯”全国数学邀请赛试题审题要津详细评注(初一版)	2014－03	28.00	333
第19～23届“希望杯”全国数学邀请赛试题审题要津详细评注(初二、初三版)	2014－03	38.00	334
第19～23届“希望杯”全国数学邀请赛试题审题要津详细评注(高一版)	2014－03	28.00	335
第19～23届“希望杯”全国数学邀请赛试题审题要津详细评注(高二版)	2014－03	38.00	336
第19～25届“希望杯”全国数学邀请赛试题审题要津详细评注(初一版)	2015－01	38.00	416
第19～25届“希望杯”全国数学邀请赛试题审题要津详细评注(初二、初三版)	2015－01	58.00	417
第19～25届“希望杯”全国数学邀请赛试题审题要津详细评注(高一版)	2015－01	48.00	418
第19～25届“希望杯”全国数学邀请赛试题审题要津详细评注(高二版)	2015－01	48.00	419
物理奥林匹克竞赛大题典——力学卷	2014－11	48.00	405
物理奥林匹克竞赛大题典——热学卷	2014－04	28.00	339
物理奥林匹克竞赛大题典——电磁学卷	2015－07	48.00	406
物理奥林匹克竞赛大题典——光学与近代物理卷	2014－06	28.00	345
历届中国东南地区数学奥林匹克试题集(2004～2012)	2014－06	18.00	346
历届中国西部地区数学奥林匹克试题集(2001～2012)	2014－07	18.00	347
历届中国女子数学奥林匹克试题集(2002～2012)	2014－08	18.00	348
数学奥林匹克在中国	2014－06	98.00	344
数学奥林匹克问题集	2014－01	38.00	267
数学奥林匹克不等式散论	2010－06	38.00	124
数学奥林匹克不等式欣赏	2011－09	38.00	138
数学奥林匹克超级题库(初中卷上)	2010－01	58.00	66
数学奥林匹克不等式证明方法和技巧(上、下)	2011－08	158.00	134,135
他们学什么:原民主德国中学数学课本	2016－09	38.00	658
他们学什么:英国中学数学课本	2016－09	38.00	659
他们学什么:法国中学数学课本.1	2016－09	38.00	660
他们学什么:法国中学数学课本.2	2016－09	28.00	661
他们学什么:法国中学数学课本.3	2016－09	38.00	662
他们学什么:苏联中学数学课本	2016－09	28.00	679
高中数学题典——集合与简易逻辑·函数	2016－07	48.00	647
高中数学题典——导数	2016－07	48.00	648
高中数学题典——三角函数·平面向量	2016－07	48.00	649
高中数学题典——数列	2016－07	58.00	650
高中数学题典——不等式·推理与证明	2016－07	38.00	651
高中数学题典——立体几何	2016－07	48.00	652
高中数学题典——平面解析几何	2016－07	78.00	653
高中数学题典——计数原理·统计·概率·复数	2016－07	48.00	654
高中数学题典——算法·平面几何·初等数论·组合数学·其他	2016－07	68.00	655

刘培杰数学工作室

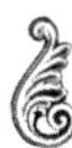

已出版(即将出版)图书目录——初等数学

书　　名	出版时间	定　价	编号
台湾地区奥林匹克数学竞赛试题.小学一年级	2017—03	38.00	722
台湾地区奥林匹克数学竞赛试题.小学二年级	2017—03	38.00	723
台湾地区奥林匹克数学竞赛试题.小学三年级	2017—03	38.00	724
台湾地区奥林匹克数学竞赛试题.小学四年级	2017—03	38.00	725
台湾地区奥林匹克数学竞赛试题.小学五年级	2017—03	38.00	726
台湾地区奥林匹克数学竞赛试题.小学六年级	2017—03	38.00	727
台湾地区奥林匹克数学竞赛试题.初中一年级	2017—03	38.00	728
台湾地区奥林匹克数学竞赛试题.初中二年级	2017—03	38.00	729
台湾地区奥林匹克数学竞赛试题.初中三年级	2017—03	28.00	730
不等式证题法	2017—04	28.00	747
平面几何培优教程	2019—08	88.00	748
奥数鼎级培优教程.高一分册	2018—09	88.00	749
奥数鼎级培优教程.高二分册.上	2018—04	68.00	750
奥数鼎级培优教程.高二分册.下	2018—04	68.00	751
高中数学竞赛冲刺宝典	2019—04	68.00	883
初中尖子生数学超级题典.实数	2017—07	58.00	792
初中尖子生数学超级题典.式、方程与不等式	2017—08	58.00	793
初中尖子生数学超级题典.圆、面积	2017—08	38.00	794
初中尖子生数学超级题典.函数、逻辑推理	2017—08	48.00	795
初中尖子生数学超级题典.角、线段、三角形与多边形	2017—07	58.00	796
数学王子——高斯	2018—01	48.00	858
坎坷奇星——阿贝尔	2018—01	48.00	859
闪烁奇星——伽罗瓦	2018—01	58.00	860
无穷统帅——康托尔	2018—01	48.00	861
科学公主——柯瓦列夫斯卡娅	2018—01	48.00	862
抽象代数之母——埃米·诺特	2018—01	48.00	863
电脑先驱——图灵	2018—01	58.00	864
昔日神童——维纳	2018—01	48.00	865
数坛怪侠——爱尔特希	2018—01	68.00	866
传奇数学家徐利治	2019—09	88.00	1110
当代世界中的数学.数学思想与数学基础	2019—01	38.00	892
当代世界中的数学.数学问题	2019—01	38.00	893
当代世界中的数学.应用数学与数学应用	2019—01	38.00	894
当代世界中的数学.数学王国的新疆域(一)	2019—01	38.00	895
当代世界中的数学.数学王国的新疆域(二)	2019—01	38.00	896
当代世界中的数学.数林撷英(一)	2019—01	38.00	897
当代世界中的数学.数林撷英(二)	2019—01	48.00	898
当代世界中的数学.数学之路	2019—01	38.00	899

刘培杰数学工作室
已出版(即将出版)图书目录——初等数学

书 名	出版时间	定 价	编号
105 个代数问题:来自 AwesomeMath 夏季课程	2019－02	58.00	956
106 个几何问题:来自 AwesomeMath 夏季课程	2020－07	58.00	957
107 个几何问题:来自 AwesomeMath 全年课程	2020－07	58.00	958
108 个代数问题:来自 AwesomeMath 全年课程	2019－01	68.00	959
109 个不等式:来自 AwesomeMath 夏季课程	2019－04	58.00	960
国际数学奥林匹克中的 110 个几何问题	即将出版		961
111 个代数和数论问题	2019－05	58.00	962
112 个组合问题:来自 AwesomeMath 夏季课程	2019－05	58.00	963
113 个几何不等式:来自 AwesomeMath 夏季课程	2020－08	58.00	964
114 个指数和对数问题:来自 AwesomeMath 夏季课程	2019－09	48.00	965
115 个三角问题:来自 AwesomeMath 夏季课程	2019－09	58.00	966
116 个代数不等式:来自 AwesomeMath 全年课程	2019－04	58.00	967
117 个多项式问题:来自 AwesomeMath 夏季课程	2021－09	58.00	1409

书 名	出版时间	定 价	编号
紫色彗星国际数学竞赛试题	2019－02	58.00	999
数学竞赛中的数学:为数学爱好者、父母、教师和教练准备的丰富资源.第一部	2020－04	58.00	1141
数学竞赛中的数学:为数学爱好者、父母、教师和教练准备的丰富资源.第二部	2020－07	48.00	1142
和与积	2020－10	38.00	1219
数论:概念和问题	2020－12	68.00	1257
初等数学问题研究	2021－03	48.00	1270
数学奥林匹克中的欧几里得几何	2021－10	68.00	1413
数学奥林匹克题解新编	2022－01	58.00	1430

书 名	出版时间	定 价	编号
澳大利亚中学数学竞赛试题及解答(初级卷)1978～1984	2019－02	28.00	1002
澳大利亚中学数学竞赛试题及解答(初级卷)1985～1991	2019－02	28.00	1003
澳大利亚中学数学竞赛试题及解答(初级卷)1992～1998	2019－02	28.00	1004
澳大利亚中学数学竞赛试题及解答(初级卷)1999～2005	2019－02	28.00	1005
澳大利亚中学数学竞赛试题及解答(中级卷)1978～1984	2019－03	28.00	1006
澳大利亚中学数学竞赛试题及解答(中级卷)1985～1991	2019－03	28.00	1007
澳大利亚中学数学竞赛试题及解答(中级卷)1992～1998	2019－03	28.00	1008
澳大利亚中学数学竞赛试题及解答(中级卷)1999～2005	2019－03	28.00	1009
澳大利亚中学数学竞赛试题及解答(高级卷)1978～1984	2019－05	28.00	1010
澳大利亚中学数学竞赛试题及解答(高级卷)1985～1991	2019－05	28.00	1011
澳大利亚中学数学竞赛试题及解答(高级卷)1992～1998	2019－05	28.00	1012
澳大利亚中学数学竞赛试题及解答(高级卷)1999～2005	2019－05	28.00	1013

书 名	出版时间	定 价	编号
天才中小学生智力测验题.第一卷	2019－03	38.00	1026
天才中小学生智力测验题.第二卷	2019－03	38.00	1027
天才中小学生智力测验题.第三卷	2019－03	38.00	1028
天才中小学生智力测验题.第四卷	2019－03	38.00	1029
天才中小学生智力测验题.第五卷	2019－03	38.00	1030
天才中小学生智力测验题.第六卷	2019－03	38.00	1031
天才中小学生智力测验题.第七卷	2019－03	38.00	1032
天才中小学生智力测验题.第八卷	2019－03	38.00	1033
天才中小学生智力测验题.第九卷	2019－03	38.00	1034
天才中小学生智力测验题.第十卷	2019－03	38.00	1035
天才中小学生智力测验题.第十一卷	2019－03	38.00	1036
天才中小学生智力测验题.第十二卷	2019－03	38.00	1037
天才中小学生智力测验题.第十三卷	2019－03	38.00	1038

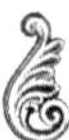

刘培杰数学工作室
已出版(即将出版)图书目录——初等数学

书　　名	出版时间	定　价	编号
重点大学自主招生数学备考全书:函数	2020—05	48.00	1047
重点大学自主招生数学备考全书:导数	2020—08	48.00	1048
重点大学自主招生数学备考全书:数列与不等式	2019—10	78.00	1049
重点大学自主招生数学备考全书:三角函数与平面向量	2020—08	68.00	1050
重点大学自主招生数学备考全书:平面解析几何	2020—07	58.00	1051
重点大学自主招生数学备考全书:立体几何与平面几何	2019—08	48.00	1052
重点大学自主招生数学备考全书:排列组合·概率统计·复数	2019—09	48.00	1053
重点大学自主招生数学备考全书:初等数论与组合数学	2019—08	48.00	1054
重点大学自主招生数学备考全书:重点大学自主招生真题.上	2019—04	68.00	1055
重点大学自主招生数学备考全书:重点大学自主招生真题.下	2019—04	58.00	1056
高中数学竞赛培训教程:平面几何问题的求解方法与策略.上	2018—05	68.00	906
高中数学竞赛培训教程:平面几何问题的求解方法与策略.下	2018—06	78.00	907
高中数学竞赛培训教程:整除与同余以及不定方程	2018—01	88.00	908
高中数学竞赛培训教程:组合计数与组合极值	2018—04	48.00	909
高中数学竞赛培训教程:初等代数	2019—04	78.00	1042
高中数学讲座:数学竞赛基础教程(第一册)	2019—06	48.00	1094
高中数学讲座:数学竞赛基础教程(第二册)	即将出版		1095
高中数学讲座:数学竞赛基础教程(第三册)	即将出版		1096
高中数学讲座:数学竞赛基础教程(第四册)	即将出版		1097
新编中学数学解题方法 1000 招丛书.实数(初中版)	2022—05	58.00	1291
新编中学数学解题方法 1000 招丛书.式(初中版)	2022—05	48.00	1292
新编中学数学解题方法 1000 招丛书.方程与不等式(初中版)	2021—04	58.00	1293
新编中学数学解题方法 1000 招丛书.函数(初中版)	2022—05	38.00	1294
新编中学数学解题方法 1000 招丛书.角(初中版)	2022—05	48.00	1295
新编中学数学解题方法 1000 招丛书.线段(初中版)	2022—05	48.00	1296
新编中学数学解题方法 1000 招丛书.三角形与多边形(初中版)	2021—04	48.00	1297
新编中学数学解题方法 1000 招丛书.圆(初中版)	2022—05	48.00	1298
新编中学数学解题方法 1000 招丛书.面积(初中版)	2021—07	28.00	1299
高中数学题典精编.第一辑.函数	2022—01	58.00	1444
高中数学题典精编.第一辑.导数	2022—01	68.00	1445
高中数学题典精编.第一辑.三角函数·平面向量	2022—01	68.00	1446
高中数学题典精编.第一辑.数列	2022—01	58.00	1447
高中数学题典精编.第一辑.不等式·推理与证明	2022—01	58.00	1448
高中数学题典精编.第一辑.立体几何	2022—01	58.00	1449
高中数学题典精编.第一辑.平面解析几何	2022—01	68.00	1450
高中数学题典精编.第一辑.统计·概率·平面几何	2022—01	58.00	1451
高中数学题典精编.第一辑.初等数论·组合数学·数学文化·解题方法	2022—01	58.00	1452

联系地址:哈尔滨市南岗区复华四道街 10 号　哈尔滨工业大学出版社刘培杰数学工作室

网　　址:http://lpj.hit.edu.cn/

邮　　编:150006

联系电话:0451—86281378　　13904613167

E-mail:lpj1378@163.com